U0415152

国家科学技术学术著作出版基金资助出版

“十三五”国家重点出版物出版规划项目

智能机器人技术丛书

机器人主动嗅觉

Robotic Active Olfaction

孟庆浩　李吉功　张 勇　王 阳　著

国防工业出版社

·北京·

图书在版编目(CIP)数据

机器人主动嗅觉/孟庆浩等著. —北京:国防工业出版社,2022.3
(智能机器人技术丛书)
ISBN 978-7-118-12453-8

Ⅰ.①机… Ⅱ.①孟… Ⅲ.①智能机器人-研究
Ⅳ.①TP242.6

中国版本图书馆 CIP 数据核字(2022)第 017183 号

※

国防工业出版社出版发行
(北京市海淀区紫竹院南路 23 号 邮政编码 100048)
北京龙世杰印刷有限公司印刷
新华书店经售

*

开本 710×1000 1/16 插页 10 印张 19 字数 333 千字
2022 年 3 月第 1 版第 1 次印刷 印数 1—2000 册 定价 98.00 元

国防书店:(010)88540777 发行邮购:(010)88540776
发行业务:(010)88540717 发行传真:(010)88540762

丛书编委会

丛 书 序

人类走过了农耕社会、工业社会、信息社会,已经进入智能社会,进入在动力工具基础上发展智能工具的新阶段。在农耕社会和工业社会,人类的生产主要基于物质和能量的动力工具,并得到了极大的发展。今天,劳动工具转向了基于数据、信息、知识、价值和智能的智力工具,人口红利、劳动力红利不那么灵了,智能的红利来了!

智能机器人作为人工智能技术的综合载体,是智力工具的典型代表,是人工智能技术得以施展其强大威力的最佳用武之地。智能机器人有三个基本要素:感知、认知和行动。这三个要素正是目前的机器人向智能机器人进化的关键所在。

智能机器人涉及到大量的人工智能技术:传感技术、模式识别、自然语言理解、机器学习、数据挖掘与知识发现、交互认知、记忆认知、知识工程、人工心理与人工情感……可以预见,这些技术的应用,将提升机器人的感知能力、自主决策能力,以及通过学习获取知识的能力,尤其是通过自学习提升智能的能力。智能机器人将不再是冷冰冰的钢铁侠,它们将善解人意、情感丰富、个性鲜明、行为举止得体。我们期待,随同“智能机器人技术丛书”的出版,更多的人将投入到智能机器人的研发、制造、运用、普及和发展中来!

在我们这个星球上,智能机器人给人类带来的影响将远远超过计算机和互联网在过去几十年间给世界带来的改变。人类的发展史,就是人类学会运用工具、制造工具和发明机器的历史,机器使人类变得更强大。科技从不停步,人类永不满足。今天,人类正在发明越来越多的机器人,智能手机可以成为你的忠实助手,轮式机器人也会比一般人开车开得更好,曾经的很多工作岗位将会被智能机器人替代,但同时又自然会涌现出更新的工作,人类将更加优雅、智慧地生活!

人类智能始终善于更好地调教和帮助机器人和人工智能,善于利用机器人和人工智能的优势并弥补机器人和人工智能的不足,或者用新的机器人淘汰旧的机器人;反过来,机器人也一定会让人类自身更智能。

现在,各式各样人机协同的机器人,为我们迎来了人与机器人共舞的新时代,伴随优雅的舞曲,毋庸置疑人类始终是领舞者!

李德毅　　2019.4

李德毅,中国工程院院士,中国人工智能学会理事长。

前　　言

嗅觉是生物体对化学刺激产生的感觉。在自然界,很多生物利用嗅觉获取气味信息,以完成寻找配偶、搜寻食物、划分领地和躲避天敌等活动。受生物嗅觉行为的启发,在20世纪90年代初,国外一些学者开始尝试使用配备气体传感器的移动机器人平台模拟一些简单的生物追踪气味行为,开创了机器人主动嗅觉研究的先河。

广义上讲,机器人利用气体传感器获取的信息主动地完成一些指定任务的过程均可称为主动嗅觉。当前,主动嗅觉研究主要包括气味源定位(Odor Source Localization)、气味分布建图(Odor Distribution Mapping)和气味轨迹引导(Odor Trail Guidance)等分支。气味源定位是指使用可移动的机器人"主动"地发现、跟踪气味线索并最终确定气味源头(位置或释放率等参数)的过程;气味分布建图主要研究基于可移动的机器人平台构建一定区域内气味浓度分布地图的方法;气味轨迹引导重点研究通过涂覆在环境中的气味标记引导机器人运动的方法。在过去的20多年,气味源定位是被国内外学者研究最多的主动嗅觉方向,因此,在狭义上也可称气味源定位为主动嗅觉。

主动嗅觉研究涉及流体力学、传感与信息处理技术、仿生学、计算智能理论与方法、机器人导航与控制技术等多个学科或领域,其在环境监测、违禁物品检查和大型工厂仓库保安等方面,可以主动地感知目标化学物质并确定其位置。另外,主动嗅觉在毒害气体泄漏检测、资源勘查、火源探测、灾后倒塌的建筑物搜救和反恐排爆等社会生活方面也将扮演越来越重要的角色。

本书通篇内容由孟庆浩教授规划与审核。孟庆浩教授撰写了书稿的第1章、第2章和后记3个部分,李吉功教授主笔了第3章和第4章的内容,第5章的内容由张勇教授执笔,王阳博士撰写了第7章和第8章的内容,第6章内容由博士生井涛主笔。丌培锋博士、侯惠让博士和博士生戴旭阳等校对了书稿内容。

本书的出版得到国家科学技术学术著作出版基金的资助,在此表示感谢。本书作者在申请国家科学技术学术著作出版基金的过程中,得到了清华大学孙富春教授、南开大学方勇纯教授和山东大学李贻斌教授的大力推荐,在此表达诚挚的谢意。本书作者自2004年开展机器人主动嗅觉研究至今,先后得到了国家自然科学基金委员会、中华人民共和国科学技术部（“863”计划）、中华人民共和国教育部（博士点基金）、天津市科学技术局（科技支撑项目）的资助，借此机会对相关部门一并表示感谢。在机器人主动嗅觉研究的过程中，曾明副教授、李飞博士、蒋萍博士、吴玉秀博士、罗冰博士等多位研究人员付出了辛勤劳动，在此对他们的支持和帮助表达由衷的谢意。

目前，国内尚无机器人主动嗅觉方面的著作出版，希望本书能抛砖引玉，为国内相关研究人员提供有价值的参考，同时，也乐见更多的同行加入这个方向的研究，为推动我国在机器人嗅觉感知领域的发展做出更多的贡献。机器人主动嗅觉涉及多个交叉领域，受限于作者的知识结构和学术水平，不妥和错误之处在所难免，真诚希望广大读者批评指正，提出宝贵的意见。

孟庆浩

2021 年 1 月于天津大学求是亭

联系方式：qh_meng@ tju. edu. cn

目 录

第1章 绪 论

第2章 主动嗅觉感知技术

第3章 基于搜索行为的机器人气味源定位方法

第4章 基于分析模型的气味源位置估计方法

第5章 多机器人气味源定位方法

第6章 飞行机器人主动嗅觉技术

第7章 气味分布建图技术

第8章 主动嗅觉仿真技术

CONTENTS

Chapter 1 Introduction

Chapter 2 Perception technology for active olfaction

Chapter 3 Searching-behaviors-based odor source localization methods

Chapter 4 Analytical-model-based odor source localization methods

Chapter 5 Multi-robot odor source localization methods

Chapter 6 Active olfaction using flying robots

Chapter 7 Odor distribution mapping technology

Chapter 8 Active olfaction simulation technology

第1章 绪 论

1.1 引言

自20世纪90年代以来,随着传感器技术、机器人学和仿生学等领域的发展,受生物嗅觉行为的启发,一些学者开始利用气体/气味①传感器和/或气流(风速/风向)传感器,结合机器人自主移动和决策功能,使其拥有“嗅觉感官”,从而能够“主动”地利用气味信息完成特定的任务,即机器人主动嗅觉[1]问题。机器人主动嗅觉研究中的气味信息可泛指在不同环境(如空气、水流或土壤)下以不同形态扩散、传播的特定化学物质。广义上讲,机器人主动嗅觉指机器人利用气味或气体等化学信息自主地完成特定任务的过程。机器人主动嗅觉技术主要包括气味源定位(Odor Source Localization)、气味分布建图(Odor Distribution Mapping)和气味轨迹引导(Odor Trail Guidance)等分支。气味源定位是指机器人“主动”地发现、跟踪气味线索并最终确定气味源头位置或其他参数(如释放率等)的过程;气味分布建图是指利用机器人构建一定区域内的气味浓度分布地图;气味轨迹引导是指利用涂覆在地面或其他介质上的气味标记实现对机器人运动的导引。因气味源定位是主动嗅觉领域最活跃的分支,因此,在狭义上也将气味源定位称为机器人主动嗅觉。

气味源定位通常需要使用分布在流动介质中的稀疏气味线索和/或气流(或水流)信息,也有部分学者结合使用其他模态信息(如视觉)。与声、光、射线等源定位面临的问题不同,现实情况下,气味扩散通常受到环境中流体介质(如空气、水等)湍流的影响,因此气味分子从源头释放出以后,在湍流作用下形成的烟羽②呈现时变、间歇、稀疏甚至蜿蜒等特性。图1-1所示为室外环境下通过罗丹明染料形成的可视化烟羽照片,从图中可以明显观察出烟羽的上述特性。当然,烟羽是否肉眼可视与组成它的成分有关,很多物质(如CO、SO_2等常见的

---

① 气体是指无形状、有体积的可压缩和可膨胀的流体,气味是指气体分子作用于生物体的嗅觉感官后形成的反应;在机器人主动嗅觉研究领域,通常将气体和气味混用,后续不作严格区分。

② 烟羽,英文plume,翻译成中文也称羽流,是指泄漏源释放的物质在流动的气态(或液态)介质中形成的类似羽毛形状的轨迹。

有毒气体)形成的烟羽都无法被肉眼观察到,这也是气味源定位问题值得研究的因素之一。实际的气味分布很难用准确的解析模型表达,因此研究人员通常采用搜索、估计或其他一些间接方法解决气味源定位问题。

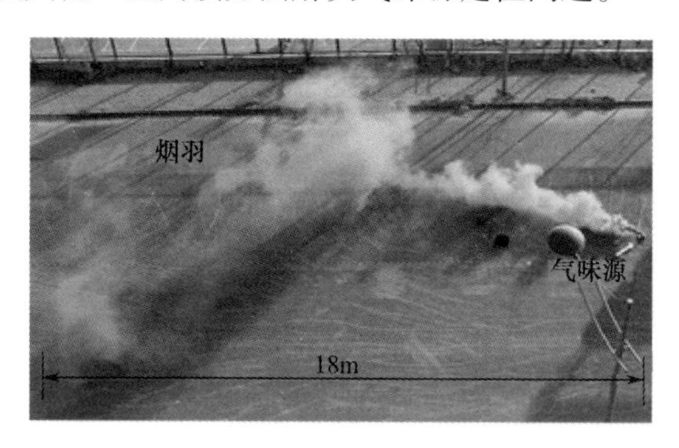

图 1-1　室外通过罗丹明染料形成的可视化烟羽

Hayes 等[2]将气味源定位问题简化地描述为如何使用移动机器人在一个封闭的二维(2D)区域内有效地发现单个气味源的过程,并将其分解为 3 个子任务,即烟羽发现(Plume Finding)、烟羽横越(Plume Traversal)和气味源确认(Source Declaration)。

烟羽发现是指机器人在没有任何关于气味先验知识的情况下,为了找到气味烟羽而进行的一种搜索过程。由于烟羽的随机特性,简单的遍历搜索一般效率较低,从而使得此过程的复杂性增加。烟羽横越(也称烟羽跟踪)是研究机器人在接触到气味烟羽后,如何沿着烟羽到达气味源的过程。它要求机器人有更"专业"的行为,一方面要朝着气味源方向运动,另一方面还不能脱离气味烟羽的覆盖范围。气味源确认是指通过某种判定方法确定某位置/区域是否存在气味源。当然,此过程不一定仅仅使用气味信息,因为现实场景下一些气味源(如破裂管道、阀门和气瓶等)的确认过程也可借助视觉等其他模态信息辅助完成。

气味源定位可以通过基于行为的搜索类方法实现,也可通过基于模型的估计类方法完成。一般来说,搜索类方法可以不要求已知气味烟羽分布模型的先验信息,而估计类方法通常对烟羽分布或气流动态特性有前提假设,如气流或烟羽分布在一定的空间和/或时间范围内满足一定的条件等,在此基础上可以利用估计理论对气味源位置进行远程预测。

机器人主动嗅觉研究可为挥发性化学源的快速定位、气体扩散分布的及时感知与有效控制提供新的解决思路和技术方案,其在有毒/有害化学品泄漏及生化恐怖袭击中的泄漏源快速排查、环境监测、违禁物品探测、灾后倒塌的建筑物内搜寻、水域搜救、深海喷发式矿产资源勘察等诸多领域有着广泛的应用前景。

主动嗅觉研究涉及多个交叉学科，对推动机器人感知技术、仿生学、人工智能、估计理论、群体智能等相关领域的研究具有重要的理论意义。

1.2　主动嗅觉涉及的主要领域

主动嗅觉研究涉及传感及信息处理、机器人导航与控制、仿生学、计算智能和流体力学等多个学科/研究领域。对于气味源定位这个狭义上的主动嗅觉问题，通常涉及的技术包括嗅觉感知技术、搜索与估计技术、群体智能技术、嗅觉仿真技术等。

1.2.1　嗅觉感知技术

嗅觉感知是机器人主动嗅觉的基础问题之一，相当于机器人的“嗅觉系统”，是获取环境中气味和气流等信息的通道，可为机器人主动嗅觉后续行动提供信息支撑。嗅觉感知技术主要包括气体传感器及其阵列、气流（风速/风向）传感器、信号预处理及模式识别等方面。

气体传感器（或阵列）是机器人主动嗅觉必备的传感器种类，根据跟踪气味的不同可以调整气体传感器的类型。目前，多数主动嗅觉研究采用金属氧化物半导体型气体传感器跟踪单种气味，也有部分学者采用自己搭建的由多个气体传感器组成的阵列或商用电子鼻装置跟踪复合气味，这对现实情况下多种气味的泄漏定位是必要的。常用的气体传感器包括金属氧化物半导体型、导电聚合物型、电化学型、质量敏感型、催化燃烧型、光学型以及少数学者采用的生物活体传感器。其中，金属氧化物半导体型是机器人主动嗅觉领域使用最多的一种，此类传感器又分为电阻式和非电阻式两类，电阻式应用偏多。

气流传感器可为机器人在多数现实环境下的气味跟踪提供及时的风速/风向信息。机器人主动嗅觉面临的环境大致可分为3类，分别是分子扩散主控环境、湍流扩散主控环境和微弱流体环境。分子扩散主控是指以气味分子自身的布朗运动作为主要的气味扩散方式，如信息素在土壤中的扩散就属于此类，扩散速度很慢。湍流扩散主控是指湍流扩散主导着气味传播，分子扩散作用可以忽略。现实的室外环境和室内通风环境几乎均为湍流扩散主控环境，这种环境下风速和风向总在不停地变化，湍流对气味扩散起主导作用，因此，这种环境下实时测量气流对气味跟踪很重要。微弱流体环境下的气味传播同样主要受到环境中湍流的控制，只不过环境流体的湍动程度（雷诺数）较低，如封闭的室内环境属于此类。在微弱流体环境下，室内基本不与外界进行流体交换（可能存在热量交换），但由于不同空间区域存在温差，从而产生微弱的对流，一般的气流传感器(检测阈值为5cm/s左右)很难得到可靠的数据。

信号预处理是指对气体传感器和气流传感器的原始输出数据进行处理,而模式识别是指利用气体传感阵列的输出对气味种类甚至浓度等信息进行分辨。对于室内通风或室外自然气流环境,烟羽变化很快,要求气体传感器和气流传感器能够实时地测量气味信息。但多数现有的气体传感器存在相对较长的响应时间和恢复时间,以及较为明显的时漂和温漂,因此,如何有效地处理气体传感器的输出信息对机器人气味跟踪是很关键的问题。对于气流传感器的信号预处理,往往需要对信号进行坐标变换、去噪、归一化等处理,另外,如何有效地利用气流传感器信息判断快速变化气流环境下的烟羽扩散方向也很重要。对于由多个气体传感器组成的阵列来说,如何利用模式识别(特征提取、降维、分类等)方法实现对气味种类的实时判别是现实环境下寻找特定气体泄漏源的必要条件。

气体传感器阵列属于电子鼻范畴。电子鼻技术也是嗅觉感知的重要实现技术之一,其在功能和结构上模拟人类及其他哺乳动物的嗅觉系统,用以完成气体或气味的定性与定量识别。但是,从广义上讲,电子鼻的体系结构也包括适用于测量单一组分或气体混合物的气敏系统。因此,机器人主动嗅觉所采用的气体感知系统也属于电子鼻的范畴。虽然电子鼻功能较强,但商业化的电子鼻价格较贵,且体积偏大,在机器人主动嗅觉领域较少使用。因此,针对机器人主动嗅觉的研究,需要根据实验条件和环境,设计出适合机载且价格适中的电子鼻系统。

1.2.2 搜索与估计技术

搜索与估计技术主要用于机器人主动嗅觉研究所涉及的烟羽发现和烟羽跟踪过程,而气味源确认可以归类为一种识别问题。基于搜索的方法侧重于使用某种仿生行为驱动机器人搜寻气味源所在位置,基于估计的方法倾向于采用某种气体扩散的物理模型或数学模型反向估计气味源的位置。

典型的搜索方法包括化学趋向性(Chemotaxis)方法、风趋向性(Anemotaxis)方法及信息趋向性(Infotaxis)方法等。化学趋向性算法是最易理解和最常用的仿生搜索算法,典型的策略是通过跟踪气体烟羽的局部浓度梯度从而实现对气味源的追踪。化学趋向性方法适用于分子扩散主控或其他有明显平滑浓度梯度的环境。风趋向性方法是指生物在感知气味时直接逆风或与风向成一定夹角地逆风而上,从而实现搜寻和追踪气味源的目的。在已有文献中,风趋向性方法中的“风”已被泛化为“流体”[3],但在本领域仍然沿用“风趋向性”这一名词。风趋向性方法主要包括Zigzag类和Surge类等算法。其中,Zigzag类算法不仅可以应用于烟羽发现阶段,也可应用于烟羽跟踪阶段。Surge类算法的共性是在烟羽中或感知气味时直接逆风而上，并无垂直于风向的运动分量。信息趋向性方法由 Vergassola 及其同事[4]提出，使用信息熵引导机器人进行气味源定位。该方法以信息增益的期望局部最大化为目标，引导机器人进行气味源搜寻。在该方法中，信息的作用类似于化学趋向性中浓度的作用。

基于模型估计的方法主要利用流体扩散模型或烟羽分布模型，以及机载传感器（如风速/风向仪、气体传感器等）的输出反向估计或预测气味源的位置。基于模型估计的气味源搜索算法主要包括通过烟羽模型对气味源的远程定位[5]、基于朴素物理学（Naïve Physics）的流场建模[6]、基于贝叶斯推理的气味源定位[7]及基于粒子滤波的气味源定位[8]等。

1.2.3　群体智能技术

群体智能（Swarm Intelligence）技术可以利用群体优势，在没有集中控制且不提供全局模型的前提下，为寻找复杂问题的解决方案提供新的思路。目前，群体智能已经成为人工智能及社会、生物等交叉学科研究的热点和前沿，广泛应用于函数优化、生产调度、图像处理、机器学习、路径规划等领域。在机器人主动嗅觉研究中，多个机器人搜索时需要考虑相互间信息的共享与合作，采用群体智能技术有望提高搜索效率。

作为群体智能技术的典型代表，蚁群优化（Ant Colony Optimization，ACO）算法[9]和粒子群优化（Particle Swarm Optimization，PSO）算法[10]起源于自然界中蚂蚁、鸟类或鱼群寻找食物等群体行为，算法具有参数少、实现简单、收敛速度快等优点。基于 ACO 和 PSO 的多机器人气味源搜索方法中，可将机器人抽象为一个蚂蚁或粒子，通过 ACO 或 PSO 算法引导多个机器人组成蚁群或粒子群，从而相互合作地搜索气味源。机器人可利用实时环境信息实现分布式计算和控制，具有无须任务分配和全局控制的优点。因此，ACO 和 PSO 等方法在多机器人气味源定位研究中得到众多学者的关注。

孟庆浩等[11]研究了动态环境下基于 ACO 技术的多机器人逆风搜索气味烟羽算法，并通过室内实验验证了其可行性。骆德汉等[12]对 ACO 算法进行了修正，其中包括局部遍历搜索、全局随机/概率搜索和信息素更新 3 个阶段，并将信息素定义为某机器人对其他机器人的吸引程度。

PSO 算法分别被 Jatmiko 等[13]、Marques 等[14]、李飞等[15]用于气味源追踪定位的仿真研究中。为了适应动态烟羽环境，Jatmiko 等提出了两种改进的 PSO 算法：DR－PSO（Detection and Responding PSO）和 C－PSO（Charged PSO）。DR－PSO 检测全局最优值对应的位置，C－PSO 则通过模拟同种带电粒子互斥以解决多机器人的调度问题。李飞等提出了概率 PSO 算法，将估计的气味源概率作为

PSO 算法的适应度函数。

1.2.4 嗅觉仿真技术

嗅觉仿真技术是指基于实物平台或计算机技术建立机器人主动嗅觉的模拟环境,用于机器人主动嗅觉研究中的算法验证。在仿真环境下进行主动嗅觉研究具有设置灵活、验证周期短且成本低、烟羽环境可重复等优点,便于机器人主动嗅觉算法的定量比较研究。嗅觉仿真技术主要包括流场模拟、烟羽模拟、机器人本体模拟和嗅觉传感模拟 4 个主要部分。

流场模拟和烟羽模拟是嗅觉仿真技术的关键点和难点所在。在自然的空气和水下环境中,流场处于湍动状态,流速和流向存在较大幅度的脉动。在湍流主控环境下,气体扩散形成的烟羽呈现出蜿蜒的外形和间歇的内部结构,并在变化流场的裹挟下不断摆动。流场和烟羽的这些特征也是机器人主动嗅觉研究的主要困难所在,是流场和烟羽模拟需要重点关注的问题。流场的波动性和烟羽的间歇性是由湍流的中小尺度精细结构造成的,若采用常规的计算流体力学方法模拟,则运算的时间和空间复杂度非常大。在主动嗅觉研究过程中,为了对算法进行可靠性验证和性能分析,往往需要大量统计数据。若计算耗时过多,便失去了仿真的意义,所以一般需要仿真系统具有较好的实时性。为保证实时性要求,相关研究中通常采用简化流体力学方程,基于非流体力学理论的流场和烟羽模型,以及基于实际采样的传感器信号重构流场和烟羽数据流等方式获得运算复杂度较低的仿真模型。

目前,主动嗅觉研究中所采用的流场和烟羽仿真环境主要分为基于真实数据与基于数学模型这两类。前者的仿真环境是指将传感器采集到的实际流场和烟羽中的数据作为计算机仿真环境的输入,仿真的机器人在数据流中进行搜索;后者的仿真环境中的流场和烟羽一般通过数学方程计算得到,如高斯静态烟羽模型、Farrell 等[16]建立的基于细丝的大气扩散烟羽模型。

目前,嗅觉仿真技术面临的主要问题包括:①机器人运动对流场作用的建模,尤其是旋翼无人机对流场和烟羽分布造成影响的模拟;②复杂空间下流场和烟羽模拟中的边界处理问题;③流场和烟羽精细结构模拟;④流场波动性的模拟;⑤仿真环境实时性问题。

1.3 主动嗅觉研究国内外进展

经过近三十年的发展,机器人主动嗅觉研究发生了巨大的变化,国内外越来越多的科研团队加入到了这个研究领域。机器人主动嗅觉的研究范围也越来越广,从最初的室内稳定气流环境向室外自然气流环境拓展,从空气中化学源头的定位到近年来的水下及地下化学源头的查找,从2D平面搜索扩展到三维(3D)空间寻源。这一方面说明主动嗅觉存在着广阔的应用前景,另一方面也表明,虽然经过多年的研究,主动嗅觉取得了很多可喜的进展,但仍有不少问题等待着研究人员去探索和解决。

下面按照早期研究论文的发表时间顺序,对国内外从事此领域研究的主要团队所取得的代表性成果进行简要介绍。

1.3.1　国外研究进展

日本东京农工大学Ishida教授自1994年便开始从事基于单个机器人平台的化学烟羽定位[17]研究,是此领域的开拓者之一。Ishida教授从飞蛾的行为中获得灵感,在气味搜索过程中利用了风向信息,采用一个带有4个气体传感器(TGS822,Figaro Engineering)和4个风速传感器(F6201－1,Shibaura Electronics Co.,Ltd.)的移动机器人进行气味源定位研究,如图1－2所示。

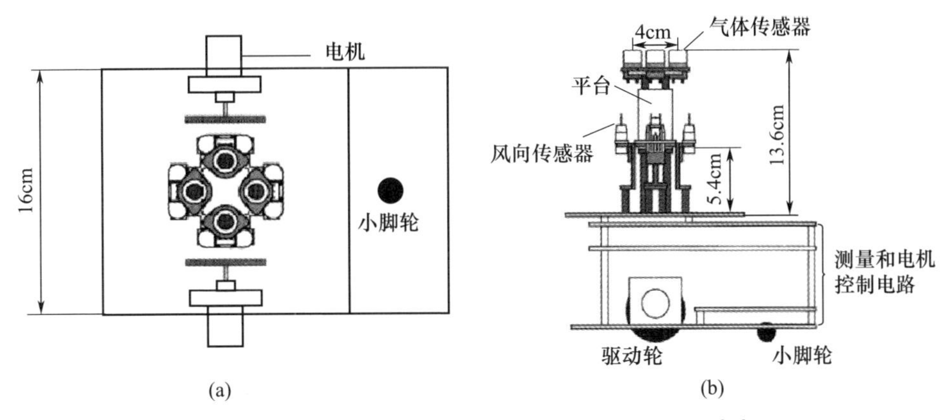

图1－2　Ishida使用的烟羽跟踪机器人－Ⅰ示意图[17]

(a)俯视图;(b)侧视图。

2002年,为适应新算法的需要,Ishida教授开发了第二代烟羽跟踪机器人——GaPTR－Ⅱ(Gas Plume Tracking Robot Ⅱ)[18],如图1－3所示。虽然它仍然采用与第一代相同的气体和气流传感器,但是传感器的摆放位置发生了变化。

2005年,Ishida教授又开发了一款新型的烟羽跟踪机器人[19],如图1－4所示。机器人采用一台二维超声风速仪(WindSonic,Gill)检测风速和风向。增加了气体传感器数量,位于上方的风速仪四周装有4个金属氧化物半导体气体传感器(TGS2620,Figaro Engineering),在机器人下侧前方也装有3个同样的气体传感器。CMOS数字摄像机(Eye－cam－1,Joker robotics)用于采集气味源的视觉信息。

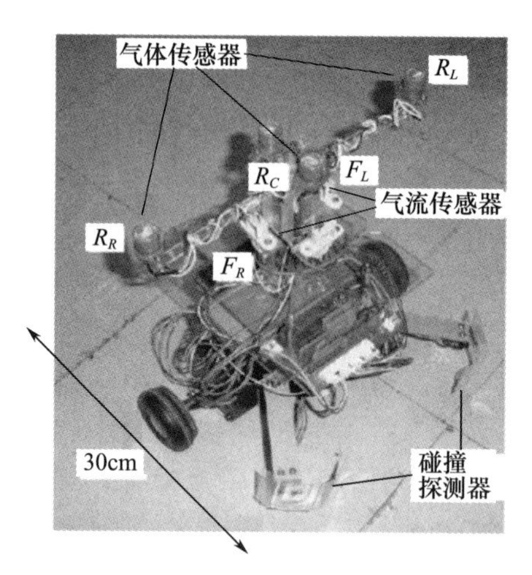

图 1-3 Ishida 使用的烟羽跟踪机器人-Ⅱ(GaPTR-Ⅱ)[18]

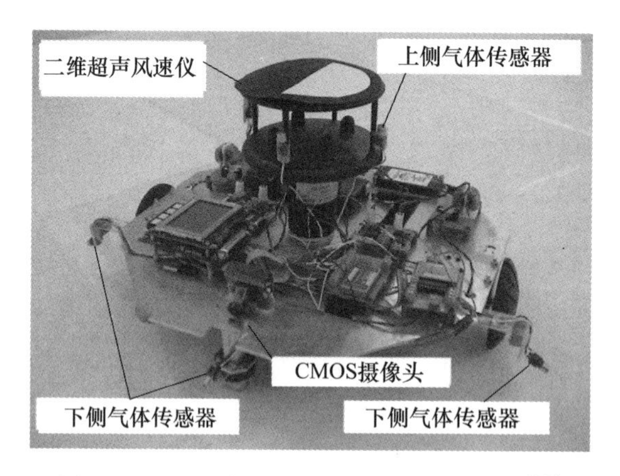

图 1-4 Ishida 使用的烟羽跟踪机器人-Ⅲ[19]

2006 年,Ishida 教授在烟羽跟踪机器人Ⅱ和Ⅲ基础上开发了烟羽跟踪机器人-Ⅳ[20],如图 1-5 所示。机器人的传感器布局基本与烟羽跟踪机器人Ⅱ相似,并增加了一个位于前方的气体传感器,依然使用电热调节式气流传感器检测风速和风向,同时保留了 CMOS 数字摄像机。机载的处理器(Eyebot controller M4,Joker robotics)可以实现所有信号的采集、数据处理和电机控制等功能。

2009 年,Ishida 教授团队为了进行室内三维空间的主动嗅觉实验,制作了一台飞艇机器人[21],如图 1-6 所示。此飞艇采用一个充满氦气的气球提供浮力,前进和高度分别由两个螺旋桨控制。飞艇底部装有一个朝下发射/接收的超声测距传感器用于检测高度,飞艇上方和下方分别装有一个金属氧化物气体传感器(TGS2620,Figaro Engineering)。

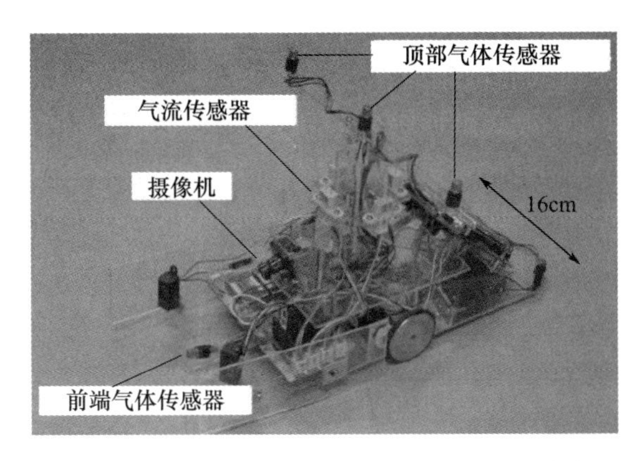

图1－5　Ishida使用的烟羽跟踪机器人－Ⅳ[20]

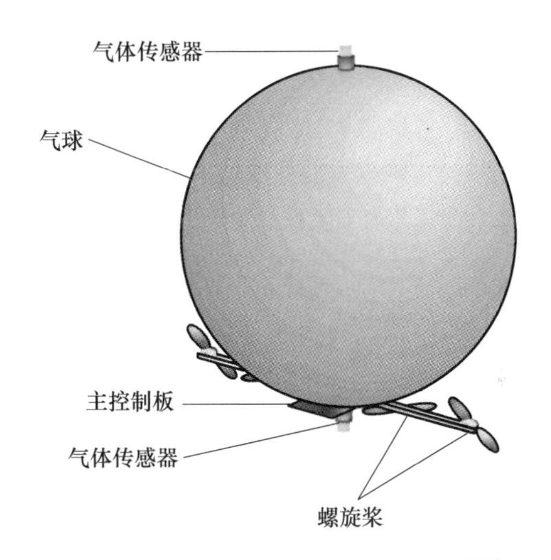

图1－6　用于气味搜寻的飞艇机器人[21]

澳大利亚莫纳什大学(Monash University)的Russell教授自1995年开始致力于机器人主动嗅觉的研究[22]，其研究侧重于地下环境的化学泄漏源(以下简称化学源)定位。

Russell教授早期主要从事蜜蜂、蚂蚁和老鼠等动物的嗅觉定位方法的研究，并设计了相应的小型机器人进行实验[23]，如图1－7所示。2003年以来，Russell教授开始从事RoboMole[24](Robot Mole)计划，目标是研究通过挖掘洞穴从而找到化学源的机器人系统。他们采用MOLE Ⅰ(Mobile Odor Locating Explorer Ⅰ)移动机器人结合hex－path算法以一定的次序往地下插入探头，读取地下物质化学浓度，搜索位于地下的化学源，如图1－8所示。

图 1-7 Russell 早期设计的嗅觉机器人 RAT[23]

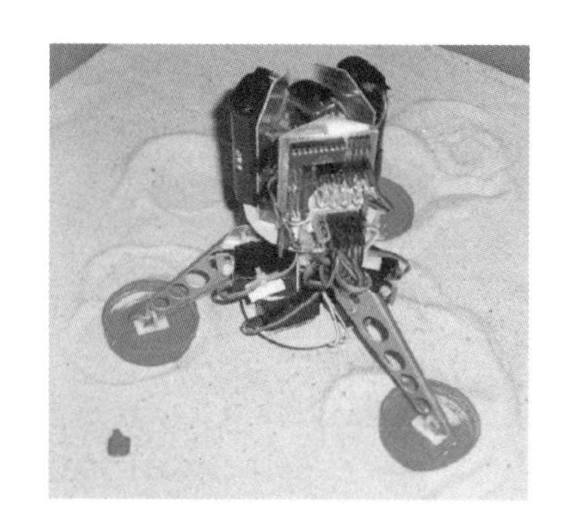

图 1-8 面向地下化学源定位的 MOLE Ⅰ 移动机器人[24]

为了在三维空间内进行气味源定位实验,Russell 教授设计了一台具有升降机构的移动机器人[25],如图 1-9 所示。可升降的传感器探头载有水平和垂直方向安装的两个风向标、一个金属氧化物气体传感器和一个红外距离传感器,其中两个风向标构成了一台三维风向仪。Russell 教授将模拟甲虫行为的 Zigzag 烟羽跟踪算法拓展到三维空间,并使用该机器人进行了测试。

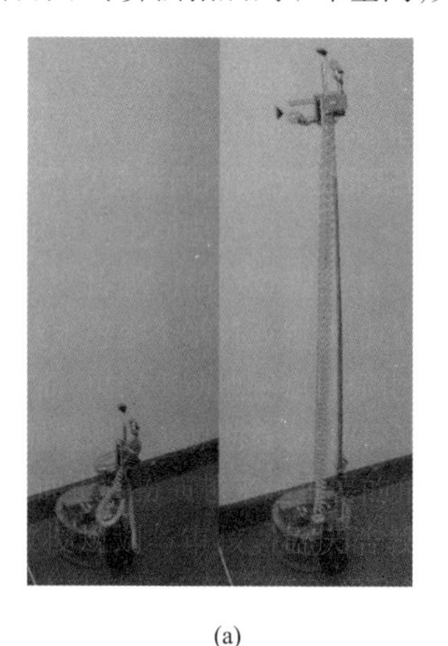

(a)

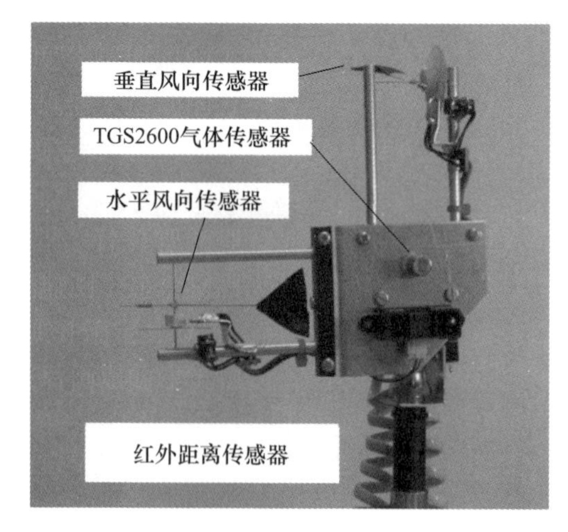

(b)

图 1-9 Russell 设计的三维搜索机器人[25]
(a)三维搜索机器人;(b)传感器探头。

在 2000 年初,国外的几个团队几乎同时加入了机器人主动嗅觉这个研究领域,包括葡萄牙科英布拉大学(University of Coimbra)Marques 教授[26]、美国加州理工 Hayes 博士和瑞士洛桑联邦理工学院 Martinoli 教授[2]、美国加州大学河滨分校 Farrell 教授[16]、瑞典厄勒布鲁大学(Örebro University)Lilienthal 教授[27]。

Hayes、Martinoli 及 Marques 的研究更多关注多机器人协作的气味/气体源定位。Hayes 博士在自主多机器人气味源定位的研究中,使用 Moorebots[2] 机器人作为平台,该机器人最初由西英格兰大学的 Owen Holland 设计,如图 1-10 所示。Hayes 博士首次将 Spiral Surge(SS)算法用于多机器人的气味源定位研究,如图 1-11 所示。SS 算法首先通过大螺旋间距(螺旋间隙 1)的外螺旋(Spiral)搜索模式发现烟羽。当机器人测得一个“气味包”(即测得气味)后,则记录当前的逆风方向,并沿该逆风方向直线前进一段给定的距离(此逆风直线运动即为 Surge)。在此过程中,若又测得气味包,则重置当前已经行走的直线距离,并保持前进方向不变,再做一次完整的 Surge 运动;若未能检测到气味包,则开始一个螺旋间距较小(螺旋间隙 2)的外螺旋运动进行烟羽再发现。在烟羽再发现过程中,若能检测到新的气味包,则重新对风向采样,开始新一轮的烟羽横越过程。在气味源附近,该算法对过搜索(即沿逆风方向超越了气味源)问题有自动补偿的作用,即可在一定时间后旋转回气味源下游区域,以便于进一步的气味源定位。

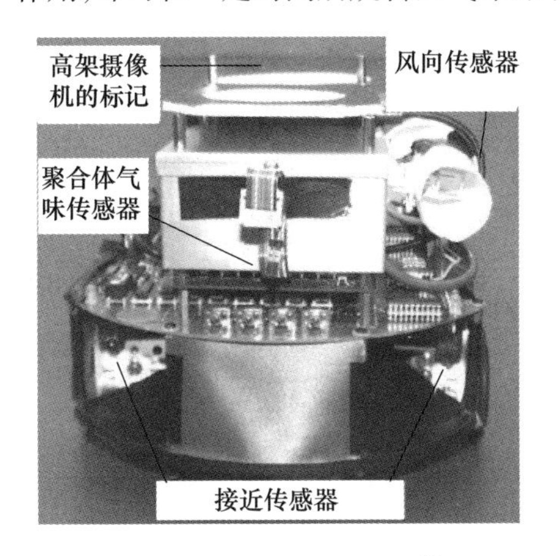

图 1-10 Moorebots 平台[2]

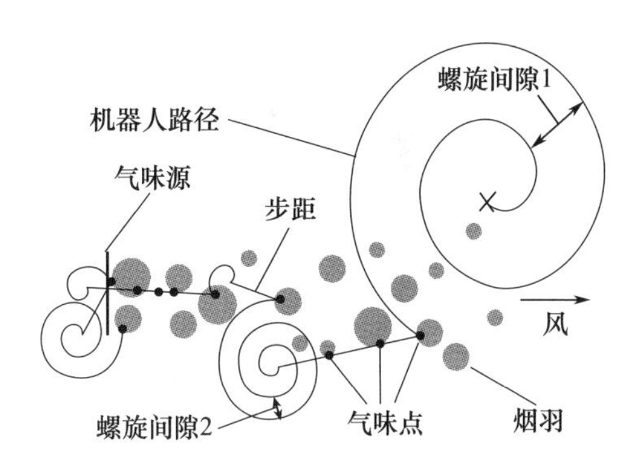

图 1-11 Spiral Surge 算法示意图[2]

Martinoli 教授及其合作者采用 Khepera Ⅲ机器人作为研究平台[28],对多种气味源定位算法做了对比实验和理论分析。该机器人上载有一个 MiCS 5521 挥发性有机物传感器,以及一个热电阻风速传感器,如图 1-12 所示。

Marques 教授在 2002 年的论文中使用了一台 Super Scout Ⅱ机器人进行气味源搜索研究[26],如图 1-13 所示。该机器人左右两侧各载有一个气体传感器阵列,每个传感器阵列由 TGS 2600、TGS 2610、TGS 2611 和 TGS 2181 4 个金属氧化物气体传感器组成。

图 1－12　Khepera Ⅲ平台[28]

图 1－13　Super Scout Ⅱ平台[26]

Lilienthal 教授课题组对气体分布建图问题进行了较为深入的研究。Lilienthal 和 Duckett 在 Koala 商业移动机器人的基础上，组合了不同结构的电子鼻装置进行气味源定位实验[29]，如图 1－14 所示。Lilienthal 教授在 2003 年的研究中还使用了 Arthur 机器人平台，该平台本体为 iRobot 公司的 ATRV－Jr. 机器人[30]，搭载有 1 台激光测距仪（LMS 系列，SICK）、1 台电子鼻（VOCmeter－Vario，AppliedSensor 公司）以及 2 组金属氧化物气体传感器（TGS 2620，Figaro Engineering），每组各有 3 个传感器。2009 年，又在 ATRV－Jr. 机器人上更新传感器组成了 Rasmus 机器人平台，用于室外气体分布建图研究[31]，该平台载有 1 台激光测距仪（LMS200，SICK）、1 台由多个 Figaro 26 系列金属氧化物气体传感器组成的电子鼻，以及 1 台三维超声风速仪（Young 81000），如图 1－15 所示。2010 年，为了进行室内三维气体分布建图研究，Reggente 和 Lilienthal[32]在先锋 P3－DX 机器人上搭载了 1 台激光测距仪（LMS200，SICK）、3 个不同高度的气体传感器

(TGS 2620,Figaro Engineering)以及1台二维超声风速仪(WindSonic,Gill),如图1-16所示。

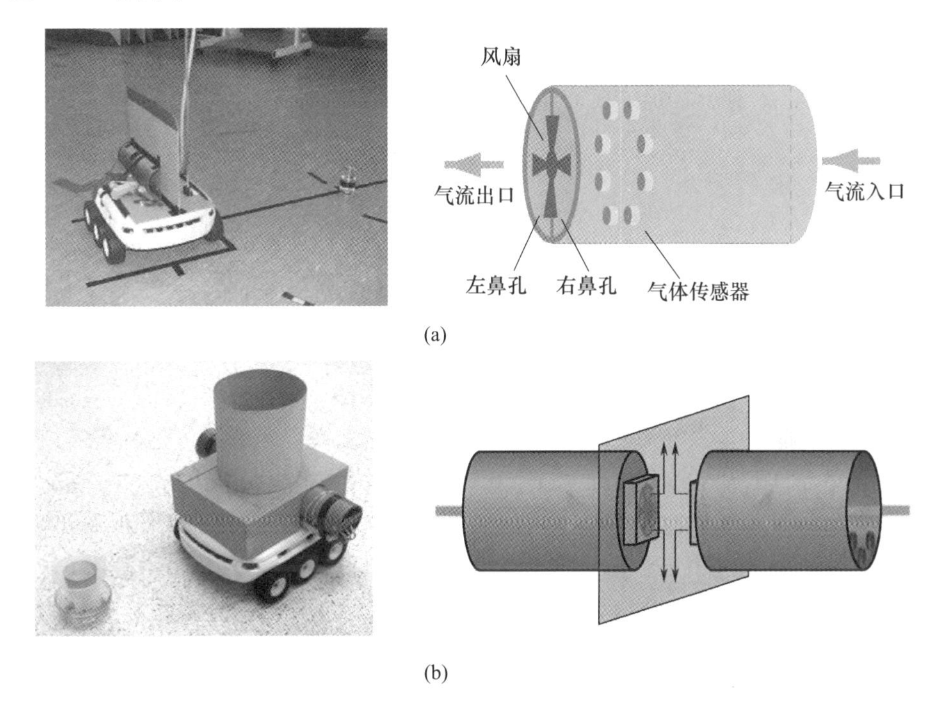

(a)

(b)

图1-14 基于Koala的嗅觉机器人平台[29]

(a)Koala嗅觉机器人及其Mark Ⅰ电子鼻;(b)Koala嗅觉机器人及其Mark Ⅲ电子鼻。

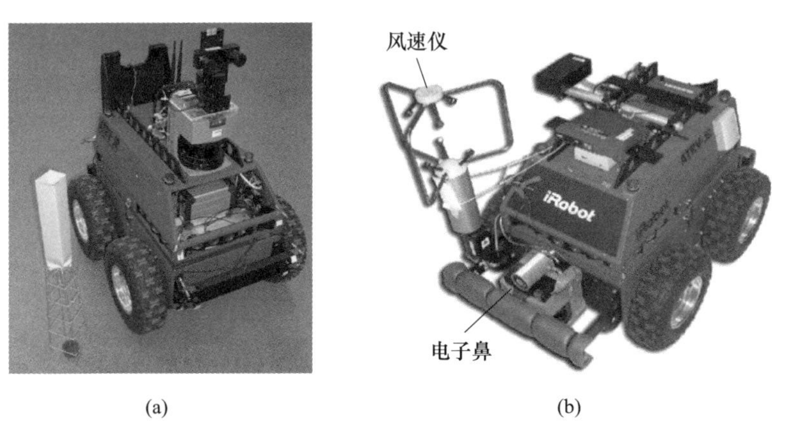

(a) (b)

图1-15 基于ATRV-Jr.的机器人平台

(a)Arthur机器人[30];(b)Rasmus机器人[31]。

图 1-16　基于 Pioneer P3-DX 的机器人平台[32]

从 2005 年开始，国外又相继有几个团队开始关注机器人主动嗅觉领域，其中包括美国怀俄明大学 Spears 教授[33]、印度尼西亚大学 Jatmiko 教授[13]、澳大利亚阿德莱德大学（The University of Adelaide）Lu 教授[34]，以及意大利 IMT 卢卡高级研究所（IMT Lucca Institute for Advanced Studies）仿生机器人方向的 Ferri 博士[35]。Spears 主要从流体力学分析的角度开展化学烟羽定位研究，Jatmiko 将多种改进的 PSO 算法用于单个或多个化学物质源头定位研究。Lu 教授的研究涵盖仿真模型构建及快速反应式烟羽定位方法。为了获得具有快速反应速度的浓度传感器，Lu 教授团队使用离子发生器产生烟羽，并用离子传感器进行检测。用于实验的机器人[36]如图 1-17 所示，机器人载有 1 个离子传感器以及 3 个热电阻式风速传感器。

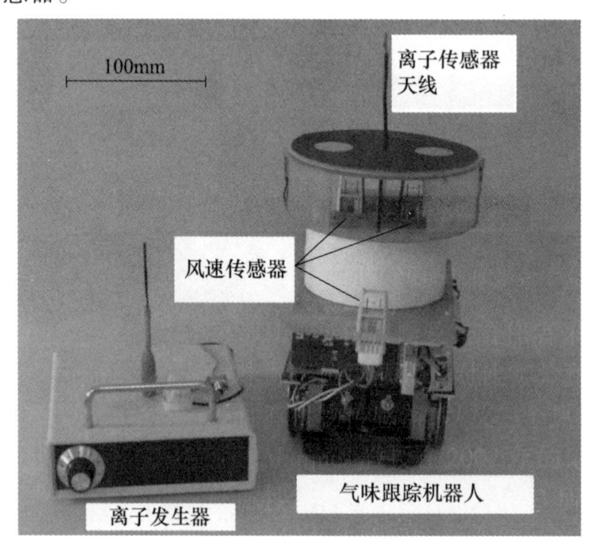

图 1-17　用于检测离子烟羽的机器人平台[36]

Ferri 团队[35]对室内微弱气流环境下的气味源定位进行了较为系统的探讨,设计的 MOMO 机器人实验平台如图 1-18 所示。机器人主要载有 1 个气体传感器(TGS 800,Figaro Engineering)和 2 个位于前端的用于避障的触觉传感器。

图 1-18 MOMO 机器人平台[35]

1.3.2 国内研究进展

国内较早的与机器人主动嗅觉相关的文献为 2005 年中国科学院电子学研究所李建平教授指导的硕士生梁亮的学位论文[37],紧接着是 2006 年天津大学自动化学院李飞的硕士学位论文[38],以及哈尔滨工业大学姚智慧教授指导的硕士生徐保港的学位论文[39]。从 2006 年至今,国内有越来越多的团队加入到此研究领域中。梁亮和徐保港所使用的嗅觉机器人如图 1-19 所示。

(a)

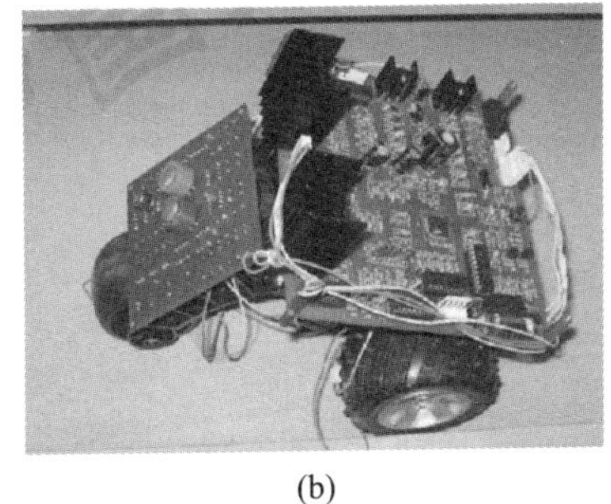

(b)

图 1-19 梁亮和徐保港所使用的嗅觉机器人

(a)梁亮设计的机器人[37];(b)徐保港设计的机器人[39]。

本书作者所在课题组的相关研究涵盖了单个/多个机器人和视觉/嗅觉融合的气味烟羽定位,对真实环境中的风信号分析以及主动嗅觉仿真等多个方面

(详见后续章节)。搭建的用于主动嗅觉研究的实验平台包括4种地面机器人、1种微型空中嗅探机器人和1个多风扇主动控制风洞(有关风洞的介绍见本书第8章)。地面机器人实验平台系列包括MrCollie(Mobile Robots for Cooperative Odor-source LocaLization in Indoor Environments)、Mice(Multi-robot for Intelligent Cooperative Exploration)、HEROINE(High-tech Experimental Robot for Odor-source Identification, Navigation, and Exploration)和MrSOS(Mobile Robot for Searching Odor Source),如图1-20所示。MrCollie为面向集中式主动嗅觉研究而开发的群体机器人平台,图1-20(a)为其中一个。每台MrCollie机器人采用双轮差速驱动,主控采用ARM7处理器。机器人装有1台二维超声风速仪(WindSonic, Gill),用于避障的8个超声测距传感器和8个红外测距传感器(呈环形分布),以及用于检测挥发性有机物的Figaro 2620气体传感器。Mice为面向完全分布式主动嗅觉研究而开发的群体机器人平台,Mice机器人比MrCollie尺寸小巧,

图1-20 天津大学主动嗅觉团队搭建的地面移动机器人平台
(a)MrCollie平台;(b)Mice平台;(c)HEROINE平台;(d)MrSOS平台。

图1－20(b)为其中一个。每台 Mice 机器人装有一个气体传感器(MiCS 5521，SGX)，用于测量机器人朝向的电子罗盘，用于多个机器人组网的无线通信模块(基于 CC2430 芯片)，用于障碍物测量的超声测距传感器以及用于群体间相对定位的传声器阵列和蜂鸣器。HEROINE 为面向室内环境主动嗅觉研究而开发的单机器人平台，采用双轮差速驱动，装有 1 台二维超声风速仪(WindSonic，Gill)，1 个用于检测挥发性有机物的气体传感器(MiCS 5135，SGX)，1 台激光测距仪(LMS200，SICK)，用于避障的 16 个超声测距传感器，1 个用于检测机器人朝向的电子罗盘，1 台索尼 CCD 云台摄像头和无线网卡。用于室外主动嗅觉研究的机器人平台 MrSOS 以先锋 P3AT 机器人为本体，传感器配置与 HEROINE 平台相同，激光测距仪采用 SICK 公司的 LMS111 型号，另外增加了 1 台差分 GPS 系统用于室外精确自定位。

空中实验平台为一款名为“微蜂”(Micro Bee)的微型旋翼嗅探机器人，如图1－21所示。“微蜂”的主体是一架四旋翼直升机，总重 122 g(含电池)，翼尖相距最远距离为 36.5 cm。它的动力装置为直流空心杯电机、减速齿轮和双叶螺旋桨，电控系统包括飞行控制、电机驱动、数据采集和通信模块。“微蜂”上安装有 3 枚金属氧化物半导体气体传感器，通过对 3 枚气体传感器输出信号的处理可估计气味来源方向。主控芯片为 STM32F103 系列微处理器，主频为 72MHz，通过一个地面站实现对“微蜂”的控制和风速估计等任务。

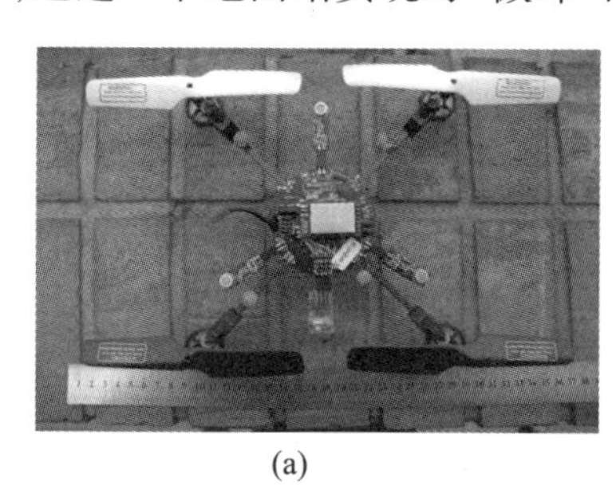

(a)

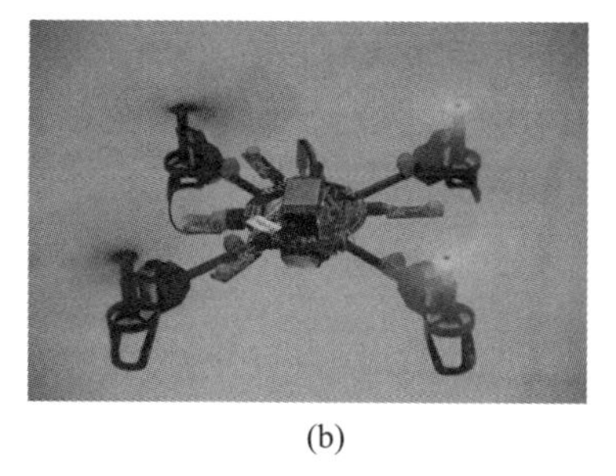

(b)

图1－21 天津大学主动嗅觉团队搭建的微型旋翼嗅探机器人平台

(a)静态俯视图；(b)悬停侧视图。

河北工业大学张明路教授[40]自 2008 年开始致力于机器人主动嗅觉的研究，其研究工作侧重于仿生策略在主动嗅觉中的应用。张明路教授团队设计并制作了一台多感官机器人平台，该机器人采用了具有翻转臂功能的履带式移动本体，超声测距传感器、红外测距传感器及三维电子罗盘为机器人避障和导航提供环境信息，所设计的四自由度拟人机器人头部系统具有立体视觉、听觉及嗅觉感官功能。

广州工业大学骆德汉教授提出了一种基于修正 ACO 算法的气味源定位策略,并通过仿真对算法进行了验证[12]。华中科技大学夏东海的博士学位论文对气体信号源方位的探测方法进行了系统研究[41]。哈尔滨工程大学庞硕教授早期与美国 Farrell 教授课题组合作,开展了水下机器人的主动嗅觉研究,具有代表性的工作为基于贝叶斯推理的源概率地图构建[7]。苏州科技大学王俭博士在 2009 年提出了一种用于地下气味源搜索的变步长六边形算法[42]。杭州电子科技大学吕强教授在多机器人主动嗅觉的决策控制方面开展了有特色的研究工作[43]。哈尔滨工业大学宋凯博士通过嗅觉机器人和听觉机器人协作完成了化学物质源定位[44]。中国科学院沈阳自动化研究所田宇博士和康小东博士研究了水下的羽流追踪问题,其代表性工作包括结合化学/视觉传感器及基于编队思想的烟羽跟踪[45-46]。中国矿业大学巩敦卫教授采用小生境粒子群算法研究了多机器人定位多气体源问题[47]。

第2章 主动嗅觉感知技术

感知技术是机器人主动嗅觉的关键技术之一,也是实现主动嗅觉功能的基础,在气味源定位、气味分布建图及气味轨迹引导等功能实现方面发挥着重要作用。主动嗅觉感知主要是指机器人对气体传感器(或阵列)及气流(风速/风向)传感器信息的获取和处理。在传感器方面,本章首先介绍6种气体传感器的工作原理及特点,然后重点介绍使用较多的超声风速传感器的工作原理;在信号处理部分,首先阐述在主动嗅觉领域使用最多的金属氧化物半导体气体传感器的二值化处理方法,然后简单介绍气流传感器的坐标变换及历史风速/风向数据的处理方法。

2.1 常用气体传感器

气体传感器是一种可以将待测气体/气味的成分、浓度等信息转换成可测量电信号的换能元件。对于机器人主动嗅觉研究而言,比较重要的气体传感器特性包括响应时间、恢复时间、灵敏度、功耗、选择性和稳定性等。因为湍流环境下从气味源释放的烟羽具有时变、间歇和稀疏等特性,因此,一般要求气体传感器具有较短的响应和恢复时间,这样才可以实时地获取快速变化的气味信息。随着气味分子团远离气味源,气味浓度越来越稀薄,因此,要求气体传感器具有较高的灵敏度以及对低浓度气味的良好敏感性。考虑到机器人自身电池的限制,一般要求气体传感器具有较低的功耗,并且可以长时间地稳定工作。目前,常用的气体传感器包括金属氧化物半导体型、导电聚合物型、质量敏感型、电化学型、催化燃烧型和光学型等。

2.1.1 金属氧化物半导体型

因具有响应较快、灵敏度较高、电路简单、寿命较长和价格低等优势,金属氧化物半导体(Metal Oxide Semiconductor, MOS)传感器是目前机器人主动嗅觉领域应用最广泛的气体传感器种类之一。最常见的制作材料有金属锡、锌、钛、钨或铱的氧化物,或掺入铂和钯等贵金属催化剂。MOS型气体传感器一般需在

200 ~ 400℃温度下工作[48]。当气体吸附于半导体表面时,传感器的阻值或电压阈值特性将随气体浓度的改变而变化,这就是 MOS 型气体传感器的基本工作原理。该类传感器可划分为电阻型和非电阻型(如金属氧化物半导体场效应晶体管 MOSFET 系列)两大类,前者又分为表面电阻控制型(如 SnO_2系列和 ZnO 系列)和体电阻控制型(如 Fe_2O_3系列)。

1) 工作原理

下面简要介绍电阻型(表面电阻控制型和体电阻控制型)和非电阻型(表面电位型)MOS 气敏传感器的工作原理。

(1) 表面电阻控制型。SnO_2和 ZnO 属于此种类型,即 N 型半导体气敏器件。该类型气敏传感器主要利用气体吸附于半导体表面后导致半导体材料的电导率变化而实现气体浓度的测量。当氧化性气体吸附到 N 型半导体上时,将使载流子减少从而电阻增大;相反,当还原性气体吸附到 N 型半导体上时,将使载流子增多从而电阻下降。该类敏感元件具有构造简单、检测灵敏度高和反应速度快等特点。在市场上出售的大部分半导体气敏元件属于此类。

目前,世界范围内生产量最大、应用最为广泛的表面电阻控制型 MOS 传感器是 SnO_2系列。这类气敏元件多用来测量丙烷(液化石油气)、甲烷(煤矿井下天然气)、一氧化碳、氢气、醇类、硫化氢等可燃性气体或饮酒者呼出的酒气、NO_x等气体。其适宜的工作温度通常为 200 ~ 400℃,因测定对象不同而有所区别。与 SnO_2系列相比,ZnO 系列气敏传感器对一般还原性气体的检测灵敏度较低,并且其工作温度偏高。

(2) 体电阻控制型。利用半导体物质与气体反应时呈现体电导率变化的元件称为体电阻控制型敏感元件。体电阻控制型金属氧化物半导体的原子(离子)组成不满足化学计量比,并且其化学性质比较活跃易被还原,在一定条件下与气体接触时晶体中的结构缺陷就发生变化,从而使得体电阻发生变化。以 $\gamma-Fe_2O_3$气敏传感器为例,当敏感材料与气体接触时,随着气体浓度的增高,$\gamma-Fe_2O_3$被还原为 Fe_3O_4,产生的 Fe^{2+}空位使体电阻下降;气体脱附后,Fe_3O_4迅速重新被氧化为 $\gamma-Fe_2O_3$,电阻回升。$\gamma-Fe_2O_3$和 Fe_3O_4都属于尖晶石结构,两者之间的转换是可逆的,通过这种转换可达到检测周围气体的目的。此种传感器的适宜工作温度为 400 ~ 420℃,温度过高会失去敏感性。

(3) 非电阻型(表面电位型)。利用半导体吸附气体后产生表面电位或界面电位变化的气敏元件,称为表面电位型气敏元件。该类型元件主要利用半导体表面的电荷层或金属 - 半导体接触面势垒的变化,导致半导体的伏安特性变化实现气体检测。此类型元件主要包括 Pd - MOSFET 型气敏元件和贵金属/半导体二极管型敏感元件,其中 Pd - MOSFET 型对氢气的选择性比较理想,对其他气体的选择性不是很好。

2）技术特点

MOS 型气体传感器具有如下特点。

（1）结构简单，成本低，可靠性高，机械性能良好。

（2）传感器材料的物理、化学稳定性好，寿命长，耐腐蚀性强。

（3）处理电路简单。电阻输出，比较容易转化为微处理器可以接收的电压信号。

（4）灵敏度较高。最低可实现对几个 ppm 浓度的气体检测。

（5）选择性差。一般的 MOS 型气体传感器具有广谱特性，对多种气体都敏感，较难针对某种特定气体的浓度进行准确测量。

（6）功耗偏大。工作温度高，一般需要加热到 200℃ 以上，并且需要加热 30～60min 后才能准确测量。

（7）响应时间较短。目前，大多数商业化 MOS 型气体传感器的 T90（当待测气体浓度发生阶跃变化时，响应值达到稳定值的 90% 所用时间）时间在几秒到十几秒。

（8）恢复时间较长。大多数商业化 MOS 型气体传感器的恢复时间 T10（当待测气体消失后，输出值降低到稳定值的 10% 所用时间）较长，一般在几秒到几十秒，有的甚至在 1min 以上。

（9）存在“中毒”现象。对多数气体的检测是可逆的，而且吸附、脱附时间较短，可以连续长时间工作；但是，含硫化合物或弱酸与传感器敏感材料会产生不可逆的结合从而导致 MOS 型传感器中毒，乙醇也会使 MOS 型气体传感器与其他挥发性有机化合物气体隔绝。

2.1.2　导电聚合物型

自从 Shirakawa 等[49]于 20 世纪 70 年代末合成导电聚乙炔（Polyacetylene，PA）以来，由于其具有特殊的结构和优异的物理化学性能，使导电聚合物（Conducting Polymer，CP）的研究和应用取得了快速进展。CP 气体传感器能够检测常见的无机气体、有机气体、可挥发性有机物（Volatile Organic Compounds，VOC）等，因此，可广泛应用于大气环境监测、化学工业和食品饮料工业等领域。

1）工作原理

CP 是由具有共轭双键结构的小分子发生聚合反应所制备的导电高分子材料。与 MOS 型气体传感器类似，CP 传感器也是电导型，即传感器与气体接触后其气敏材料的电阻发生变化，不同的是，CP 气体传感器用一层聚合物薄膜代替 MOS 型气体传感器的金属氧化物半导体，该薄膜通常通过电化学聚合沉积在两个金电极之间的间隙中。CP 型气体传感器以 CP 为载体或敏感材料，CP 高分子与其吸附的气体之间产生电子授受关系，通过检测相互作用导致的导电率变化而得知检测气体分子存在的信息[50]。具体地讲，气体分子吸附于 CP 表面，可以通过多种机制作用调节 CP 的电阻。例如，通过氧化还原反应或掺杂/脱掺杂改变 CP 链间的电阻；通过增大 CP 溶胀，改变聚合物结晶度，或通过形成的氢键/偶极矩作用调整 CP 分子链之间距离从而改变敏感层电阻；气体分子与 CP 中的电荷发生作用，影响 CP 敏感层中载流子浓度，从而改变敏感层电阻。典型的 CP 包括 PA、聚吡咯(Polypyrrole，PPy)、聚噻吩(Polythiophene，PT)、聚苯胺(Polyaniline，PANI)等。

CP 材料按其结构一般可以划分为本征导电聚合物(intrinsically CP，ICP)材料和复合型 CP 两大类。ICP 的导电性能是本身所固有的，复合型 CP 是把常见的导电材料(如碳黑等)添加到有机聚合物中而形成的。复合 CP 型比 ICP 具有更高的灵敏度和更好的重现性。

2）技术特点

(1) CP 的突出优点是既具有金属和无机半导体的电学和光学特性，又具有聚合物柔韧的机械性能、可加工性和化学氧化还原活性。

(2) 功耗低。与 MOS 型气体传感器不同，CP 型气体传感器可在室温下工作，因此功耗低。

(3) CP 型气体传感器比较容易制备。

(4) 可在相对湿度较高的环境中工作。

(5) 对多种气体具有较好的线性响应。

(6) 灵敏度较低，实际灵敏度比 MOS 型气体传感器低大约一个数量级。

(7) 容易老化，表现为传感器漂移。

(8) 响应时间可能从几秒到几分钟不等。

2.1.3 质量敏感型

在各种检测手段中，由压电效应产生声波原理制作的气体传感器因其自身的优越性引起了研究人员的广泛关注。此类气体传感器在压电材料上涂覆敏感膜，敏感膜吸附气体分子导致由压电材料产生的声波在传递过程中的参数(振幅、频率、波速等)发生变化，测量该变化量即可得到目标气体的质量和浓度等信息。常用的压电器件包括石英晶体微量天平(Quartz Crystal Microbalance，QCM)和表面声波(Surface Acoustic Wave，SAW)。由于压电材料产生的声波传播对质量特别敏感，所以被国际纯粹与应用化学联合会(IUPAC)归类为质量敏感型传感器。压电材料本身对气体分子没有选择性，所以需要在压电材料上涂覆适当的敏感膜，通过吸附待测气体引起声波参数发生的变化实现对气体的测量。质量敏感型气体传感器在食品、饮料和化妆品行业的质量监控、有毒有害气体检测、工业废气和空气污染物监测、爆炸性原料和毒品等挥发物检测及相关领域具有广阔的应用前景。

1）QCM 工作原理

QCM 传感器中的声波属于体声波，从石英晶体的一面传递到另一面，即在晶体内部传播。QCM 出现于20世纪60年代，是一种非常灵敏的质量检测仪器，理论上可以测到的质量变化相当于单分子层或原子层的几分之一。QCM 主要利用石英晶体的正/逆压电效应进行工作：当在石英晶片两侧施加外力时，晶格电荷中心发生偏移而极化，从而在晶片的相应方向上产生电场，即发生正压电效应；相反，若在石英晶片的两个电极上施加一个电场，晶片将会发生机械形变，即发生逆压电效应。通过对石英晶片施加交变电压，晶片就会产生机械振动，同时晶片的机械振动又会产生交变电场。在某一个固定频率的交变电压下，晶片的振幅明显增大，即发生了压电谐振。QCM 气体传感器主要由石英晶体谐振器、敏感膜、信号检测和数据处理等部分组成。石英晶体谐振器主要包括 AT 切型、BT 切型、CT 切型等几大类，QCM 气体传感器通常采用 AT 切型。

根据 Sauerbrey[51] 在1959年的研究结果，对于 AT 或 BT 切型，QCM 传感器的频率偏移量 Δf 与电极表面附着气体分子质量之间的关系为

$$\Delta f = -\frac{2f_0^2 \Delta M}{A\sqrt{\rho_q \mu_q}} \tag{2-1}$$

式(2－1)为 Sauerbrey 方程，其中 f_0 为石英晶振的基频，ΔM 为质量改变量，ρ_q 为石英晶体密度，μ_q 为剪切模量，A 为石英晶体的有效压电面积。对于 AT 切型石英晶体，$\mu_q = 2.947 \times 10^{11}\,\mathrm{g/(cm \cdot s^2)}$，$\rho_q = 2.648\,\mathrm{g/cm^3}$，所以式(2－1)也可以改写为

$$\Delta f = -2.26 \times 10^{-6} \frac{f_0^2}{A} \Delta M \tag{2-2}$$

式中：频率、质量变化的单位分别是 Hz 和 g，面积的单位是 $\mathrm{cm^2}$。

2）SAW 工作原理

19世纪末，英国科学家瑞利(Rayleigh)发现了在固体表面传播的声波，即 SAW。SAW 传感器中的声波在器件表面传播，即声波从表面的一个位置传递到另一个位置。1965年，美国的 White 和 Voltmer[52] 发明了能在压电晶体材料表面上激励 SAW 的金属叉指换能器(Interdigital Transducer，IDT)，使得 SAW 传感器的应用越来越广泛。不同的边界和介质条件下会产生不同类型的声表面波，常用的 SAW 类型包括瑞利波、拉姆波、表面横波等，一般情况下，如果没有特殊

说明,声表面波指的是瑞利波。

SAW 气体传感器包括 SAW 器件、气体敏感膜和信号处理电路。常用的 SAW 器件主要有延迟线型(SAWDL)和谐振型(SAWR)两种结构,SAWDL 由压电材料基片与一个发射 IDT 和一个接收 IDT 组成,SAWR 由 IDT、压电材料基片及金属栅条式反射器构成。由于 SAWDL 结构比较简单,因此,早期的 SAW 气体传感器大多采用此种形式。20 世纪 90 年代末,SAWR 因性能上的优势开始得到越来越多的应用。

SAW 气体传感器根据敏感膜的不同可实现对不同种类气体的检测。当敏感膜采用各向同性绝缘材料时,覆盖层密度因吸附气体分子而发生改变,进而影响 SAW 的波速和谐振频率偏移;当敏感膜采用导电聚合物材料或金属氧化物半导体材料时,敏感膜因吸附气体分子使得其电导率发生变化,从而引起 SAW 波速和振荡频率的改变。Auld[53]指出,对不导电的各向同性薄膜涂层且膜的厚度小于 SAW 波长的 1% 的情况下,SAW 振荡器谐振频率的变化受敏感膜质量沉积效应(Mass Loading Effects)和黏弹效应(Viscoelastic Effects)的影响。当采用有机薄膜时,因其剪切模量很小,因此可以忽略黏弹效应。在这种情况下,如果采用 ST 切型石英晶体作为 SAW 器件,谐振频率变化可表示为[54]

$$\Delta f = (k_1 + k_2 + k_3)\rho h f_0^2 \tag{2-3}$$

式中:k_1、k_2 和 k_3 为石英晶体的常数;ρ 为薄膜密度;h 为薄膜厚度;f_0 为基频。因为 SAW 的基频可以达到吉赫水平,而 QCM 的基频一般在几十兆赫,所以 SAW 比 QCM 更灵敏。但由于 SAW 的频率很高,因此对检测电路要求也很高。另外,SAW 器件的频率稳定性比 QCM 要差一些。

3) 技术特点

(1) 灵敏度高。具有可检测到 ppb 级气体体积浓度的能力。

(2) 被检测气体种类、选择性、响应时间、恢复时间等方面的特性与敏感膜的种类有关,通常要求敏感膜具有选择性好、响应迅速、重复性好、吸附具有可逆性、性能稳定、无挥发性、便于涂覆到压电晶片上等特点。

(3) 对检测电路的要求较高。因质量敏感型气体传感器以频率输出,要求检测电路可以准确地捕捉频率的微小变化。

2.1.4 电化学型

电化学型气体传感器是一种化学传感器,其主要优点是选择性好,可用于机器人在工业现场在线检测毒气泄漏和氧气含量。

1) 工作原理

电化学气体传感器主要由电解质和电极两部分组成。典型的电化学传感器使用2～3个电极接触电解质,也有使用4个电极的情况。按照电解质的形态,可分为液体电解质和固体电解质;按照检测电信号的形式,可分为电位型和电流型。电位型是利用电极电势和气体浓度之间的关系进行测量;电流型采用极限电流原理,即利用气体通过薄层透气膜或毛细孔扩散作为限流措施,获得稳定的传质条件,产生正比于气体浓度或分压的极限扩散电流。

按照工作原理,电化学气体传感器一般分为下面几种类型[55]。

(1) 恒电位电解式气体传感器。在保持电极和电解质溶液的界面为某恒电位时,将气体直接氧化或还原,并将流过外电路的电流作为传感器的输出。

(2) 伽伐尼电池式气体传感器。伽伐尼电池式气体传感器与上述恒电位电解式一样,通过测量电解电流实现对气体浓度的检测。由于传感器本身就是电池,所以不需要外加电压。这种传感器主要用于 O_2 的检测,检测是否缺氧的仪器几乎都使用这种传感器。

(3) 离子电极式气体传感器。将溶解于电解质溶液并离子化的气态物质的离子作用于离子电极,把由此产生的电动势作为传感器的输出,此电动势的大小反映了气体的浓度。

(4) 电量式气体传感器。将气体与电解质溶液反应而产生的电解电流作为传感器的输出,由此用于气体浓度的检测,其中作用电极、对比电极都是铂电极。

(5) 浓差电池式气体传感器。不用电解质溶液,而用有机电解质、有机凝胶电解质、固体电解质、固体聚合物电解质等材料制作传感器,基于产生的浓差电势进行气体浓度的测量。

2) 技术特点

(1) 选择性强。一般的电化学型气体传感器可针对单一气体进行检测,交叉敏感不明显。

(2) 使用寿命较短。电解质溶液的蒸发或污染常会导致传感器输出信号衰降,电化学传感器一般2年左右需要更换。

(3) 温湿度适应范围较宽。可在 -40～+50℃温度范围和10%～95%相对湿度范围内工作,但读数易受温度影响,所以一般需要温度补偿。

(4) 功耗较低。

(5) 响应时间较长。T90 时间介于几秒到几十秒。

(6) 检测下限较低。可以实现对 ppm 级气体浓度的检测。

2.1.5 催化燃烧型

催化燃烧型气体传感器可选择性地检测大多数可燃性气体,如天然气、沼气、液化气、一氧化碳、氢气等,此种传感器对不可燃烧的气体一般没有响应。防爆机器人搭载此种气体传感器可在易燃、易爆环境下对可能的泄漏提前预警。

1）工作原理

催化燃烧型气体传感器利用催化燃烧特性检测空气中可燃气含量，是甲烷（液化气和天然气的主要成分）、一氧化碳等可燃气体专用传感器。由于它的性能好、成本低，是当前国内外使用最多、最广泛的可燃气体传感器。催化燃烧型气体传感器工作原理是[56]：把催化剂（如氧化钯黑）涂在测量元件表面构成传感器的催化元件（俗称“黑件”），再配以物理性能相同的测量元件构成参比元件（表面没有催化剂，俗称“白件”）。用贵金属丝（如铂丝）给黑白件通以电流，加热至400～500℃，催化作用使得待测可燃气体在黑件表面发生无焰燃烧并释放出热量，黑件温度随之上升，导致黑件电阻增加，然后利用电桥电路可测出黑件电阻值变化，从而推算出目标可燃气体的浓度。

2）技术特点

催化燃烧型气体传感器具有如下优点。

（1）对所有可燃气体的响应具有广谱性，在空气中对可燃气体爆炸下限浓度（LEL）以下的含量，其输出信号接近线性（60% LEL 以下线性度更好）。

（2）对非可燃气体没有反应。

（3）传感器结构简单、成本低。

（4）不受水蒸气影响，对环境的温湿度影响不敏感，适于室外使用。

但是，它也存在如下一些缺点。

（1）工作温度高，一般元件表面温度为200～300℃，内部可达700～800℃，传感器不能做成本安型结构，只能做成隔爆型。

（2）工作电流较大、功耗大，不易做成总线连接。

（3）在缺氧环境下检测指示值误差较大。

（4）稳定性偏低，易产生零点漂移。

（5）灵敏度较低。

（6）存在“中毒”现象。当在外界待测可燃气体浓度大幅提升时，传感器无法跟踪浓度的变化，存在完全失灵、无法恢复的可能；元件易受硫化物、卤素化合物等影响，降低使用寿命。

（7）存在“双值”特性，即当待测可燃气体浓度超过某一阈值后，传感器输出曲线与浓度的增长方向相反，这种抛物线使得检测结果具有双值特性。

2.1.6 光学型

光学型气体传感器种类较多，这里重点介绍电离型和光谱吸收型两种。前者在挥发性有机物检测方面应用广泛，但一般无法准确区分具体的气体种类；后者可以实现对待测气体的远程探测,具有较好的选择性,在天然气泄漏监测领域已得到应用。

1）光离子探测器

（1）工作原理。光离子探测器(Photo Ionization Detectors,PID)是从20世纪六七十年代开始逐渐发展起来的一种主要用于VOC检测的技术。如图2-1所示,PID利用真空紫外灯发出紫外线,当被照射的VOC电离能(即电离单位IP,一般用eV表示)低于上述紫外线的电离电位时,被测VOC发生电离,产生离子(正电荷)和电子(负电荷)。常用紫外灯的电离能包括9.8eV、10.6eV和11.7eV。对这些正离子和电子施加电场,正离子和电子分别向两个金属电极迅速移动,从而在两个电极之间产生微弱电流。通过检测电路对微弱电流进行放大、电流/电压转化等处理,再经过标定确定输出电压信号与VOC浓度之间的关系,即可实现对VOC浓度的在线测量。

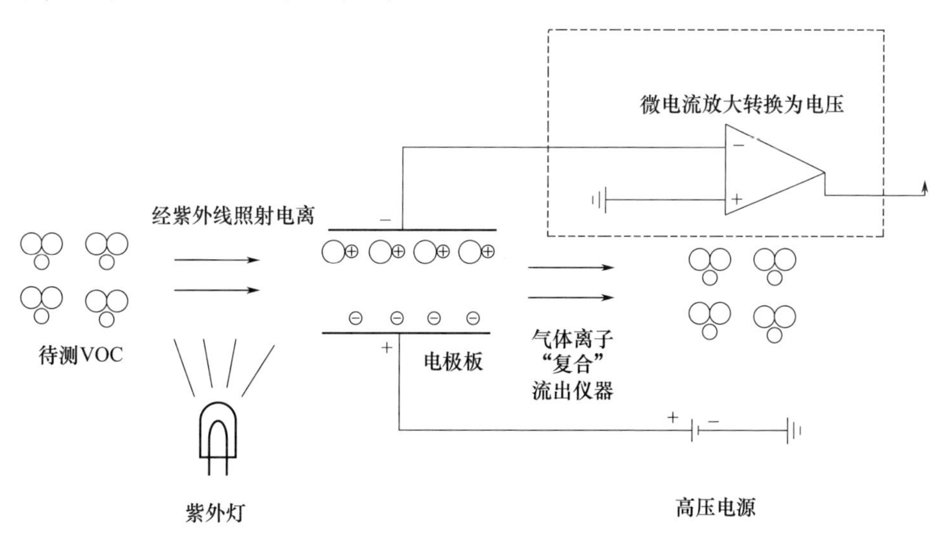

图2-1　PID工作原理

PID除了可以电离大部分VOC,还可以电离一些无机物,如氨气、硫化氢等。但是,空气中的主要成分(如氮气、氧气、二氧二碳和水蒸气等气体)不会被电离。也就是说,PID工作时能够排除空气中大部分常见无机物的干扰。

在PID的实际使用过程中,涉及到标定和校正2个问题。标定可通过PID检测一个浓度和种类已知的气体获得的输出量(读数)而实现,通常使用的标定气体为异丁烯。另外,PID的读数与气体种类和浓度有关,相同浓度、不同种类的气体获得的PID输出也可能不同。VOC种类繁多,使用PID检测时,一般可以直接测得VOC总量的浓度(Total VOC,TVOC)。如果想测定某种特定VOC

的浓度,需要使用校正系数(CF)。PID 使用异丁烯标定后,在获得某种待测气体的 PID 读数后,再通过 CF 可以计算出该种待测 VOC 的浓度。CF 定义为 PID 对待测气体的灵敏度与 PID 对标定气体异丁烯的灵敏度之比,可用下式表示[57]:

$$\text{CF} = \frac{\text{PID 对异丁烯响应值} \times \text{待测气体浓度(ppmv)}}{\text{异丁烯浓度值(ppmv)} \times \text{PID 对待测气体响应值} } \tag{2-4}$$

式中:ppmv 代表的是百万分之一的体积浓度;CF 代表了某种特定气体的灵敏度,一般 CF 值越小,表示该种气体被 PID 测量的灵敏度越高。待测气体的 CF 值可从 PID 厂家获得,也可用已知浓度的异丁烯和待测气体通过 PID 测试获得。

(2)技术特点。

① PID 选择性较差。一般无法准确地检测每一种特定 VOC 的浓度,大多数情况下可检测 VOC 总量,即 TVOC。这是因为 PID 的工作原理是对电离能低于紫外线能量的气体进行电离,这样会导致空气中所有低于紫外线能量的 VOC 被电离,从而无法区分是哪种 VOC。

② 无法远程测量。虽然 PID 是一种光学气体传感器,但待测气体需要经过 PID 传感器的电离室才可以实现检测,否则无法电离待测气体,也就无法实现浓度测量。

③ 较高的灵敏度。PID 传感器具有较低的检测下限,一般可以检测 ppm 级的气体体积浓度,有的甚至可以检测 ppb 级的气体体积浓度。

④ 较快的响应速度。PID 在正常工作情况下,对待测气体的响应时间一般在几秒,可实现对待测气体的实时测量。

⑤ 检测没有破坏性。被检测气体离开电离室后会重新复合成气体分子,这样 PID 的使用不会影响环境中 VOCs 本来的浓度分布。

2)可调谐半导体激光吸收光谱

(1)工作原理。许多气体在红外光谱区展示出吸收特性,利用此特性可实现对气体的检测。可调谐半导体激光吸收光谱(Tunable Diode Laser Absorption Spectroscopy,TDLAS)是一种利用半导体激光器的可调谐性和待测气体分子吸收谱线进行光谱测量的技术。TDLAS 技术在本质上与传统红外光谱技术相同,都是研究气体的吸收光谱,并且都是利用物质对光的选择性吸收进行测量。它们之间的不同之处在于光源的选择,TDLAS 使用可调谐二极管激光作为光源。与传统红外光源相比,TDLAS 采用的激光线宽更窄,因此得到的背景干扰更少,可从根本上避免不同气体间的交叉干扰问题,测量结果准确度更高。近年来,随着激光光源和光电元件的日益成熟,TDLAS 在工业过程中得到了越来越多的应用。

红外光谱技术的理论基础是光吸收的基本定律——朗伯-比尔定律

(Lambert - Beer Law)。该定律适用于所有的电磁辐射和所有的吸光物质,吸光物质形态可以是气体、固体或液体,吸光物质的结构可以是分子、原子或离子。朗伯 - 比尔定律可概述为:一束单色光垂直照射某一均匀非散射的吸光物质时,随着穿透吸光物质厚度的增加,单色光的光强度逐渐减弱;同时,吸光物质的浓度越大,则光强度的减弱越明显。该定律可表达为[58]

$$A = \ln(I_0(\nu)/I_t(\nu)) = \ln(1/T) = KLC \tag{2-5}$$

式中:A 为吸光度;ν 为平行单色光的频率;$I_0(\nu)$ 和 $I_t(\nu)$ 分别为入射光和透过光的辐射强度;$T = I_t(\nu)/I_0(\nu)$ 为透过率;L 为单色光在吸收物质中通过的光程;C 为吸光物质的浓度;K 为吸收系数,可表达为

$$K = PS(T)\phi(\nu) \tag{2-6}$$

式中:若吸光物质为气体,则 P 为气体样品的总压强(atm);$S(T)$ 为气体特征吸收谱线强度($\mathrm{cm}^{-2} \cdot \mathrm{atm}^{-1}$);$\phi(\nu)$ 为被测气体的吸收线型函数(cm),满足如下归一化条件:

$$\int_{-\infty}^{+\infty} \phi(\nu)\mathrm{d}\nu = 1 \tag{2-7}$$

将式(2-6)代入式(2-5),然后在整个频域范围内积分,可得

$$C = \frac{\int_{-\infty}^{+\infty} \ln\left(\frac{I_0(\nu)}{I_t(\nu)}\right)\mathrm{d}\nu}{PS(T)L} \tag{2-8}$$

从式(2-8)可知,只要测量单色光穿过被测气体前后的光强(即 $I_0(\nu)$ 和 $I_t(\nu)$),计算光谱吸收率在频域上的积分值,并且知道总压强 P、气体吸收谱线强度 $S(T)$ 和单色光穿过被测气体的光程 L,被测气体的浓度 C 即可算得。

(2) 技术特点。作为一种基于光学的气体传感器,相比传统的接触式气体传感器,TDLAS 具有如下一些特点。

① 远距离探测。TDLAS 可以实现对几十米甚至上百米外气体的浓度测量。

② 响应速度快,可实现实时检测。TDLAS 的响应时间低于 1s,甚至可以达到毫秒级,这是因为不是接触式测量,因此没有化学传感器的恢复过程,可实现实时测量。

③ 选择性强。TDLAS 利用气体分子光谱的“指纹”特征进行测量,不同气体的吸收光谱频率不同,采用特定频率的激光作为检测光源,可被检测的气体具有单一性,因此检测不受其它气体的干扰。

④ 灵敏度高。一般可以达到 ppm 级别,有的甚至更低,在现实情况下,TD-LAS 给出的结果一般是以 ppm · m 为单位,即浓度与距离的乘积。

⑤ 抗干扰能力强。TDLAS 利用半导体激光频率的可调谐性可有效降低环

境中的烟雾、水汽、灰尘等干扰。

⑥ 可实现对多种气体的测量。理论上只要更换不同的激光器及校准气体就可以实现对不同种类气体的浓度测量；目前，利用 TDLAS 技术在近红外波段可以检测的气体包括 CO、CH_4、NO、NH_3、CO_2、O_2、H_2O、HF、H_2S 等。

2.1.7 常用气体传感器性能对比

在机器人主动嗅觉研究领域，要求气体传感器具有较短的响应时间、较高的灵敏度、较低的检测下限、较好的稳定性、较长的使用时间以及较低的价格。表 2－1 给出了常见气体传感器的主要性能对比。

表 2－1 常见气体传感器主要性能对比

气体传感器种类	灵敏度	选择性	响应时间	稳定性	耐久性	价格
金属氧化物半导体型	优秀	一般	优秀	好	好	很低
导电聚合物型	差	差	好	好	好	低
质量敏感型	优秀	依赖敏感膜	依赖敏感膜	一般	一般	低
电化学型	好	好	一般	差	一般	低
催化燃烧型	好	差	好	好	好	低
光学型（TDLAS）	优秀	优秀	优秀	好	优秀	很高
光学型（PID）	好	差	好	好	好	高

2.2 气流（风速/风向）传感器

气流（风速/风向）传感器是主动嗅觉研究中另一类重要的敏感元件，通过它采集环境中风速和风向的实时数据，为烟羽发现、跟踪和气味源确认提供信息支持。目前，常用的气流测量主要基于机械原理、热学原理、光学原理和声学原理。

基于机械原理的气流传感器在气象监测方面应用较为广泛，主要有传统的风杯风速计、桨叶风速计和阻力式风速计。风杯风速计、桨叶风速计使用旋转式测风技术，基本原理是风杯及桨叶的旋转速度与风速成一定的比例，通过将风杯和桨叶的旋转速度转换成电信号实现对风速的测量。此类风速传感器原理简单、价格低廉，但是测量精度有限，适合室外大风速测量；此外，存在转动部件，容易产生机械磨损；由于静摩擦的存在，当风速小于某个阈值（如小于 20cm/s）时，无法测量。

热式气流传感器根据其测量原理的不同主要分为以下两类。

（1）热线/热膜式。这一类传感器通过保持热源温度不变来测量加热功率的增大，或者保持加热功率不变来测量温度的降低，从而测量气体流过加热体（热线或者热膜）时的速度。

（2）热量式。这一类气流传感器通过测量气体流过加热体表面时引起的温度分布不均匀特性实现风速测量。

热式气流传感器结构简单、价格较低并能够测量较低的风速，但是其功率相对较大，动态性能差。

基于光学原理的气流传感器主要有激光多普勒效应风速计和光纤布拉格光栅（Fiber Bragg Grating，FBG）气流传感器。激光多普勒效应风速计利用运动粒子或物体散射的激光多普勒频移实现风速测量，这类气流传感器采用光学元件，结构较为复杂、抗干扰性差（灰尘污染等），并且造价偏高，但具有很高的测量精度。FBG 气流传感器的敏感元件是光纤光栅，光纤光栅在受到应力作用或者温度改变时会引起其中传播的光布拉格波长发生变化。FBG 气流传感器具有抗电磁干扰、质量小、体积小、灵敏度高、带宽宽和信号转换容易等特点。

基于声学原理的气流传感器主要为超声风速计。基于超声的风速/风向测量原理是：超声波在空气中的传播速度会受到空气流动速度的影响而发生变化，通过检测这种变化可以间接地测量出空气流动的速度（风速）和方向（风向）。测量风速/风向可以采用时差、相位差、相关、多普勒和涡街等方法。这里重点介绍基于时差法的二维超声风速/风向传感器的工作原理。

超声波在空气中传播时，如果风向与超声波传播方向一致，则传播速度会变快，反之会变慢；因为超声发射换能器和接收换能器的距离固定，这样顺风与逆风的传播时间会有差异，测量出这个时间差即可间接测量出风速。

图 2-2 所示为二维平面超声风速/风向测量的时差法[59]。图中 A 和 B 为一对超声换能器，C 和 D 为另外一对，两对换能器的中心连线互相垂直。A 与 B 及 C 与 D 之间的距离均为 L，超声波在静止空气中传播速度为 c。环境中的风矢量 $\boldsymbol{v}$ 分解为 v_x 和 v_y 两个分量，分别对应换能器 C、D 间以及 A、B 间的风速。当换能器 A 发射、换能器 B 接收超声波时，超声在空气中的传播时间为

$$t_{\mathrm{AB}} = \frac{L}{c + v_y} \tag{2-9}$$

当换能器 B 发射、换能器 A 接收超声波时，超声在空气中的传播时间为

$$t_{\mathrm{BA}} = \frac{L}{c - v_y} \tag{2-10}$$

将式（2-9）与式（2-10）两边取倒数，并相减可得风速矢量的分量为

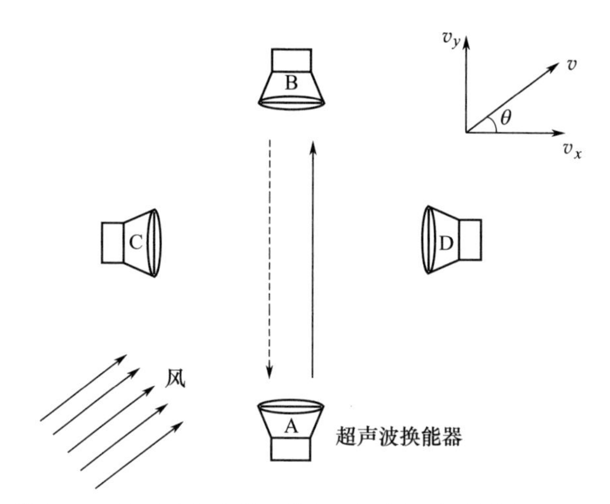

图 2-2　基于时差法的二维平面超声风速/风向测量原理

$$v_y = \frac{L}{2}\left(\frac{1}{t_{AB}} - \frac{1}{t_{BA}}\right) \tag{2-11}$$

利用同样的方法可以得到风速矢量的分量为

$$v_x = \frac{L}{2}\left(\frac{1}{t_{CD}} - \frac{1}{t_{DC}}\right) \tag{2-12}$$

式中:t_{CD}表示换能器 C 发射、D 接收时超声的传播时间;t_{DC}则表示换能器 D 发射、C 接收时超声的传播时间。将风速矢量的分量 v_x 和 v_y 合成,则可以求得风速的大小和方向如下:

$$v = \sqrt{v_x^2 + v_y^2} = \frac{L}{2}\sqrt{\left(\frac{1}{t_{AB}} - \frac{1}{t_{BA}}\right)^2 + \left(\frac{1}{t_{CD}} - \frac{1}{t_{DC}}\right)^2} \tag{2-13}$$

$$\theta = \arctan\left(\frac{v_y}{v_x}\right) = \arctan\frac{\left(\frac{1}{t_{AB}} - \frac{1}{t_{BA}}\right)}{\left(\frac{1}{t_{CD}} - \frac{1}{t_{DC}}\right)} \tag{2-14}$$

以 v_x和 v_y的正向包围的区域作为第一象限,v_x负向和 v_y正向包围的区域作为第二象限,v_x负向和 v_y负向包围的区域作为第三象限,v_x正向和 v_y负向包围的区域作为第四象限。如果以0°~360°表示风向角,根据 v_x和 v_y的正负,落在第一象限时风向角为 θ,落在第二象限和第三象限时为 $\pi+\theta$,落在第四象限时为$2\pi+\theta$。

超声气流传感器具有线性特性好、动态范围宽、不受环境温度影响和死区范围小的特点。超声气流传感器没有活动的机械部件,不存在启动风速,因此,理论上可以测量的风速范围下限为零;风速上限取决于换能器之间的距离;不足之处为目前价格较高。

2.3　传感器信号处理

限于篇幅,这里只讨论在机器人主动嗅觉领域被广泛使用的 MOS 型气体传感器的输出数据二值化问题,以及气流传感器输出数据的坐标变换和历史气流数据的使用问题。与 MOS 型气体传感器有关的硬件设计及信号调理等方面的内容可参考相关文献。

2.3.1　MOS 型气体传感器的输出二值化

1) MOS 型气体传感器的响应与恢复特性

MOS 型气体传感器从清洁空气进入到气味烟羽中首先会出现一个响应过程,对应的响应时间通常用从传感器接触气味到传感器输出到达稳定(峰值)值 90% 的时间(T90)表示;类似地,将 MOS 型气体传感器从气味烟羽中移出到清洁空气中也存在一个恢复过程,对应的恢复时间是指从传感器脱离气味烟羽到其输出恢复到清洁空气中输出数值(基线)的时间。因多数 MOS 型气体传感器恢复到基线的时间在几十秒,有的甚至在 1min 以上,因此,也可以用恢复到 90% 的时间(即输出为稳定值与基线之差的 10% 对应的时间)表示恢复时间(T10)。图 2-3 和图 2-4 分别展示了两种常用的 MOS 型气体传感器 TGS2620(Figaro Engineering)与 MiCS 5135(SGX)的响应和恢复曲线。

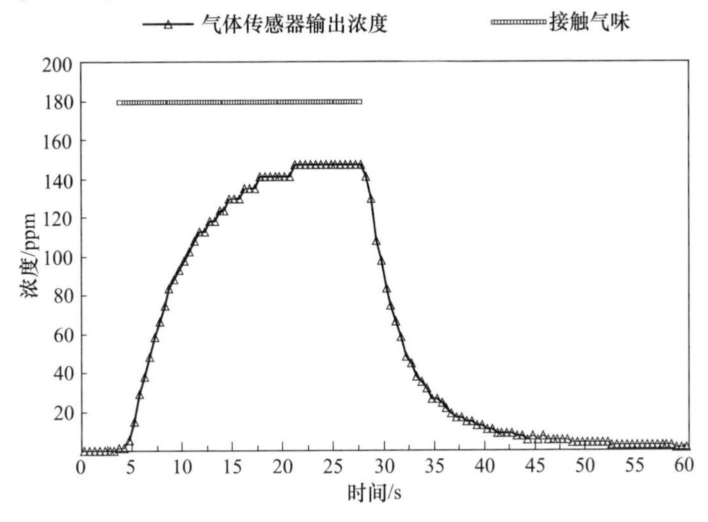

图 2-3　气体传感器 TGS2620 的响应/恢复曲线(真实浓度约 150ppm)

从图2-3和图2-4中可看出，对TGS2620而言，T90约为12.5s，T10约为10.0s；对实验中使用的MiCS 5135而言，T90约为4.0s，T10约为2.0s。显然，MiCS 5135的响应和恢复速度均快于TGS2620。

此外，MOS型气体传感器的输出还受环境温度、湿度及其他因素的影响。一个标定好的气体传感器，因为使用环境和时间的变化（如室内标定，室外使用；今天标定，他日使用），其基准值（零浓度对应的输出值）也常发生偏移。

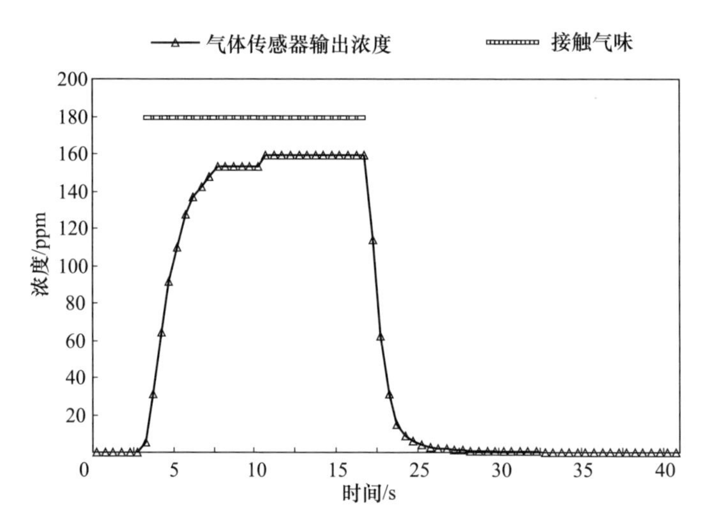

图2-4　气体传感器MiCS 5135的响应/恢复曲线（真实浓度约160ppm）

2）MOS型气体传感器的输出二值化

通常，室外环境下风速较强且风速/风向变化较快，因此，随空气被动输运的气味分子团运动速度较快且其空间分布的变化也较快。室外实验发现，机器人在大部分搜索区域内接触不到气味，即使与气味接触，由于气味烟羽的运动速度较快，并且其运动方向变化也较快，接触时间往往很短（但可能在短时间内出现多次接触）。在气味源定位研究中，由气体传感器提供的气味浓度值很难被直接使用，主要原因如下。

（1）气味源的强度一般事先未知。

（2）受到湍流的影响，气味浓度的分布往往并不平滑连续。

（3）常用的MOS型气体传感器存在一定的响应和恢复时间，在气味浓度变化较快时，气体传感器提供的气味浓度值并不代表真实的气味浓度。

在这种情况下，二值化浓度信息因为简单明了，无须气味源强度信息，并且在一定程度上能够减少因MOS型气体传感器的响应和恢复时间慢造成的气味接触事件误判,因而被广泛使用。所谓二值化浓度,是指将获得的气味浓度按照某种算法判定为测得气味或未测得气味。

(1) 固定浓度阈值。常见的气味浓度二值化方法为固定浓度阈值法,即用于二值化的浓度阈值是固定不变的。但固定浓度阈值法很难使机器人在接触气味和离开气味时产生快速并准确的响应,原因是:在气体传感器与气味烟羽接触的情况下(响应期间),当浓度开始增大但还小于固定浓度阈值时,气味测得事件不能及时产生;在气体传感器离开气味烟羽的情况下(恢复期间),当浓度开始减小但仍然高于固定浓度阈值时,会产生错误的气味测得事件。

图 2-5 展示了在固定浓度阈值为 25ppm 且气味浓度快速波动的情况下,对气体传感器输出的浓度进行二值化的结果。固定浓度阈值越大,气味测得事件的出现就越滞后,气味的漏测风险就越大(例如,固定浓度阈值为 25ppm,这时机器人就无法发现浓度低于 25ppm 的气味);固定浓度阈值越小,错误的气味测得事件就会越多(例如,气体传感器离开气味烟羽后仍然会产生若干气味测得事件)。

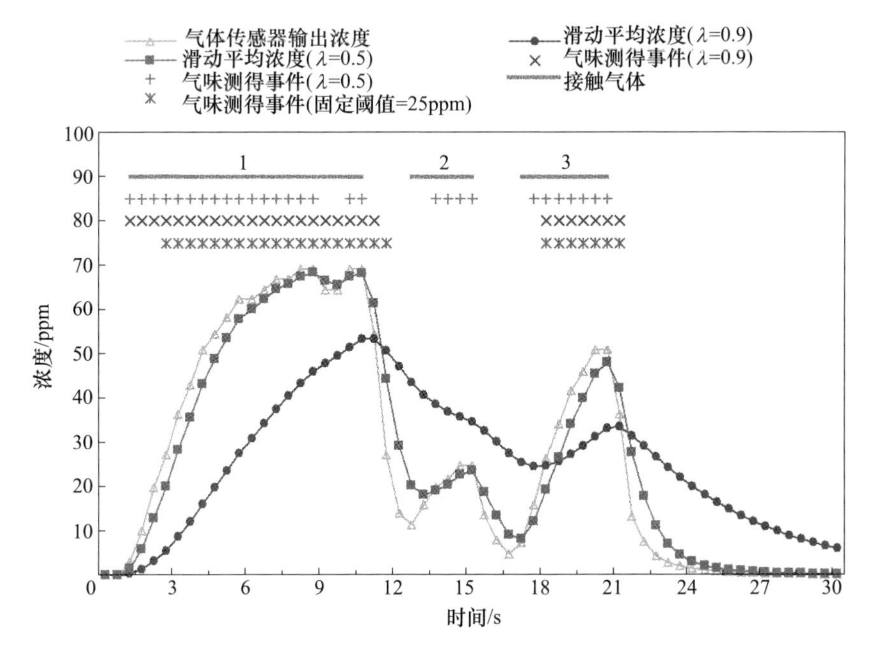

图 2-5　使用不同阈值的气味浓度二值化(传感器为 MiCS 5135)

(2) 自适应浓度阈值。为了能使机器人在室外时变气流环境下对气味烟羽的接触做出快速且正确的响应,可使用自适应浓度阈值对气味浓度进行二值化处理。在这里,自适应浓度阈值定义为气味浓度的滑动平均,可表示为

$$\bar{c}(t_k)=\begin{cases}\lambda\bar{c}(t_{k-1})+(1-\lambda)c(t_k), & k\geqslant 1\\ c(t_0), & k=0\end{cases} \tag{2-15}$$

式中:λ 为自适应浓度阈值的待定参数,$\lambda\in[0,1]$;$c(t_k)$ 为 t_k 时刻传感器测得的气味浓度;t_0 为气味源定位任务的开始时间。

使用自适应浓度阈值的气味浓度二值化方法可表达为

$$z(t_k)=\begin{cases}1, & c(t_k)-\bar{c}(t_{k-1})>0\\ 0, & \text{其他}\end{cases} \tag{2-16}$$

式中:$z(t_k)=1$ 表示 t_k 时刻发生一个气味测得事件;$z(t_k)=0$ 表示一个未测得事件。

不难发现,当 $\lambda=0$ 时,$\bar{c}(t_{k-1})$ 即为 t_{k-1} 时刻的气味浓度,式(2-16)仅将相对前一时刻浓度的上升视为气味测得事件;当 $\lambda=1$ 时,$\bar{c}(t_{k-1})$ 即为 t_0 时刻的气味浓度,式(2-16)退化为将气味源定位任务开始时的浓度作为阈值的固定浓度阈值二值化方法。

图2-5中展示了 $\lambda=0.5$ 和 $\lambda=0.9$ 两种情况下的二值化结果。由图2-5可看出,λ 越小,滑动平均浓度(自适应浓度阈值)就能越快速地跟随气味浓度的变化;λ 越大,滑动平均浓度(自适应浓度阈值)就越平滑,变化也越缓慢。另外,自适应浓度阈值二值化方法能在接触气味的第一时间产生气味测得事件,由此可大幅提高机器人在时变气流环境中对气味接触的应变速度。若自适应浓度阈值(滑动平均浓度)变化过于缓慢(对应较大的 λ,如 $\lambda=0.9$),不仅在离开气味时部分气味浓度会被误判为气味测得事件(如图2-5中最后一个气味测得事件),而且很难使机器人对可能紧接而来的下一次气味接触产生响应(如图2-5中的第二次气味接触)。

表2-2给出了不同 λ 值对应的二值化结果。其中,“正确判断次数”和“误判次数”分别对应接触气味时和离开气味后气味测得事件发生的次数;“比率”是指机器人在接触烟羽时,实际的正确判断次数与总判断次数的比值。所谓正确判断,是指当机器人接触到烟羽时测得气味,误判则指当机器人离开烟羽时测得气味。

表2-2　使用不同 λ 值产生的气味浓度二值化结果(传感器为 MiCS 5135)

λ	接触气味(共保持了34个采样周期)		离开气味
	正确判断次数	比率	误判次数
0.0	25	0.74	0
0.1	31	0.91	0

续表

λ	接触气味(共保持了34个采样周期)		离开气味
	正确判断次数	比率	误判次数
0.2	31	0.91	0
0.3	31	0.91	0
0.4	29	0.85	0
0.5	29	0.85	0
0.6	28	0.82	0
0.7	27	0.79	0
0.8	26	0.76	0
0.9	26	0.76	2
1.0	34	1.00	25

由表2-2可知：

① 当$\lambda \in [0,0.8]$时，自适应浓度阈值二值化方法在接触气味期间可将大部分气味浓度判别为气味测得事件，并且在离开气味后不存在误判。

在接触气味期间，部分气味浓度未被正确识别为气味测得事件，这种情况是无法避免和可以理解的。这是因为气体传感器的恢复特性使得气味浓度的向下波动具有二义性，即机器人无法准确知道究竟是已经离开气味，抑或仅是气味浓度在下降(仍接触气味)。

② $[0,0.8]$区间内的λ对二值化结果的影响不显著。

③ 过大的λ(如$\lambda \geqslant 0.9$)会使离开气味后的误判次数增加。

2.3.2　风速/风向数据处理

1）坐标变换与修正

在机器人平台上配置的气流传感器可输出其自身坐标系下观测的风速和风向。为了获得在全局坐标系下可直接使用的绝对风速/风向信息，气流传感器的直接观测值需要进行两次坐标系转换及一次修正。两次坐标系转换只需要对风向进行转换，分别为传感器坐标系向机器人坐标系的转换，以及机器人坐标系向全局坐标系的转换；一次修正是针对由机器人的运动所引起的相对风速/风向，即从两次坐标系转换后的风速矢量(包含了风速大小和风向)中减去机器人在全局坐标系下的运动速度矢量(移动机器人可获得自身运动速度及当前朝向角度)。

对于二维气味源定位实验，令$u_m(\boldsymbol{L}_R(t_i))$和$\theta_m(\boldsymbol{L}_R(t_i))$分别表示机器人在

t_i 时刻在$\boldsymbol{L}_R(t_i)$处获得的绝对风速和绝对风向。为了方便后续的计算，将绝对风速/风向信息表示为全局坐标系下沿 x 和 y 方向的风速分量方式，即$\boldsymbol{U}(\boldsymbol{L}_R(t_i))=[u_x(\boldsymbol{L}_R(t_i)),u_y(\boldsymbol{L}_R(t_i))]^{\mathrm{T}}$，其中 $u_x(\boldsymbol{L}_R(t_i))=u_m(\boldsymbol{L}_R(t_i))\cos(\theta_m(\boldsymbol{L}_R(t_i))$，$u_y(\boldsymbol{L}_R(t_i))=u_m(\boldsymbol{L}_R(t_i))\sin(\theta_m(\boldsymbol{L}_R(t_i))$。

2）历史风速/风向的管理及使用

由于机器人在跟踪气味烟羽过程中经常用到历史风速/风向记录，为便于数据的存储及管理，构造并建立有最大长度限制的风速/风向时间队列$\{\boldsymbol{U}(\boldsymbol{L}_R(t_i))\}_{i=f_1}^{k}$，其中 t_{f_1} 为风速/风向时间队列中最早一条记录对应的时间，在气味源定位任务开始时初始化为 t_0，t_k 为当前时刻。当队列的长度未达到设定的最大长度时，通过向队列插入最新风速/风向记录从而使队列不断增长；当队列的长度达到设定的最大长度时，则通过插入最新风速/风向记录并丢弃最早的风速/风向记录以使队列不断更新。

对风速/风向记录可采用 3 种不同的使用方式，即直接使用、长时间平均和短时间平均。其中长时间平均和短时间平均可视为是在不同时间尺度上对瞬时风速/风向的平滑滤波（由于气流的湍动，瞬时风速/风向变化较快且含有较大的随机成分，不利于直接引导机器人运动）。

（1）直接使用。直接利用历史风速/风向信息。

（2）长时间平均。求长时间内的平均风速/风向。风速/风向时间队列的最大长度设定以应用需求为准。为了使机器人能以较平稳的运动实施烟羽发现和再发现行为，假设在当前时刻 t_k 使用时间长度为 60s 的长时间平均风速和风向可由下式计算：

$$\bar{u}_{60}(t_k)=\sqrt{(\bar{u}_{x60}(t_k))^2+(\bar{u}_{y60}(t_k))^2} \tag{2-17}$$

$$\bar{\theta}_{60}(t_k)=\arctan(\bar{u}_{y60}(t_k)/\bar{u}_{x60}(t_k)) \tag{2-18}$$

式中：$\bar{u}_{x60}(t_k)=\sum_{i=f_1}^{k}u_x(\boldsymbol{L}_R(t_i))/(k-f_1+1)$，$\bar{u}_{y60}(t_k)=\sum_{i=f_1}^{k}u_y(\boldsymbol{L}_R(t_i))/(k-f_1+1)$，分别为 x 和 y 方向上的 60s 平均风速分量，f_1 由下式计算：

$$f_1=\max(0,k-60/T) \tag{2-19}$$

式中：T 为风速/风向的采样周期。

（3）短时间平均。求短时间内的平均风速/风向。使用短时间平均风向是以下两种需求的折中：一方面需要机器人能对风向的变化做出较快反应以便跟踪烟羽；另一方面还需要机器人的运动尽量保持平稳。根据室外实验经验，短时间平均的时间长度可取为 10s，则在当前时刻 t_k，短时平均风速、风向分别为

$$\bar{u}_{10}(t_k)=\sqrt{(\bar{u}_{x10}(t_k))^2+(\bar{u}_{y10}(t_k))^2} \tag{2-20}$$

$$\bar{\theta}_{10}(t_k) = \arctan(\bar{u}_{y10}(t_k)/\bar{u}_{x10}(t_k)) \tag{2-21}$$

式中：$\bar{u}_{x10}(t_k) = \sum_{i=f_2}^{k} u_x(\boldsymbol{L}_R(t_i))/(k - f_2 + 1)$，$\bar{u}_{y10}(t_k) = \sum_{i=f_2}^{k} u_y(\boldsymbol{L}_R(t_i))/(k - f_2 + 1)$，并且

$$f_2 = \max(0, k - 10/T) \tag{2-22}$$

式中：T 同样为风速/风向的采样周期。

第3章　基于搜索行为的机器人气味源定位方法

目前,使用移动机器人进行气味源定位的方法可大致分为两大类:基于搜索行为的气味源定位方法和基于分析模型的气味源位置估计方法。将机器人气味源定位方法分为如上两大类,并不意味着它们之间没有关系。之所以这样分类,是因为这两大类方法的侧重点不同。基于搜索行为的气味源定位方法侧重于机器人采用某种搜索行为发现并确定气味源所在位置,而基于分析模型的气味源位置估计方法则侧重于使用某种物理模型或数学模型估计气味源的位置。本章将对基于搜索行为的气味源定位方法进行介绍,基于分析模型的气味源位置估计方法的相关工作介绍详见第4章。

在基于搜索行为的气味源定位方法中,Hayes[2]将机器人气味源定位问题简化描述为如何使用移动机器人在一个封闭的二维区域内有效地发现单个气味源的过程,并将这一过程分解为3个子任务,即烟羽发现(Plume Finding)、烟羽横越(Plume Traversal)和气味源确认(Odor Source Declaration)。Li等[60]则将其细化为4个行为:烟羽发现(Finding a Plume)、狭义上的烟羽跟踪(Tracing the Plume)、烟羽再发现(Reacquiring the Plume)和气味源确认(Declaring the Source Location)。上述两种任务划分的区别主要是Li将烟羽横越进一步细分为狭义上的烟羽跟踪和烟羽再发现两个子任务。因为在烟羽横越过程中,很可能会出现烟羽丢失的情况。在这种情况下,需要根据已有的气味烟羽信息(如最近测得气味时的位置等)使机器人重新找到烟羽,即烟羽再发现。

在上述过程中,有关烟羽横越或烟羽跟踪方面的相关研究报道最多。机器人气味源定位之所以在一些文献中也称为广义上的化学烟羽跟踪(Chemical Plume Tracing,CPT),正反映了烟羽跟踪或烟羽横越在气味源定位过程中的重要地位。此外,在机器人搜寻气味源的过程中,可以结合其他模态传感(如视觉等)信息以提高搜寻效率,减少搜索时间。在搜寻的同时,也可以使用某种物理模型或数学模型估计气味源的位置,完成最后的气味源确认。

3.1　生物体的气味追踪行为

生物对气味源的搜寻行为对以移动机器人为平台的气味源定位方法有着直接和深远的影响，因此，本节首先简单介绍生物体的气味追踪行为研究。这里需要说明的是，文中用到了“追踪”和“跟踪”两个同义词。其中，“追踪”一词强调追寻的目标，用于生物体更贴切一些；“跟踪”则侧重于搜寻的过程，用于移动机器人更加合适一些。

由于在不同环境下气味的主要传播方式有所不同，因此，在相应环境下生活的生物也对应有不同的气味源追踪策略。根据环境中气味的主要传播方式，生物生存的环境基本上也对应分为分子扩散主控环境、湍流扩散主控环境和微弱流体环境。

分子扩散主控环境中，气味浓度场梯度很小，并且浓度在时空上的波动也较平滑。对小尺度生物，以浓度梯度为导向的趋向策略，即化学趋向性(Chemotaxis)，基本是所有此类生物搜寻气味源的一种共同特征，如细菌的Random－walk，海藻配偶子(Algal Gamete)趋于直线的类Random－walk的运动，真涡虫(Planarian)左右反复摆动以增加浓度梯度信息获取的运动，以及一些微生物通过全身感知浓度梯度而产生的相应运动等。

湍流扩散主控环境下的气味浓度场呈现混沌状态，变化很快且不可预测。因此，湍流扩散主控环境下的生物对气味源的定位要比分子扩散主控环境下更加困难，由此也产生了更为复杂的气味源定位策略。不同类型栖息地的生物具有不同的烟羽追踪行为，如雄蛾在接触到雌蛾释放出的信息素烟羽时的逆风行为，鲨鱼感受到气味信息时表现的逆流小幅度(接近于水流中最大涡的尺度)Zigzag形式运动(即与流向成一定夹角的逆流行为)等。这些气味追踪模式存在一个共同点，即在高湍动、有间歇气味信息情况下表现出直接或一定程度的逆流行为。此外，在气味烟羽追踪过程中可能会发生丢失烟羽的情况，这时雄蛾会沿垂直于风向的方向做原地横扫运动(Casting)，以进行局部的烟羽搜索；掠食性海螺(Busycon Carica)也存在类似的运动形式；鲨鱼则采用环游(停止前进)的方式。

微弱流体环境下最为典型的生物有尺寸为毫米级的桡足类生物，以及龙虾、蓝蟹、小龙虾等深海生物。它们共同的特点是拥有排列比较密集的传感细胞(无论是处于外部的附肢还是内部的腔孔，都可增加对气味的敏感度)，并且会主动改变局部流场从而将周围的气味带过来，然后通过有气味感知功能的触角或附肢精确地获得(相对稳定的)气味(食物)浓度空间分布，从而进行气味源的定位。

3.2 基于搜索行为的机器人气味源定位方法概述

在不同环境下，生物体的气味追踪行为存在很大差异。这一情况同样适用于移动机器人。

3.2.1 分子扩散主控环境

此类环境下的生物主要以化学趋向性(Chemotaxis)方式搜寻气味源。受生物行为的启发，机器人可使用不同位置处测得的气味浓度计算浓度梯度，由此趋近气味源。

土壤环境中化学物质的传播是一个典型的分子扩散过程。Russell 自 2003 年起开始研究地下气味源的搜索问题。他设计了一个配备有探针的特殊机器人，通过使探针刺入沙地获取其中化学物质的浓度，在二维[61]和三维[62]环境下分别用六边形路径(Hex - path)算法和十二面体算法(Dodecahedron)进行了实验。其中，六边形路径算法是从仿生的真涡虫算法发展而来的，即机器人沿着六边形的某一条边行进，在每个顶点都用探针检测一次浓度，然后机器人根据前两次的位置 - 浓度信息，选择向左偏转 60°或向右偏转 60°行进一个边长距离，以此类推，逐渐逼近气味源。在三维环境中，六边形路径算法演变成为十二面体算法，即机器人沿着十二面体的棱线运动，在每个顶点位置，机器人都有 3 个可选路径，决策方法与六边形路径算法类似。此类环境下的气味源定位研究成果可用于地下管道或存储设备泄漏的发现、地雷的探测、灾后搜救以及其他任务(发现地下生物，如块菌等)。

3.2.2 湍流扩散主控环境

由于现实情况下的气味传播多在湍流扩散主控的环境下进行，因此，针对该类环境下烟羽跟踪方法的研究最广泛，算法也最多。根据算法的特点，可分为化学趋向性(Chemotaxis)、风趋向性(Anemotaxis)、信息趋向性(Infotaxis)[4]、结合视觉等其他模态传感的定位方法等；根据参与烟羽跟踪的机器人数目则可分为单机器人烟羽跟踪算法和多机器人烟羽跟踪算法，本章及第 4 章仅讨论使用单机器人的气味源定位方法。在这里，风趋向性是指在感知到气味时直接逆风运动或与风向成一定夹角地逆风而上，从而到达气味源的方式。信息趋向性是指使用信息熵引导机器人进行气味源定位的方式，其中信息的作用类似于化学趋向性中浓度的作用。

1) 化学趋向性方法

目前，典型的可用于湍流扩散主控环境的此类算法包括逐步前进法(Step -

by－step Progress）[17]、矢量引导算法[63]、E. coli 算法[64]等。其中，逐步前进法和矢量引导算法中还使用了风向信息。

逐步前进法（Step－by－step Progress）使用浓度梯度方向和逆风方向的中间角度引导机器人运动，从而表现为Z字形的机器人搜索轨迹。移动机器人带有4个气体传感器（TGS822）和4个风速传感器（F6201－1）。4个气体传感器提供了粗略的浓度梯度方向。逐步前进法可描述为：若气味浓度梯度在沿着风向的方向上非常小，则将风向作为主引导信息；若气味浓度梯度在垂直于风向的方向上较大，则气味浓度是主引导信息。风向和浓度两种信息的结合提供了气味源的方向。

矢量引导算法是逐步前进法[17]的升级版。其中使用逆风矢量与气味浓度梯度矢量的加权矢量和的方向作为烟羽跟踪方向。该算法在三维立体空间中使用飞艇进行了验证，其中逆风矢量由三维风速/风向仪给出，气味浓度梯度则由安装在三维风速/风向仪周围的6个气体传感器确定。

E. coli 算法是受微观世界大肠杆菌（E. coli）在它所处黏性环境中的搜索行为启发而提出的气味源定位方法。尽管该算法源于黏性环境，但一些学者经过改进把它应用于大尺度湍流主控的环境里。算法可描述为：若当前气味浓度比上一次有所增加，则机器人随机旋转－5°～＋5°的一个角度，然后向前运动－0.05～＋0.05m的一个随机距离；如果气味浓度降低，则机器人随机旋转－180°～＋180°的一个角度，然后向前运动－0.05～＋0.05m的一个随机距离。

2）风趋向性方法

在现有主动嗅觉研究中，风趋向性中的“风”已泛化为各类“流体”（空气、水等），因此，本书沿用“风趋向性”这一名词代表这一类行为方式。风趋向性方法主要包括 Zigzag 类算法和 Surge 类算法两大类。其中，Zigzag 类算法在感知到气味时，与风向成一定夹角地逆风前行（既有垂直于风向的运动分量，也有逆风的运动分量），当到达烟羽边缘后折返，然后继续与风向成一定夹角地逆风前行；Surge 类算法的共性是在烟羽中或感知到气味时直接逆风而上，并无垂直于风向的运动分量。风趋向性方法有时和化学趋向性方法结合使用。

（1）Zigzag 类算法。典型算法包括逐步前进法[17]、矢量引导算法[63]、Zigzag/Dung Beetle 算法[17,23,60]。逐步前进法和矢量引导算法详见前文“化学趋向性方法”。其中使用浓度梯度方向和逆风方向的中间角度或加权角度引导机器人运动，从而表现为Z字形的机器人搜索轨迹。矢量引导算法类似。Zigzag 算法最早是由 Ishida 和同事在文献[17]中提出。在蜣螂（Dung Beetle）的行为中，也可以观察到类似的现象，所以在此将 Zigzag 算法和仿生的 Dung Beetle 算法[23]归为一类。Li 等[60]还将 Zigzag 算法实现为 Track - in 和 Track - out 行为以保持机器人对烟羽的接触及跟踪,并且在丢失烟羽后采用了三叶草形式的烟羽再发现策略进行局部烟羽搜索。

(2) Surge 类算法。Surge 是指直接逆风运动,典型算法包括蚕蛾算法[23]、Spiral - surge 算法[2]等。

蚕蛾算法是一种仿生算法。受雄蚕蛾追踪雌蚕蛾释放的信息素烟羽的行为启发,文献[23]提出了蚕蛾算法,其中包含以下 4 个步骤。

① 在测得气味时,做一个一定距离的 Surge 运动,即迅速的逆风前进运动。

② 若逆风前进一段距离后未再测得气味,则开始 Casting 运动,即垂直于风向从一边到另一边的往复摆动搜索,且不断增加幅度。

③ 不完整的圆周运动。

④ 不规则的转向运动。

若上述任一步骤中机器人再次测到气味,则跳转到步骤①。需要指出的是,步骤② ~ 步骤④应该属于烟羽再发现过程,其中的 Casting 和 Zigzag 有所不同,在很多文献中,这两个概念是混淆的。它们的区别是:Zigzag 算法在折返过程中具有逆风运动分量;Casting 运动仅仅是折返运动,并无明显逆风运动分量,可在垂直于风向的方向上做范围更大的搜索。

Spiral - surge 算法由 Hayes 等[2]提出。该算法通过大螺旋间距的外螺旋运动(Spiral)进行烟羽发现,发现烟羽后沿逆风方向直线运动(Surge)以趋近气味源。若在 Suge 过程中丢失烟羽(期间一直未检测到气味包),则开始一个螺旋间距较小的外螺旋运动进行烟羽再发现,直到接触烟羽后再次重复上述 Surge 过程。在气味源附近,该算法对过搜索(即沿逆风方向超越了气味源)问题有自动补偿作用,即可在一定时间后旋转回气味源下游区域,以便于进一步的气味源定位。由此可见,Spiral - surge 算法在气味源定位方面具有一定的鲁棒特性。

3.2.3 微弱流体环境

微弱流体环境中的气味传播仍然由环境流体的湍动控制,只是由于环境流体的流速很小,甚至检测不到,无法可靠地利用流向信息进行气味烟羽的跟踪。例如,在封闭的室内环境下,通常自然风速低于 0.02m/s 而且风向通常不可靠。当机器人以相对较高速度运动时,很难在测得的相对风速中提取到有用的信息。因此,产生了另一类特别针对这种环境的气味源定位算法。这类算法中典型的方法包括改进蚕蛾算法[65]、基于单纯形的格形搜索算法[37]等。

改进蚕蛾算法中去除了依靠风向的 Surge 策略,提出了固定运动模式(Fixed

Motion Pattern)加模式触发机制以实现局部搜索。该算法在室内无人工通风的环境下进行了验证。与随机搜索策略相比,该搜索算法可更加有效地使机器人趋近气味源。

基于单纯形的格形搜索算法以单纯形搜索法为理论基础,将气味源定位问题转换为函数寻优问题。该算法的可行性经过仿真和真实机器人实验得到了验证。

3.3　烟羽发现与再发现

烟羽发现是获取气味信息的一个关键步骤,如果无法获取气味信息,后续的烟羽跟踪和气味源确认也无从谈起。通常情况下,在烟羽发现阶段缺乏关于气味源的先验信息,这也是烟羽发现最主要的难点。

烟羽发现算法可分为被动式和主动式两种。被动式烟羽发现是指任务开始时机器人保持不动,直到检测到气味才开始后续的烟羽跟踪。雄蚕蛾通过这种方法来发现雌蚕蛾释放的信息素。这种烟羽发现方法虽使机器人的能量消耗最少,但在搜索空间内一定存在烟羽的情况下,可能消耗的时间比较多或烟羽发现效率非常低。在大多数应用场合中,要求尽快获取气味信息,因此,需要机器人以一定方式不断运动以主动搜索空间中的烟羽信息,此即主动式烟羽发现。随机行走是较为常用的主动式烟羽发现方法,机器人通过随机转向和向前移动随机距离这两种模式的循环,以扩大烟羽搜索范围。根据转向角度和移动距离所服从随机分布的不同,随机行走类烟羽发现算法包括布朗行走(Brownian Walk)、相关随机行走(Correlated Random Walk)、Lévy Walk 和 Lévy - taxis 等。由于机器人经常随机改变搜索方向造成区域重复探索,随机行走类算法的搜索效率仍然不高。

外螺旋(Spiral)和Z字形(Zigzag)算法也是常用的主动烟羽发现方法,这两种方法能够在较短时间内覆盖较大区域,因而,相比随机行走具有较高的搜索效率。外螺旋算法由 Hayes[2] 提出,机器人以一条外螺旋线的运动轨迹逐渐覆盖搜索区域。Z字形算法则采用相对参考方向(通常为风向)的Z字形运动来覆盖搜索区域,如矩形波式Z字形算法[60]、遇边界折回Z字形算法[60]等。

部分主动式烟羽发现方法也可用于烟羽再发现,如外螺旋(Spiral)方法[2]。此外,还可以采用三叶草形式的烟羽再发现策略[60]进行局部烟羽搜索,该算法通过水下机器人实验证明可行。

3.3.1 外螺旋算法及实现

外螺旋算法通过不断向外扩张的螺旋轨迹来覆盖搜索区域,其扩张速度可通过调整螺距实现。螺距越大,外螺旋的扩张速度越快,但是搜索的精细度随之降低;螺距越小,则外螺旋的扩张速度越慢,但搜索的精细度会提高。通过控制机器人逐一遍历螺旋线上的路径点的方式实现外螺旋运动,如图3-1所示。路径点 $P_j(j=1,2,\cdots)$ 的位置可由以下方程表达:

$$P_j=\begin{bmatrix}x_0\\y_0\end{bmatrix}+\frac{j\cdot\theta_p\cdot d_{\text{gap}}}{360}\begin{bmatrix}\cos(\theta_I-j\cdot\eta\cdot\theta_p)\\\sin(\theta_I-j\cdot\eta\cdot\theta_p)\end{bmatrix}\tag{3-1}$$

式中:(x_0,y_0) 表示外螺旋中心,即机器人开始外螺旋运动的位置;θ_p 表示路径点的分布角度,即在螺旋线上每隔角度 θ_p 选择一个路径点。显然,θ_p 越小,则机器人行走的轨迹越平滑,但过小的 θ_p 会减慢机器人的移动速度,一般取 $\theta_p=45°$。d_{gap} 为螺距,可根据任务需要选取。θ_I 为机器人初始朝向。η 控制外螺旋的旋转方向,如果 $\eta=1$,则外螺旋顺时针旋转;如果 $\eta=-1$,则逆时针旋转。

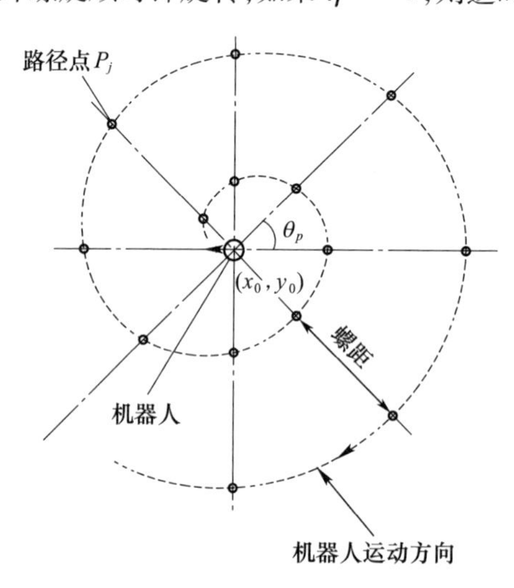

图3-1 外螺旋运动路径规划示意图

3.3.2 Z字形算法及实现

标准Z字形烟羽发现算法[60]的搜索过程可表述如下。

(1) 机器人首先逆风做Z字形搜索。

(2) 当机器人到达上风向(即逆风方向)边界时则立即折返,开始顺风做Z字形搜索。

(3) 当机器人到达下风向(即顺风方向)边界时则再次折返,开始重复过程(1)。

该算法初始搜索的方向是逆风方向,可以想象,如果机器人初始位于气味源的上风向,则机器人需要从上风向边界折返后才可能发现烟羽。由于烟羽是顺风飘散的,所以有理由认为在气味源下风向更有可能发现烟羽。因此,如果Z字形算法的初始搜索方向为顺风方向(图3-2),则有可能更快地发现烟羽,这个假设将通过后面的实验给以验证。

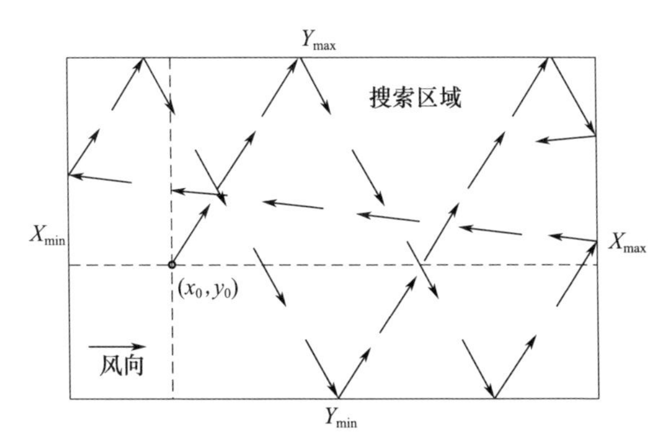

图3-2　风向恒定条件下Z字形烟羽发现算法轨迹示意图

标准Z字形算法采用固定的上风向/下风向边界,然而,室外风向经常发生大幅度的变化,边界类型会随风向而改变。因此,根据经验选取10s平均风向来判断机器人到达边界的类型。首先将角度平均划分为4个区间,如图3-3所示。对于一个矩形搜索区域,以某一顶点为原点建立右手直角坐标系,则矩形区域的4个边界分别记为X_{min}、X_{max}、Y_{min}和Y_{max},如图3-2所示。当机器人到达某一边界时,首先根据图3-3确定此时平均风向所处的区间,接着根据表3-1判断此边界的类型。表格中的侧边界是除上风向边界和下风向边界之外的两个边界。例如,当机器人到达边界X_{max},并且此时平均风向为25°,则根据表3-1可以确定此边界为下风向边界。根据此规则,机器人的运动方向θ_R的表达式为

$$\theta_R = \theta_{ref} + \text{sign}(\zeta) \times \Delta\theta \tag{3-2}$$

$$\text{sign}(\zeta) = \begin{cases} 1, & \zeta \geqslant 0 \\ -1, & \zeta < 0 \end{cases} \tag{3-3}$$

$$\zeta = \begin{cases} 0.5(Y_{max} + Y_{min}) - y, \alpha \in \text{I} \\ x - 0.5(X_{max} + X_{min}), \alpha \in \text{II} \\ y - 0.5(Y_{max} + Y_{min}), \alpha \in \text{III} \\ 0.5(X_{max} + X_{min}) - x, \alpha \in \text{IV} \end{cases} \tag{3-4}$$

式中:θ_{ref}表示Z字形运动的参考方向,这里采用10s平均风向作为参考方向;sign(ζ)控制Z字形横风运动的方向,当Z字形算法开始或机器人到达侧边界时,根据式(3-3)和式(3-4)重新计算sign(ζ);$\Delta\theta$只取$\Delta\theta_{up}$和$\Delta\theta_{down}$两个值,当取$\Delta\theta_{up}$时机器人向逆风方向搜索,当取$\Delta\theta_{down}$时则向顺风方向搜索。根据Li等[60]的优化结果,这里取$\Delta\theta_{up}=125°$,$\Delta\theta_{down}=60°$。

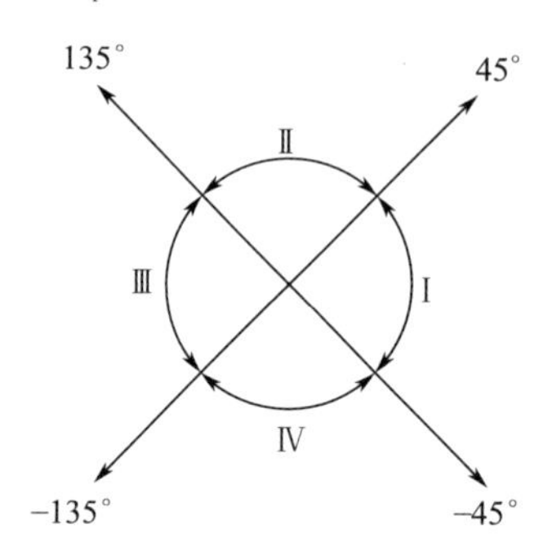

图3-3 风向区间划分示意图

表3-1 边界类型判断规则

边界	Ⅰ	Ⅱ	Ⅲ	Ⅳ
X_{min}	上风向边界	侧边界	下风向边界	侧边界
X_{max}	下风向边界	侧边界	上风向边界	侧边界
Y_{min}	侧边界	上风向边界	侧边界	下风向边界
Y_{max}	侧边界	下风向边界	侧边界	上风向边界

3.3.3 流向随动Z字形烟羽发现方法

这里给出一种能适应平均流向时变、搜索区域可以是任意凸多边形的烟羽发现算法,称为流向随动Z字形烟羽发现方法。在室外时变气流环境中,风速/风向可能大幅变化且不可预测,因此,一定时段内的平均流向也可能大幅变化。为了使机器人能以较平稳的运动进行烟羽的发现,这里使用时间长度为60s的长时间平均流向$\bar{\theta}_{60}(t_k)$(确定方法见式(2-18)),并针对以平均流向为导向的烟羽发现算法在以下两方面进行了调整。

(1)顺流/逆流的切换。若机器人的前进方向与流向夹角的绝对值小于90°,即为顺流;若夹角的绝对值大于90°,则为逆流。遇边界折回的Z字形遍历[60]以机器人是否到达左右边界为依据(平均流向水平向右)。当平均流向大幅变化后,使用搜索区域边界判断是否需要顺流/逆流切换就变得不可靠。

（2）在顺流或逆流方向上进行 Z 字形运动时的折返。遇边界折回的 Z 字形遍历[60]以机器人是否到达上下边界为依据（平均流向水平向右）进行折返。当平均流向大幅变化后，该折返条件就需要重新考虑。

由上述两点可以看出，遇边界折回的 Z 字形遍历在平均流向可能大幅变化的情况下缺乏自适应性。针对这一问题，可采用适用于凸多边形边界区域、以剩余面积为依据的流向随动 Z 字形烟羽发现方法，如图 3－4 所示。图中所示流向为当前时刻 t_k 之前 60s（包括 t_k 时刻）的平均流向 $\bar{\theta}_{60}(t_k)$，α_{down} 为顺流搜索时机器人行进方向与平均流向 $\bar{\theta}_{60}(t_k)$ 的夹角，α_{up} 为逆流搜索时机器人行进方向与平均流向 $\bar{\theta}_{60}(t_k)$ 的夹角，$0 < \alpha_{\text{down}} < 90°$，$90° < \alpha_{\text{up}} < 180°$。所谓剩余面积，是指等待搜索的区域面积，定义为处于机器人逆风方向（逆流搜索时）或顺风方向（顺流搜索时）上未搜索过的区域面积，记为 S_{uc}，如图 3－4 中阴影部分所示。在此，风向是指平均风向 $\bar{\theta}_{60}(t_k)$。

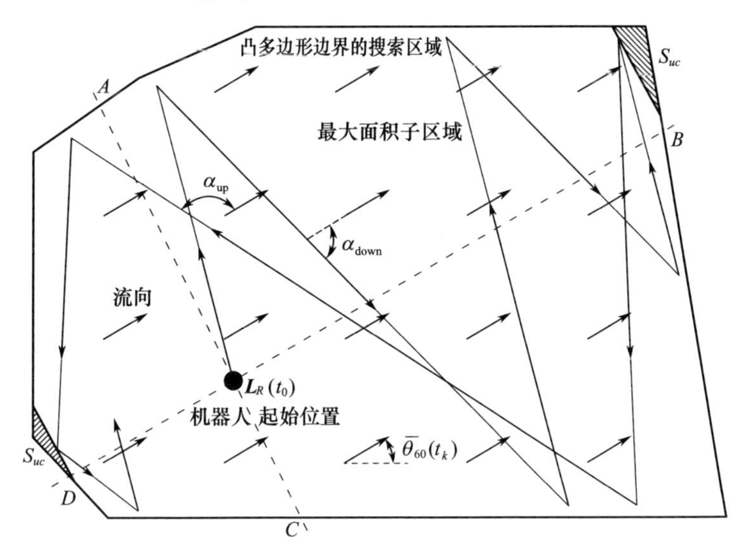

图 3－4　流向随动 Z 字形烟羽发现方法

1）算法描述

为便于表述，定义 flg_ud＝1 表示逆流搜索，flg_ud＝－1 为顺流搜索；机器人的行进方向以 $\bar{\theta}_{60}(t_k)$ 为基准向左偏转（即逆时针偏转）记为 flg_cr＝1，向右偏转（即顺时针偏转）记为 flg_cr＝－1。由此可得机器人的当前行进方向为 $\bar{\theta}_{60}(t_k) - \text{flg\_cr} \times \text{flg\_ud} \times \alpha_m$，其中 α_m 为一角度变量，当 flg_ud＝1 时 $\alpha_m = \alpha_{\text{up}}$，当 flg_ud＝－1 时 $\alpha_m = \alpha_{\text{down}}$。

完整的流向随动 Z 字形烟羽发现方法包括以下几步。

（1）确定初始参数。详见下述2）“初始参数的确定”。

（2）计算剩余面积。详见下述3）“剩余面积的计算”。当剩余面积 S_{uc} 与搜索区域面积 S_W 的比值小于给定阈值 η_S 时，切换顺/逆流方向，即当 $S_{uc}/S_W < \eta_S$ 时，令 flg_ud = −1 × flg_ud。

（3）判断机器人是否接近或超出边界。判断算法详见下述5）“接近或超出边界的判定”。当接近或超出边界时，改变偏转方向，即令 flg_cr = −1 × flg_cr。

（4）计算当前的行进方向：$\bar{\theta}_{60}(t_k)$ − flg_cr × flg_ud × α_m，并使机器人沿此方向运动搜索烟羽。

（5）跳转到第（2）步。

算法中第（2）步中的阈值 η_S 设定为 $\eta_S = 0.05$。α_m 使用遇边界折回的Z字形遍历算法[60]中的优化参数，即 $\alpha_{\mathrm{up}} = 125°$，$\alpha_{\mathrm{down}} = 60°$。

2）初始参数的确定

因为气味源位置未知待求，因此，气味源位置的概率分布在整个搜索区域内可视为均匀分布。当烟羽发现任务开始时（记为 t_0 时刻），机器人根据自己的当前位置 $\boldsymbol{L}_R(t_0)$ 和平均流向 $\bar{\theta}_{60}(t_0)$ 将整个搜索区域一分为四（$\bar{\theta}_{60}(t_0)$ 即 t_0 时刻的瞬时流向）。显然，面积最大的子区域内包含气味源的概率最大，因而，可使机器人先去面积最大的子区域内进行烟羽发现，如图3−4所示。该初始化过程具体可分为两步。

（1）做一直线，使其过 $\boldsymbol{L}_R(t_0)$ 点且垂直于 $\bar{\theta}_{60}(t_0)$ 方向，从而将整个搜索区域分为逆流区域和顺流区域两部分，然后计算这两部分区域的面积。若逆流区域的面积大于顺流区域的面积，则先开始逆流Z字形烟羽发现（flg_ud = 1）；否则，先开始顺流Z字形烟羽发现（flg_ud = −1）。区域面积的计算详见下述3）“剩余面积的计算”。

（2）在决定是顺流还是逆流后，再决定机器人行进方向是以 $\bar{\theta}_{60}(t_0)$ 为基准向左偏转还是向右偏转（即进行逆时针偏转还是顺时针偏转）以开始Z字形运动。具体做法是：以 $\boldsymbol{L}_R(t_0)$ 为起点，分别向 $\bar{\theta}_{60}(t_0) + 90°$ 和 $\bar{\theta}_{60}(t_0) - 90°$ 做射线，求得与边界的交点 A 和 C。若 A 距离 $\boldsymbol{L}_R(t_0)$ 比 C 距离 $\boldsymbol{L}_R(t_0)$ 远，则先进行逆时针偏转（flg_cr = 1）；否则为顺时针偏转（flg_cr = −1）。

由此，就可以决定机器人的初始行进方向为 $\bar{\theta}_{60}(t_0)$ − flg_cr × flg_ud × α_m，其中当 flg_ud = 1 时 $\alpha_m = \alpha_{\mathrm{up}}$，当 flg_ud = −1 时 $\alpha_m = \alpha_{\mathrm{down}}$。交点 A 和 C 的计算方法详见下述4）“与搜索区域边界的交点”。

3）剩余面积的计算

若给定方向 θ_d，过当前机器人位置 $\boldsymbol{L}_R(t_k) = [x_R, y_R]^{\mathrm{T}}$ 且垂直于 θ_d 的直线方

程为 $x\cos\theta_d + y\sin\theta_d + b = 0$,其中 $b = -(x_R\cos\theta_d + y_R\sin\theta_d)$。定义判别式 $f(x,y) = x\cos\theta_d + y\sin\theta_d + b$,另计算 $\boldsymbol{L}_R(t_k)$ 沿 θ_d 方向偏移距离 c 的参考位置 $[x_{R'}, y_{R'}]^{\mathrm{T}} = \boldsymbol{L}_R(t_k) + c \cdot [\cos\theta_d, \sin\theta_d]^{\mathrm{T}}$,以及 $f(x_{R'}, y_{R'})$,其中 c 可根据任务需要选取适当大小。

剩余面积 S_{uc} 的计算方法可描述如下。

(1) 令 $S_{uc} = 0$。当机器人顺流做 Z 字形烟羽发现(flg_ud = -1)时,$\theta_d = \bar{\theta}_{60}(t_k)$;逆流(flg_ud = 1)时,$\theta_d = \bar{\theta}_{60}(t_k) + 180°$。

(2) 对栅格地图上的每个栅格做如下操作:求栅格 i 的中心坐标 (x_i, y_i) 并计算 $f(x_i, y_i)$,若 $f(x_i, y_i) \cdot f(x_{R'}, y_{R'}) > 0$,则 $S_{uc} = S_{uc} + a^2$。其中,a 为栅格边长。

如此,即可求得剩余面积 S_{uc}。

4) 与搜索区域边界的交点

搜索区域的边界使用特殊标记的栅格来表达,这些栅格以四连通方式(是指栅格之间仅在上下左右4个方向相邻才视为互连,对角相邻不视为互连)构成了一个封闭的边界。从机器人坐标 $\boldsymbol{L}_R(t_k)$ 处以给定的角度发出的射线与搜索区域边界的交点求法可表述如下。

(1) 在从 $\boldsymbol{L}_R(t_k)$ 发出的射线上获得一个足够远的点 $\boldsymbol{L}_F$。例如,可使 $\boldsymbol{L}_R(t_k)$ 和 $\boldsymbol{L}_F$ 的间距至少大于搜索区域的最大对角线长度。

(2) 将 $\boldsymbol{L}_R(t_k)$ 和 $\boldsymbol{L}_F$ 分别映射为栅格地图上的两个栅格。

(3) 以栅格为单位,从 $\boldsymbol{L}_R(t_k)$ 出发,向 $\boldsymbol{L}_F$ 方向"搜索"距离 $\boldsymbol{L}_R(t_k)$ 最近的边界栅格位置 $\boldsymbol{L}_O$。以栅格为单位,定向搜索边界栅格的算法可参考计算机图形学中 Bresenham 直线扫描算法。

(4) 若 $\boldsymbol{L}_O$ 存在,则 $\boldsymbol{L}_O$ 即为所求交点;否则无交点。

5) 接近或超出边界的判定

使用机器人的当前目标点 $\boldsymbol{L}_G$ 以判断机器人是否接近或超出搜索区域的边界。所谓当前目标点,就是机器人在下一时刻要到达的位置。具体确定方法是:以机器人当前位置为基点,在规划的行进方向上偏移一定距离(研究中设定为1m)后的位置。当前目标点在每个控制周期都重新计算。

判定机器人是否接近或超出搜索区域边界的方法是:从当前目标点 $\boldsymbol{L}_G$ 分别向 $\bar{\theta}_{60}(t_k) + 90°$、$\bar{\theta}_{60}(t_k)$、$\bar{\theta}_{60}(t_k) - 90°$、$\bar{\theta}_{60}(t_k) + 180°$ 方向做足够长的射线,求与搜索区域边界的交点 A、B、C、D,交点的求法详见上述"与搜索区域边界的交点"。若这4个交点都存在且 $\angle AL_GB + \angle BL_GC + \angle CL_GD + \angle DL_GA = -360°$,则 $\boldsymbol{L}_G$ 位于搜索区域内,即机器人未接近或超出搜索区域边界;否则,认为机器人

接近搜索区域边界或已超出边界。

3.3.4 外螺旋和Z字形算法的室外对比实验

当气味泄漏发生时,气味源可能位于搜索区域的任何位置。在空旷的室外场景中,通常空间尺度比较大($>100m^2$),气味烟羽只占搜索区域很小的一部分,加上烟羽位置随风摆动,在没有先验知识的情况下难以发现烟羽。在室内环境中,由于气味扩散受到边界条件的限制,烟羽分布范围较广,烟羽发现也较为容易。因此,本节只讨论室外空旷场景的烟羽发现问题,对比算法为外螺旋算法和遇边界折回的Z字形算法(以下简称Z字形算法)。这两种算法能够同时对垂直和平行于风向的方向进行搜索,理论上可以发现目标区域中任何位置处气味源产生的烟羽。

1) 机器人平台和气味源

实验所用的HEROINE机器人平台如图3-5所示。该平台载有1台PC机(Pentium 4,1.5 GHz CPU,256 MB DDRAM)用于机器人控制,2个超声环用于检测障碍物,内置里程计用于航位推算。除此之外,机器人上还安装有1台激光测距仪(LMS200 SICK AG)、1个电子罗盘、1个MOS气体传感器(MiCS-5135,e2v Technologies (UK) Ltd.)和1个二维超声风速仪(Windsonic, Gill Instruments

图3-5 机器人平台和气味源

A—电子罗盘; B—风速仪; C—气体传感器; D—激光测距仪; E—气味源。

Ltd.)。图中的摄像头在实验中并未使用。机器人最大线速度设置为0.5m/s。气味源为一个注入了无水乙醇的空气加湿器,乙醇易于挥发且对人体无毒无害。加湿器通过超声震荡将乙醇雾化为小液滴并通过风扇吹出,小液滴在空气中进一步蒸发可形成烟羽。实验中设定的挥发率约为21.6mg/s。

2)实验场地

烟羽发现实验场地位于天津大学体育场前的一块空地,从中划出一片10m×10m的正方形搜索区域,图3-6(a)展示了搜索区域的一部分。图中的黑色虚线标出了搜索区域的部分边界。以当时的盛行风向作为X轴方向在搜索区域定义直角坐标系,如图3-6(b)所示。盛行风向是一天中出现频数最多的风向,因此,从气味源释放的烟羽分布在盛行风向下游的概率也最高。在本节后续内容中提到的气味源的上风向和下风向均以盛行风向为参考。气味源位于搜索区域中心,坐标为(5,5)m。实验中机器人分别从8个不同的位置出发进行烟羽发现,这些位置记为$A\sim H$,对应坐标如表3-2所列。

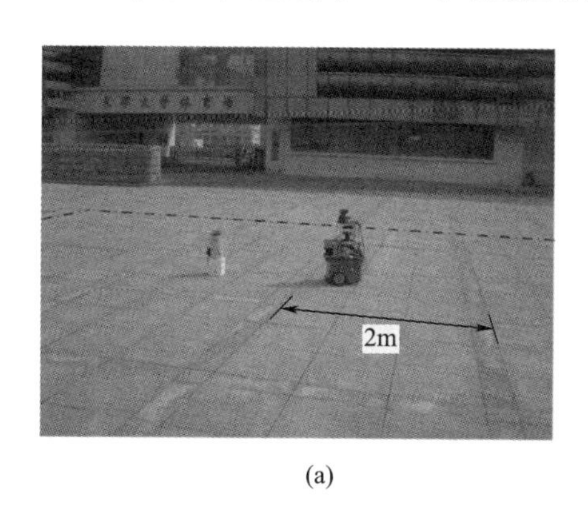

(a)

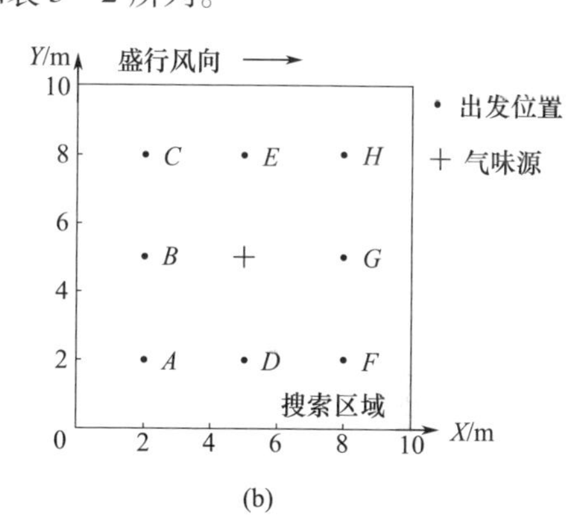

(b)

图3-6　室外实验场地
(a)实验场地照片;(b)坐标定义及出发位置设置。

表3-2　出发点对应坐标　　单位:m

坐标	A	B	C	D	E	F	G	H
X	2	2	2	5	5	8	8	8
Y	2	5	8	2	8	2	5	8

3)实验设计

通过实验对外螺旋算法和Z字形算法的性能进行比较,其中Z字形算法考虑两种情况:初始向逆风方向搜索的Z字形算法(以下简称逆风Z字形算法)和初始向顺风方向搜索的Z字形算法(以下简称顺风Z字形算法)。机器人的初始位置记为$A\sim H$,共计8个(图3-6(b))。在每个初始位置依次使用3种算法进行烟羽发现,以减小不同时间段风场条件发生改变对实验结果的影响,每种算法都重复进行 10 次实验。

直接采用气体传感器电压输出表示乙醇蒸气浓度,浓度越高则传感器输出电压越大。由于 MOS 传感器的基准值容易随时间和温度发生漂移,因此,采用滑动平均值作为阈值判断是否检测到烟羽,阈值表达式如下:

$$V_{th}(t_i)=\begin{cases}\dfrac{V_{th}(t_{i-1})+V_g(t_i)}{2}+\Delta V, & i\geqslant 1\\ V_g(t_i)+\Delta V, & i=0\end{cases} \tag{3-5}$$

式中:$V_g(t_i)$表示 t_i 时刻传感器的输出电压,气味浓度越高则传感器输出电压越大;$V_{th}(t_i)$、$V_{th}(t_{i-1})$分别为 t_i 和 t_{i-1}时刻的阈值;ΔV 为传感器噪声上限,用于防止因传感器噪声造成的误判。经实验确定,Mics - 5135 型传感器的噪声上限 $\Delta V=0.1V$。

当 $V_g(t_i)>V_{th}(t_{i-1})$时,则认为检测到烟羽,烟羽发现任务结束。当机器人检测到烟羽后记录烟羽发现时间,如果时间超过 600s,则认为烟羽发现失败。

4) 实验结果与分析

3 种烟羽发现算法的成功率如下:顺风 Z 字形为 98.8% ,逆风 Z 字形和外螺旋均为 96.3% 。可以看出,在所设置的实验条件下,3 种算法都具有很高的成功率。图 3 -7 给出了 3 种算法分别在不同出发位置的平均烟羽发现时间和所有位置的平均烟羽发现时间。可以看出,当机器人从气味源上风向出发时(从位置 $A\sim E$ 出发),烟羽发现时间较长。这是因为机器人需要先进入气味源的下风向才可能发现烟羽。在这些位置,顺风 Z 字形算法具有明显的优势,能够在很大程度上缩短烟羽发现时间。当机器人从气味源下风向出发时(从位置 $F\sim H$ 出发),比较容易发现烟羽。在这些位置,顺风 Z 字形算法同样在多数情况下烟羽发现时间最少。同时,顺风 Z 字形算法的整体平均烟羽发现时间也是最低的。因此,在 3.3.2 节中提到的"如果 Z 字形算法的初始搜索方向为顺风方向(图 3 -2)则有可能更快地发现烟羽"的假设是成立的。由图 3 -7 还可知,逆风 Z 字形算法寻找烟羽所用的时间是最长的,这是由于机器人首先向逆风方向搜索,如果在第一次到达逆风边界前不能发现烟羽,则需要重新返回气味源的下风向才可能发现烟羽,这会耗费比较多的时间。外螺旋算法对搜索区域的覆盖速度比顺风 Z 字形算法慢,其性能随着出发点与烟羽的距离增加而快速下降(位置 A、C 离烟羽最远,位置 B、D 和 E 次之,位置 $F\sim H$ 则最近)。综上所述,Z 字形算法首先向顺风方向搜索可以加快烟羽发现的速度,并且算法性能的稳定程度也较高。

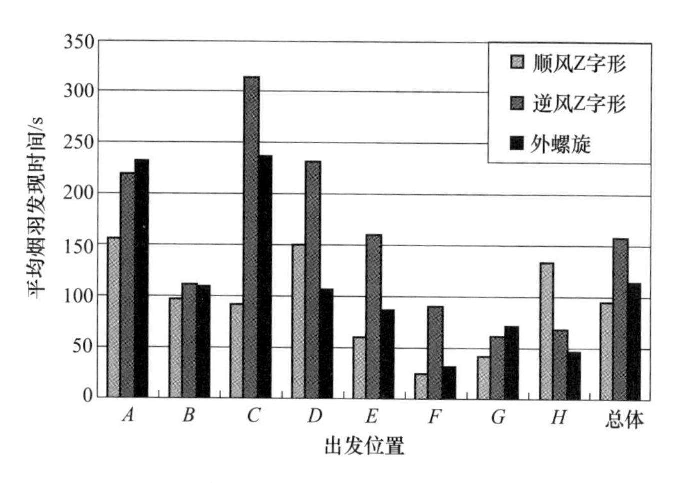

图3-7　平均烟羽发现时间

3.4　烟羽跟踪

本节主要介绍两种基于搜索行为的烟羽跟踪方法:基于气味包路径估计的方法和基于模拟退火的方法。

3.4.1　基于气味包路径估计的方法

目前广泛使用的MOS气体传感器存在较长的响应和恢复时间,其中响应时间为秒级,恢复时间在几十秒甚至更长。在室外气流环境下,气味烟羽随风快速变化,机器人与烟羽相对运动速度过快往往会使两者的接触时间变短(除非机器人的运动方向与烟羽的运动方向相近),从而使测得的气味浓度不够显著(气体传感器的输出浓度还未显著变化,就与烟羽失去接触),甚至漏测(研究中为离散的采样和控制方式)。此外,室外时变气流环境中风向的快速变化使得气味烟羽外形蜿蜒,并且具有明显的间歇性。机器人由于自身运动学约束而无法保证能快速变向运动,因此,难于在风向快速变化的室外时变气流环境中保持与烟羽的接触以进行烟羽跟踪。

1）基本思想

由于气味包释放于气味源,因此,气味包路径蕴含了一定的气味源方位信息,这对于定位气味源有很大的指导意义。这里所谓的气味包路径定义为某气味包在到达当前位置之前在空间经过的轨迹。其中,气味包是指以某种形式存在的气味分子团。

事实上,除了保持在烟羽中以进行烟羽跟踪的方法之外,还有一种途径可用于跟踪烟羽或趋近气味源,即利用估计得到的气味包路径以“顺藤摸瓜”的方式向气味源趋近,如图3-8所示。图中使用短时间平均风向和气味包路径规划了一条搜寻路径以进行烟羽跟踪,详细描述见后续“搜寻路径规划”。图3-8中的流场是时变均匀流场;风向先是水平向右(历史风向),保持一段时间后,又变为约30°的方向(当前风向),从而形成了图中所示的烟羽条带。由于烟羽是在当前时刻之前已经从气味源释放的所有气味包的空间分布,而估计的气味包路径是机器人测得的气味包在到达机器人所在位置之前在空间可能经过的路线,两者之间存在显著区别。

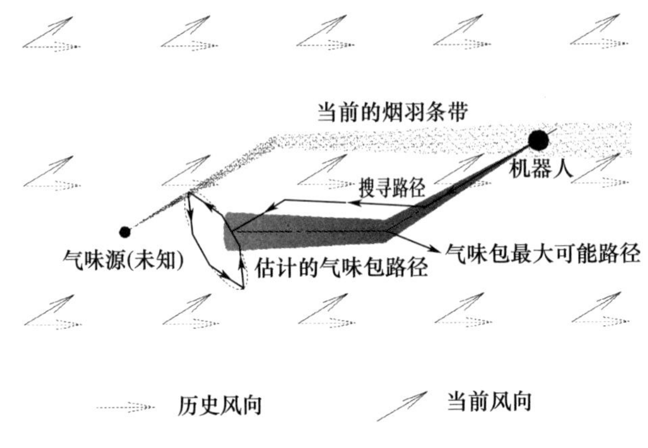

图3-8 基于气味包路径估计的烟羽跟踪

假设机器人最近一次测得气味包的时刻为t_j,地点为$\boldsymbol{L}_R(t_j)$(当前时刻表示为t_k)。由于机器人测得的气味包释放位置(即气味源所在位置)未知待求,其释放时间也未知,因此,此时只能推测气味源可能包含于t_j时刻估计的气味包路径中。在室外时变气流环境中,检验一点是否为气味源,最简单有效的方法就是使机器人处于该点的当前下风方向(即该点沿当前风向指向的方向)进行嗅探。由于气味包路径是估计得到的一片区域,为了检验该区域中是否存在气味源,最简单的方法就是规划一条位于气味包路径当前下风方向的搜寻路径(即将气味包最大可能路径沿当前风向进行偏移后的路径,如图3-8所示。详细内容见后续“搜寻路径规划”),然后使机器人沿规划的搜寻路径运动以对气味包路径所在区域进行排查。显然,规划的搜寻路径会随风向的变化而变化。若在此过程中再次测得气味包,则开始新一轮的气味包路径估计及路径规划。如此反复,即可使机器人逐步逼近气味源,完成烟羽跟踪过程。

2)气味包路径估计

(1)气味包运动模型。将烟羽扩散过程简化为等高水平面内的二维被动标量输运过程。不失一般性,假设被观测的气味包在 t_1 时刻位于$\boldsymbol{L}_1$,在 t_2 时刻到达$\boldsymbol{L}_2$,$t_1 < t_2$,则该过程可使用随机过程理论描述为[7]

$$\boldsymbol{L}_2 = \boldsymbol{L}_1 + \int_{t_1}^{t_2} \boldsymbol{U}(\boldsymbol{L}(t))\mathrm{d}t + \int_{t_1}^{t_2} \boldsymbol{N}(t)\mathrm{d}t \tag{3-6}$$

式中:$\boldsymbol{U}(\boldsymbol{L}(t))$为气味包在 t 时刻所在位置 $\boldsymbol{L}(t)$处的平均流速矢量,可表示为$[u_x(\boldsymbol{L}(t)), u_y(\boldsymbol{L}(t))]^{\mathrm{T}}$;$\int_{t_1}^{t_2} \boldsymbol{N}(t)\mathrm{d}t$ 可假设为均值为零、方差为$[(t_2 - t_1)\boldsymbol{\sigma}_x^2, (t_2 - t_1)\boldsymbol{\sigma}_y^2]^{\mathrm{T}}$ 的高斯噪声过程,其中$[\boldsymbol{\sigma}_x^2, \boldsymbol{\sigma}_y^2]^{\mathrm{T}}$ 为流速方差,具体确定方法详见后续内容“(3)气味包路径有效长度”中的式(3-15)。上角标符号 T 表示矩阵转置。

(2) 基于到达概率密度的气味包路径估计。若机器人于 t_j 时刻在$\boldsymbol{L}_R(t_j)$处测得气味包,根据式(3-6)可知,该气味包在 t_j 时刻之前的某 t_l 时刻所处的位置可写为

$$\boldsymbol{L}_*(t_l) = \boldsymbol{L}_R(t_j) - \int_{t_l}^{t_j} \boldsymbol{U}(\boldsymbol{L}(t))\mathrm{d}t - \int_{t_l}^{t_j} \boldsymbol{N}(t)\mathrm{d}t \tag{3-7}$$

由于气味源位置在气味源定位问题中待求,机器人在 t_j 时刻测得的气味包的释放时间也未知,因此,该气味包在空间中运动的路线沿时间轴可逆推为离散的位置序列$\{\boldsymbol{L}_*(t_l)\}_{l=0}^{j}$,其中 t_0 为气味源定位任务开始的时刻。

由于气味包运动路线上 $\boldsymbol{L}(t)$处的平均流速矢量 $\boldsymbol{U}(\boldsymbol{L}(t))$对于位于$\boldsymbol{L}_R(t)$的机器人而言不可知(除非$\boldsymbol{L}_R(t) = \boldsymbol{L}(t)$),因此,在这里不得不假设流场时变但近似均匀(该假设通过实验进行了验证,详见本节“时变流场近似均匀假设的检验”部分)。基于该假设,则有

$$\int_{t_l}^{t_j} \boldsymbol{U}(\boldsymbol{L}(t))\mathrm{d}t \approx \sum_{i=l}^{j} \boldsymbol{U}(\boldsymbol{L}_R(t_i))T = [s_x(t_l, t_j), s_y(t_l, t_j)]^{\mathrm{T}} \tag{3-8}$$

式中:T 为机器人的采样周期,本项研究中 $T = 0.5\mathrm{s}$。

注:在估计气味包路径时,除了使用二值气味浓度信息(即气味测得和非测得事件),另外还需要使用该气味包在运动过程中每个时刻所在位置处的风速/风向信息。然而,对于机器人而言,除了其所在位置,其余空间点处的风速/风向都是未知的。流场是时变的,但倘若流场在每一时刻都是均匀的,则可使用机器人测得并记录的历史风速/风向替代相应时刻气味包所在位置处的风速/风向,以进行气味包路径的估计。这里所说的时变、均匀流场是指流场是时变的,但在每一时刻,流场中所有位置处的流速/流向是一致的。由湍流理论可知,严格均匀的流场不可能存在。但在工程应用中,若流场能在一定范围内近似均匀,则可在一定程度上满足气味源定位的需求。由此提出时变流场近似均匀假设:流场随时间变化,但在每一时刻,一定区域范围内的流速/流向近似一致。

由于气味包路径的估计是以时变流场近似均匀假设的成立为前提，故而在本节“时变流场近似均匀假设的检验”部分对该假设进行了检验。

由于 $\int_{t_l}^{t_j} \boldsymbol{N}(t)\mathrm{d}t$ 可视为均值为零、方差为 $[(t_j - t_l)\sigma_x^2, (t_j - t_l)\sigma_y^2]^{\mathrm{T}}$ 的高斯噪声过程，因此，该气味包在 t_l 时刻所在位置 $\boldsymbol{L}_*(t_l)$ 的概率密度分布是一个以 $\boldsymbol{L}_R(t_j) - \int_{t_l}^{t_j} \boldsymbol{U}(\boldsymbol{L}(t))\mathrm{d}t$ 为中心，方差为 $[(t_j - t_l)\sigma_x^2, (t_j - t_l)\sigma_y^2]^{\mathrm{T}}$ 的二维高斯分布，并且在该二维高斯分布的中心 $\boldsymbol{L}_R(t_j) - \int_{t_l}^{t_j} \boldsymbol{U}(\boldsymbol{L}(t))\mathrm{d}t$ 具有最大概率密度。由此可知，机器人在 t_j 时刻测得的气味包在 $t_l(t_l < t_j)$ 时刻位于任意一点 $\boldsymbol{L}_*(t_l)$ 的概率密度为[7]

$$p_{*R}(t_l, t_j) = \frac{1}{2\pi(t_j - t_l)\sigma_x\sigma_y}\exp\left(-\frac{(\Delta x)^2}{2(t_j - t_l)\sigma_x^2} - \frac{(\Delta y)^2}{2(t_j - t_l)\sigma_y^2}\right) \tag{3-9}$$

式中：$[\Delta x, \Delta y]^{\mathrm{T}} = \boldsymbol{L}_R(t_j) - \int_{t_l}^{t_j} \boldsymbol{U}(\boldsymbol{L}(t))\mathrm{d}t - \boldsymbol{L}_*(t_l)$。结合式(3-8)可知，$\Delta x \approx x_R - s_x(t_l, t_j) - x_*$，$\Delta y \approx y_R - s_y(t_l, t_j) - y_*$，$(x_*, y_*)$ 和 (x_R, y_R) 分别是 $\boldsymbol{L}_*(t_l)$ 和 $\boldsymbol{L}_R(t_j)$ 的坐标。若给定概率密度阈值 η，则可得该气味包在 t_l 时刻以不小于概率密度 η 所在的区域为

$$\begin{aligned} OS(t_l, t_j) &= \{\boldsymbol{L}_*(t_l) \in W \mid p_{*R}(t_l, t_j) \geqslant \eta\} \\ &= \left\{\boldsymbol{L}_*(t_l) \in W \,\middle|\, \frac{[x_* - (x_R - s_x(t_l, t_j))]^2}{\sigma_x^2} + \frac{[y_* - (y_R - s_y(t_l, t_j))]^2}{\sigma_y^2} \leqslant \right. \\ &\qquad \left. 2(t_j - t_l)K(t_l)\right\} \end{aligned} \tag{3-10}$$

式中：W 为二维搜索区域；$K(t_l)$ 为一关于 t_l 的变量，即

$$K(t_l) = -\ln[2\pi\eta(t_j - t_l)\sigma_x\sigma_y] \tag{3-11}$$

为了使式(3-10)有明确的物理意义，$K(t_l)$ 不应小于 0，即存在约束 $K(t_l) \geqslant 0$。以此类推，该气味包在 t_j 时刻到达 $\boldsymbol{L}_R(t_j)$ 之前可能所在位置的集合，即其气味包路径可估计为

$$OW(t_j) = \bigcup_{l=0}^{j-1} OS(t_l, t_j) \tag{3-12}$$

换个角度看，$OW(t_j)$ 中位于任意一点处的“气味包”都以高于 η 的概率密度可能到达机器人所在位置，即 $OW(t_j)$ 中任意位置处的“气味包”都可能被机器人所观测。由于 $OW(t_j)$ 是搜索区域 W 中的子区域，并且是时刻 t_j 的函数，故而可形象地称为 t_j 时刻的观测窗口；$OS(t_l, t_j)$ 是时刻 t_l 和 t_j 的函数，并且是 $OW(t_j)$ 的一个子集，可称为子观测窗口。

(3) 气味包路径有效长度。由后续本节“时变流场近似均匀假设的检验”

部分结论可知,式(3-8)所依赖的时变流场近似均匀假设仅在机器人附近的局部区域内在统计意义上成立,并且该区域的大小可界定为以风速运动10s的距离范围内。由此可知,气味包路径在从 t_j 时刻开始进行逆时间方向估计时不应超出10s,即气味包路径具有与平均风速有关的有效长度,从而式(3-12)应改写为

$$OW(t_j)=\bigcup_{l=f_3}^{j-1}OS(t_l,t_j) \tag{3-13}$$

其中

$$f_3=\max(0,j-10/T) \tag{3-14}$$

需要说明的是,气味包路径的估计是在线实时进行的,并且仅在机器人测得气味包时进行一次计算并保存,以用于基于气味包路径估计的烟羽跟踪。在本节之所以引入 t_j 和 f_3,是为了区别最近一次测得气味包的时刻 t_j 和后续不断出现的"当前时刻" t_k(t_k 时刻并不一定测得气味包),从而更好地描述机器人搜寻气味源这一动态过程。

此外,流速方差 $[\sigma_x^2,\sigma_y^2]^{\mathrm{T}}$ 反映了环境流体(本研究中为空气)的湍动程度,也应具有时变特性。在本研究中,流速方差通过最近10s内的历史流速/流向记录在线实时估计得到

$$[\sigma_x^2,\sigma_y^2]^{\mathrm{T}}\approx\mathrm{var}\{[u_x(\boldsymbol{L}_R(t_i)),u_y(\boldsymbol{L}_R(t_i))]^{\mathrm{T}}\}_{i=f_3}^{j} \tag{3-15}$$

式中:var(*)表示对 * 的方差运算。

(4) 气味包路径特性。由式(3-10)不难发现,子观测窗口 $OS(t_l,t_j)$ 为一个椭圆区域,其椭圆边界的 x 半轴长度为 $\sqrt{2(t_j-t_l)K(t_l)}\,\sigma_x$,$y$ 半轴长度为 $\sqrt{2(t_j-t_l)K(t_l)}\,\sigma_y$。椭圆区域中具有最大概率密度的点为区域中心,记为

$$\boldsymbol{L}_{\max}(t_l)=[x_R-s_x(t_l,t_j),y_R-s_y(t_l,t_j)]^{\mathrm{T}} \tag{3-16}$$

通常将 $\{\boldsymbol{L}_{\max}(t_l)\}_{l=f_3}^{j}$ 称为气味包最大可能路径,如图3-9所示,其中 $\boldsymbol{L}_{\max}(t_j)=\boldsymbol{L}_R(t_j)$。图中椭圆形区域 $OS(t_l,t_j)$ 内灰度的深浅程度代表相应位置处概率密度的大小,越深表示概率密度越大,左侧的小实心圆域为位置未知的真实气味源。

注意:位置未知的气味源并不一定位于气味包最大可能路径上,甚至也不一定落入估计的气味包路径中,可能的原因有如下几点。

① 使用了时变流场近似均匀假设。实际流场并非均匀,甚至在短时间内也不近似均匀(长时间内在统计意义上近似均匀)。

② 该气味包的释放时间可能早于 t_j 时刻向前推移10s的时刻(即 $t_{f_2}=t_j-10\mathrm{s}$)。

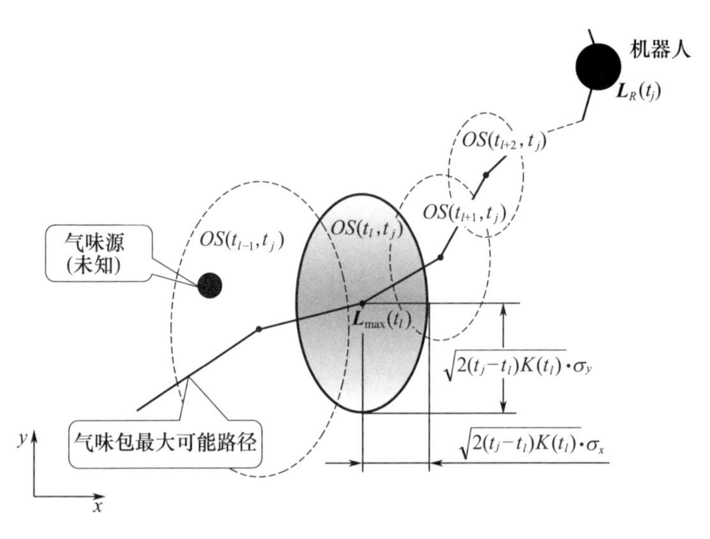

图 3-9　估计得到的气味包路径

③ 气味的释放是连续的,而传感信号的采集是离散的。由于风速/风向仪存在最大采样频率限制,因此,在风速较大的情况下就可能发生相邻子观测窗口间距过大、没有重叠的情况,从而真实气味源也就有可能落在某两个相邻子观测窗口之间的空白区域内。

在上述 3 个因素中,由前 2 个因素造成的问题无法解决;对于由第三个因素造成的问题,可采用内插值方法进行解决。使用的方法是:对流速/流向记录内的所有元素依次复制并插入到被复制元素之后,并且采样周期改变为当前采样周期的 1/2,然后检查所有相邻子观测窗口是否均有重叠;若存在相邻子观测窗口未重叠情况,则重复上步,直到所有相邻子观测窗口均有重叠;若所有相邻子观测窗口均有重叠,则进行气味包路径的估计。

(5) 时变流场近似均匀假设的检验。在本研究中,机器人的工作空间为室外环境,故而在此仅对室外气流环境下时变流场的近似均匀假设进行检验。实验环境为室外空旷处的一片区域,地面平整,无明显空间特征。为了检验流场是否近似均匀,在实验环境中任取一定间距的两点,并在这两点处进行风速/风向的长时间同步测量。实验装置包括两个风速/风向仪和一台笔记本电脑,如图 3-10 所示。其中,风速/风向仪型号与机器人上安装的风速/风向仪相同(WindSonic,Gill Instruments Ltd.);笔记本电脑用于风速/风向数据的采集和保存。尽管流场在垂直于地面的方向上存在边界(即地面),但在同一高度的水平面内可近似为无界。由于不同高度水平面内的流场可能也有所不同,故而令本实验中的两个风速/风向仪与机器人上安装的风速/风向仪保持相同的高度(均为0.6m,如图3-10所示)。

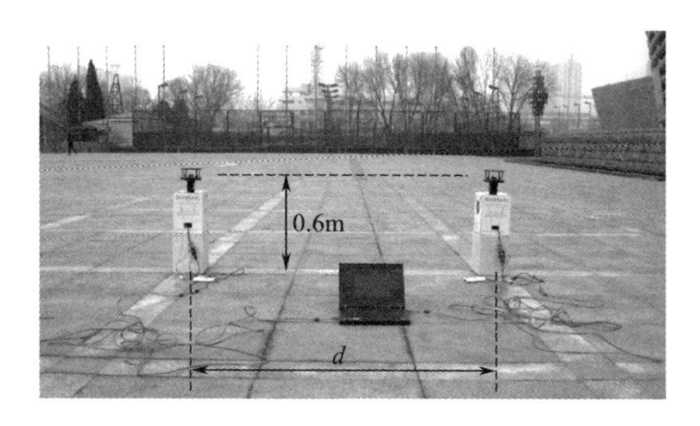

图3-10　时变流场近似均匀假设的检验

为了衡量某时刻这两点处风速/风向(矢量)的差异程度,定义差异性指标为

$$\rho(t) = |\boldsymbol{U}_1(t) - \boldsymbol{U}_2(t)|/u_{\text{av}}(t) \tag{3-17}$$

式中:$\boldsymbol{U}_1(t)$、$\boldsymbol{U}_2(t)$分别为t时刻两点处的风速和风向(矢量);$u_{\text{av}}(t)$为t时刻两点处的平均风速(标量),即$u_{\text{av}}(t) = (|\boldsymbol{U}_1(t)| + |\boldsymbol{U}_2(t)|)/2$。不难看出,当$\boldsymbol{U}_1(t) = \boldsymbol{U}_2(t)$时,$\rho(t) = 0$;当$|\boldsymbol{U}_1(t)| = |\boldsymbol{U}_2(t)|$且其间夹角$\angle(\boldsymbol{U}_1(t), \boldsymbol{U}_2(t)) = 60°$时,$\rho(t) = 1$;当$\boldsymbol{U}_1(t)$和$\boldsymbol{U}_2(t)$之间存在很大差异(如风向完全相反或风速相差悬殊)时,$\rho(t) \to 2$。在本研究中,流场近似均匀的阈值取为$\rho_{thr} = 0.5$。

由于气流中涡的存在,单次测量反映的风速/风向差异存在一定的偶然性。因此,统计意义上的实验结果更具说服力。图3-11为某次实验的测量数据及实验结果。实验中,两个风速/风向仪间距2m,实验持续1460s。图中,“spd-1”和“dir-1”分别为1号风速/风向仪测量的风速和风向,“spd-2”和

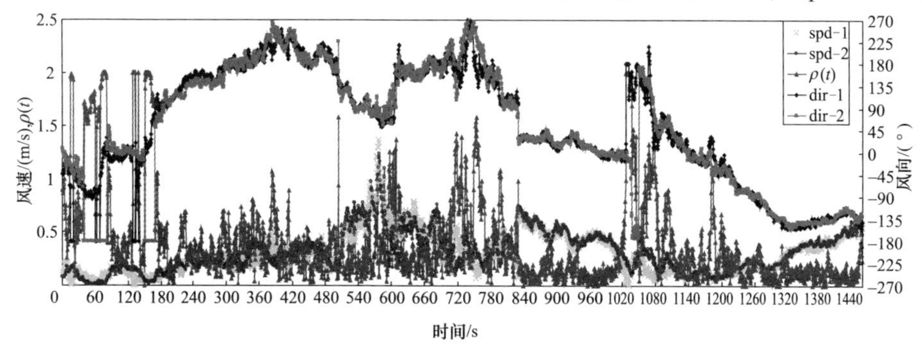

图3-11　两点处的风速/风向及差异(间距2m)(见彩插)

"dir－2"为2号风速/风向仪测量的风速和风向，$\rho(t)$为两个风速/风向仪测量值在相应时刻的差异性度量。实验中，1号风速/风向仪测量的风速变化范围为0.01～1.37m/s，风向变化范围为450°(－180°～270°)；2号风速/风向仪测量的风速变化范围为0.01～1.24m/s，风向变化范围为447°(－180°～267°)。在数据处理时，未将风向变化范围限制在360°内，是为了能更清楚地表达风向的变化。若使用区间[0°,360°)(或[－180°,180°))进行风向的表达，就会使相近的风向(如1°/359°或－179°/179°)在常用的直角坐标系统中表现出很大的差异。

从图3－11可以直观地看出：流场随时间变化较为显著；风速较大时，两点处的风速/风向差异总体较小。该次实验中两点风速/风向差异性指标$\rho(t)$关于平均风速$u_{av}(t)$的分布图如图3－12(b)所示。

改变两个风速/风向仪之间的距离，以1m为增量从1m变化到6m，并且在每个间距下观测时长不小于600s，则可得到不同间距下$\rho(t)$关于平均风速$u_{av}(t)$的分布图，如图3－12所示。由图可知，$\rho(t)$不仅与$u_{av}(t)$有关，还与间距d有关。

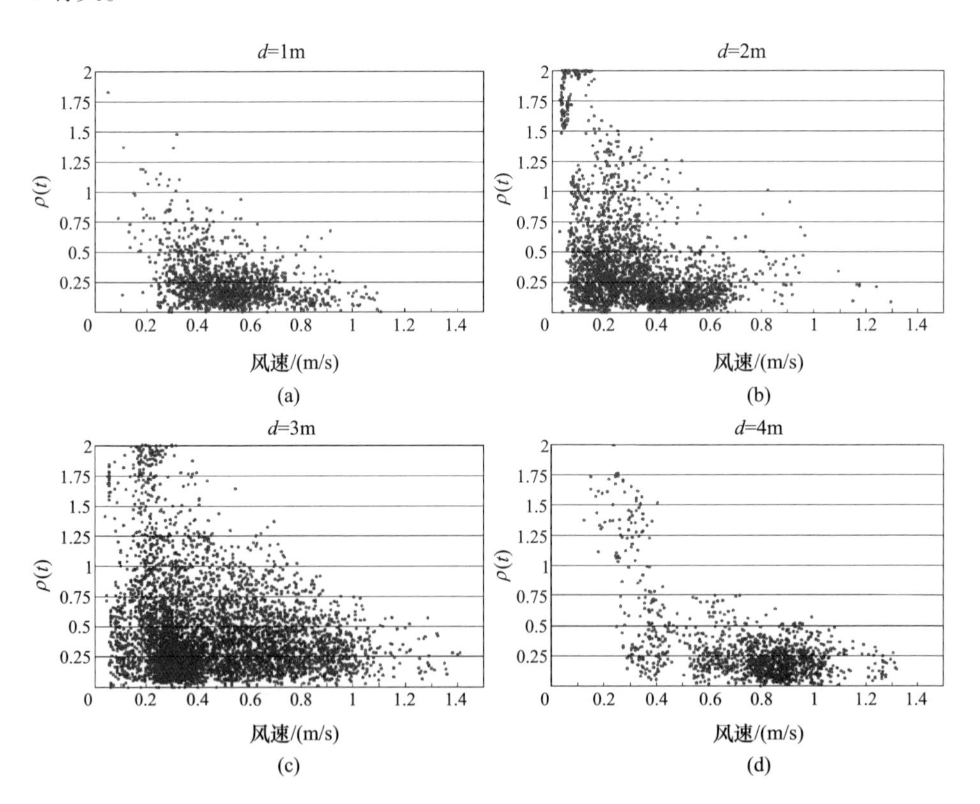

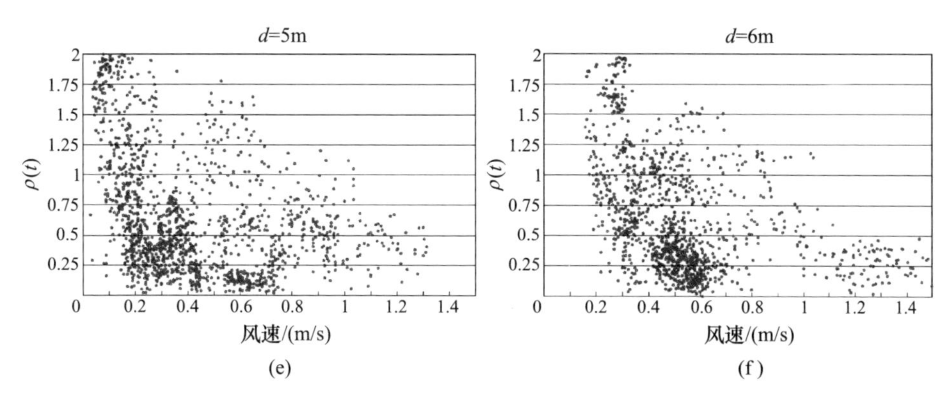

图3-12 不同间距下$\rho(t)$关于平均风速$u_{av}(t)$的分布图

(a)$d=1$m;(b)$d=2$m;(c)$d=3$m;(d)$d=4$m;(e)$d=5$m;(f)$d=6$m。

表3-3以d(单位:m)和u_{av}(单位:m/s)(不考虑采样时刻的$u_{av}(t)$)两个因素给出了图3-12所示实验的统计结果,其中每个单元格对应一个间距d和一个u_{av}所在的风速区间。单元格中第一个数据为$\rho(t)$的均值,第二个数据(小括弧内的数据)为$\rho(t)\leqslant\rho_{thr}(\rho_{thr}=0.5)$出现的比率。由表3-3可以看出,两点处风速/风向的差异随平均风速u_{av}的增加或间距d的减小而在总体上减小。这一结果可解释为:当平均风速u_{av}增大,气流的随机性运动分量在总体运动中的影响就会相对变弱(尽管湍动程度也增大);空间中两点越靠近,该两点处的风速/风向就越接近。需要指出的是,以上结论是在无明显空间特征的室外环境(如四周离墙较远的平坦且空旷的区域)下,在统计意义上近似成立。

表3-3 流场近似均匀假设的评估性实验统计结果

d	u_{av}										
	[0.05, 0.15)	[0.15, 0.25)	[0.25, 0.35)	[0.35, 0.45)	[0.45, 0.55)	[0.55, 0.65)	[0.65, 0.75)	[0.75, 0.85)	[0.85, 0.95)	[0.95, 1.05)	[1.05, 1.15)
1m	—	***0.57*** (***47%***)	0.36 (75%)	0.29 (86%)	0.21 (96%)	0.21 (97%)	0.21 (97%)	0.15 (96%)	0.17 (96%)	—	—
2m	0.64 (58%)	0.40 (74%)	0.41 (70%)	0.24 (90%)	0.18 (96%)	0.19 (95%)	0.22 (97%)	—	—	—	—
3m	0.56 (59%)	0.68 (50%)	0.38 (77%)	0.41 (74%)	0.42 (68%)	0.41 (69%)	0.39 (74%)	0.36 (75%)	0.33 (79%)	0.30 (87%)	0.29 (91%)
4m	—	—	0.84 (41%)	0.47 (63%)	0.34 (87%)	0.27 (89%)	0.26 (90%)	0.20 (99%)	0.19 (98%)	0.21 (98%)	0.23 (100%)

续表

d	u_{av}										
	[0.05,0.15)	[0.15,0.25)	[0.25,0.35)	[0.35,0.45)	[0.45,0.55)	[0.55,0.65)	[0.65,0.75)	[0.75,0.85)	[0.85,0.95)	[0.95,1.05)	[1.05,1.15)
5m	1.34 (4%)	0.70 (42%)	0.52 (64%)	0.44 (63%)	***0.65 (48%)***	0.43 (64%)	0.38 (74%)	***0.54 (43%)***	***0.54 (44%)***	***0.54 (42%)***	—
6m	—	1.12 (5%)	0.98 (17%)	0.68 (39%)	0.50 (63%)	0.36 (80%)	***0.53 (62%)***	***0.74 (27%)***	—	—	—
注：每个单元格中第一个数据为两点风速/风向的差异（即 $\rho(t)$ 的均值）；第二个数据（小括号中的数据）为 $\rho(t) \leqslant 0.5$ 的测量值出现的比率。											

从表 3-3 中不难发现，在阈值 ρ_{thr} 设定为 0.5 的情况下，表格中处于粗折线右方的绝大部分单元格对应的两点风速/风向差异小于阈值 ρ_{thr}（大于 ρ_{thr} 的用粗斜体进行了标记）。由于实验中风向随时间变化且进行风速/风向观测的两点是随意选取的，因此，该两点处风速/风向的长时间平均差异可代表流场中相同间距的任意两点处风速/风向的长时间平均差异。以单元格所在风速区间的中心风速（如区间[0.25,0.35)的中心风速为 0.3m/s）近似代表风速，可以得出以下结论：当风速不小于 0.2m/s，在距离不大于以该风速运动 10s 的位移量的范围内，流场满足近似均匀的假设。

（6）气味包路径估计实验。

① 实验思想。本实验的目的是检验气味包路径估计的准确性。理想的实验为直接检查被测得气味包的运动轨迹是否包含于机器人估计的气味包路径中，以反映气味包路径估计的准确性。由于在室外环境下跟踪某气味包很困难，故而在这里仅选择气味包轨迹的起始点（即气味源位置）进行准确性评估，即检查估计的气味包路径以多大机率包含气味源位置来反映气味包路径估计的准确度。

由于两点间距越大，对包含这两点的区域而言流场近似均匀假设的适用性就越低，因此，可通过改变机器人与气味源的间距并在这些不同间距下进行气味包路径估计的准确度评估实验。在每个间距下的实验中，机器人静止不动，并不断采集风速/风向及气味浓度，如图 3-13 所示。令 N_D 表示实验期间气味测得事件发生的次数，n_D 表示气味测得事件发生时估计的气味包路径包含真实气味源位置的次数。实验开始时，N_D 和 n_D 置 0；实验过程中，当气味测得事件发生时，进行气味包路径估计，并令 N_D 增加 1；若气味源位于估计的气味包路径之中时，令 n_D 增加 1。当气味测得事件数目足够多时（如 $N_D \geqslant 100$），结束实验，并由 n_D/N_D 评估在此间距下气味包路径估计结果的准确程度。

图3-13　气味包路径估计实验装置

气味源是否包含于估计的气味包路径中，可通过如下方法进行确定。计算测得的气味包从气味源所在位置$\boldsymbol{L}_S$到达机器人所在位置$\boldsymbol{L}_R(t_j)$的最大概率密度$p_{SR\max}(t_j)=\max\{p_{SR}(t_l,t_j),l=f_3,\cdots,j-1\}$，并与阈值$\eta$进行比较。若$p_{SR\max}(t_j)\geqslant\eta$，则气味源包含于估计的气味包路径中；否则不包含。其中，$p_{SR}(t_l,t_j)$表示t_j时刻机器人测得的气味包在t_l时刻位于气味源所在位置$\boldsymbol{L}_S$的概率密度，计算方法见式(3-9)（将式(3-9)中的$\boldsymbol{L}_*(t_l)$替换为$\boldsymbol{L}_S$即可）。

② 气味包路径可视化。为了能更直观地表达气味包路径，在这里对气味包路径以栅格地图的方式进行可视化。需要说明的是，后续章节中使用气味包路径进行气味源定位时，并不需要可视化的气味包路径。

若机器人在t_j时刻测得气味包，则该气味包的路径可通过概率栅格地图表达为$\{\pi_i(t_j)\}_{i=1}^{M}$，其中M表示栅格总数，$\pi_i(t_j)$表示t_j时刻在$\boldsymbol{L}_R(t_j)$处测得的气味包来自于栅格C_i的概率，可由下式进行确定：

$$\pi_i(t_j)=\begin{cases}\max\{P_i(t_l,t_j)\}_{l=f_3}^{j-1}, & C_i\in OW(t_j)\\ 0, & \text{其他}\end{cases} \tag{3-18}$$

式中：f_2为时刻t_j向前推移10s后的时刻下标，详见式(3-14)；$P_i(t_l,t_j)$表示如下：

$$P_i(t_l,t_j)=\int_{-\frac{a}{2}}^{\frac{a}{2}}\int_{-\frac{a}{2}}^{\frac{a}{2}}p_{*R}(t_l,t_j)\mathrm{d}x\mathrm{d}y\approx a^2p_{iR}(t_l,t_j) \tag{3-19}$$

式中：a为栅格边长；$p_{*R}(t_l,t_j)$为t_j时刻测得的气味包在t_l时刻位于栅格C_i中某点$\boldsymbol{L}_*(t_l)$处的概率密度；$p_{iR}(t_l,t_j)$为该气味包在t_l时刻位于栅格C_i中心处的概率密度。

由于 $OW(t_j)=\bigcup_{l=f_3}^{j-1}OS(t_l,t_j)$，因此，由式(3－18)表达的气味包路径其计算复杂度为 $O(\sum_{l=f_3}^{j-1}N(OS(t_l,t_j)))$，其中 $N(OS(t_l,t_j))$ 表示位于子观测窗口 $OS(t_l,t_j)$ 内的栅格数目。由于 $\sum_{l=f_3}^{j-1}N(OS(t_l,t_j)) << M^3$，因此，式(3－18)表达的气味包路径在计算复杂度方面要远小于文献[66]中的HMM方法(HMM方法的计算复杂度为 $O(M^3)$)。

③ 实验结果。机器人与气味源的间距从1m开始以1m的间隔逐渐增加到6m。图3－14为4m间距下由式(3－18)估计得到的气味包路径(对应两个不同时刻)，其中图3－14(a)所在时刻的风速方差较小($[\sigma_x^2,\sigma_y^2]=[0.029,0.053]\mathrm{m}^2/\mathrm{s}^2$)，即最近10s的历史风速/风向较为平稳，图3－14(b)所在时刻的风速方差较大($[\sigma_x^2,\sigma_y^2]=[0.260,0.160]\mathrm{m}^2/\mathrm{s}^2$)。图中每个椭圆区域代表一个子观测窗口(阈值 $\eta=10^{-2}\mathrm{m}^{-2}$，详见式(3－10))，从机器人附近开始由近到远依次为 $OS(t_{j-1},t_j)$、$OS(t_{j-2},t_j)$、……、$OS(t_{f_3},t_j)$；彩色栅格的颜色代表测得的气味包在某时刻位于该栅格中的概率大小，从蓝色向红色概率依次增大；灰度栅格代表障碍物，除了指明为气味源之外的其余灰度栅格均为虚假障碍物(激光测距仪受阳光散射影响而出现的测量噪声)。栅格边长 $a=0.05\mathrm{m}$。由式(3－19)可知，概率密度阈值 $\eta=10^{-2}\mathrm{m}^{-2}$ 对应的概率阈值为 $a^2\eta=2.5\times10^{-5}$。

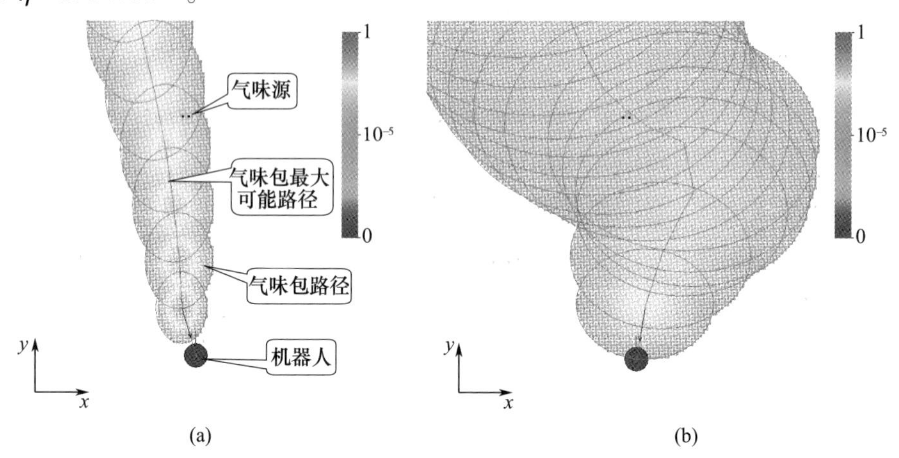

图3－14　4m间距下在两个不同时刻估计的气味包路径(概率密度阈值 $\eta=10^{-2}\mathrm{m}^{-2}$，图中对应的概率阈值为 $a^2\eta=2.5\times10^{-5}$)(见彩插)

(a)风速/风向较平稳($[\sigma_x^2,\sigma_y^2]=[0.029,0.053]\mathrm{m}^2/\mathrm{s}^2$)；

(b)风速/风向波动较大($[\sigma_x^2,\sigma_y^2]=[0.260,0.160]\mathrm{m}^2/\mathrm{s}^2$)。

由图 3 - 14 可知，在风速/风向较平稳的情况下，估计得到的气味包路径在空间分布上较集中，并且气味包最大可能路径更接近直线，如图 3 - 14(a)所示；在风速/风向波动较大的情况下，气味包路径则在空间分布上更广泛，气味包最大可能路径更弯曲，如图 3 - 14(b)所示。

当阈值 $\eta = 10^{-2}\mathrm{m}^{-2}$时，由实验数据可得到在该阈值下气味包路径估计的准确率，如表 3 - 4 所列。由表 3 - 4 可知，距离气味源越近，气味包路径估计的准确率就越高；反之，则准确率就越低。该结果比较符合预期设想。这是因为，若将气味包运动轨迹上的一点作为第一个观测点，机器人作为第二个观测点，由前述"时变流场近似均匀假设的检验"一节结论可知，第一个观测点距离机器人越远，该观测点处的风速/风向与机器人在同一时刻测量的风速/风向的差异就越大(统计意义上)。因此，由此估计得到的气味包路径的准确率就越低。

表 3 - 4　气味包路径估计的准确率(阈值 $\eta = 10^{-2}\mathrm{m}^{-2}$)

间距/m	1	2	3	4	5	6
n_D	168	157	97	119	127	138
N_D	176	183	119	164	195	190
n_D/N_D	0.95	0.86	0.82	0.73	0.65	0.73

选取不同的阈值 η，对同一组实验可得到不同的气味包路径估计的准确率，如图 3 - 15 所示。由图 3 - 15 可知，阈值 η 越小，气味包路径估计的准确率就越高，反之则越低；$\eta \in [10^{-2},\ 1]\mathrm{m}^{-2}$时，气味包路径估计的准确率下降最快；当 $\eta \leqslant 10^{-2}\mathrm{m}^{-2}$时，气味包路径估计的准确率较高。由式(3 - 10)和式(3 - 11)可

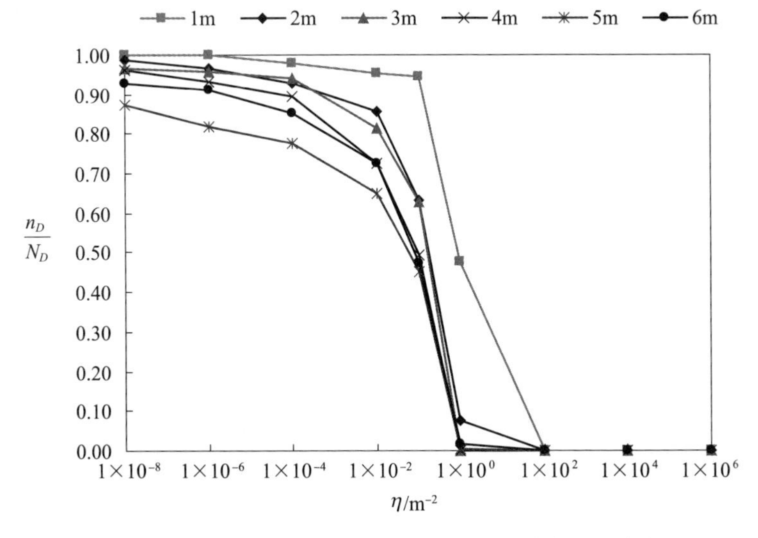

图 3 - 15　选用不同阈值 η 时气味包路径估计的准确率

知，η 变小 100 倍，子观测窗口 $OS(t_l,t_j)$ 的面积就会增大许多。因此，为了获得较为准确有效的气味包路径，阈值 η 的选取不应过小，而应在保证一定准确率的前提下尽量取大。相比 $\eta=10^{-2}\mathrm{m}^{-2}$ 时气味包路径估计的准确率，$\eta=10^{-4}\mathrm{m}^{-2}$ 时气味包路径估计的准确率并未明显提高，但对应的子观测窗口面积会显著增大。因此，在本研究中选取阈值 $\eta=10^{-2}\mathrm{m}^{-2}$。

3）搜寻路径规划

由图 3－11 可以看出，室外时变气流环境中瞬时风向具有较大的随机性且变化较快。若直接使用瞬时风向规划搜寻路径，则规划的搜寻路径变化也较快，不便于机器人沿该搜寻路径运动以进行烟羽跟踪。为了使机器人在烟羽跟踪过程中运动较为平稳，并且同时能及时对风向的变化做出反应，在这里使用当前短时间平均风向 $\bar{\theta}_{10}(t_k)$ 作为下风方向，$\bar{\theta}_{10}(t_k)$ 的确定可参考式(2－21)。由此，以气味包最大可能路径为基准，并沿当前短时平均流向 $\bar{\theta}_{10}(t_k)$ 进行偏移后的路径(称为偏移路径)就可表达为 $\{\boldsymbol{L}_{\mathrm{off}}(t_l), l=j,j-1,\cdots,f_3\}$。其中，偏移路径节点 $\boldsymbol{L}_{\mathrm{off}}(t_l)$ 的表达式见下式，f_3 的确定见式(3－14)，示意图如图 3－16 所示。

$$\boldsymbol{L}_{\mathrm{off}}(t_l)=\boldsymbol{L}_{\max}(t_l)+(d_{\mathrm{ell}}(t_l)+d_{\mathrm{bas}})\cdot\begin{bmatrix}\cos\bar{\theta}_{10}(t_k)\\ \sin\bar{\theta}_{10}(t_k)\end{bmatrix} \tag{3-20}$$

式中：$\boldsymbol{L}_{\max}(t_l)$ 为气味包最大可能路径节点，计算方法见式(3－16)；$(d_{\mathrm{ell}}(t_l)+d_{\mathrm{bas}})\cdot[\cos\bar{\theta}_{10}(t_k),\sin\bar{\theta}_{10}(t_k)]^{\mathrm{T}}$ 为从 $\boldsymbol{L}_{\max}(t_l)$ 向 $\bar{\theta}_{10}(t_k)$ 方向的偏移量，其中

$$d_{\mathrm{ell}}(t_l)=\sqrt{2(t_j-t_l)K(t_l)}\cdot\sqrt{(\sigma_x\cos\psi)^2+(\sigma_y\sin\psi)^2} \tag{3-21}$$

$$\psi=\arctan[\sigma_x/\sigma_y\cdot\tan\bar{\theta}_{10}(t_k)] \tag{3-22}$$

式中：ψ 为交点 X 在子观测窗口 $OS(t_l,t_j)$ 外轮廓(椭圆)上对应的离心角，子观测窗口 $OS(t_l,t_j)$ 是气味包路径中的一个子区域，定义见式(3－10)；$d_{\mathrm{ell}}(t_l)$ 为图 3－16 中交点 X 与 $\boldsymbol{L}_{\max}(t_l)$ 之间的距离；d_{bas} 为设定的附加偏移量。d_{bas} 的引入目的主要是尽可能地减少漏搜(气味源有可能就在 X 点，使机器人与 X 点保持一定的距离，以便于在该可能气味源的下风方向进行气味检测)。在研究中取 $d_{\mathrm{bas}}=0.1\mathrm{m}$。

由于瞬时风向的时变，当前短时间平均风向 $\bar{\theta}_{10}(t_k)$ 也是时变的。因此，偏移路径在每个控制周期都要重新计算。机器人在跟踪偏移路径的过程中，由于短时间平均风向的变化，可能存在部分未跟踪过的偏移路径已经处于机器人当前位置 $\boldsymbol{L}_R(t_k)$ 的下风方向了。为了提高搜寻效率且不漏搜，依据当前短时间平均风向 $\bar{\theta}_{10}(t_k)$，以机器人当前位置 $\boldsymbol{L}_R(t_k)$ 为界，将偏移路径分为逆流部分和顺

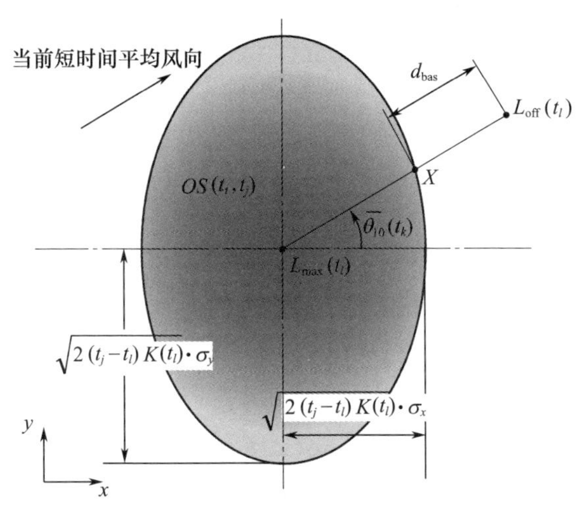

图 3 - 16　偏移路径节点的生成

流部分,并且使机器人优先跟踪逆流部分。此外,由于烟羽条带对机器人不可获得(如不可视),机器人沿着偏移路径的逆流部分向前搜寻气味源的过程可能是一种脱离烟羽条带(尤其在风向变化较大的情况下)进行搜寻的过程。在此过程中,机器人可能未能再次发现新气味包。在这种情况下(逆流部分的偏移路径跟踪完毕但仍未测得新气味包),可使机器人以短时间平均风向 $\overline{\theta}_{10}(t_k)$ 为短半轴方向作椭圆运动,以期能在垂直于气流的方向上截获烟羽,从而进行新一轮的气味包路径估计、搜寻路径规划及烟羽跟踪,如图 3 - 9 中所示的椭圆。若在完成椭圆运动后,机器人仍然没有发现新的气味信息,则可跟踪偏移路径的顺流部分直至回到最近一次测得气味时的位置。在此过程中若依然没有获得新的气味信息,则使机器人进入烟羽再发现过程。

综上所述,可将机器人的搜寻路径表达为 3 段:$SL=\{SL_f,SL_e,SL_b\}$,并将每一段搜寻路径离散化为路径节点序列,各序列中元素(路径节点)的排列方向均为从左向右。其中,SL 为机器人需要跟踪的总的搜寻路径节点序列,SL_f 和 SL_b 分别为偏移路径的逆流和顺流部分对应的节点子序列,SL_e 为椭圆运动部分的路径节点子序列(椭圆上按离心角每隔 45°取一节点),分别描述如下:

$$SL_f=\{\boldsymbol{L}_{off}(t_l)\mid|\mathrm{ang}(\boldsymbol{L}_{off}(t_l)-\boldsymbol{L}_R(t_k))-\overline{\theta}_{10}(t_k)|>\pi/2,\quad l=j,j-1,\cdots,f_3\}\tag{3-23}$$

$$SL_b=\{\boldsymbol{L}_{off}(t_l)\mid|\mathrm{ang}(\boldsymbol{L}_{off}(t_l)-\boldsymbol{L}_R(t_k))-\overline{\theta}_{10}(t_k)|\leqslant\pi/2,\quad l=f_3,f_3+1,\cdots,j\}\tag{3-24}$$

$$SL_e = \{\boldsymbol{L}_e^{(i)}, \quad i=0,1,\cdots,8\} \tag{3-25}$$

$$\boldsymbol{L}_e^{(i)} = \boldsymbol{L}_{\max}(t_{f_3}) - \begin{bmatrix} \sin\bar{\theta}_{10}(t_k) & \cos\bar{\theta}_{10}(t_k) \\ -\cos\bar{\theta}_{10}(t_k) & \sin\bar{\theta}_{10}(t_k) \end{bmatrix} \begin{bmatrix} R_l\sin(\mathrm{clk}\cdot \mathrm{i}\pi/4) \\ R_s(1-\cos(\mathrm{clk}\cdot \mathrm{i}\pi/4)) \end{bmatrix} \tag{3-26}$$

式中:ang(*)表示矢量 * 的矢角,ang(*) $\in(-\pi,\pi]$。式(3-23)中 l 从 j 开始依次递减到 f_3,式(3-24)中 l 从 f_3 开始依次递增到 $j(f_3<j)$。式(3-26)中 R_l 和 R_s 分别为椭圆运动的长半轴和短半轴长,研究中设定为 $R_l=0.6\mathrm{m}$ 和 $R_s=0.18\mathrm{m}$;clk 代表椭圆运动的旋向,与机器人在$\boldsymbol{L}_{\max}(t_{f_2})$处开始椭圆运动时短时平均流向 $\bar{\theta}_{10}(t_k)$的变化方向 $\Delta\bar{\theta}_{10}(t_k)$相一致,即

$$\mathrm{clk} = \begin{cases} 1, & \Delta\bar{\theta}_{10}(t_k) \geqslant 0 \\ -1, & 其他 \end{cases} \tag{3-27}$$

式中:$\Delta\bar{\theta}_{10}(t_k) = \bar{\theta}_{10}(t_k) - \bar{\theta}_{10}(t_{k-1})$,$\Delta\bar{\theta}_{10}(t_k) \in (-\pi,\pi]$。

由于机器人在到达气味源后自己并不知道已到达气味源,因此,会继续沿着规划的搜寻路径向前搜寻,直到完成椭圆运动路径 SL_e 后返回并继续跟踪顺流部分的搜寻路径 SL_b。为了防止机器人在风速较大的情况下向前跟踪距离过远(即 SL_e 距离机器人最近一次测得气味的位置$\boldsymbol{L}_R(t_j)$较远),研究中限制机器人从$\boldsymbol{L}_R(t_j)$向前跟踪的最远直线距离为 5m。具体实施时,可先从 SL_f 和 SL_b 中删去距离$\boldsymbol{L}_R(t_j)$超过 5m 的节点,然后将式(3-26)中的$\boldsymbol{L}_{\max}(t_{f_3})$替换为 SL_f 中距离$\boldsymbol{L}_R(t_j)$最远的节点。

由上述内容可知,机器人的搜寻路径是时变的,需要在每个控制周期进行重新计算。机器人在每个控制周期总是从 SL 中取出最前面(最左边)的路径节点作为当前目标点进行跟踪,从而完成沿整个搜寻路径的运动。当出现以下两种情况时,从 SL 中删除当前目标点,即删除该目标点对应的序号 l 或 i(见式(3-23)~式(3-25))。

(1) 当机器人与当前目标点之间的距离小于给定误差时,即可认为机器人已到达该目标点。

(2) 当目标点与栅格地图上标示的障碍物之间的距离小于机器人的安全距离时,可认为该目标点无法达到,应该从 SL 中删除。

若以机器人与真实气味源的距离小于 0.6m 为烟羽跟踪的结束条件(在实物实验中,0.6m 为机器人的安全距离,小于该距离就开始避障),则基于气味包路径估计的烟羽跟踪算法可表达为流程图 3-17。

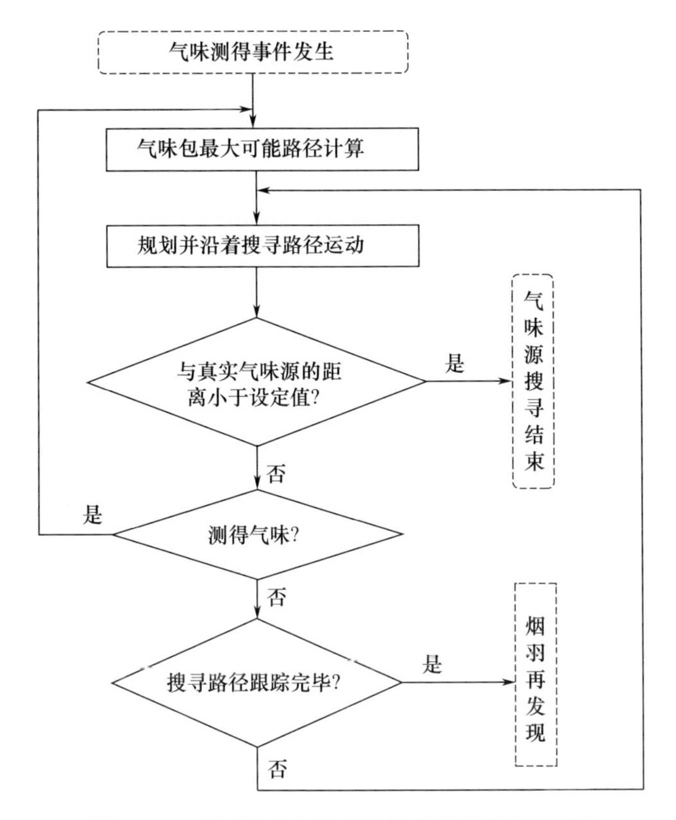

图3－17　基于气味包路径估计的烟羽跟踪流程图

4）实验及结果分析

实验首先使用流向随动Z字形烟羽发现方法寻找烟羽。当气味测得事件发生时，估计气味包路径，规划机器人搜寻路径，并开始烟羽跟踪，流程图如图3－17所示。

图3－18给出了某次实验烟羽跟踪过程中的4个瞬间截图。机器人从A点(2.00,2.00)m处出发开始烟羽发现过程，此时记为$t=0$s。机器人在$t=178.5$s时在B点(6.16,0.52)m处测得气味，估计所测得气味包的路径并规划搜寻路径，然后沿规划的搜寻路径进行烟羽跟踪，如图3－18(a)所示。初始估计的气味包路径并不够准确，但在烟羽跟踪过程中，机器人在$t=192.5$s时在C点(6.03,1.65)m处再次测得气味，然后重新估计气味包路径并规划搜寻路径，继续烟羽跟踪，如图3－18(b)所示。机器人在$t=263.5$s时到达气味源附近的D点(6.24,4.26)m处，并开始避障，烟羽跟踪实验结束，如图3－18(d)所示。烟羽跟踪过程共耗时85.0 s；气味源位置由障碍物栅格地图确定为(6.50,4.55)m(气味源为障碍物，表现为灰度较大的栅格)。

实验期间机器人记录的风速/风向、短时间平均风向(10s)、气体传感器输出浓度以及气味测得事件如图3－19所示,其中风速、风向变化范围分别为0.34～1.46m/s和－138°～－33°。从图3－19中可以看出,烟羽跟踪过程中风向周期性快速变化,因此获得的短时间平均风向也周期性变化,从而搜寻路径也相应左右摆动,使机器人产生类似Z字形的搜索轨迹。

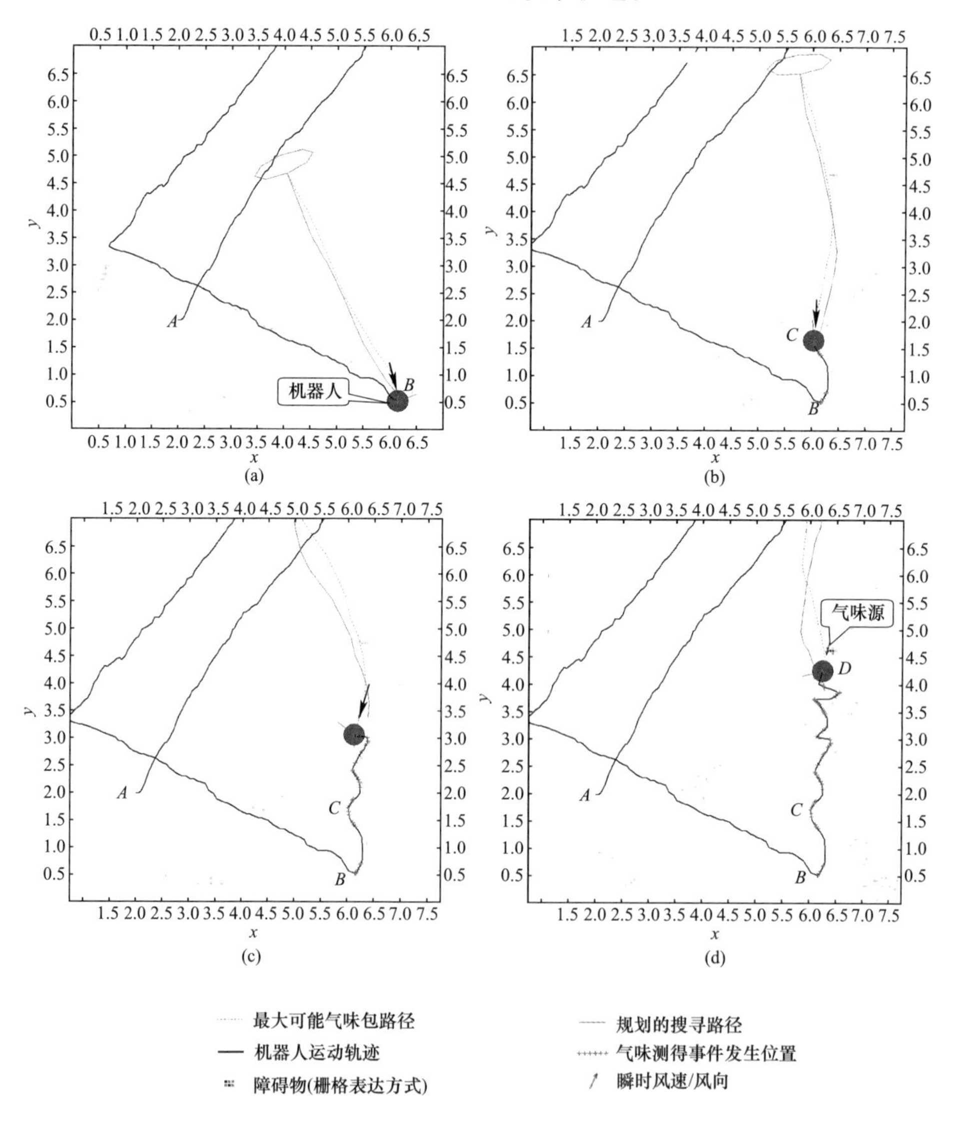

图3－18 时变流场环境下基于气味包路径估计的烟羽跟踪(见彩插)

(a) $t=178.5$s; (b) $t=192.5$s; (c) $t=221.5$s; (d) $t=263.5$s。

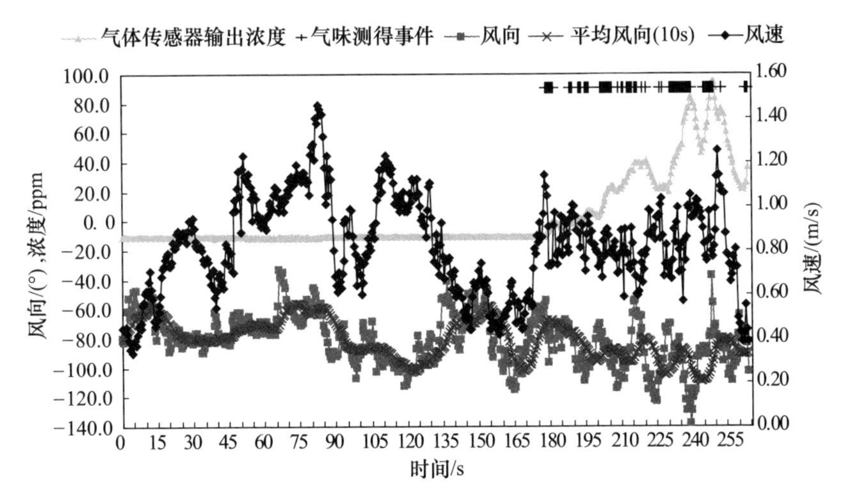

图3-19 图3-18所示气味源搜索过程中的气味浓度和风速/风向(见彩插)

3.4.2 基于模拟退火的方法

对于二维气味源定位问题,气味浓度场可看作是一个定义在二维平面的动态函数,最大值出现在气味源附近。因此,气味源定位可转化为寻找函数最大值的问题,数学表达式为

$$\begin{gathered}\max_{X\subset S} C(\boldsymbol{X},t) \\ \boldsymbol{X}=(x,y)\end{gathered} \tag{3-28}$$

式中:$C(\boldsymbol{X},t)$表示气味浓度函数;$\boldsymbol{S}$表示气味浓度函数的定义域,即搜索区域;$\boldsymbol{X}$表示位置。

在不同的湍流主控场景下,气味浓度场还会表现出不同的特点。由于室外风场和浓度场在之前的章节已经给出了比较详细的论述,这里不再赘述。下面对两种室内场景下的气味浓度分布进行分析。

1) 室内气味浓度分布

(1) 场景介绍及采样设备。室内场景的实验地点位于天津大学26楼E座的一间实验室,该实验室的面积约为120m^2,其平面图如图3-20所示。实验室的四周是家具和一些实验设备(视为障碍物),中间一片空出的场地(如图中栅格区域所示)作为浓度场和风场采样区域,并作为下文中室内气味源定位实验的搜索区域。显然,该实验室是一个典型的非结构复杂场景。在通风和封闭条件下,图3-20中的门和窗分别处于打开和关闭的状态。除门窗外,室内没有如风扇或空调等附加风源。

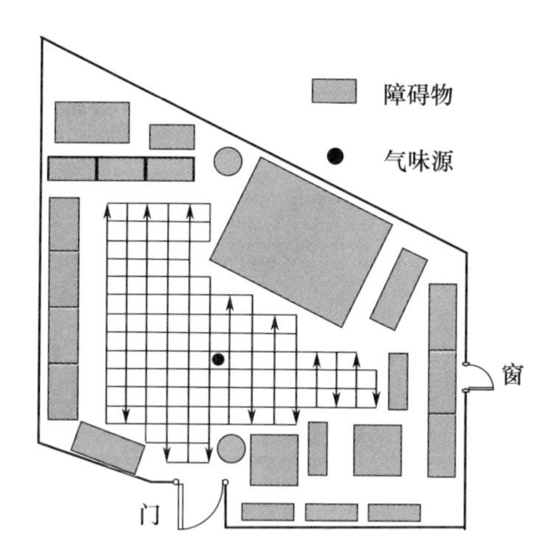

图 3-20　室内实验场景平面图

使用一台 MrSOS 机器人平台对浓度场和风场进行采样。如图 3-21 所示,其本体为先锋 P3AT 型移动机器人(P3AT,MobileRobots Inc. USA),内含 1 台工控机、2 个超声环和里程计。机器人本体上载有 1 个 MOS 气体传感器(MiCS-5521,e2v Technologies(UK)Ltd.)、1 台超声风速仪(Windsonic,Gill Instruments Ltd.)、1 台激光测距仪(LMS111,Sick AG)和电子罗盘。机器人最大线速度设置为 0.5m/s。气味源已在 3.3.4 节中给出描述,由于一般室内气味浓度较低,实验中乙醇蒸气的释放率调整为 5.4mg/s。MiCS-5521 气体传感器为 MiCS-5135 的改进型,具有更低的检测下限和更高的灵敏度。但是该传感器同

图 3-21　先锋机器人平台

样存在时漂和温漂，基准值在 0.45 ~ 0.55V 浮动。因此，本实验仍然直接采用传感器电压来表示乙醇蒸气浓度，气体浓度越高则传感器的输出值越大。

（2）室内通风条件。自然通风加强了室内空气流动，同时也为气味提供了排放的通道。在风的输送下，烟羽主要分布在气味源的下风区域，浓度最大值出现在气味源附近。通风条件下的浓度积累相对较弱。机器人依次在气味源下风向 60cm、120cm 和 180cm 的位置各采集了 60s 的风与浓度数据，如图 3 - 22 所示。由于 3 个位置的瞬时风速和风向具有相似的特征，本文只给出距离气味源 180cm 处的值，如图 3 - 22(a) 所示。需要指出，由于风速仪自身测量范围的限制，当风速小于 0.05m/s 时，无法给出可靠的风向值，因此，风向输出为 0°。从图中可以看到，一方面，通风条件下的风速和风向均有较强的波动，最大风向变化超过 90°，这会造成烟羽大幅度的摆动；另一方面，有时候风速又会变得非常低，此时，风速仪无法给出可靠的风速和风向值。这两方面均会对使用风信号作为参数的气味源定位方法造成很大的影响。图 3 - 22(b) 则给出了 3 个位置的瞬时浓度曲线。显然，瞬时浓度同样是高度波动的，这主要是由烟羽的摆动所造成。当烟羽经过气体传感器时，则检测到浓度上升；当烟羽离开时，则检测到浓度下降。同时，从图中还可以看到，不同位置检测到的浓度曲线混杂在一起，从瞬时值上难以区分。然而，浓度的峰值却随着与气味源距离的增加而有下降的趋势。

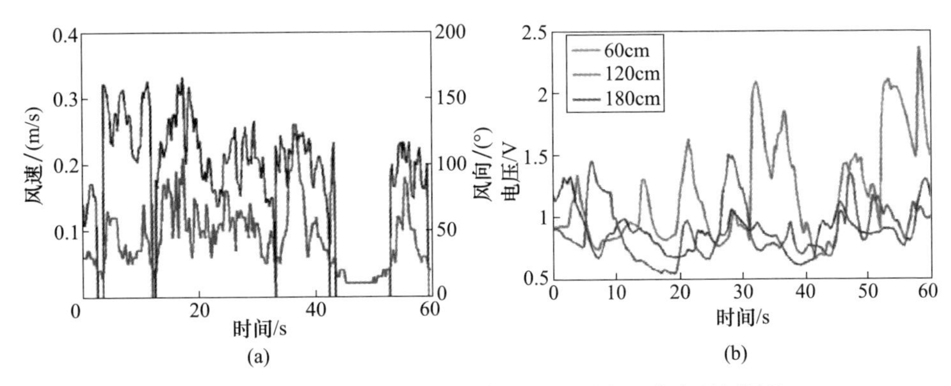

图 3 - 22　室内通风条件下的瞬时风速、风向和浓度（见彩插）

(a) 风速和风向；(b) 浓度。

（3）室内封闭条件。室内封闭条件是一种典型的湍流主控微弱流体环境，其风场主要是由热对流产生，因此风速非常低，超出了本文使用的风速仪的测量下限。由于气味无处排放，在封闭条件下的浓度分布范围更广，并且浓度值要比通风条件下高出很多。同时，浓度积累效应也形成了许多浓度很高的局部极值区域。在与通风条件下相同的位置采集的瞬时浓度如图 3 - 23 所示。可以看到，由于风速很低，不同位置的浓度曲线在大部分时间不再混杂在一起，但仍存在浓度波动。由于在封闭条件下竖直方向风速分量的作用变得更加显著，这会使二维平面的浓度最大值稍微偏离气味源，因此，出现了距气味源120cm处采集到的浓度要高于60cm处的情况。另外，180cm处的浓度曲线有一个大幅度的脉冲，这可能是由于人的走动产生的气流携带气味源附近的高浓度空气团经过气体传感器所在位置造成的。

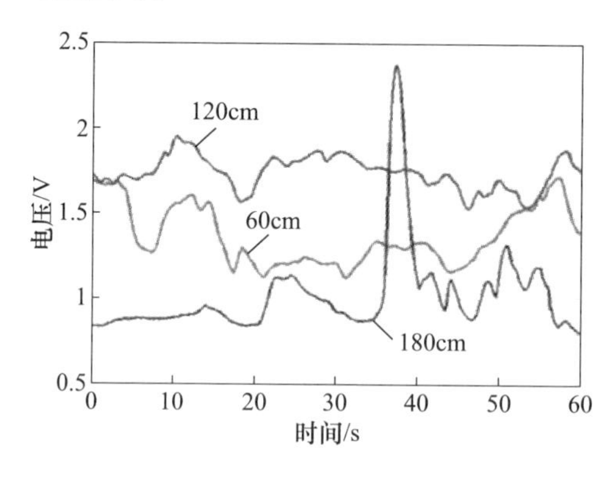

图3-23　室内封闭条件下的瞬时浓度

以上分析了室内通风条件和封闭条件下的气味浓度场特点。总体来看，室内检测到的风速和风向并不可靠，气味浓度场具有较强的波动性且存在若干浓度极值。在此种环境下寻找浓度场的最大值，要求优化算法具有较强的健壮性且能够跳出局部极值。同时，由于气味源位置和机器人出发位置的不确定性，选择的优化算法需要对初值不敏感。

模拟退火算法作为一种全局优化算法，具有高效、健壮、通用、灵活的特点，解的质量受初始解影响较小，并且性能不因组合优化问题实例的不同而变化。模拟退火算法目前尚未被应用到气味源定位的研究中，本节提出使用模拟退火算法解决室内通风、室内封闭和室外3种场景下的气味源定位问题。

2）标准模拟退火算法概述

模拟退火算法来源于对固体退火过程的模拟，属于启发式的蒙特卡罗(Monte Carlo)方法。理论上已经证明，模拟退火算法是一种全局优化算法，并且以概率1收敛于最优值[67]。

模拟退火算法求解的步骤如下。

(1) 设置初始温度 T_0，随机产生一个初始解 i_0，令 $i_{best}=i_0$，并计算能量函数值 $E(i_0)$。

(2) 令 $T_k=T_0$，迭代次数 $k=1$。

(3) 对当前最优解 i_{best} 按照某一邻域函数产生新解 i_{new}，计算新解的能量函

数值 $E(i_{new})$,并计算能量函数值的增量 $\Delta E = E(i_{new}) - E(i_{best})$。

(4) 计算状态转移概率 $p = \min\{1, \exp(\Delta E / T_k)\}$。

(5) 如果 $random[0,1) < p$,则令 $i_{best} = i_{new}$,否则放弃 i_{new}。

(6) $k = k + 1$,更新 T_k,如果满足终止条件转到(7),否则转到(3)。

(7) 输出当前最优解,计算结束。

模拟退火算法的特点是除了接受优化解外,还可以以一定概率接受恶化解。在算法的初始阶段,温度 T 较高,有较大的概率接受较差的恶化解。随着温度逐渐降低,只能接受较好的恶化解。在算法后期,温度趋于零,只能接受优化解。这就保证了模拟退火算法既能跳出局部最优,又能收敛到全局最优解附近。

3) 基于模拟退火的气味源定位算法

由于这里所用的移动机器人是非完整约束的,因此,需要对模拟退火算法进行一系列的改进,使其能够应用于这样的一个物理系统并在动态函数上求取最大值。基于模拟退火的气味源定位算法包含选择初始解、局部搜索和全局搜索3个部分,冷却进度表则控制模拟退火的进度和算法的终止。算法的总体流程如图3-24所示。由于室内和室外场景中的风场和浓度场具有不同的特性,可利用的信息也不相同,因此,算法针对不同场景的具体实现略有差异,下面将分别叙述。

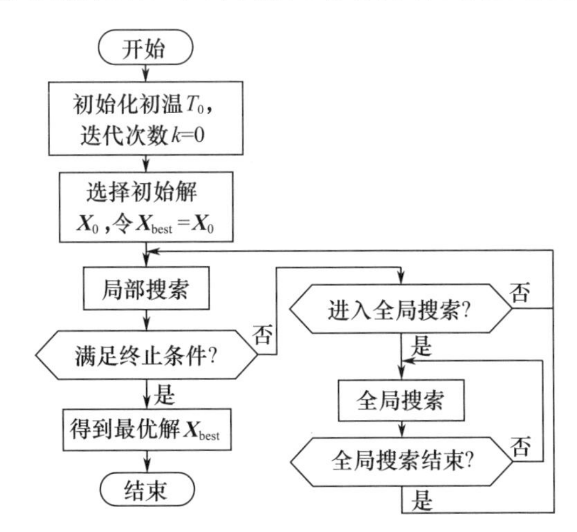

图3-24 基于模拟退火的气味源定位算法总体流程

4) 室内环境下的算法实现

(1) 选择初始解。在室内场景中,检测到的风信息并不可靠,因此,只利用浓度信息进行气味源搜索。优化类算法首先需要确定初始解,虽然模拟退火对于初始解并不敏感,但选择一个好的初始解有利于缩短算法的搜索时间。由实验观测可知,室内很多区域不存在气味或气味浓度很低,在这些区域搜索不仅对算法的收敛起不到任何作用,还会消耗大量的搜索时间。因此,通过烟羽发现的方式选择初始解,这样可以将初始解确定在浓度较高的区域。由于室内风向不可靠且搜索区域是非结构化的,采用了一种漫游式 Z 字形算法进行烟羽发现,算法流程如图 3-25 所示,其中 $d\theta \in [-10°, 10°]$ 为一个随机角度。当气体传感器电压 V_g 超过阈值 h_l 时,相应位置则被确定为初始解 $\boldsymbol{X}_0$。本文直接使用气体传感器电压作为能量函数,所以令 $E(\boldsymbol{X}_0) = V_g$。然后将初始解设置为当前最优解,即令 $\boldsymbol{X}_{\text{best}} = \boldsymbol{X}_0$, $E(\boldsymbol{X}_{\text{best}}) = E(\boldsymbol{X}_0)$。阈值 h_l 定义如下:

$$h_l = V_{30} + \Delta V \tag{3-29}$$

式中:V_{30} 为 30s 的气体传感器电压滑动平均值。经过实验测定,MiCS-5521 型传感器的噪声上限 $\Delta V = 0.02V$。

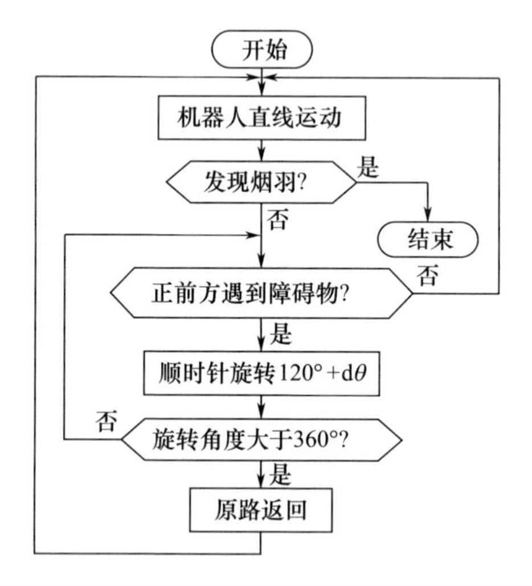

图 3-25　漫游式 Z 字形算法流程图

(2) 局部搜索。确定初始解后,算法进入局部搜索阶段。机器人以外螺旋轨迹在最优解的邻域进行搜索,外螺旋的实现方式与 3.3.1 节中的描述相同。外螺旋螺距 d_{gap} 设置为 0.5m 以获得对最优解邻域的精细空间采样。同时,由于在局部搜索过程中并不清楚往哪个方向搜索更可能检测到更高的浓度,因此,当触发外螺旋时,随机确定旋转方向,即 η 在 1 和 -1 之间随机选取。在外螺旋运动过程中机器人每前进 $L_s = 0.35$m 或检测到 $V_g > E(\boldsymbol{X}_{\text{best}})$,则将当前位置标记为新解 $\boldsymbol{X}_{\text{new}}$,并判断是否接受新解为最优解。状态转移概率表达式为

$$P(T_k) = \begin{cases} \min\left\{1, \exp\left(\dfrac{E(\boldsymbol{X}_{\text{new}}) - E(\boldsymbol{X}_{\text{best}})}{T_k}\right)\right\}, & E(\boldsymbol{X}_{\text{new}}) > h_l \\ 0, & \text{其他} \end{cases} \tag{3-30}$$

式中：T_k为当前温度。阈值 h_l 随环境背景浓度浮动，保证了算法总能够在浓度高于环境背景浓度的区域选择最优解，这对缩短气味源搜索时间将起到关键作用。一旦新解被接受为最优解，则以当前位置为中心重新触发外螺旋运动。

（3）全局搜索。如果在局部搜索过程中经过了 15 次迭代后最优解的位置未发生改变，则认为该区域是局部浓度极值区域（可能存在全局最大值），算法进入全局搜索阶段。在此阶段，机器人重新采用漫游式 Z 字形算法对整个搜索区域进行覆盖，以扩大搜索范围，跳出局部极值。一旦 V_g 超过了阈值 $h_g(t)$，则相应的位置被标记为新解$\boldsymbol{X}_{\text{new}}$，并根据式（3－30）判断是否接受为最优解。同时，无论是否接受新解，都以此位置为中心触发外螺旋运动，并对该区域进行局部搜索。阈值 $h_g(t)$ 表达式如下：

$$h_g(t) = \max[0.99h_g(t-1), h_l] \tag{3-31}$$

每当算法进入全局搜索阶段，将 $h_g(t)$ 初始化为 $E(\boldsymbol{X}_{\text{best}})$。在全局搜索的开始阶段，阈值 $h_g(t)$ 很高，保证了机器人能够成功地跳出局部极值区域。随着 $h_g(t)$ 缓慢降低，机器人更容易被其他高浓度区域所吸引，并对此区域进行局部搜索，而这些区域则有可能包含气味源。如果机器人长时间检测不到高于阈值的浓度，则 $h_g(t)$ 逐渐下降到环境浓度水平，这样可以防止算法陷入全局搜索的死循环。

综上所述，室内气味源定位算法的详细流程如图 3－26 所示。

（4）冷却进度表。冷却进度表控制模拟退火过程，它包含 3 个部分：①初始温度 T_0；②温度衰减函数；③终止条件。初始温度 T_0需要足够大，使初始接受概率$\chi_0 \approx 1$。本文通过仿真确定初始温度。首先，选择一组 T_0 满足 $T_0 \in [10, 200]$，$T_0 \bmod 10 = 0$，其中 mod 表示取余；其次，对每个 T_0 随机生成 10000 对 $E(\boldsymbol{X}_{\text{new}})$ 和 $E(\boldsymbol{X}_{\text{best}})$ 满足 $E(\boldsymbol{X}_{\text{best}}) \in [V_b, V_{\max}]$ 且 $E(\boldsymbol{X}_{\text{new}}) < E(\boldsymbol{X}_{\text{best}})$，其中 V_b 和 $V_{\max}$分别为气体传感器基准电压和最大输出电压，根据实验测定取 $V_b = 0.5\text{V}$，$V_{\max} = 3.2\text{V}$；最后，计算接受概率$\chi_0 = N_a/10000$，其中 N_a 为接受新解的个数。图 3－27 给出了χ_0 随 T_0 的变化曲线。可以看出，初始接受概率随初温的增加而上升，但在 $T_0 = 80$ 之后逐渐趋于稳定。当 $T_0 = 80$ 时$\chi_0 = 0.988$，满足$\chi_0 \approx 1$ 的要求，因此，$T_0 = 80$ 是一个合理的初温。

这里采用指数型模拟退火温度衰减函数，表达式如下：

$$T_k = \alpha T_{k-1}, \quad 0 < \alpha < 1 \tag{3-32}$$

式中：α 为温度衰减系数，在室内实验中取 $\alpha = 0.93$ 以实现温度缓慢衰减。算法的终止条件设置如下：如果最优解在 45 次迭代中保持不变且温度 $T_k < 0.05$，即认为最优解收敛到了全局最大值，算法结束并声明最优解的位置为气味源。

5）室外环境下的算法实现

室外气味源定位算法的整体框架与室内算法相似，但在细节上有所不同。

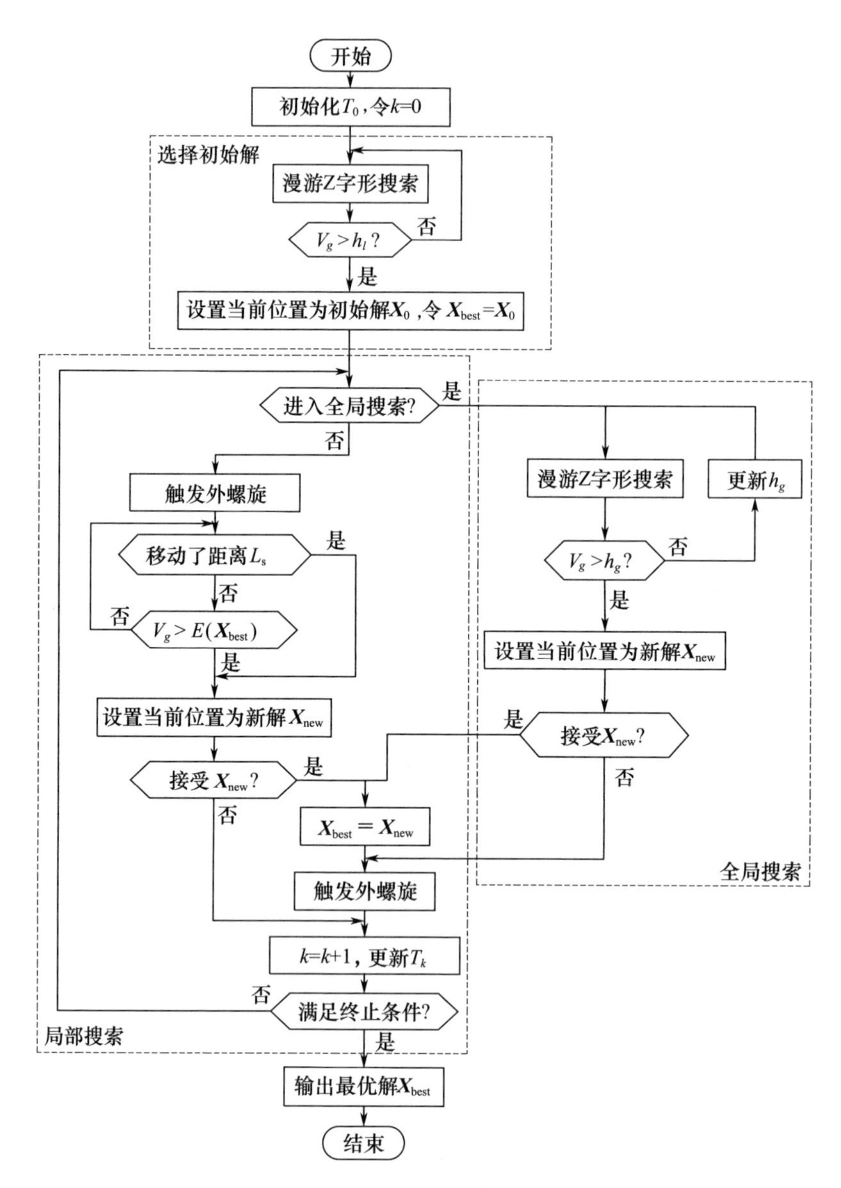

图3-26　室内模拟退火气味源定位算法流程图

由于室外风力比较强，检测到的风速和风向较为可靠，因此，算法中利用了风的信息。机器人通过烟羽发现的方式选择初始解，烟羽发现算法选用3.3.2节中给出的顺风Z字形算法。由于室外空旷环境下几乎不存在浓度积累，在此采用式(3-5)中的传感器阈值。当气体传感器电压V_g超过阈值V_{th}时，相应位置则被确定为初始解$\boldsymbol{X}_0$，令$E(\boldsymbol{X}_0)=V_g$；设置当前最优解为$\boldsymbol{X}_{best}=\boldsymbol{X}_0$，$E(\boldsymbol{X}_{best})=E(\boldsymbol{X}_0)$。

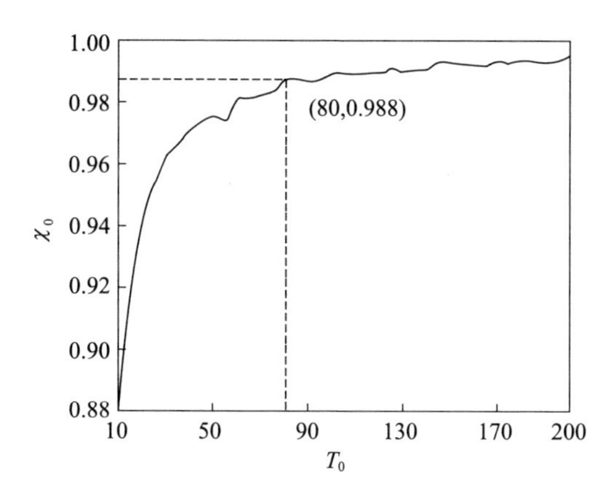

图 3 - 27　初始接受概率随初温变化的曲线

（1）局部搜索。与室内相比，一方面，室外烟羽宽度更加狭窄，以外螺旋的运动方式选择新解很容易走出烟羽范围，并且向气味源趋近的效率不高；另一方面，由于室外风向能够给出气味源的大概方向，所以采用直接逆风运动选择新解。在直接逆风运动过程中机器人每隔 1s 或检测到 $V_g > E(\boldsymbol{X}_{\text{best}})$ 时，则将当前位置标记为新解 $\boldsymbol{X}_{\text{new}}$，并判断是否接受新解为最优解。状态转移概率表达式为

$$P(T_k) = \begin{cases} \min\left\{1, \exp\left(\dfrac{E(\boldsymbol{X}_{\text{new}}) - E(\boldsymbol{X}_{\text{best}})}{T_k}\right)\right\}, & E(\boldsymbol{X}_{\text{new}}) > V_{th} \\ 0, & \text{其他} \end{cases} \tag{3-33}$$

式中：V_{th} 为式（3 - 5）中给出的传感器阈值，该阈值保证了最优解只在烟羽内部产生。

（2）基于归一化风矢量差的烟羽再发现。在机器人逆风搜索的过程中很容易丢失烟羽，其主要原因是由风向改变造成的烟羽摆动。为解决这一问题，本文提出一种基于归一化风矢量差的烟羽再发现方法。如图 3 - 28 所示，当风向从虚线箭头所指方向变化到实线箭头所指方向时，烟羽随之由虚线所示位置摆动到实线所示位置，机器人即丢失烟羽。此时，归一化风矢量差可以指出烟羽摆动的方向，机器人沿此方向搜索便可以重新找回烟羽。机器人运动方向 θ_R 可由以下公式表达：

$$\begin{aligned} \theta_R &= \arg\left(\sum_{t_i \geqslant t_l} \boldsymbol{W}_d(t_i)\right) \\ \boldsymbol{W}_d(t_i) &= \frac{\boldsymbol{W}(t_i)}{|\boldsymbol{W}(t_i)|} - \frac{\boldsymbol{W}(t_{i-1})}{|\boldsymbol{W}(t_{i-1})|} \end{aligned} \tag{3-34}$$

式中：arg（ · ）表示求矢量幅角；t_l 为机器人刚离开烟羽的时刻；$\boldsymbol{W}_d(t_i)$ 为归一化风矢量差；$\boldsymbol{W}(t_i)$、$\boldsymbol{W}(t_{i-1})$ 分别为 t_i 和 t_{i-1} 时刻的风矢量。由于风向是经常改变的，

所以在机器人再发现烟羽的过程中一直对归一化风矢量差进行累加,这样可以根据风向的变化调整机器人的运动方向,同时还可以减小风向测量误差造成的误判。

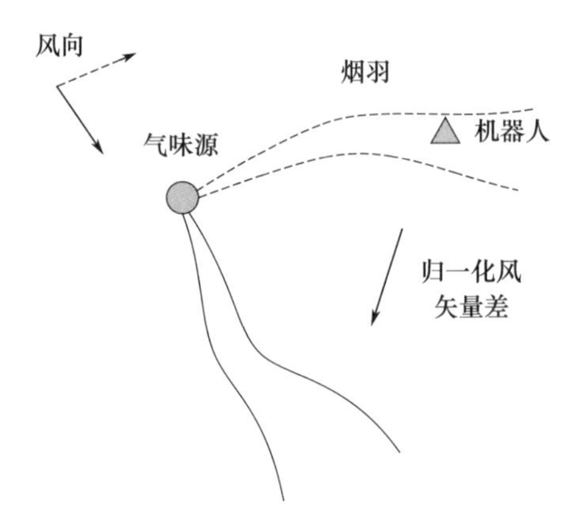

图 3-28　基于归一化风矢量差的烟羽再发现示意图

如果机器人沿归一化风矢量差的方向移动了最大搜索距离 L 后仍未发现烟羽,则认为沿该方向搜索不能够找到烟羽,机器人返回上一次检测到气味的位置,以外螺旋的方式继续搜索,直到发现烟羽。最大搜索距离 L 定义如下:

$$L = 3 - 2.5\exp\left[-5\left(\left|\sum_{i=n}\boldsymbol{W}_d(t_i)\right| + 0.004\right)\right] \tag{3-35}$$

L 与归一化风向量差幅值呈非线性关系,如图 3-29 所示。当风矢量差幅值较小的时候,L 的下限为 0.5m,并且增长幅度较大,接近线性增长。当风矢量差幅值较大时,L 的增长幅度逐渐减小,最终稳定在最大值 3m。这样既保证了较大的搜索范围,又可防止因搜索范围过大而消耗过多时间。

当机器人再次检测到烟羽后,将当前位置标记为新解$\boldsymbol{X}_{\text{new}}$,并重新进入逆风搜索阶段。

(3) 全局搜索。与室内算法相同,如果在局部搜索过程中经过了 15 次迭代后最优解的位置未发生改变,则认为可能陷入局部浓度极值区域,算法进入全局搜索阶段。在此阶段,机器人采用逆风 Z 字形算法对整个搜索区域进行覆盖,以扩大搜索范围,跳出局部极值。一旦再次检测到烟羽,则相应的位置被标记为新解$\boldsymbol{X}_{\text{new}}$,并返回局部搜索阶段。

室外气味源定位算法的详细流程如图 3-30 所示。

(4) 冷却进度表。由于仿真环境中传感器模型输出范围与真实气体传感器相同,因此,室外算法采用与室内算法相同的冷却进度表,即设置初始温度为 80,退温系数为 0.93,采用如式(3-32)的指数退温函数;如果最优解在 45 次迭

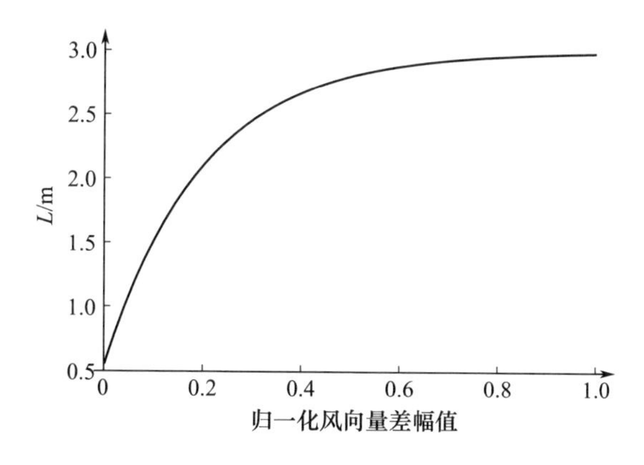

图3-29 最大搜索距离 L 随归一化风向量差幅值变化曲线

代中保持不变且温度 $T_k < 0.05$，即认为最优解收敛到了全局最大值，算法结束并声明最优解的位置为气味源。

6）实验和仿真及结果分析

（1）室内实验。室内气味源定位的实验场地和实验设备已在前面给出，分别在通风和封闭两种条件下各进行了10次实验，在所有实验中机器人都从门的位置出发。在实验过程中经常有人在场地中走动，这会对室内风场和浓度场产生额外的干扰。两种条件下的气味源定位时间和定位误差如表3-5和表3-6所列。定位误差定义为最优解与气味源之间的距离。由于气味源对机器人来说是一个障碍物，并且在避障算法中设置了0.5m的安全距离，因此最小的定位误差只能到0.5m，这个距离已经非常接近气味源了。

表3-5 模拟退火气味源定位算法在室内通风条件下的定位误差和搜索时间

序号	定位误差/m	搜索时间/s
1	0.59	425.6
2	0.64	466.2
3	0.81	449.4
4	0.58	448.6
5	0.54	439.2
6	0.76	417.4
7	0.63	390.4
8	0.64	429.2
9	0.50	457.8
10	0.62	369.4

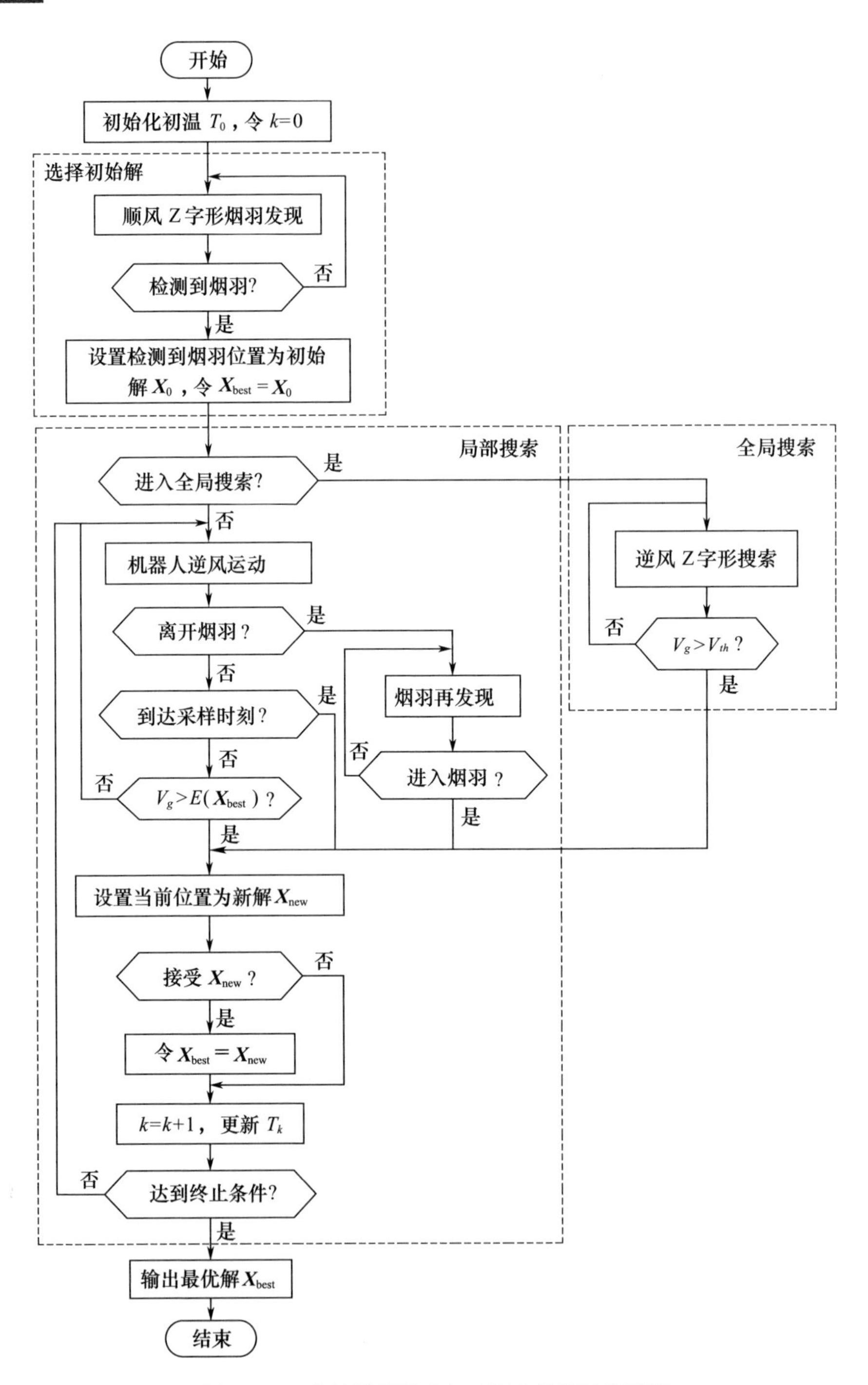

图 3－30　室外模拟退火气味源定位算法流程图

表 3－6　模拟退火气味源定位算法在室内封闭条件下的定位误差和搜索时间

序号	定位误差/m	搜索时间/s
1	0.79	352
2	0.71	476.4
3	0.50	434.6
4	0.91	347.6
5	0.82	481.6
6	1.17	458
7	1.36	417
8	0.68	403.4
9	0.90	434.6
10	0.63	346.8

在室内通风条件下的平均定位时间、定位误差分别为 429.3s 和 0.63m，而在室内封闭条件下的平均定位时间、定位误差分别为 415.2s 和 0.84m，如图 3－31 所示。图中的黑色短线代表实验数据的 95% 置信区间。在两种条件下的平均定位时间很接近，而在通风条件下的平均定位误差较小。可能的原因有 3 点：第一，由于封闭条件下的浓度积累更加明显，因而，气味源周围的高浓度区域（次优解区域）比通风条件下更大，由于采样的空间分辨率的限制，算法有可能终止于气味源周围的次优解区域；第二，由于封闭条件下竖直方向风分量的作用更加显著，因此，三维的空气对流会导致全局浓度最大值偏离气味源；第三，瞬间的高浓度脉冲也会增加气味源定位的不确定性。

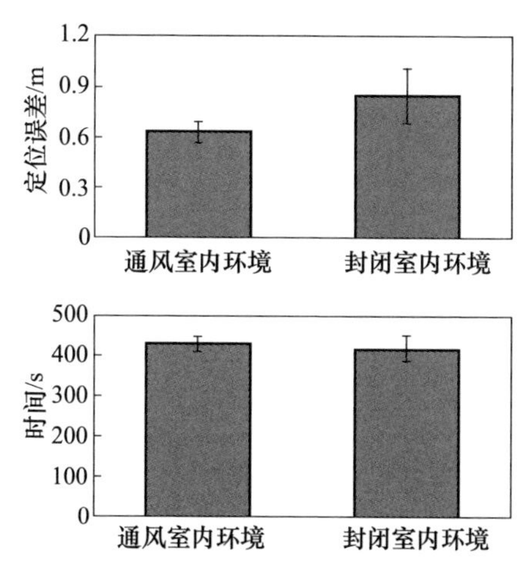

图 3－31　室内通风和封闭条件下的平均搜索时间与定位误差

图 3－32 给出了算法优化过程中温度以及新解和最优解的能量函数值的发展曲线。图中的数据分别来自通风条件下的第 8 个实验和封闭条件下的第 3 个实验。从图中可以看到,在算法的初始阶段,由于温度很高,几乎所有的新解都被接受为最优解;随着温度逐渐降低,只有优化解和与最优解比较接近的恶化解才可能被接受为新的最优解;在算法的后期,温度趋于零,只接受优化解。此外,图中出现的几处局部浓度极值也被成功地避开。因此,可以说,基于模拟退火的气味源定位算法能够在室内环境中准确而有效地定位气味源,并能排除风场和浓度场波动以及局部浓度极值所造成的影响。

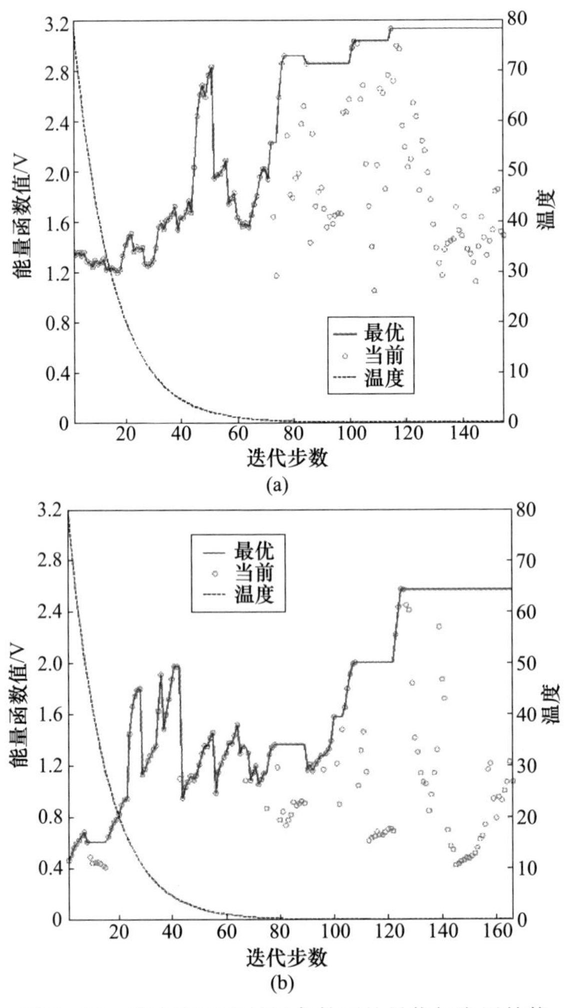

图 3－32　室内通风和封闭条件下的最优解发展趋势

(a)室内通风条件;(b)室内封闭条件。

（2）室外仿真。室外气味源定位算法将在第8章提出的烟羽仿真环境中进行验证。仿真环境的搜索区域大小为20m×18m。气味源放置于搜索区域的中心，坐标为(10,9)m。机器人的出发点为两个，坐标分别为(1,1)m和(19,17)m。这样设置出发点可以保证在不同的风向情况下机器人从气味源上风向区域和下风向区域开始搜索的任务数量大体相等，机器人在每个出发点均进行20次搜索。气味源定位时间和定位误差如表3-7所列，由于在仿真中机器人可以到达与气味源相同的位置，因此仿真中的定位误差很小，最大的定位误差也只有0.54m。室外仿真的搜索时间要明显增加，其中最长时间为1118s，原因有两个：一是搜索区域面积增加，导致机器人覆盖搜索区域的时间也相应增加；二是室外风向波动幅度较室内环境下更大，烟羽相对宽度更窄，因此机器人更加容易丢失烟羽，而烟羽再发现也会增加搜索时间。

表3-7　模拟退火气味源定位算法在室外仿真中的定位误差和搜索时间

序号	出发点(1,1)m		出发点(19,17)m	
	定位误差/m	搜索时间/s	定位误差/m	搜索时间/s
1	0.04	602.8	0.27	828.0
2	0.30	940.8	0.34	540.5
3	0.11	761.0	0.09	734.5
4	0.06	404.5	0.28	615.5
5	0.07	496.5	0.16	511.8
6	0.04	515.5	0.05	438.0
7	0.08	565.8	0.10	379.8
8	0.54	420.5	0.04	476.0
9	0.14	398.5	0.08	707.3
10	0.12	522.5	0.12	416.8
11	0.21	358.3	0.21	515.3
12	0.04	388.5	0.03	677.5
13	0.04	710.0	0.10	581.3
14	0.25	603.5	0.05	594.0
15	0.23	650.0	0.18	343.5
16	0.01	380.8	0.21	1118.0
17	0.26	445.5	0.06	587.3
18	0.11	683.0	0.15	403.5
19	0.22	945.8	0.06	495.5
20	0.07	648.5	0.06	591.8

机器人在出发点(1,1)m 的平均定位时间、定位误差分别为 572.1s 和 0.15m,而在出发点(19,17)m 的平均定位时间、定位误差分别为 577.8s 和 0.13m,如图 3-33 所示,图中的黑色短线代表实验数据的95%的置信区间。在两个出发点的平均定位时间和定位误差都很接近,而在出发点(1,1)m 的定位误差置信区间较大,说明该出发点的定位误差的分布范围要比出发点(19,17)m 大。

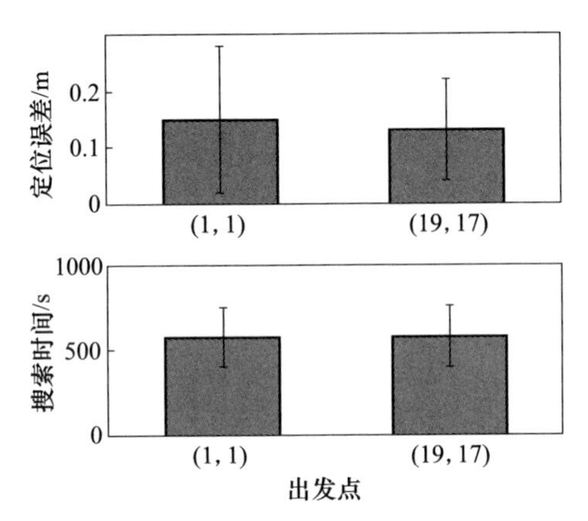

图 3-33 模拟退火气味源定位算法在室外仿真中的平均搜索时间和定位误差

图 3-34 给出了一次搜索中机器人的运动轨迹,图中带短线的圆圈表示机器人,短线表示机器人的朝向;细实曲线表示机器人的历史轨迹。图 3-34(a)为寻找模拟退火初始解的阶段,也就是 Z 字形烟羽发现阶段;图 3-34(b)为算法局部搜索过程,在此过程中机器人逆风选择新解,由于机器人无法知道是否已经到达气味源附近,因此还需要继续迭代;图 3-34(c)为全局搜索阶段,在此阶段机器人通过 Z 字形运动对搜索区域的其他部分进行覆盖;图 3-34(d)为算法达到终止条件时机器人的全部搜索轨迹,可以看到机器人在气味源附近搜索的次数最多。

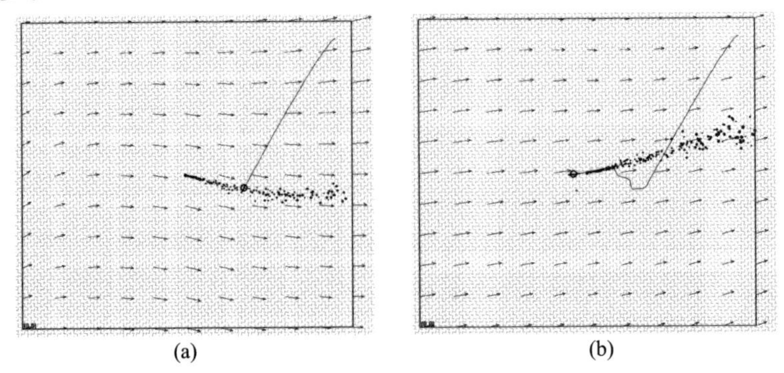

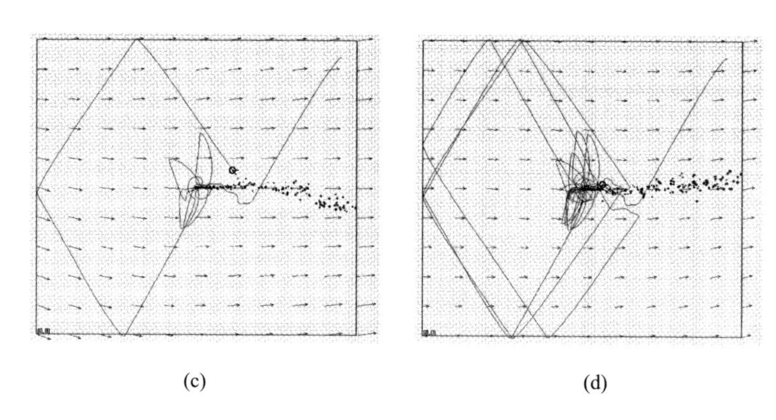

图3-34　机器人在室外仿真环境中的搜索轨迹
(a)选择初始解(烟羽发现)；(b)局部搜索(逆风选择新解)；(c)全局搜索；(d)算法终止。

在以上搜索过程中，温度、定位误差及最优解和当前解的能量函数随模拟退火迭代数的变化趋势如图3-35所示。从图3-35(a)中可以看到，温度随模拟退火迭代步数的增加逐渐衰减到0；定位误差在温度较高时有比较大的波动，这是由于此时有较大的概率能够接受恶化解而造成的，随着温度的衰减，定位误差逐渐趋于0。在图3-35(b)中，最优解的能量函数值随着模拟退火迭代逐渐趋于全局最大值；与定位误差相同，在温度较高时，最优解的能量函数值也有较大的波动，此时，几乎所有新解都被接受为最优解；在温度趋于0时，只有优化解才能被接受为最优解。

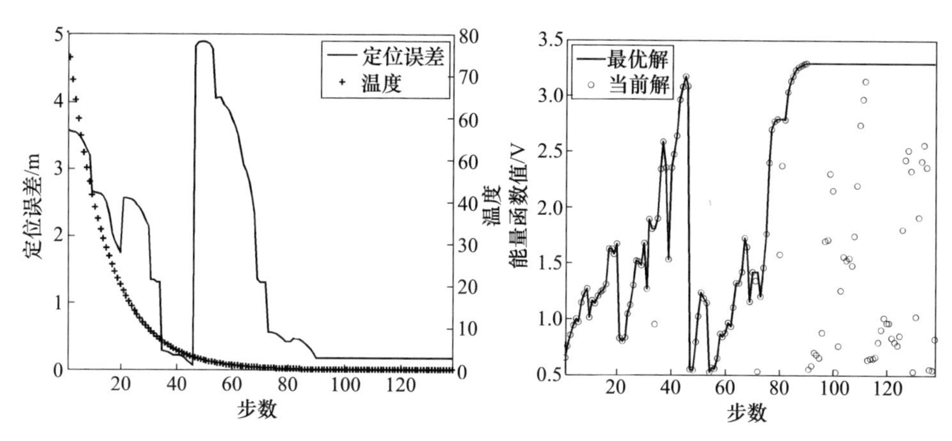

图3-35　温度、定位误差与能量函数在模拟退火过程中的变化趋势
(a)温度与定位误差；(b)最优解与当前解的能量函数。

基于模拟退火的气味源定位算法在室内和室外的具体实现在信息利用方面略有差异。在室内场景中，算法只利用浓度信息进行搜索；在室外场景中则同时根据风和浓度信息进行搜索。在搜索过程中通过模拟退火策略选择最优解,随着迭代次数的增加最优解逐渐收敛到全局最大值附近,同时,可以有效地避免局部浓度极值。在算法终止后,最优解即被声明为气味源。室内实验和室外仿真结果均证明了模拟退火气味源定位算法能够准确而有效地定位气味源,并能够有效地克服风场和浓度场波动造成的影响。与相关文献中记载的多数气味源定位算法相比,模拟退火气味源定位算法的优势是同时具有烟羽发现、烟羽跟踪和气味源确认的功能。

3.5 气味源确认

气味源确认是指通过某种策略或算法,对某处是否存在气味源进行判定。该过程是气味源定位全过程的最后一个阶段。当然,如果确认不存在气味源,则可以再次启动烟羽发现或烟羽再发现过程。气味源确认可使用多种类型的传感信息进行,如风速/风向信息、视觉信息、障碍物信息(可通过超声或激光测距传感器获得)等。

由于自然环境下气味传播过程的湍动特性,仅仅依据瞬间的最大浓度对气味源确认是不充分的,也是不可靠的。由此产生了各种气味源确认方法,典型的有最近测得位置序列法[60]、基于机器学习的方法[68]、三维环境下基于多传感器节点的方法[69]、基于气味包路径估计的逻辑判定法等。

最近测得位置序列法[60]可描述为:在机器人跟踪烟羽的过程中,建立并保持一个由最近几次测得气味时的{位置-流向}信息元组成的定长队列,并以当前流向对队列中的信息元进行排序(流向最接近当前流向的排在最前面)。当该序列中前几个信息元所对应的气味测得位置均落在某给定大小的圆域内时,则声明该圆域中心为气味源所在。

基于机器学习的方法[68]使用多层前馈(MLFF)神经网络和支持矢量机(SVM)两种机器学习方法进行了气味源确认研究。具体方法是:使机器人在一个待确认的气味源前面左右摆动时记录浓度测量数据,然后使用多层前馈神经网络和支持矢量机两种机器学习方法对所记录的数据进行分析,进而判断待确认气味源是否为真。通过对3个不同气味源位置处所获得的288组浓度实验数据进行分析,获得的实验结果表明,在给定优化学习参数的前提下,支持矢量机得到的结果稍好于多层前馈神经网络。

下面对基于气味包路径估计的逻辑判定法(以下简称为逻辑判定法)进行详细介绍。

1)逻辑判定法的气味源识别规则

在气流环境下,若仅使用嗅觉和气流信息,当距离气味源较近时,人类通常有如下的常识:若待考察的位置处存在气味源,则在该位置附近总能测得气味并且气味总是来自于气味源所在位置(气味源位于逆风方向);若待考察的位置处不存在气味源,则在该位置附近很少测得气味,即使测得气味,气味也不总是来自于待考察位置。上述经验性的知识可整理为如下逻辑:

$$O \to (N_D \geqslant N_{thr}) \wedge (n_D/N_D \geqslant \xi) \tag{3-36}$$

$$\bar{O} \to (N_D < N_{thr}) \vee (n_D/N_D < \xi) \tag{3-37}$$

式中:O 表示待考察位置处存在气味源;$\bar{O}$ 表示待考察位置处不存在气味源;"→"表示逻辑蕴含;"∧"表示逻辑合取;"∨"表示逻辑析取;N_D 为一段时间内气味测得事件发生的次数;n_D 为气味测得事件发生时该气味可能来自于待考察位置的次数;N_{thr} 和 ξ 为两个经验性的阈值,可通过实验获得。n_D 的确定可借助于气味测得事件发生时估计的气味包路径。若估计的气味包路径包含待考察位置,则可认为该气味包可能来自于待考察位置。

由于 $(N_D \geqslant N_{thr}) \wedge (n_D/N_D \geqslant \xi) = \overline{(N_D < N_{thr}) \vee (n_D/N_D < \xi)}$,再由逻辑定理可知

$$(N_D \geqslant N_{thr}) \wedge (n_D/N_D \geqslant \xi) \leftrightarrow O \tag{3-38}$$

$$(N_D < N_{thr}) \vee (n_D/N_D < \xi) \leftrightarrow \bar{O} \tag{3-39}$$

式中:"↔"表示逻辑等价。式(3-38)、式(3-39)可用于气味源的识别,可表述为如下规则。

统计一段时间内的气味测得事件的发生次数 N_D,以及气味测得事件发生时估计的气味包路径包含待考察位置的次数 n_D。若 $N_D \geqslant N_{thr}$ 且 $n_D/N_D \geqslant \xi$,则待考察位置处存在气味源,否则,待考察位置处不存在气味源。

2)气味源识别行为的设计

为了快速可靠地进行气味源识别,可使机器人围绕待考察位置做连续的多重圆周运动(该项研究中圆周运动的圈数设定为3)。详细原因解释如下。

首先,圆周运动可加快气味源识别速度。室外气流方向随时间变化较快,若机器人静止不动且待考察位置处存在气味源,由于机器人未必经常处于待考察位置的下风方向,从而很难在短时间内获得足够多的气味测得事件以顺利完成气味源识别。若机器人围绕待考察位置做圆周运动,并且待考察位置处存在气味源,则总能在单次圆周运动中检测到气味信息(除非风向在此过程中也随机器人的圆周运动而变化360°)。

其次,圆周运动可防止在流场稳定的情况下产生如下误判。若机器人静止不动且待考察位置处并无气味源,但气味烟羽正好经过待考察位置而流场又比

较稳定,从而使机器人长时间停留在烟羽中,进而误判待考察位置存在气味源。若机器人围绕待考察位置做圆周运动,尽管可测得多次气味信息,但测得的气味包并非总来自于待考察位置,从而避免误判。

3) 实验

实验场地及实验设备如3.3.4节所述。此外,为了便于描述待考察位置处并无气味源的实验,选用一外形尺寸类似气味源的纸箱充当假气味源(真实气味源位于其他位置)。实验场地内除了真实气味源和假气味源之外,没有其他障碍物。

在室外时变气流环境下,由3.4.1节内容可知,当机器人距离气味源较近时,估计的气味包路径以很大概率包含气味源(表3-4)。为了使机器人围绕待考察位置运动的圆周半径足够小且不触发避障行为,圆周运动的半径设置为机器人安全距离的2倍,即1.2m(当机器人与障碍物的间距小于安全距离时,会自动引发避障行为)。

实验中,当3圈圆周运动结束后,即可根据气味源识别规则判断待考察位置处是否存在气味源。当待考察位置处是否存在气味源被正确判断时,可认为实验成功,否则失败。气味源识别实验共有两组,第一组用于确定阈值 N_{thr} 和 ξ(见式(3-38)、式(3-39)),第二组用于气味源识别规则的测试。在每组实验中,待考察位置处存在气味源和不存在气味源的实验各占1/2。

(1) 判别阈值的确定。第一组实验用于确定 N_{thr} 和 ξ,共包含20次实验(10次实验待考察位置处存在气味源,另外10次实验待考察位置处不存在气味源)。图3-36展示了其中某次实验的两个不同时刻,其中气味源位于 B 点(7.00,7.00)m处,而待考察位置 A 点(5.00,5.00)m处并不存在气味源。机器人从 C 点(5.00,3.00)m处出发,开始围绕 A 点做3圈圆周运动。实验期间,风向的变化范围为 $-177° \sim -1°$,风速的变化范围为0.66~2.73m/s;气味测得事件共发生11次,其中无一气味测得事件满足 $p_{SR\max}(t_j) \geq \eta$($\eta = 10^{-2}\text{m}^{-2}$),即 $N_D = 11$,$n_D = 0$。实验期间机器人记录的气味浓度和风速/风向如图3-37所示。

20次实验的结果如图3-38所示,其中图3-38(a)和图3-38(b)分别对应待考察位置处存在气味源和不存在气味源两种情况。由图3-38可看出,比率 n_D/N_D 在图3-38(a)和图3-38(b)间存在明显的界限,以及气味测得事件的发生次数 N_D 在图3-38(a)中较大而在图3-38(b)的某些实验中很小。为了很好地区分待考察位置处存在气味源和不存在气味源两种情况,所求阈值存在如下范围:$N_{thr} \in (0,10]$,$\xi \in (0.43,0.79]$。这里选择 $N_{thr} = 10$,$\xi = 0.75$。

(2) 气味源识别规则的测试。第二组实验用于气味源识别规则的测试,共

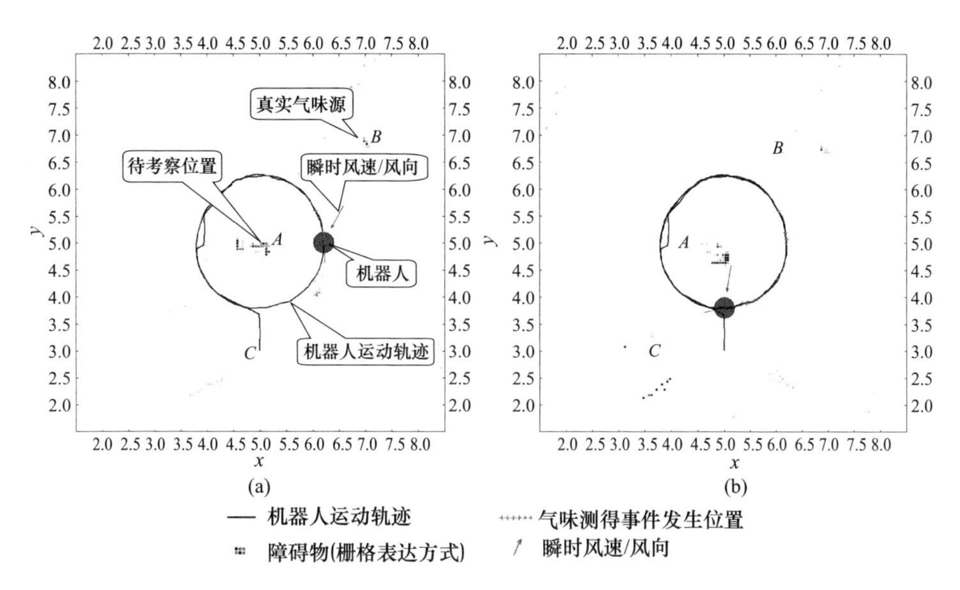

图3-36 气味源识别实验(待考察位置处不存在气味源)(见彩插)

(a) $t=119.0\mathrm{s}$; (b) $t=207.5\mathrm{s}$。

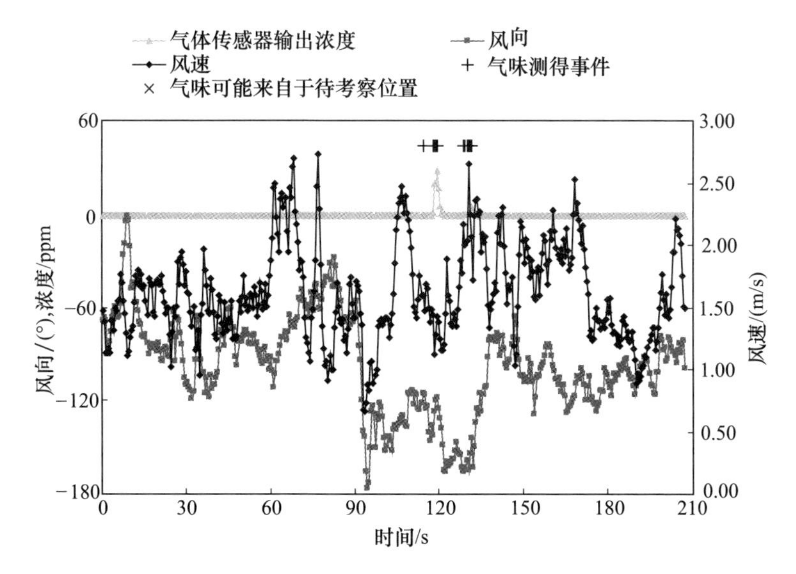

图3-37 图3-36所示实验过程中的气味浓度和风速/风向

包含26次实验(13次实验待考察位置处存在气味源,另外13次实验待考察位置处不存在气味源)。其中,气味源识别规则中使用了上节确定的阈值 $N_{thr}=10$ 和 $\xi=0.75$。

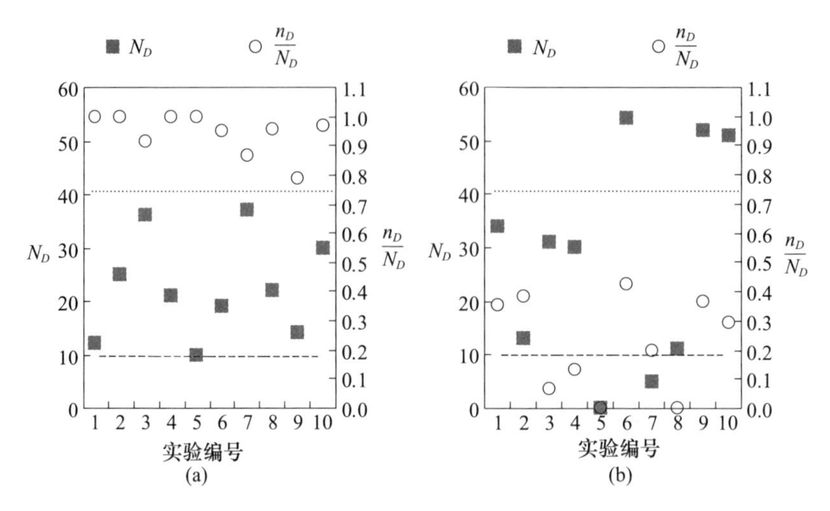

图 3-38 用于确定阈值 N_{thr} 和 ξ 的 20 次实验结果

（图中下面的虚线对应 $N_{thr}=10$，上面的虚线对应 $\xi=0.75$）

（a）待考察位置处存在气味源；（b）待考察位置处不存在气味源。

所有 26 次实验的结果如图 3-39 所示，其中图 3-39（a）和图 3-39（b）分别对应待考察位置处存在气味源和不存在气味源两种情况。由图 3-39 可知，26 次实验中 25 次成功、1 次失败。失败的实验为图 3-39（a）中第 12 次实验，其中待考察位置处存在气味源，但比率 $n_D/N_D \approx 0.54$，小于阈值 $\xi=0.75$。失败的原因是：在部分气味测得事件发生期间（约 15s），由于风速过小（ $<0.2\mathrm{m/s}$ ），

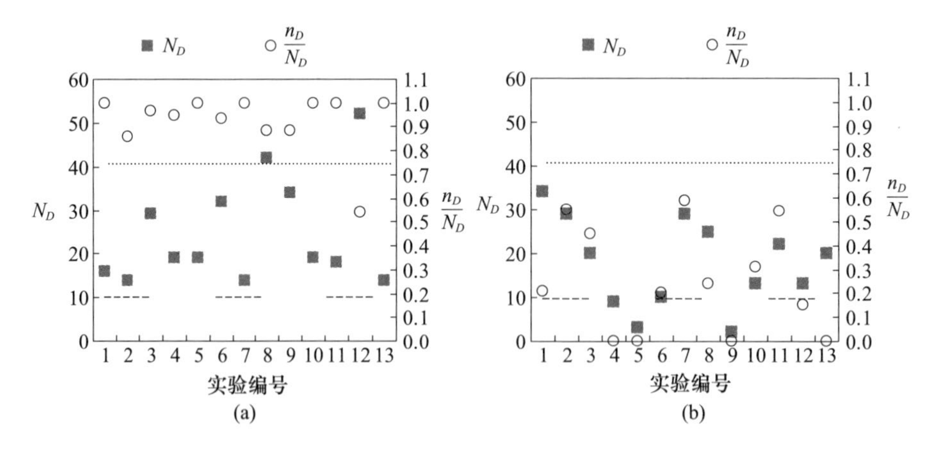

图 3-39 用于测试气味源识别规则的 26 次实验结果

（图中下面的虚线对应 $N_{thr}=10$，上面的虚线对应 $\xi=0.75$）

（a）待考察位置处存在气味源；（b）待考察位置处不存在气味源。

流场可能远不满足近似均匀假设（详见 3.4.1 节），导致式（3 - 9）失效，由此使本次气味源识别失败。在本组实验中，当待考察位置处存在气味源，气味源的识别成功率为 12/13≈92%；当待考察位置处不存在气味源，气味源的识别成功率为 13/13 = 100%。

由上述实验结果可知，在室外时变气流环境下，基于统计方法的气味源识别规则具有较高成功率，可有效地进行气味源的识别以最终确认气味源。

第4章　基于分析模型的气味源位置估计方法

基于分析模型的气味源位置估计方法是机器人气味源定位的另一大类方法,侧重于使用某种物理模型或数学模型估计气味源的位置。在机器人气味源定位过程中,气味源的位置估计非常重要。通过估计获得的气味源位置不仅可为最后的气味源确认阶段提供待确认的目标,还可以指导机器人进行有针对性地搜寻,提高搜寻效率。

4.1　基于分析模型的气味源位置估计方法概述

气味源位置估计方法较多,如通过流场建模进行气味源定位[6]、通过烟羽模型对气味源的远程定位[5]、基于贝叶斯推理的气味源定位[7]、基于粒子滤波的气味源定位、基于证据理论的多气味源定位[70]等。

通过流场建模进行气味源定位的方法试图通过对环境流场进行建图实现气味源定位,典型方法如基于朴素物理学(Naïve Physics)的流场建模[6],这种方法利用气味烟羽的扩散和分布与环境流场的直接关系进行气味源位置估计。Kowadlo 和 Russell[6]指出,在错综复杂的室内环境中通过跟踪烟羽寻找气味源的方法不仅慢,而且不可靠。另外,由于环境约束,气流在墙角容易形成环流,在这种情况下逆风趋向气味源策略大概率会失效。因此,他们提出了“传感—绘图—规划—行动”的控制策略,利用朴素物理学对环境气流分布进行了建模,产生气流拓扑图,然后根据气流拓扑图结合气味信息进行气味源定位。实验结果表明,该方法具有健壮性和普适性,可用于各类复杂室内环境。

基于贝叶斯推理的气味源定位方法[7]将整个搜索区域用栅格地图表达,使用贝叶斯推理计算每个栅格包含气味源的概率,进而获得搜索区域内气味源位置的概率分布。Pang 和 Farrell[7]基于流体运动学、随机过程理论和贝叶斯推理,使用历史流速/流向记录和气味的测量事件(测得/未测得)对气味源位置进行了估计。当机器人在搜索区域内搜寻气味源时,由栅格表达的气味源位置概率分布图以迭代计算(迭代乘积计算)的方式,利用新采集的信息进行更新。实验结果表明,该方法可用于水下气味源的远程定位。

4.2　粒子滤波估计方法

基于粒子滤波的气味源定位方法用粒子代表气味源的可能所在(粒子权重代表可能性的大小),使用历史流速/流向信息和气味的测得/未测得事件对粒子的权重进行更新,以进行气味源位置的估计。

粒子滤波(Particle Filter,PF)又称为序贯蒙特卡罗方法(Sequential Monte Carlo)、自举滤波(Bootstrap Filter)或者凝聚算法(Condensation Algorithm)等,是递归贝叶斯滤波(Recursive Bayesian Filter)的一种近似实现技术,其主要思想是:通过一组随机粒子以离散的方式表达所求的后验概率密度函数。粒子滤波中的每个粒子代表一个后验概率分布的采样样本,并且具有相应的权重。权重的更新可使用测量序列以及由观测模型确定的似然函数共同完成。

使用粒子滤波算法估计气味源位置的后验概率分布的过程与对气味源的搜索的过程并行,即在机器人搜索气味源的同时利用气味浓度、风速/风向信息估计气味源位置的后验概率分布,由此求得气味源的可能位置。气味源位置的后验概率分布由粒子集表达,其中每个粒子代表一个可能的气味源位置,粒子的权重则表示这种可能性的大小。粒子滤波气味源位置估计算法的框架如图4-1所示。

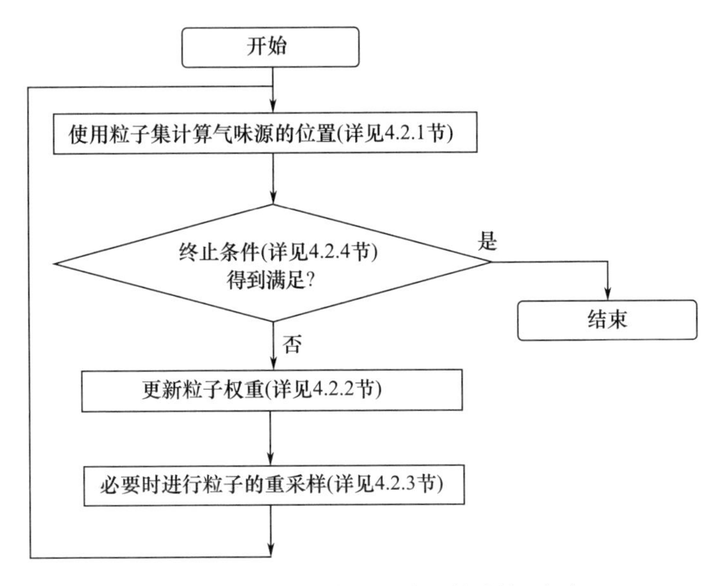

图4-1　粒子滤波气味源位置估计算法框架

在每个控制周期,使用粒子集计算气味源的位置,并检查终止条件。若未满足终止条件,则对粒子权重进行更新,并在必要时进行粒子的重采样,然后等待下一个控制周期的到来，重复上述过程。若满足终止条件，则结束粒子滤波气味源位置估计算法，并将计算得到的气味源位置作为所求的气味源可能位置。

4.2.1 粒子滤波气味源位置估计算法

为便于表述，将 t_k 时刻第 i 个粒子表示为$\boldsymbol{L}_k^i$，则相应时刻的粒子集可表示为 $\{\boldsymbol{L}_k^i, i=1,2,\cdots,N_s\}$，$N_s$ 为该时刻粒子总数，可随时间变化。粒子$\boldsymbol{L}_k^i$ 表示气味源位于$\boldsymbol{L}_k^i$（仅是一种假设），其权重表示为 w_k^i（气味源位于$\boldsymbol{L}_k^i$ 的可能性），可通过气味检测事件序列$\{z_j\}_{j=0}^k$获得，即 $w_k^i \propto p(\boldsymbol{L}_k^i | z_{0:k})$。其中，$z_j$ 为 $z(t_j)$ 的简写形式，$z_j \in \{1,0\}$；$p(\boldsymbol{L}_k^i | z_{0:k})$ 表示气味源在 t_k 时刻位于$\boldsymbol{L}_k^i$ 的后验概率密度。对所有粒子权重，存在 $\sum_{i=1}^{N_s} w_k^i = 1$。

对于在这里讨论的单气味源位置估计问题，若粒子集在 t_k 时刻收敛于某小区域内，则 t_k 时刻气味源的位置可估计为

$$\boldsymbol{P}_k = \sum_{i=1}^{N_s} w_k^i \boldsymbol{L}_k^i \tag{4-1}$$

由于粒子集通常收敛为一个准高斯分布，因此，可用

$$\sigma_k \leqslant R_{\text{conv}} \tag{4-2}$$

作为粒子集是否已经收敛于某区域内的判断条件。其中，$\sigma_k^2 = \sum_{i=1}^{N_S} [\,|\boldsymbol{L}_k^i - \boldsymbol{P}_k|^2 \cdot w_k^i]$，$R_{\text{conv}}$ 为设定的收敛圆半径（此处设置为 0.5m）。

4.2.2 粒子权重的更新

在每个控制周期，若终止条件（详见 4.2.4 节）未得到满足，权重 w_k^i 则可通过以下迭代方式进行更新[71]：

$$w_k^i \propto w_{k-1}^i p(z_k | \boldsymbol{L}_k^i) \tag{4-3}$$

式中：$p(z_k | \boldsymbol{L}_k^i)$ 为似然函数。由于在第一个气味测得事件发生之前不存在任何关于气味源位置的先验信息，因此粒子的初始权重可设置为 $1/N_s$。粒子权重更新后，需要对所有粒子的权重进行归一化，以使 $\sum_{i=1}^{N_s} w_k^i = 1$。似然函数 $p(z_k | \boldsymbol{L}_k^i)$ 的确定详见以下内容。

假设气味包从气味源连续不断地释放。若气味源位于$\boldsymbol{L}_k^i$，由前述内容可知，t_l 时刻从$\boldsymbol{L}_k^i$ 释放的气味包在 t_k（$t_l < t_k$）时刻到达机器人所在位置的概率密度 $p_{iR}(t_l, t_k)$ 可确定为

$$p_{iR}(t_l, t_k) = \frac{1}{2\pi(t_k - t_l)\sigma_x\sigma_y} \exp\left(-\frac{(\Delta x)^2}{2(t_k - t_l)\sigma_x^2} - \frac{(\Delta y)^2}{2(t_k - t_l)\sigma_y^2}\right) \tag{4-4}$$

式中：$[\sigma_x^2, \sigma_y^2]^{\mathrm{T}}$ 为风速方差；$\Delta x = x_R - x_i - s_x(t_l, t_k)$，$\Delta y = y_R - y_i - s_y(t_l, t_k)$，$(x_i, y_i)$ 为$\boldsymbol{L}_k^i$ 的坐标，(x_R, y_R) 为 t_k 时刻机器人位置$\boldsymbol{L}_k^R$ 的坐标，$s_x(t_l, t_k)$ 和 $s_y(t_l, t_k)$ 分别为气流从 t_l 至 t_k 期间在 x 与 y 方向上的位移。

不难知道，t_l 时刻从$\boldsymbol{L}_k^i$ 释放的气味包在 t_k 时刻未被位于$\boldsymbol{L}_k^R$ 的机器人测得的概率为 $\left(1 - \mu\int_{S_p} p_{iR}(t_l, t_k)\mathrm{d}A\right)$，其中 S_p 为气味源释放气味包的出口截面积，$\mathrm{d}A$ 为面积微元，μ 为气体传感器在存在气味时能产生气味包测得事件的概率。由于研究中使用的气味源近似为一个点源（S_p 很小），因此 $1 - \mu\int_{S_p} p_{iR}(t_l, t_k)\mathrm{d}A \approx 1 - \mu S_p p_{iR}(t_l, t_k)$。考虑 $t_{f_2} \sim t_{k-1}$ 期间从$\boldsymbol{L}_k^i$ 连续释放的所有气味包，则机器人在 t_k 时刻于$\boldsymbol{L}_k^R$ 处未测得从$\boldsymbol{L}_k^i$ 处释放的气味的概率为 $\prod_{l=f_2}^{k-1}[1 - \mu S_p p_{iR}(t_l, t_k)]$。其中，$t_{f_2}$ 为式（4-4）能有效使用的最早气味包释放时刻（t_k 时刻向前逆推 10s 的时刻），其下标 $f_2 = \max(0, k - 10/T)$，k 为 t_k 的下标，T 为机器人的采样周期（同控制周期，这里定为 0.5s）。由于气味测得事件为未测得事件的对立事件，因此，机器人在 t_k 时刻于$\boldsymbol{L}_k^R$ 处测得从$\boldsymbol{L}_k^i$ 处释放的气味的概率为 $1 - \prod_{l=f_2}^{k-1}[1 - \mu S_p p_{iR}(t_l, t_k)]$。

由此，式（4-3）中的似然函数可确定为

$$p(z_k \mid \boldsymbol{L}_k^i) = \begin{cases} \prod_{l=f_2}^{k-1}[1 - \mu S_p p_{iR}(t_l, t_k)], & z_k = 0 \\ 1 - \prod_{l=f_2}^{k-1}[1 - \mu S_p p_{iR}(t_l, t_k)], & z_k = 1 \end{cases} \tag{4-5}$$

式中：参数 μ 由实验确定为 0.9；气味源释放气味包的出口界面半径约为 0.02m，即 $S_p \approx 1.26 \times 10^{-3}\mathrm{m}^2$。由于气流的湍动，风速方差往往较大，$p_{iR}(t_l, t_k)$ 的计算结果通常很小。因此，S_p 的误差对式（4-5）的影响很小，在缺乏气味源先验信息时可粗略设置。

4.2.3　粒子重采样

粒子退化是粒子滤波类算法不可避免的问题。粒子退化是指经过几次迭代后，除了少数粒子，几乎所有粒子的权重都很小甚至忽略不计。这些权重非常小的粒子对所求后验概率密度分布的贡献很小，但在粒子权重更新时又耗费大量的计算资源。粒子退化现象的出现可通过下式进行监测[72]：

$$N_{\mathrm{eff}} < N_{\mathrm{thr}} \tag{4-6}$$

式中：N_{thr} 为一正常数（在这里设置为 $0.5N_s$）；N_{eff} 为有效粒子数，可由下式进行估计[73]：

$$\hat{N}_{\text{eff}} = 1/\sum_{i=1}^{N_s}(w_k^i)^2 \tag{4-7}$$

粒子重采样是解决粒子退化问题的一种重要方法,其基本思想是:对大权重粒子多观察(增加此类粒子的数目),对小权重粒子少观察(消减此类粒子的数目),由此更好地反映后验概率密度分布,提高估计的有效性。常用的重采样算法有残差重采样(Residual Resampling)、分层重采样(Stratified Resampling)、系统重采样(Systematic Resampling)等。这些重采样算法解决了粒子退化问题,但同时也丢失了粒子的多样性,在实际应用中会影响算法的健壮性。

这里采用俄罗斯轮盘赌和分裂技术(Russian Roulette and Splitting Technique)[74-75]进行粒子重采样。俄罗斯轮盘赌和分裂技术是一种简单的重要性采样方法,其主要思想是:将粒子分为重要和不重要两类,然后对重要粒子使用分裂技术使之增多,而对不重要粒子使用俄罗斯轮盘赌来决定是否保留。

使用俄罗斯轮盘赌和分裂技术作为粒子重采样算法的原因有如下两点。

(1) 能在解决粒子退化问题的前提下尽量保持粒子的多样性。

俄罗斯轮盘赌可有效消减(并非全部删除)小权重粒子,能保持粒子的多样性;分裂技术可在大权重粒子的附近新增更多粒子,由此能更好地反映气味源位置的后验概率密度分布。

(2) 算法简单,计算量较小,适用于实时性要求较高的气味源位置在线估计。

基于俄罗斯轮盘赌和分裂技术的粒子重采样算法描述如下。

(1) 取粒子的平均权重 $1/N_s$ 作为重要粒子和不重要粒子的划分阈值。

(2) 若 $w_k^i < 1/N_s$(不重要粒子),粒子$\boldsymbol{L}_k^i$ 以概率 $\max\{N_s w_k^i, 0.5\}$ 得以继续生存(俄罗斯轮盘赌);若 $w_k^i \geq 1/N_s$(重要粒子),围绕粒子$\boldsymbol{L}_k^i$ 以二维高斯分布产生 $\min\{\text{int}(N_s w_k^i), 5\}$ 个新粒子,然后删除$\boldsymbol{L}_k^i$(分裂技术)。其中,二维高斯分布的期望为$\boldsymbol{L}_k^i$,x 和 y 方向上的标准差均取为 0.05m,可使新粒子以 95% 的概率落在中心为$\boldsymbol{L}_k^i$、半径为 0.1m 的圆域内(由于圆域半径是给定标准差的两倍,根据高斯分布的 2σ 准则,新粒子在中心为$\boldsymbol{L}_k^i$、半径为 0.1m 的圆域内出现的概率为 95%);int(*)表示对 * 进行向下取整(不进行四舍五入)。

(3) 将所有粒子的权重重置为 $1/N_s$。注意:此处 N_s 为重采样后粒子的总数目(相对重采样前可能发生变化)。

在上述重采样算法中,对不重要粒子进行了俄罗斯轮盘赌(生存概率不小于 0.5),可在消减部分不重要粒子的情况下同时保持粒子的多样性;对重要粒子以新增数目不超过 4 个(产生 5 个新粒子后删除该重要粒子)进行分裂,并在以该重要粒子为中心的局部范围内重新分布,以期能更好地反映气味源位置的后验概率密度分布。

4.2.4　终止条件

为了能可靠地估计气味源位置,并自动终止气味源搜索过程及粒子滤波气味源位置估计,提出一个算法终止必要条件:粒子集稳定且持久地收敛,表现为连续多次估计得到的气味源位置的收敛。对气味源位置的估计详见式(4-1)。注意:式(4-1)仅在式(4-2)获得满足时进行计算。

这里仅使用最近20个在气味测得事件发生时估计的气味源位置,评估这20个在不同时刻估计的气味源位置是否收敛,原因包括如下3点。

(1) 气味测得事件对粒子权重的影响要远大于气味未测得事件对粒子权重的影响。

由于气流的湍动,风速方差往往较大,因此 $p_{iR}(t_l,t_k)$ 的计算结果通常很小。此外,实验中的气味源近似点源,即 S_p 也很小。实验发现,$S_p p_{iR}(t_l,t_k) \ll 1$。对式(4-5),当机器人未测得气味时,$\prod_{l=f_2}^{k-1}[1-\mu S_p p_{iR}(t_l,t_k)] \approx 1$。由此可知,气味未测得事件对粒子权重的影响很小,可忽略不计。然而,当机器人测得气味时,$1-\prod_{l=f_2}^{k-1}[1-\mu S_p p_{iR}(t_l,t_k)] \approx \mu S_p \sum_{l=f_2}^{k-1} p_{iR}(t_l,t_k)$。由于概率密度 $p_{*R}(t_l,t_j)$(详见式(3-9))在空间上以指数形式分布,因此,对于不同位置的粒子,相应的到达概率密度 $p_{iR}(t_l,t_k)$ 可能具有很大差别,从而导致 $\mu S_p \sum_{l=f_2}^{k-1} p_{iR}(t_l,t_k)$ 也可能具有很大差别。当粒子权重依据式(4-3)更新后,不同位置的粒子的权重可能会发生大幅变化。

(2) 在气味源搜索过程中,气味测得事件通常稀少,而气味未测得事件较多。由(1)得知,气味测得事件会大幅改变粒子的权重,从而也可能使气味源位置的估计结果发生较大改变;气味未测得事件则几乎不改变粒子的权重,由式(4-1)可知,气味源位置的估计结果也基本不变。若不过滤气味未测得事件发生时估计的气味源位置而直接采用最近一段时间内估计得到的气味源位置判断是否收敛,很可能会产生误判,从而导致不可靠的气味源位置估计结果。例如,连续多次气味未测得事件下,估得的气味源位置几乎不变化而该位置又远离真实气味源位置,从而致使机器人误认为气味源位置已经收敛,过早终止气味源的搜索过程和气味源位置估计算法。

(3) 在评估所估计的气味源位置是否收敛时,使用的气味源位置(气味测得事件发生时估得的气味源位置)越多,评估的可靠性就越高,但该评估过程所花费的时间也就越长(因为所需气味测得事件越多)。

使用最近20个在气味测得事件发生时估计的气味源位置作为收敛判断依

据，是气味源位置估计的可靠性与所需时间的一个折中。

令$\{\boldsymbol{P}_j|z_j=1,\quad j=k,k-1,\cdots,0\}_{\text{len}=20}$表示由最近20个在气味测得事件发生时估计的气味源位置构成的序列。该序列在t_0时刻为空，即长度为0；每当气味测得事件发生且式(4-2)得到满足时，由式(4-1)估得该时刻的气味源位置，并插入到气味源位置序列中；当气味源位置序列长度大于20时，删除最早的一个元素，使序列长度保持为20。

若对序列$\{\boldsymbol{P}_j|z_j=1,\quad j=k,k-1,\cdots,0\}_{\text{len}=20}$中的每一个元素$\boldsymbol{P}_j|_{z_j=1}$，都有

$$|\boldsymbol{P}_j-\bar{\boldsymbol{P}}|\leqslant R_{\text{err}} \tag{4-8}$$

则认为气味源位置已经收敛。其中，$\bar{\boldsymbol{P}}$为序列中所有元素的均值，R_{err}为允许的误差圆半径(本研究中设为0.5m)。当气味源位置收敛时，可将最近一次估得的气味源位置作为气味源的可能位置。

4.2.5 粒子滤波气味源位置估计算法的优化

为了保证粒子滤波算法在线估计气味源位置的实时性，从如下4个方面消减算法的计算量。

(1) 限制粒子总数，由此可控制最大计算量。

使$N_s\leqslant N_{s\max}$，其中$N_{s\max}$为最大粒子总数。此外，在重采样过程中，先使用俄罗斯轮盘赌减少粒子总数(消减不重要粒子)，然后再使用分裂技术增加粒子总数(对重要粒子进行多次采样)。在分裂过程中，若$N_s\geqslant N_{s\max}$，则终止分裂过程。本研究中，根据机器人内嵌PC的计算能力，$N_{s\max}$取为1500。

(2) 初始粒子集为空。

在首次气味测得事件发生之前，没有必要假设气味源位置的可能分布。

(3) 当气味测得事件在t_k时刻发生，并且在当前估计的气味包路径中不存在粒子时，则在估计的气味包路径中均匀抛撒$(N_{s\max}-N_s)/2$个粒子。

估计的气味包路径以较大概率包含被测得的气味包在最近10s内的运动轨迹(气味包路径的有效长度为10s)。由于该气味包从气味源释放的时间未知，因此，估计的气味包路径中可能包含气味源。当然，若该气味包的释放时间早于(t_k-10)s，则气味源可能不在估计的气味包路径中。由于机器人搜索气味源的过程在总体上是机器人逐渐趋向气味源的过程，因此，当气味测得事件发生且估计的气味包路径中不存在粒子时，允许在估计的气味包路径中增抛粒子是可以理解的。

(4) 任意两个粒子之间存在最小间距。

为了防止产生大量在空间上很接近的粒子从而浪费计算，可限制任意两个粒子间的最小距离。该措施仅在产生粒子(初始粒子集的产生或粒子的重采

样)时使用。粒子间的最小距离反映了气味源位置估计中的空间分辨率,在本研究中取为0.02m。当两个粒子间距小于0.02m时,删除其中的一个粒子。

实际操作中,在当前估计的气味包路径中抛撒的粒子实际数目与$(N_{smax}-N_s)/2$可能存在少量差异,主要是由于新粒子是小批量试探性地产生。当产生的新粒子总数超过$(N_{smax}-N_s)/2$时,停止产生新粒子。此外,产生新粒子后,对所有粒子(包括新粒子和旧粒子)进行最小间距检查。当两个粒子间距小于0.02m时,删除其中的一个粒子。因此,实际产生的新粒子数目与$(N_{smax}-N_s)/2$存在一些差异。

4.2.6 实验验证与对比

基于粒子滤波的气味源位置估计算法和基于贝叶斯推理的气味源位置估计算法[7]都属于使用分析模型的气味源定位算法,并且使用了相同的气味包到达概率密度函数$p_{iR}(t_l,t_k)$(详见式(4-4))。不同的是,在基于贝叶斯推理的气味源位置估计算法中,气味源位置的分布由具有概率属性的栅格表达,并且栅格数目固定。气味源位置概率分布图在气味源定位任务开始时初始化为均匀分布,在之后的每一个控制周期进行迭代更新。在粒子滤波气味源位置估计算法中,气味源位置的分布由具有权重属性的粒子表达,其中粒子的数目动态变化。在每个控制周期,粒子的权重进行更新,并在必要的情况下进行粒子的重采样。

在室外时变气流环境下,采用两种烟羽跟踪算法分别对粒子滤波气味源位置估计算法进行了实验研究,并与贝叶斯推理的气味源位置估计算法进行了对比。其中,两种烟羽跟踪方法分别为Spiral-surge[2]和基于气味包路径估计的烟羽跟踪算法。移动机器人的最大运动速度限制为0.2m/s,实验场地为室外空旷区域,大小为10m×10m。在全局坐标系下,场地的左下角点为(0.0,0.0)m,右上角点为(10.0,10.0)m。机器人在搜索气味源的过程中,记录机器人的位姿和各传感数据,同时使用粒子滤波气味源位置估计算法估计气味源的位置。当估计的气味源位置收敛时(即终止条件得到满足),气味源位置估计结束。

由机器人在搜索气味源过程中保存的实验过程数据(包括机器人的位姿和各传感数据),可离线进行基于贝叶斯推理的气味源位置估计,以进行不同气味源位置估计算法之间的对比。

1) 对比指标

用于评估气味源位置估计的指标有3个,分别为收敛步数、定位误差和成功率。收敛步数是指首次满足终止条件式(4-8)时气味测得事件发生的次数,表征气味源位置估计的收敛速度。定位误差是指最终估计得到的气味源位置与真实气味源位置的偏差。成功率是指实验成功的次数与所有实验次数之比,其中当终止条件式(4-8)得到满足且定位误差小于0.5m时，即认为本次气味源位置估计实验成功，否则失败。为了使不同气味源位置估计算法之间的对比具有实际意义，研究中仅对成功的气味源位置估计实验统计收敛步数和定位误差。

2）使用Spiral-surge烟羽跟踪

使用Spiral-surge烟羽跟踪算法的气味源位置估计实验共进行了33次。图4-2展示了某次实验过程中的4个不同时刻。实验中，气味源位于坐标为(5.85,7.70)m的 S 点，风速范围为0.15～4.02m/s，风向范围为-270°～184°。机器人从坐标为(2.00,2.00)m的 A 点出发，开始烟羽发现，并记该时刻为 $t=0$s。当机器人运动到坐标为(8.77,5.10)m的 B 点时，测得气味并进入烟羽跟踪过程，此时为 $t=69.0$s。由于当前时刻之前并无粒子存在，因此产生了760个新粒子并均匀抛撒在当前估计的气味包路径中，如图4-2(b)所示。然而，气味源的真实位置并未被抛撒的粒子或估计的气味包路径所覆盖。一个可能的原因是机器人所在区域的流场湍动剧烈，从而使最近10s内的流场远不满足均匀性假设。随着气味源搜索过程的进行，粒子的权重根据式(4-3)迭代更新。当机器人在 $t=91.5$s于坐标为(7.18,6.77)m的 C 点再次测得气味时，粒子总数为216个。由于在此刻估计的气味包路径中并无粒子存在，因此又产生了608个新粒子并均匀抛撒在当前的气味包路径中，如图4-2(c)所示。当 $t=203.0$s时，终止条件满足，气味源位置估计实验结束，气味源位置最终估计为(6.03,8.00)m，定位误差为0.35m，如图4-2(d)所示。气味源位置估计实验过程中，共有37个气味测得事件发生，即收敛步数为37。实验期间机器人记录的风速/风向、气味浓度以及气味测得事件如图4-3所示。

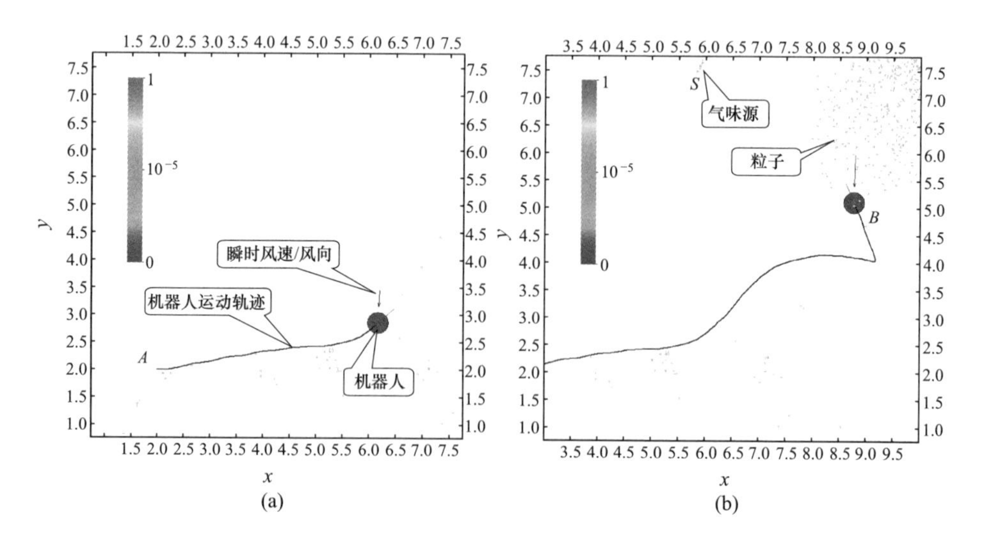

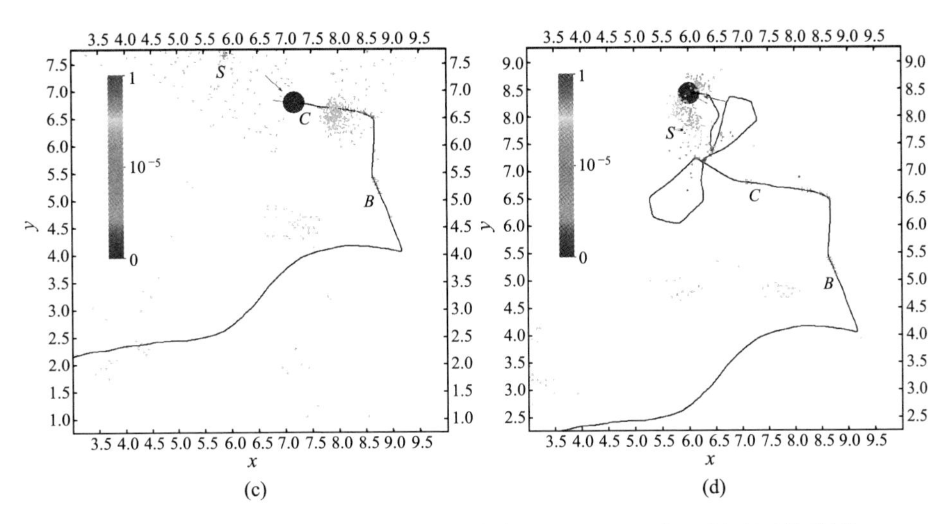

图 4 - 2　基于粒子滤波的气味源位置估计(Spiral - surge 烟羽跟踪)(见彩插)

(a) t = 32. 0s；(b) t = 69. 0s；(c) t = 91. 5s；(d) t = 203. 0s。

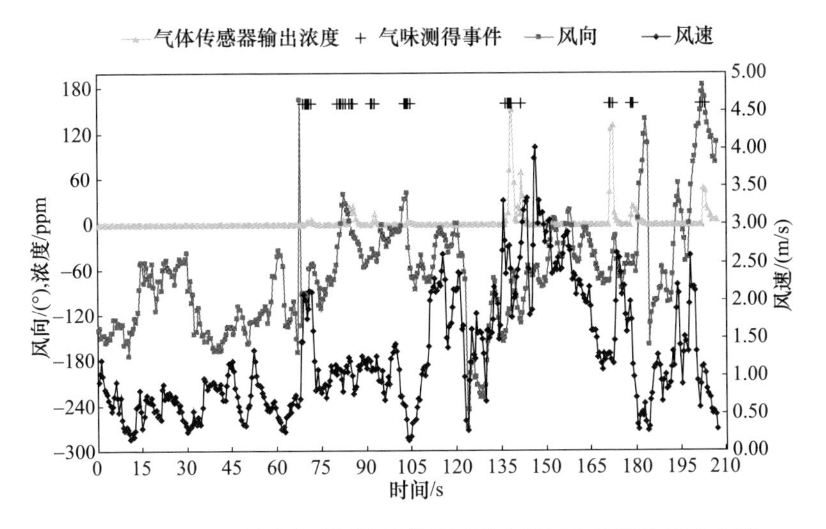

图 4 - 3　图 4 - 2 所示气味源位置估计过程中的气味浓度和风速/风向

33 次粒子滤波气味源位置估计实验的统计结果是：成功率 79%、平均定位精度 0. 29m 和平均收敛步数 40. 0。

由机器人在上述 33 次使用 Spiral - surge 烟羽跟踪算法的实验中保存的实验过程数据(包括机器人的位姿和各传感数据)，离线进行了基于贝叶斯推理的气味源位置估计。图 4 - 4 展示了基于贝叶斯推理的气味源位置估计在图 4 - 2 所示实验过程中的 4 个不同时刻，其中栅格边长为 0. 05m。当机器人在 t = 69. 0s

运动到 B 点时，测得气味并进入烟羽跟踪过程。然而，与图 4-2(b) 遇到的问题类似，真实气味源并未包含在此刻估计得到的气味源位置概率分布图中，如图 4-4(b) 所示，原因如前所述。随着烟羽跟踪过程的进行，贝叶斯推理仅在当前气味源位置概率分布图中概率非零的栅格上进行迭代计算，如图 4-4(c) 所示。当机器人在 $t=102.5\text{s}$ 于 D 点再次测得气味时，由于测得的气味包不可能来自于前一时刻气味源位置概率分布图中概率非零的栅格，因此所有栅格的概率均变为零，从而导致本次气味源位置估计的失败，如图 4-4(d) 所示。

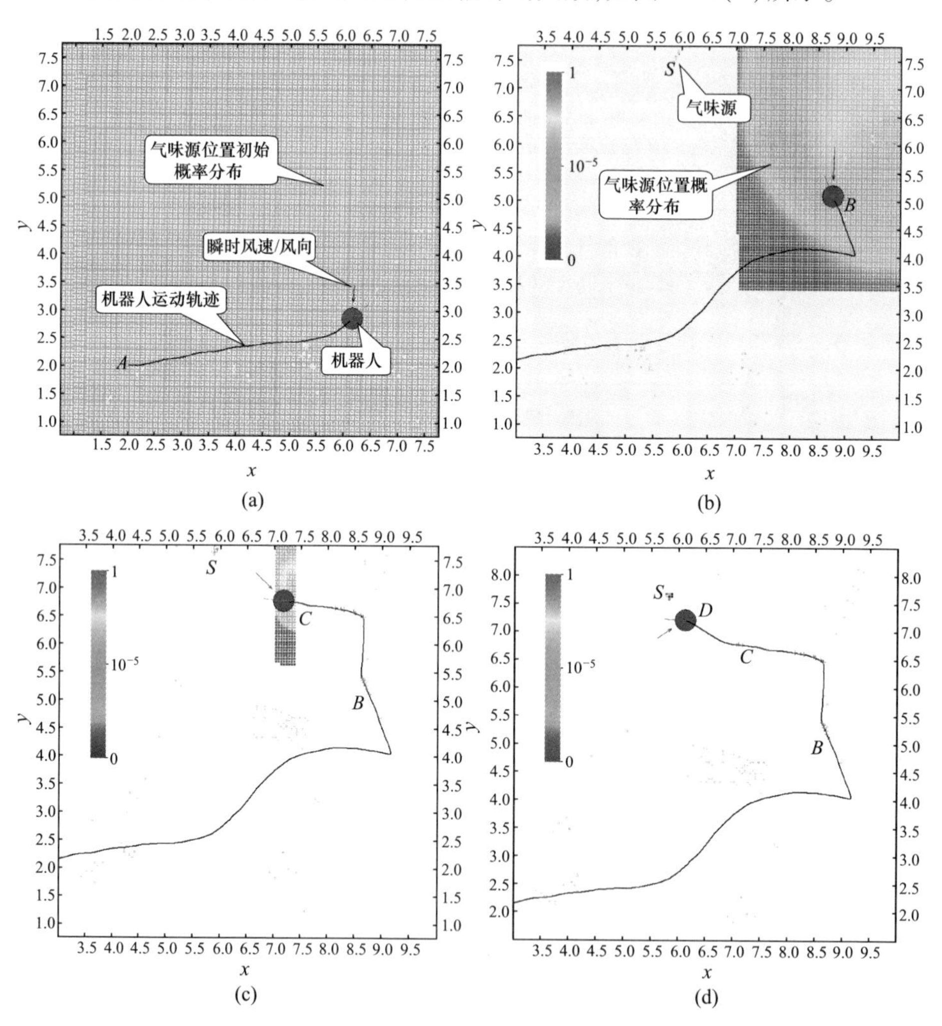

图 4-4 基于贝叶斯推理的气味源位置估计（Spiral-surge 烟羽跟踪）（见彩插）
(a) $t=32.0\text{s}$；(b) $t=69.0\text{s}$；(c) $t=91.5\text{s}$；(d) $t=102.5\text{s}$。

33次气味源位置估计实验的统计结果如图4-5所示,其中反映了成功率、平均定位精度和平均收敛步数。由图4-5可看出,与基于贝叶斯推理的气味源位置估计方法相比,基于粒子滤波的气味源位置估计算法具有较高的成功率、稍多的平均收敛步数以及相似的平均定位精度(约0.3m)。

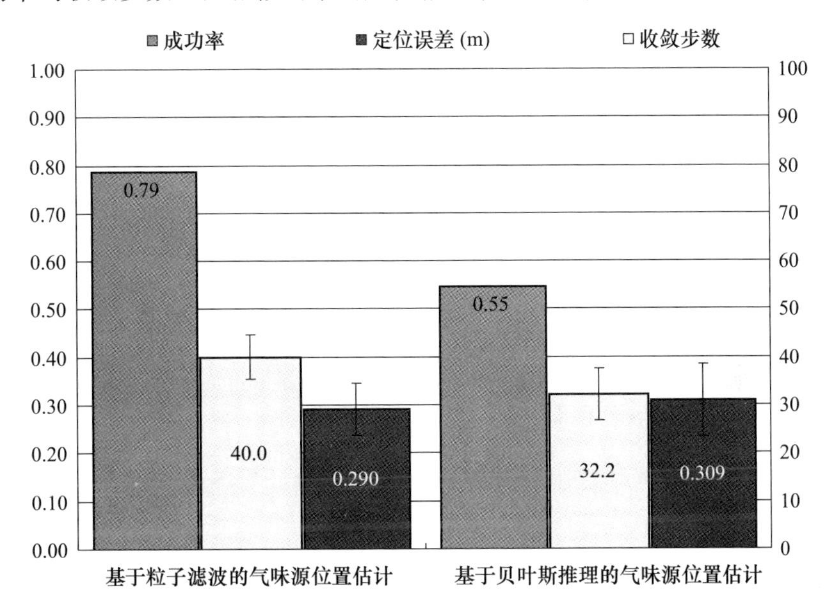

图4-5　两种气味源位置估计算法的实验统计结果(Spiral - surge烟羽跟踪)

3)使用基于气味包路径估计的烟羽跟踪

在本组气味源位置估计实验中,使用基于气味包路径估计的烟羽跟踪算法进行气味源搜索,并在该过程中同时进行气味源位置估计。实验共进行了22次。

图4-6展示了其中某次实验过程中的4个不同时刻。实验中,气味源位于坐标为(3.30,3.30)m的S点,风速范围为0.05~1.11m/s,风向范围为-70°~304°。机器人从坐标为(8.00,8.00)m的A点出发,开始烟羽发现,并记该时刻为$t=0$s。当机器人运动到坐标为(3.27,5.71)m的B点时,测得气味并进入烟羽跟踪过程,此时为$t=41.0$s。由于当前时刻之前并无粒子存在,因此产生了760个新粒子并均匀抛撒在当前估计的气味包路径中,如图4-6(b)所示。与图4-2所示实验类似,气味源的真实位置并未被首次抛撒的粒子或估计的气味包路径所覆盖。随着气味源搜索过程的进行,粒子的权重根据式(4-3)迭代更新。当机器人在$t=89.0$s于坐标为(3.47,3.69)m的C点再次测得气味时,粒子总数为91个。由于在此刻估计的气味包路径中并无粒子存在,因此,又产生

了 722 个新粒子并均匀抛撒在当前的气味包路径中,如图 4-6(c)所示。当 $t=231.5$s 时,终止条件满足,气味源位置估计实验结束,气味源位置最终估计为(3.19,2.88)m,如图 4-6(d)所示。由于机器人在本次实验过程中存在自定位误差,在实验结束时以机器人自身位置为基准,气味源的位置由机器人机载的激光测距仪重新确定为(3.30,2.85)m。由此可知,本次气味源位置估计的定位误差为 0.11m。气味源位置估计实验过程中,共有 39 个气味测得事件发生,即收敛步数为 39。实验期间机器人记录的风速/风向、气味浓度以及气味测得事件如图 4-7 所示。

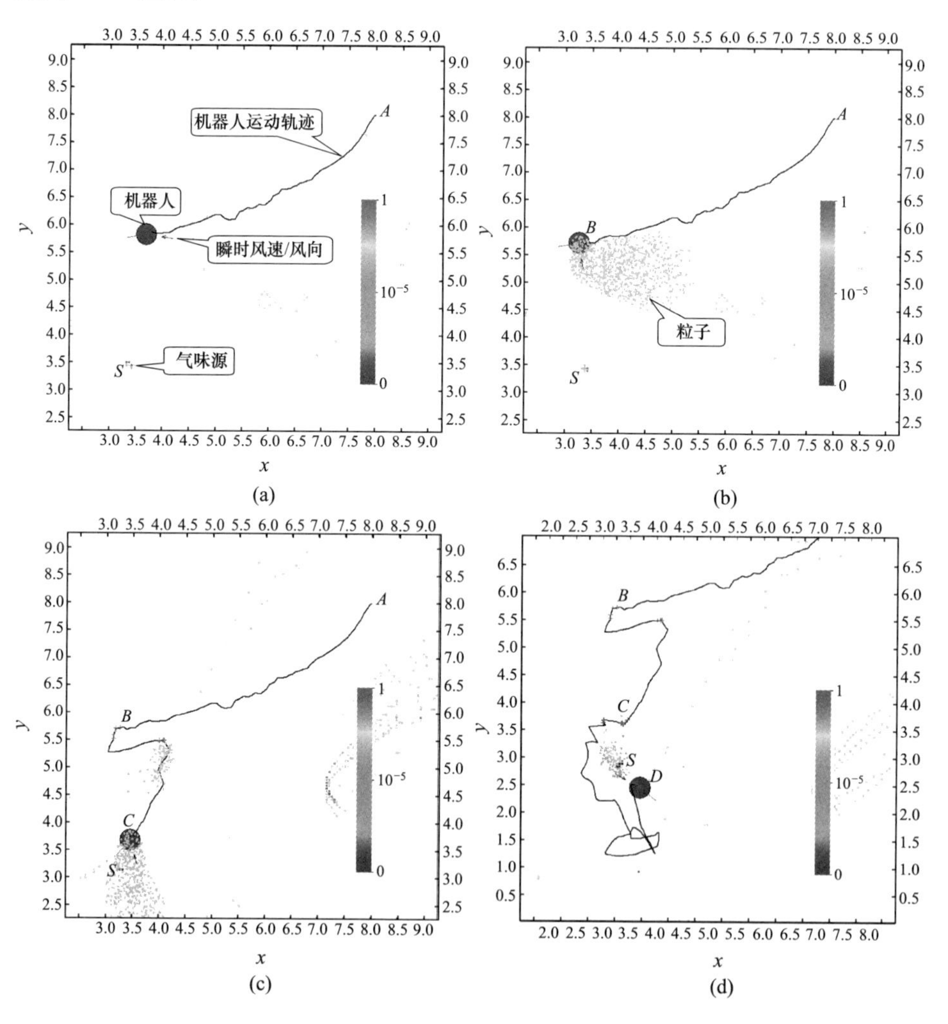

图 4-6 基于粒子滤波的气味源位置估计(基于气味包路径估计的烟羽跟踪)(见彩插)

(a) $t=38.0$s; (b) $t=41.0$s; (c) $t=89.0$s; (d) $t=231.5$s。

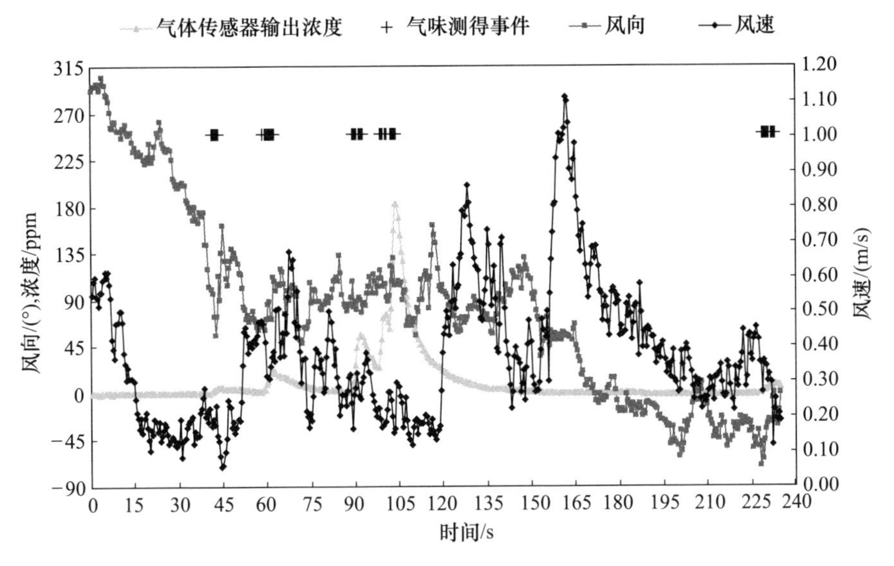

图4－7 图4－6所示气味源位置估计过程中的气味浓度和风速/风向

本组22次气味源位置估计实验(使用基于气味包路径估计的烟羽跟踪)的统计结果是:成功率82%、平均定位精度0.26m和平均收敛步数43.7。

由机器人在上述22次实验中保存的实验过程数据(包括机器人的位姿和各传感数据),离线进行了基于贝叶斯推理的气味源位置估计。图4－8展示了基于贝叶斯推理的气味源位置估计在图4－6所示实验过程中的4个不同时刻,其中栅格边长为0.05m。当机器人在$t=41.0$s运动到B点时,测得气味并进入烟羽跟踪过程。然而,与图4－4(b)遇到的问题类似,真实气味源并未包含在此刻估计得到的气味源位置概率分布图中,如图4－8(b)所示。随着烟羽跟踪过程的进行,贝叶斯推理仅在当前气味源位置概率分布图中概率非零的栅格上进行迭代计算,如图4－8(c)。当机器人在$t=89.0$s于C点再次测得气味时,由于测得的气味包不可能来自于前一时刻气味源位置概率分布图中概率非零的栅格,因此所有栅格的概率均变为零,从而导致本次气味源位置估计的失败,如图4－8(d)所示。

本组22次气味源位置估计实验(使用基于气味包路径估计的烟羽跟踪)的统计结果如图4－9所示,其中反映了成功率、平均定位精度和平均收敛步数。由图4－9可看出,与基于贝叶斯推理的气味源位置估计方法相比,基于粒子滤波的气味源位置估计算法具有较高的成功率、稍多的平均收敛步数以及相似的平均定位精度(约0.26m)。本组实验的统计结果与使用Spiral－surge烟羽跟踪的气味源位置估计实验的统计结果(图4－5)类似。

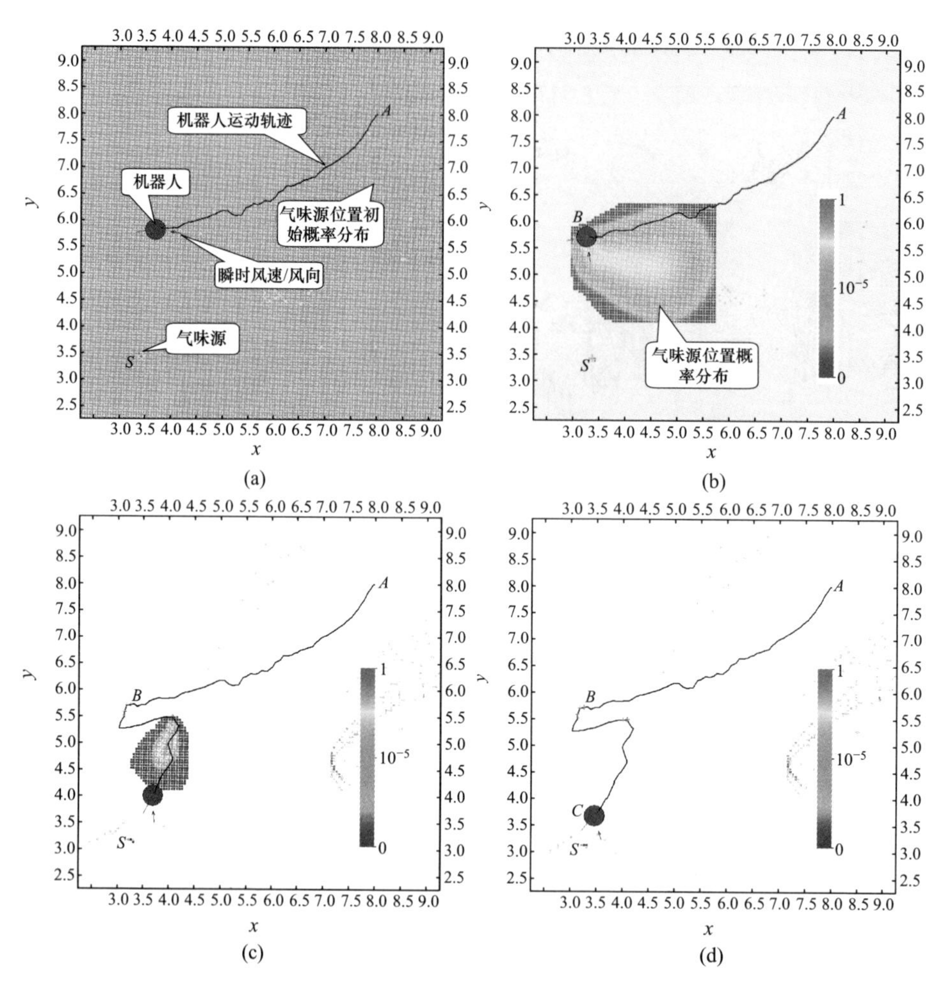

图 4-8 基于贝叶斯推理的气味源位置估计(基于气味包路径估计的烟羽跟踪)(见彩插)
(a)$t=38.0$s; (b)$t=41.0$s; (c)$t=85.5$s; (d)$t=89.0$s。

4)实验结果的对比与讨论

由图 4-5 和图 4-9 可知,两种气味源位置估计算法分别在两种气味源搜索行为下具有类似的实验统计结果。由此可见,这两种气味源位置估计算法都对具体的气味源搜索行为不敏感。此外,无论使用 Spiral-surge 烟羽跟踪还是使用基于气味包路径估计的烟羽跟踪,与基于贝叶斯推理的气味源位置估计算法相比,粒子滤波气味源位置估计算法都具有较高的成功率、稍多的平均收敛步数以及相似的平均定位精度。

粒子滤波气味源位置估计算法具有较高的成功率,主要是因为该算法在所

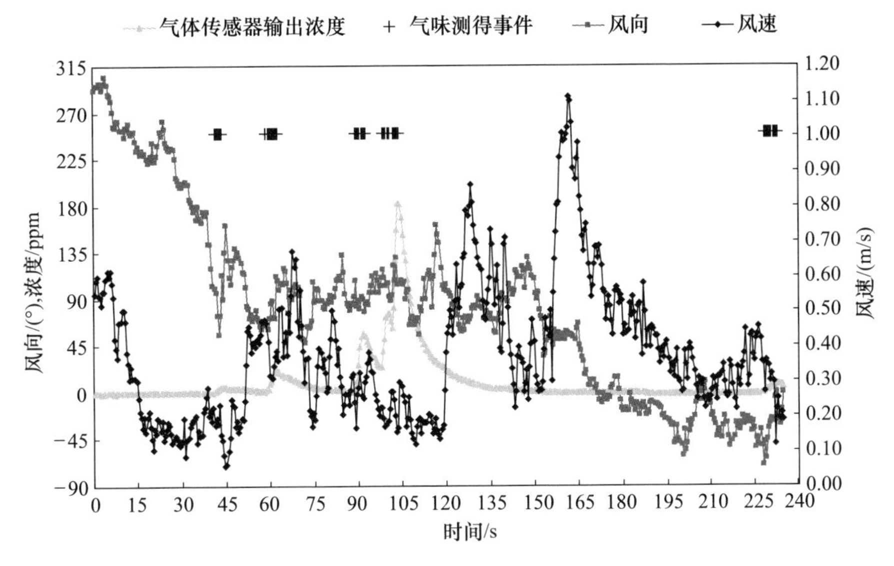

图4-7 图4-6所示气味源位置估计过程中的气味浓度和风速/风向

本组22次气味源位置估计实验(使用基于气味包路径估计的烟羽跟踪)的统计结果是:成功率82%、平均定位精度0.26m和平均收敛步数43.7。

由机器人在上述22次实验中保存的实验过程数据(包括机器人的位姿和各传感数据),离线进行了基于贝叶斯推理的气味源位置估计。图4-8展示了基于贝叶斯推理的气味源位置估计在图4-6所示实验过程中的4个不同时刻,其中栅格边长为0.05m。当机器人在$t=41.0$s运动到B点时,测得气味并进入烟羽跟踪过程。然而,与图4-4(b)遇到的问题类似,真实气味源并未包含在此刻估计得到的气味源位置概率分布图中,如图4-8(b)所示。随着烟羽跟踪过程的进行,贝叶斯推理仅在当前气味源位置概率分布图中概率非零的栅格上进行迭代计算,如图4-8(c)。当机器人在$t=89.0$s于C点再次测得气味时,由于测得的气味包不可能来自于前一时刻气味源位置概率分布图中概率非零的栅格,因此所有栅格的概率均变为零,从而导致本次气味源位置估计的失败,如图4-8(d)所示。

本组22次气味源位置估计实验(使用基于气味包路径估计的烟羽跟踪)的统计结果如图4-9所示,其中反映了成功率、平均定位精度和平均收敛步数。由图4-9可看出,与基于贝叶斯推理的气味源位置估计方法相比,基于粒子滤波的气味源位置估计算法具有较高的成功率、稍多的平均收敛步数以及相似的平均定位精度(约0.26m)。本组实验的统计结果与使用Spiral-surge烟羽跟踪的气味源位置估计实验的统计结果(图4-5)类似。

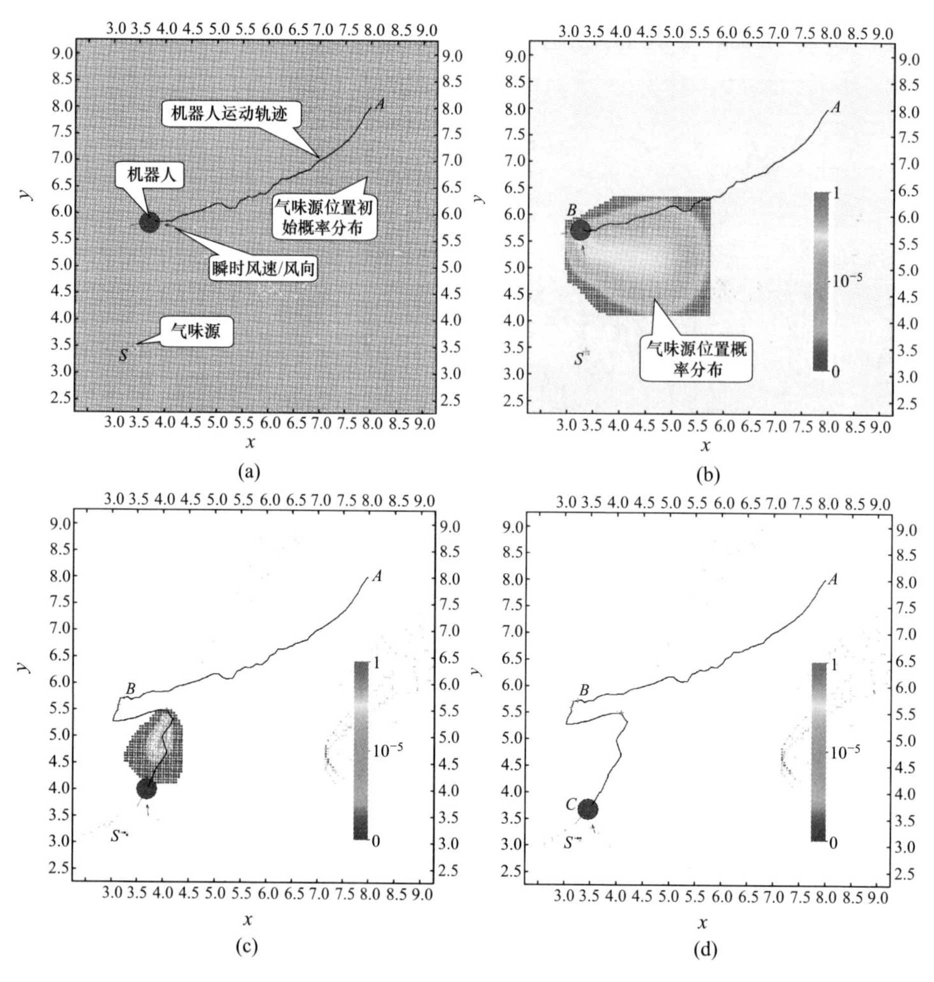

图4-8 基于贝叶斯推理的气味源位置估计(基于气味包路径估计的烟羽跟踪)(见彩插)
(a)$t=38.0$s; (b)$t=41.0$s; (c)$t=85.5$s; (d)$t=89.0$s。

4)实验结果的对比与讨论

由图4-5和图4-9可知,两种气味源位置估计算法分别在两种气味源搜索行为下具有类似的实验统计结果。由此可见,这两种气味源位置估计算法都对具体的气味源搜索行为不敏感。此外,无论使用Spiral-surge烟羽跟踪还是使用基于气味包路径估计的烟羽跟踪,与基于贝叶斯推理的气味源位置估计算法相比,粒子滤波气味源位置估计算法都具有较高的成功率、稍多的平均收敛步数以及相似的平均定位精度。

粒子滤波气味源位置估计算法具有较高的成功率,主要是因为该算法在所

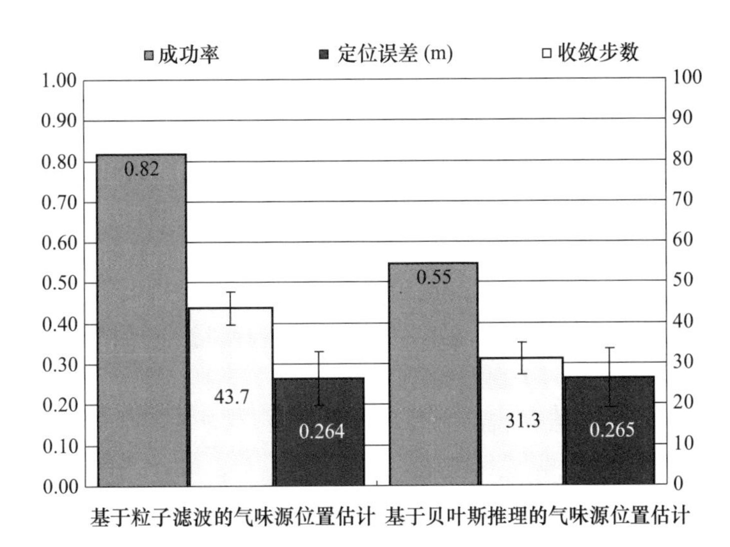

图 4－9　两种气味源位置估计算法的实验统计结果(基于气味包路径估计的烟羽跟踪)

有气味源位置假设(即粒子)不能匹配当前获得的证据(如气味测得事件及风速/风向)时,可产生新的气味源位置假设(粒子)以进行进一步的气味源位置估计。由此可见,粒子滤波气味源位置估计算法具有一定的容错性。然而,在基于贝叶斯推理的气味源位置估计算法中,贝叶斯推理仅在气味源位置概率分布图上进行简单的迭代更新(乘积运算),意外的证据可能会产生不可纠正的错误结果从而导致气味源位置估计的失败(如图 4－4 和图 4－8 所示案例)。其中,所谓的“意外的证据”,是指不符合现有气味源位置假设的证据(气味测得事件及风速/风向),其产生根源在于气流的湍动,以及流场并非在每个时刻都近似均匀,流场仅在一定条件下在统计意义上近似均匀,详见 3. 4. 1 节。

在存在“意外的证据”的情况下,基于贝叶斯推理的气味源位置估计很可能会失败,但对粒子滤波气味源位置估计而言,可依靠其容错性使气味源位置估计继续进行,从而在气味源位置估计成功时具有较大的收敛步数。因此,粒子滤波气味源位置估计算法具有较高的成功率,但也需要稍多的平均收敛步数。

尽管粒子滤波气味源位置估计算法比基于贝叶斯推理的气味源位置估计算法具有稍多的平均收敛步数,但该算法具有较高的成功率,在整体上较优。粒子滤波气味源位置估计算法之所以具有较好的性能,主要受益于其较强的容错性。相比之下,基于贝叶斯推理的气味源位置估计算法对不准确的或意外的测量结果过于敏感。由此可知,在室外气流环境下,粒子滤波气味源位置估计算法要比基于贝叶斯推理的气味源位置估计算法更具健壮性。

4.3 证据理论估计方法

证据理论估计方法的提出主要是为了解决机器人多气味源定位问题。目前,绝大多数机器人气味源定位研究都是针对单个点状气味源。然而,在现实情况下,因容器或管道老化、垃圾填埋场封闭层失效等因素导致的有毒/有害气体泄漏可能是多发的,即在搜索区域内可能存在数目和位置均未知、释放同种气体(成分)的点状或面状气味源。显然,要使机器人气味源定位研究更具有实际应用价值,针对多个气味源的定位研究非常必要。

目前,机器人多气味源定位研究报道较少,典型方法包括:Ferri 等[76]在室内环境下对多个气味源进行了分布建图;Jatmiko 等[77]在仿真室外环境下使用多机器人对多个气味源释放的烟羽进行跟踪,该方法假设机器人在到达某气味源后能消除该气味源。此假设对实际应用较为苛求,无法应对只能定位但不能马上消除气味源的情况。

4.3.1 基本思想

由于室外气流的剧烈湍动,将会导致感测的气体浓度及风速/风向信息含有较强噪声,适用于较稳定气流环境的多气味源定位方法很难直接用于室外自然气流环境。为了能够使用包含强噪声的感测信息进行多气味源定位,可以采用证据理论进行气味源空间分布建图。证据理论作为一种不确定推理方法,能直接表达"不确定性"和"未知不明"等认知方面的重要概念,可以比基于贝叶斯公式的方法能更加全面地描述某位置处关于气味源的存在情况(有/无/未知),并且需要满足的条件比基于贝叶斯公式的方法更弱。

此外,由于常见的 MOS 气体传感器存在较长的响应和恢复时间,在气味浓度变化较快时,气体传感器提供的气味浓度值并不代表真实的气味浓度。在这种情况下,二值化浓度信息因为简单明了而被广泛使用。二值化浓度信息中的"测得气味"信息在很多现有方法中被利用得比较充分,而"未测得气味"信息则未被充分利用。实际上,"未测得气味"信息也具有很丰富的内涵。

由于气味的传播主要是靠环境气流的输运进行扩散,因此,不仅需要关注机器人"测得气味"时抵达机器人(气体传感器)位置处的目标气味分子团(气味包),还应同等关注"未测得气味"时抵达机器人(气体传感器)位置处的空气分子团或/和目标气味分子团。为了便于称呼,将这些空气分子团或/和目标分子团统称为"气团"。气团中各分子在到达机器人(气体传感器)位置之前经过的空间位置时序定义为"气团路径",其计算方法与 3.4.1 节"气味包路径估计"完全相同。在这里,“气团”与“气味包”唯一不同之处在于“气团”可以是“气味包”(测得气味时),也可以是未测得气味时对应的纯空气分子团,或空气与目标气味分子的混合(但低于气体传感器的检测下限)。

机器人在每个控制周期(同采样周期)都对当前时刻机器人接触的气团进行气团路径估计。当机器人在某时刻测得目标气味,那么,该时刻估计的气团路径所覆盖区域内可能存在气味源(因为目标气味分子团从气味源的释放时间不可知);若机器人未测得目标气味,那么,该气团路径所在区域内存在气味源的可能性较小;气团路径覆盖范围之外的区域被机器人感测的概率很小,因此,是否存在气味源未知。

4.3.2　气团路径估计的连续化

在式(3-13)中,时刻 t_l 是离散的采样时刻($l=f_3,\cdots,j-1$),由此可获得一条由许多“路径点”构成的断续的离散气团/气味包路径。事实上,气团/气味包路径应该是连续的。尤其对于利用气团路径估计气味源位置这类问题,相比离散的气团路径,连续的气团路径可以更充分地利用机器人所感测的信息,加快气味源位置估计的收敛。为了满足对气味源在线分布建图的实时性需求,对于离散气团路径在相邻采样时刻期间的间断部分,可使用插补方法快速获得一条连续的气团路径,具体方法表述如下。

同式(3-13),集合 $\{OS(t_*,t_k)\mid t_*\leqslant t_k\}$ 定义为 t_k 时刻感测的气团在此之前的运动路径,即气团路径。显然,气团路径不是一条曲线,而是一片以概率表征气团经过可能性大小的区域。

使用栅格地图表达气味源的空间分布,栅格边长为 a。对子观测窗口 $OS(t_*,t_k)$ 中的每个栅格 C_i,若将其中心点记为 $\boldsymbol{L}_*$,则 C_i 位于气团路径上的概率为

$$\begin{aligned}\pi_i &= \int_{-\frac{a}{2}}^{\frac{a}{2}}\int_{-\frac{a}{2}}^{\frac{a}{2}} p(t_*,t_k)\,\mathrm{d}x\mathrm{d}y \\ &\approx \frac{a^2}{2\pi(t_k-t_*)\sigma_x\sigma_y}\exp\left(-\frac{\delta_x^2(t_*,t_k)}{2(t_k-t_*)\sigma_x^2}-\frac{\delta_y^2(t_*,t_k)}{2(t_k-t_*)\sigma_y^2}\right)\end{aligned} \tag{4-9}$$

式中:σ_x^2 和 σ_y^2 分别为时序 $\{\boldsymbol{U}(\boldsymbol{L}_R(t_j))\}_{j=f}^{k}$ 在 x 和 y 方向上的方差。另外,有

$$[\delta_x(t_*,t_k),\delta_y(t_*,t_k)]^{\mathrm{T}}=\boldsymbol{L}_R(t_k)-\boldsymbol{L}_*-[s_x(t_*,t_k),s_y(t_*,t_k)]^{\mathrm{T}} \tag{4-10}$$

式中:$s_x(t_*,t_k)$ 和 $s_y(t_*,t_k)$ 分别是气团从 t_* 到 t_k 期间在 x 和 y 方向上的位移。在室外开阔地带,可假设流场是局部近似均匀的,详见3.4.1节,则 $s_x(t_*,t_k)$ 和

$s_y(t_*,t_k)$可估计为

$$[s_x(t_*,t_k),s_y(t_*,t_k)]^{\mathrm{T}} \approx \int_{t_*}^{t_k} \boldsymbol{U}(\boldsymbol{L}_R(t))\mathrm{d}t \tag{4-11}$$

考虑两个相邻的子观测窗口 $OS(t_{j-1},t_k)$ 和 $OS(t_j,t_k)$，分别表示气团在 t_{j-1} 和 t_j 时刻以不小于概率密度 $\boldsymbol{\eta}$ 所在的椭圆形区域。通常情况下，方差 $\boldsymbol{\sigma}_x^2$ 与 $\boldsymbol{\sigma}_y^2$ 相近，为了便于两个椭圆间的插值，取 $\boldsymbol{\sigma}_x=\boldsymbol{\sigma}_y=\boldsymbol{\sigma}_{\max}=\max(\boldsymbol{\sigma}_x,\boldsymbol{\sigma}_y)$，则可将这两个椭圆形子观测窗口都简化为圆形区域，如图 4-10 所示。

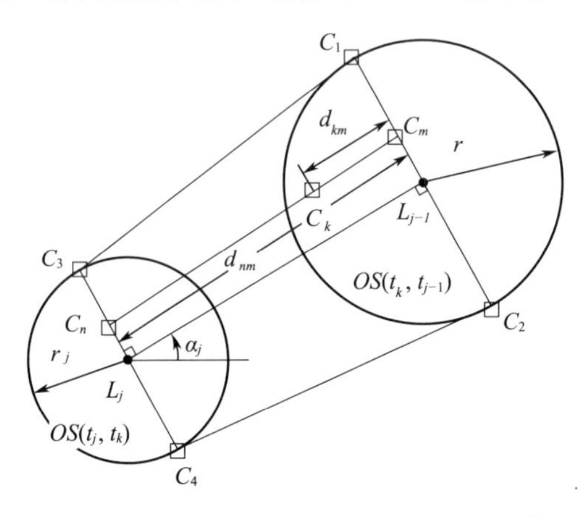

图 4-10　相邻动态窗口间栅格的概率插值

令式(4-10)为 0，使 $p(t_*,t_k)$ 最大，则可知子观测窗口 $OS(t_{j-1},t_k)$ 和 $OS(t_j,t_k)$ 的中心点 $\boldsymbol{L}_{j-1}$ 和 $\boldsymbol{L}_j$ 为

$$\boldsymbol{L}_{j-1}=\boldsymbol{L}_R(t_k)-[v_x(t_{j-1},t_k),v_y(t_{j-1},t_k)]^{\mathrm{T}} \tag{4-12}$$

$$\boldsymbol{L}_j=\boldsymbol{L}_R(t_k)-[v_x(t_j,t_k),v_y(t_j,t_k)]^{\mathrm{T}} \tag{4-13}$$

图 4-10 中，由 $\boldsymbol{L}_{j-1}$ 和 $\boldsymbol{L}_j$ 不难计算栅格 C_1、C_2、C_3 和 C_4 的坐标，其中需要使用 $OS(t_{j-1},t_k)$ 和 $OS(t_j,t_k)$ 的半径 r_{j-1} 和 r_j，以及 $\boldsymbol{L}_j$ 到 $\boldsymbol{L}_{j-1}$ 连线的角度 α_j：

$$r_{j-1}=\sqrt{-2(t_k-t_{j-1})\ln[2\pi\boldsymbol{\eta}(t_k-t_{j-1})\boldsymbol{\sigma}_{\max}^2]}\cdot\boldsymbol{\sigma}_{\max} \tag{4-14}$$

$$r_j=\sqrt{-2(t_k-t_j)\ln[2\pi\boldsymbol{\eta}(t_k-t_j)\boldsymbol{\sigma}_{\max}^2]}\cdot\boldsymbol{\sigma}_{\max} \tag{4-15}$$

$$\alpha_j=\arctan(u_y(\boldsymbol{L}_R(t_j))/u_x(\boldsymbol{L}_R(t_j))) \tag{4-16}$$

为了进一步降低计算量，保证算法的实时性，可以将每个栅格看作一个像素点，利用计算机图形学中 Bresenham 直线扫描算法，获得直线 C_1C_2 和 C_3C_4 上的所有栅格。

由文献[16]可知，气味随气流的被动输运过程可简化为沿气流方向的对流传输（即平均运动，占主导地位）和向各个方向的扩散（湍流运动所致）。对于气团而言，这一结论同样适用。因此，在 t_{j-1} 到 t_j 这一短时间尺度下，可假设气团主要沿 t_{j-1} 时刻的气流方向做直线运动。由此可对直线 C_1C_2 上的所有栅格到 C_3C_4 上的所有栅格进行对应栅格间的直线插补，如图 4-10 所示。其中，直线 C_1C_2 上任意栅格 C_m 的概率 π_m，以及直线 C_3C_4 上任意栅格 C_n 的概率 π_n，均可利用式（4-9）分别以 $t_*=t_{j-1}$ 和 $t_*=t_j$ 计算获得。C_m 至 C_n 的任意栅格 C_k 仍由 Bresenham 直线扫描算法获得，然后根据栅格 C_k 至 C_m 的距离 d_{km}，以及 C_n 至 C_m 的距离 d_{nm}，使用线性插值计算栅格 C_k 的概率 $\pi_k(\pi_m \leqslant \pi_k \leqslant \pi_n)$，由此求得一条以概率表达的连续气团路径。

上述算法中，仅需要利用式（4-9）计算直线 C_1C_2 和 C_3C_4 上所有栅格的概率值，然后通过插值求出梯形区域 $C_1C_2C_4C_3$ 内其他栅格的概率值。当采样周期 T 较小或风速方差 σ_x^2 与 σ_y^2 较大时，图 4-10 中相邻的动态窗口可能会发生重叠。对于这种情况，上述算法同样适用。

4.3.3　嗅觉感知模型及 mass 函数

通过上述快速插补方法，可估计出一条连续的气团路径 $\{\pi_i, i=1,2,\cdots,N\}$，$N$ 为气团路径所覆盖区域中的栅格总数。假设目标气味从气味源连续释放。机器人使用二值化气味值，即测得或未测得目标气味。气味浓度的二值化方法详见 2.3.1 节"MOS 型气体传感器的输出二值化"。当机器人在某时刻测得目标气味，由于裹挟于气团的这些气味分子从气味源释放的时间不可知，因此，可以推测该时刻估计的气团路径所覆盖的区域内可能存在气味源；反之，若机器人未测得目标气味，那么，可推测该时刻估计的气团路径所在区域内可能不存在气味源。此外，气团路径之外其他区域内的气味/空气分子到达机器人并被感测的概率很小（概率密度小于 η），故是否存在气味源未知。气团路径覆盖区域内是否存在气味源的概率表达，即为嗅觉感知模型。

构建 D-S 证据理论的识别框架为 $\Theta=\{S,\bar{S}\}$，其中 S 和 $\bar{S}$ 分别表示某区域有气味源和无气味源。识别框架的超集 2^Θ 包含 4 个子集：空集 φ、$\{S\}$、$\{\bar{S}\}$ 和 $\{S,\bar{S}\}$，并将子集 $\{S,\bar{S}\}$ 记为 U，表征未知状态。显然，超集 2^Θ 可全面描述某区域内关于气味源的存在情况（$S/\bar{S}/U$：有/无/未知）。

地图中的每个栅格均具有 3 种气味源存在情况的信度属性 $m(S)$、$m(\bar{S})$ 和 $m(U)$，$1 \geqslant m(*) \geqslant 0$，分别表征了机器人所在局部区域内气味源 3 种存在情况的证据强度，并满足 $m(S)+m(\bar{S})+m(U)=1$。

针对气味测得事件 D，气团路径覆盖区域内某栅格 C_i 处气味源存在情况的 mass 函数可构造为

$$m(e)|_i^D=\begin{cases}\mu_D\zeta\pi_i, & e=S\\ 0, & e=\bar{S}\\ 1-\mu_D\zeta\pi_i, & e=U\end{cases} \tag{4-17}$$

对气味未测得事件 $\bar{D}$,构造为

$$m(e)|_i^{\bar{D}}=\begin{cases}0, & e=S\\ \zeta(1-\varepsilon)\pi_i, & e=\bar{S}\\ 1-\zeta(1-\varepsilon)\pi_i, & e=U\end{cases} \tag{4-18}$$

式中:μ_D 为当机器人所在位置存在目标气味时测得事件 D 的发生概率;ζ 为环境气流的逆运动模型的可靠性;ε 为未测得事件 $\bar{D}$ 引起的误判概率,主要源于气味烟羽的间歇性或气味浓度低于气体传感器的检测下限。

通过使用上述嗅觉感知模型,可将机器人在当前采样周期获得的气体浓度和风速/风向信息融合为当前时刻特定区域内气味源存在情况的“证据”。

4.3.4 基于证据理论的多气味源分布建图

为了便于同时估计多个气味源的位置,需要对气味源的空间分布进行建图。由于气味源的数目和位置均未知,因此,需要机器人对目标区域进行遍历。在机器人遍历目标区域的过程中,通过使用嗅觉感知模型,在每个采样周期都会获得气团路径覆盖区域内气味源存在情况的“证据”。将这些“证据”实时在线地加以融合,即可建立气味源的空间分布图。

定义 t_k 时刻估计的气味源的空间分布图为 $\{X_i^k, i=1,2,\cdots,M\}$,其中 M 为地图中栅格总数。t_j 时刻栅格 C_i 的 mass 函数简记为 m_i^j(可由式(4-17)、式(4-18)计算),$j=0,1,\cdots,k$,则

$$X_i^k=m_i^0\oplus m_i^1\oplus\cdots\oplus m_i^{k-1}\oplus m_i^k=X_i^{k-1}\oplus m_i^k \tag{4-19}$$

其中,各“证据”的合并使用了 Dempster 合并法则[78]。

通过使用式(4-19)的递推形式,用当前时刻获得的新“证据”更新气味源空间分布图,这样不仅能简化计算,还无须存储历史数据或“证据”。

4.3.5 实验及结果分析

1)实验系统

实验系统如图 4-11 所示,由移动机器人、机载传感器、气味源、上位计算机及无线路由器构成。移动机器人的控制周期以及对各传感器的采样周期 T 统

一设定为0.5s。笔记本电脑作为上位机,通过无线路由器与移动机器人进行通信,以方便实验过程的监控和实验数据的采集。

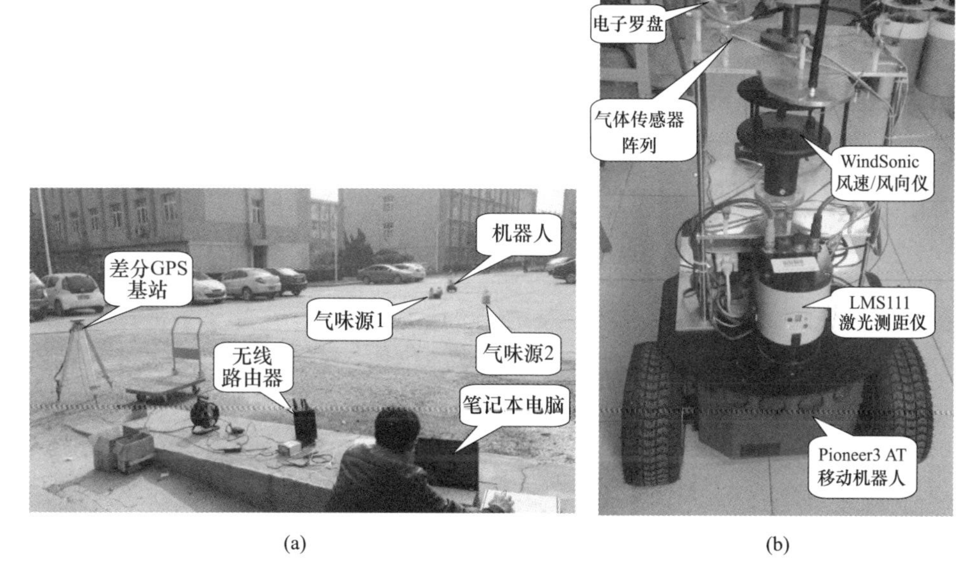

(a)　　(b)

图4-11　室外多气味源定位实验系统

(a)实验现场;(b)以Pioneer3 AT为基础的嗅觉机器人。

实验气体选择了对人基本没有伤害的乙醇(即酒精)。气味源为自行研制的酒精雾化器,使用超声波部件雾化酒精,以强化酒精的挥发。移动机器人采用了Pioneer3 AT,机载的传感器包括机器人内置的16路超声环、外加的气体传感器、风速/风向仪、电子罗盘、差分GPS、激光测距仪。其中,风速/风向仪为WindSonic(Gill Instruments Ltd.),风速测量范围为0~60m/s,风速/风向测量误差分别为±2%和±3°,电子罗盘及差分GPS用于机器人的自定位,激光测距仪LMS111(Sick AG)用于检测环境障碍物,气体传感器采用了MOS型的TGS2620。

采用的TGS2620具有MOS气体传感器普遍存在的一些不足,如对目标气体较长的响应时间和恢复时间、存在温漂和时漂等。为了降低这些不足以及测量电路的测量精度(约为±0.01V)对实验结果的影响,采用自适应阈值对气体传感器的输出进行了二值化处理(详见2.3.1节)。根据测试数据的统计结果,确定式(4-17)、式(4-18)中$\mu_D \approx 0.9$,ζ和ε的具体数值与机器人到气味源的距离等因素有关,保守取为$\zeta \approx 0.6$及$\varepsilon \approx 0.5$。

2）基于证据理论的多气味源分布建图实验及结果

待建图的目标区域为矩形区域,其左下角坐标为(2.0,2.0)m,右上角为(14.0,20.0)m,大小为12m×18m,以栅格地图表达。地图中各栅格边长设为$a=0.2$m。气味源有2个,第一个置于S_1(5.3,9.8)m处,另一个置于S_2(8.5,11.4)m处。实验总共进行了3次,其中之一描述如下。

机器人从点A(1.0,12.0)m出发以矩形波样的路径遍历目标区域,其中横向步长为-2.0m,如图4-12所示,图中黑色栅格表征障碍物(在本实验中也是气味源所在)。当机器人到达目标区域的左上角时,第一轮遍历完成,然后沿对角线到达起始点A,开始第二轮遍历,如图4-12(b)所示。机器人在遍历过程中,根据采集的风速/风向和气味浓度,在每个采样周期更新气味源空间分布图。此外,还要根据实时测量的障碍物信息进行避障以确保机器人的自身安全,本实验采用VFH(Vector Field Histogram,矢量场直方图)避障算法[79]。

在整个建图过程中机器人的总行走距离为332.8m,耗时1009.5s,期间记录的风速/风向、气体传感器的测得事件如图4-13所示。从图4-13中可以看出,在实验期间风速/风向的变化范围大并且变化快,气味未测得事件数目远多于气味测得事件。

未知　无气味源　有气味源

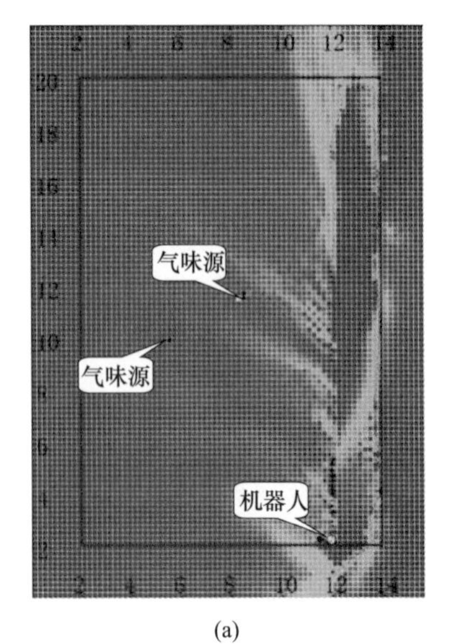

(a)

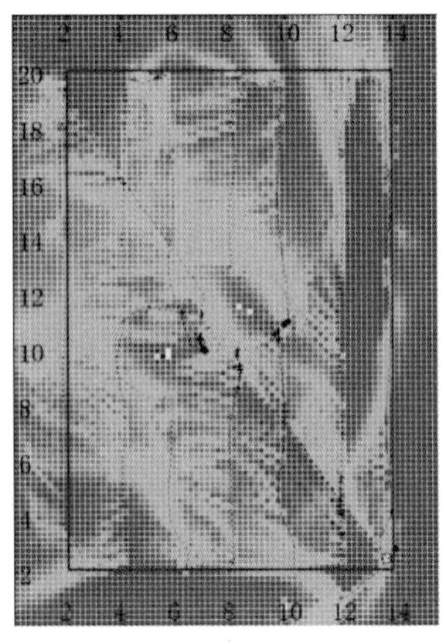

(b)

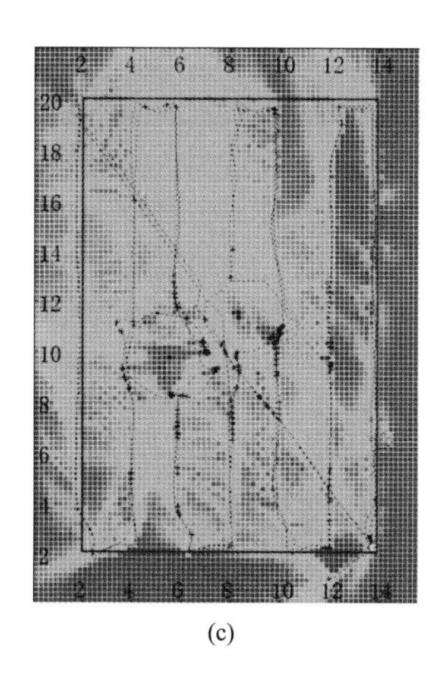

(c)

图4-12　基于D-S证据理论的多气味源分布建图(见彩插)
(a)第一轮遍历中的第一次折回；(b)第一轮遍历完成；(c)第二轮遍历完成。

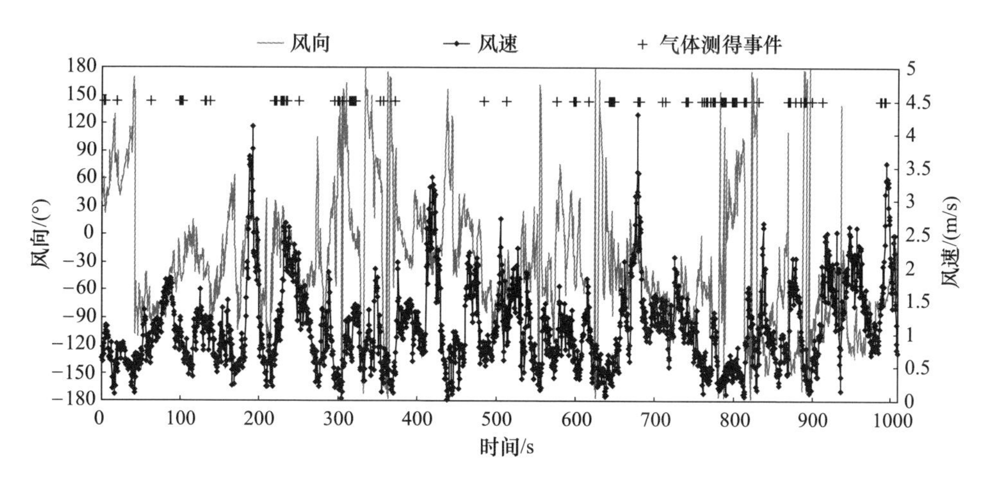

图4-13　气味源分布建图过程中的气味测得事件及风速/风向

由图4-12可知,随着证据的积累,由红色标记的疑似气味源位置逐渐逼近2个气味源的真实位置。若对时刻 t_k 栅格 C_i 被气味源占据的信度 $X_i^k(e)|_{e=S}$ 采用阈值0.9,机器人在完成第二轮遍历后,即可提供两个疑似气味泄漏区域,如图4-14所示。

由图4-14可知,相对两个气味源的真实位置而言,两个疑似气味泄漏区域均出现了不同程度的偏移。第一个疑似气味泄漏区域中最右栅格中心坐标为

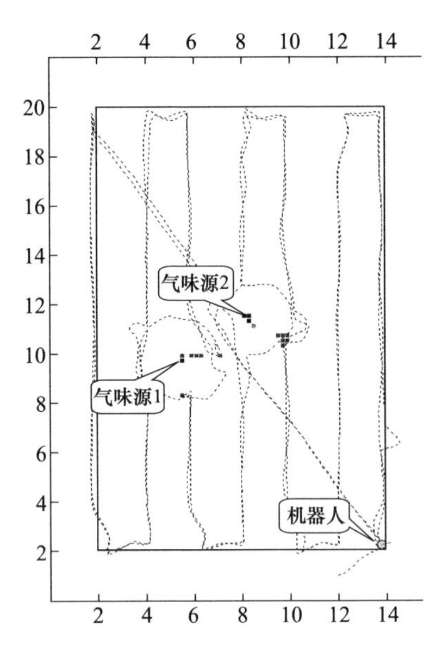

图 4-14 信度阈值为 0.9 的疑似气味泄漏区域
（由红色栅格标记；基于 D-S 证据理论）（见彩插）

(7.1,9.9) m，最下栅格为(5.4, 8.3) m，相对气味源真实位置最大偏差为 1.80m；第二个疑似气味泄漏区域中最右下栅格为(9.9,10.5)m，相对气味源真实位置最大偏差为 1.66m。

其余两次实验过程与上述实验类似，在此不作赘述，结果如表 4-1 所列。

表 4-1 3 次实验的最大偏差

实验序号	证据理论方法		IP 算法	
	气味源 1	气味源 2	气味源 1	气味源 2
1	1.80	1.66	0.41	—
2	1.87	1.71	1.92	0.88
3	1.58	1.84	—	1.23

注：最大偏差的信度/概率阈值为 0.9。

3）基于 IP 算法的多气味源分布建图结果

IP(Independence of Posteriors)算法[76]是一种贝叶斯占用栅格建图方法，用于无风或风很小的室内环境下的多气味源分布建图及定位，其中采用的传感器模型中未使用风速/风向信息。如前所述，室外自然环境下的风速较大，并且气体/气味的扩散主要由环境气流的输运主导，因此 IP 算法不能直接套用于室外环境。为了使 IP 算法可用于室外气流环境以进行公平的实验对比，对 IP 算法进行了如下调整。

首先，由于 IP 算法中的传感器模型参数 P_i^t 与连续气团路径概率 π_i 具有同样的物理含义，因此，将 IP 算法中的 P_i^t 替换为 π_i。其次，IP 算法中的误警率 P_f^t 取为 $1-\mu_D\zeta$，μ_D 和 ζ 的含义见式(4－17)和式(4－18)。

通过对前面描述的实验进行数据回放，并使用上述调整后的 IP 算法对多气味源进行离线分布建图，结果如图 4－15 所示。

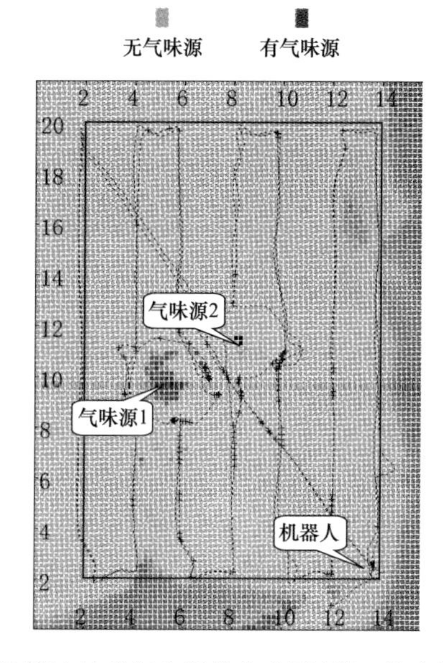

图 4－15　基于 IP 算法的多气味源分布建图(第二轮遍历完成)(见彩插)

由图 4－15 可知，经过两轮的遍历，机器人在本次实验中可以估计出气味源 1的空间分布，但未能估计出气味源 2 的分布。若以 0.9 作为栅格被气味源占据的概率阈值，机器人只能提供一个疑似气味泄漏区域(由红色栅格标记)，如图 4－16 所示。

由图 4－16 可以看出，气味源 1 的估计较为准确，疑似气味泄漏区域中最左上栅格中心坐标为(4.9,9.9)m，相对气味源真实位置最大偏差为 0.41m；气味源 2 未能体现。对于其余两次实验的过程数据均做上述离线分布建图，结果如表 4－1 所列。

4）实验结果的分析与对比

由表 4－1 给出的 3 次实验结果可知，基于证据理论的分布建图方法均能估计出两个气味泄漏源的位置，但其最大偏差在总体上较大；IP 算法在第一次和第三次实验中只能估计出一个泄漏源的位置，但与证据理论方法的结果相比，其

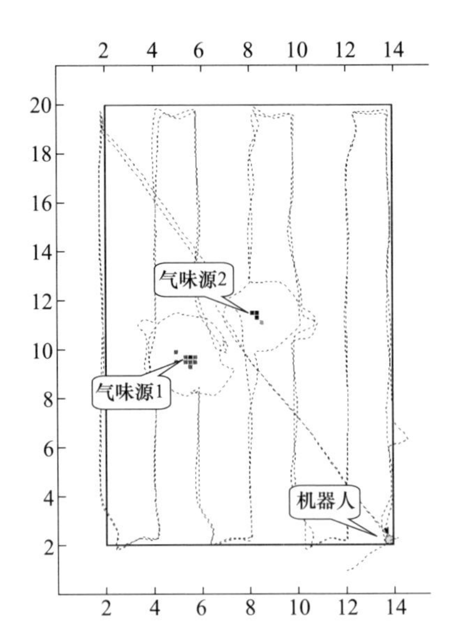

图4-16　概率阈值为0.9的疑似气味泄漏区域(由红色栅格标记;基于IP算法)(见彩插)

最大偏差在总体上较小。

IP算法在第一次实验中未能估计出气味源2,在第三次实验中未能估计出气味源1,其主要原因有以下两方面。

(1) 机器人在相应气味源附近采集数据时,由于风向的剧烈变化,式(4-11)中不得不采用的流场局部均匀假设在一定程度上不完全成立,导致估计的气团路径存在较大误差;

(2) 采用二维风速/风向仪在平面空间内进行气味源分布建图具有固有缺陷。气流的剧烈湍动往往会造成气味分子团在三维空间垂直方向上的上扬或下沉,从而错过特定高度的气体传感器,导致本该发生的气味测得事件并未发生,从而判定为气味未测得事件。根据贝叶斯迭代更新法则,几次意外的未测得事件或可导致相应栅格的气味源占用概率迅速衰减,一旦接近或为0,很难再通过后续的多次正确判断恢复。由此可知,IP算法对于感知信息的准确性有较高要求。

相比而言,尽管基于证据理论的分布建图方法具有较大的最大偏差,但在所有实验中均能估计出两个气味泄漏源的位置。当嗅觉感知模型提供的证据发生几次错误时,例如,几次意外的未测得事件给出了错误的证据,栅格被气味源占据的信度$m(S)$将会减小,但由于"未知"信度$m(U)$的存在$m(S)$并不会迅速衰减为0。只要栅格的信度$m(U)$和$m(S)$不全为0,通过后续的多次正确证据可以恢复被错误减小的信度$m(S)$。由此可见,基于证据理论的多气味源分布建图方法具有较强的健壮性。

从表 4 - 1 还可以看出,两种分布建图方法的最大偏差都比较大,其主要原因是机器人会对气味源进行避障,从而无法靠近气味源进行近距离的测量,因此,无法在剧烈变化的气流中获得更加精准的气味源相关信息以用于气味源分布的分布建图。

此外,实验过程中还存在少数预期之外的气味测得事件,可能是实验场地周围车辆泄漏油气的干扰,也可能是由于风向的大幅随机变化使得之前飘散的目标气味回流所致。这些干扰性的气味测得事件并未对两种方法的分布建图结果产生较大影响。

由上述分布建图实验过程可知,室外自然环境下的气流时变特性明显,湍动剧烈。从实验结果看,嗅觉感知模型可用于室外自然气流环境下多气味源的在线分布建图;相比 IP 算法,基于证据理论的多气味源分布建图方法具有较好的健壮特性。该解决方案为室外自然环境下的多气味源定位提供了一种可行的途径。

第 5 章　多机器人气味源定位方法

5.1　概述

根据用于气味源定位的机器人个数,可分为单机器人气味源定位和多机器人气味源定位两大类。多机器人气味源定位过程通常也包含烟羽发现(Plume Finding)、烟羽跟踪(Plume Traversal)和气味源确认(Odor Source Declaration)3 个子任务。相比单机器人气味源定位,多机器人气味源定位主要具有以下显著的特性。

(1) 具有更强的环境检测能力。不难发现,采用多机器人实现气味源定位,处于不同位置的多个机器人接触气体烟羽的概率比单个机器人更高,从而可得到更多与气味源有关的线索,这对提高气味源定位的效率有很大帮助。

(2) 具有更高的健壮性和容错性。在多机器人气味源定位系统中,部分机器人出故障时系统仍可正常工作,而采用单机器人实现气味源定位时,机器人若出现故障将直接导致无法继续进行气味源定位任务。

(3) 具有更高的搜索效率。多机器人气味源定位可以利用对多机器人的分散控制实现并行搜索,有效提高气味源定位的效率。

本章将重点从多机器人气味源定位策略所涉及的烟羽发现、烟羽跟踪和气味源确认 3 个方面分别进行阐述。其中,多机器人烟羽发现和烟羽跟踪两个阶段,主要涉及多机器人搜寻气味源的不同算法设计与多机器人协调优化等,是多机器人气味源定位问题研究的热点和难点。

5.2　多机器人烟羽发现方法

多机器人烟羽发现不同于单机器人烟羽发现过程,通常是多个机器人通过某种相互协作的搜索策略,实现从没有烟羽(或者无法检测到气味)的区域进入到烟羽区域(可以检测到气味的区域)的过程。多机器人烟羽发现行为通常在所有机器人首次接触烟羽之前或某个机器人长时间未接触烟羽的情况下被选择。根据算法采用随机策略与否,可将现有多机器人烟羽发现算法分为确定性搜索算法和随机性搜索算法[80]。

5.2.1　基于发散搜索的方法

针对多机器人可以并行运动的特点,图5－1给出了一种简单的发散搜索烟羽发现方法,该方法属于确定性搜索算法。

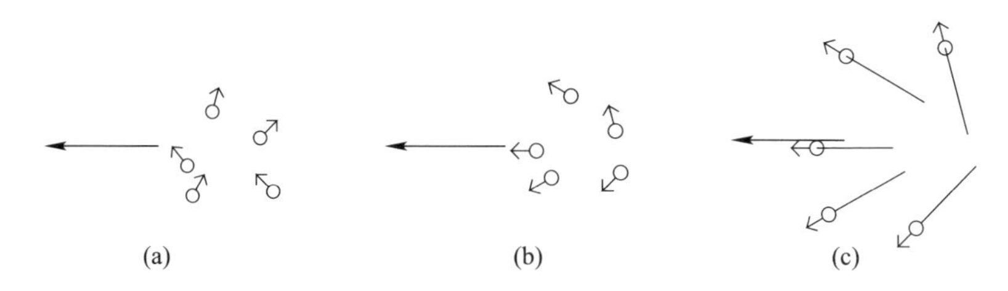

图5－1　基于发散搜索算法的多机器人烟羽发现过程
(a)多机器人初始位置;(b)根据烟羽发现的主方向多机器人调整朝向;(c)多机器人烟羽发现运动。

图5－1中以5个机器人为例,展示了多机器人烟羽发现的过程。该方法中多机器人从起始位置出发,以主方向为对称轴,分别对称偏离不同角度做发散运动,对搜索空间进行覆盖,直到发现气味信息。其中,长粗箭头表示多机器人烟羽发现的主方向,通常是指逆风或者与逆风成一定小角度的方向。带有箭头的圆圈表示单个移动机器人,其中的小箭头表示机器人的运动方向,图5－1(c)细线则表示机器人运动的轨迹。首先,多个机器人从某一初始位置和姿态出发,如图5－1(a)所示;然后,每个机器人根据烟羽发现主方向调整运动朝向角,具体地说,以主方向为对称轴,多机器人的运动朝向分别与对称轴偏离不同的角度,如图5－1(b)所示;紧接着,多机器人进行发散运动,对搜索空间逐渐覆盖,直至发现烟羽线索,如图5－1(c)所示。

对于有明显边界的气态流体环境(如室内通风环境),当所有机器人运行到搜索范围的边界且没有发现烟羽时,机器人以一定的角度离开边界后继续搜索,直到发现烟羽,如图5－2所示。图中波浪条状区域表示烟羽的扩散范围;无箭头空心圆表示气味源;灰色大箭头表示平均风向。所有机器人到达边界时,都没有找到烟羽,这里通过“反射定律”使机器人的入射角与反射角相等。如果任一机器人检测到烟羽,多机器人则进入烟羽跟踪阶段。

5.2.2　基于随机行走和人工势场的方法

对于确定性搜索算法而言,理论上一旦确定了搜索起点,算法的搜索路径也随之确定,即同一确定性搜索算法均会得到相同的搜索轨迹,因此,确定性搜索算法可能导致搜索效率极低,无法发现一些特定位置处的气味烟羽。与确定性

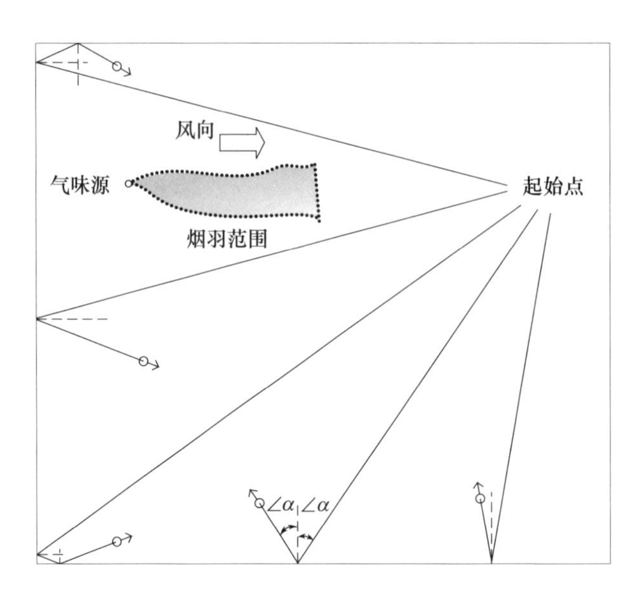

图 5－2　机器人在烟羽发现过程中遇到边界后的运动模式

搜索算法相比，随机性搜索算法所输出的搜索路径不仅与搜索起点有关还与算法运行过程中生成的随机数有关，理论上每次运行随机搜索算法所生成的搜索路径均不同。

随机行走烟羽搜索一般不依赖于环境信息的检测，主要通过调整机器人的单步移动距离和单步转向角实现烟羽搜索，较适用于首次测得有效浓度信息之前的烟羽发现阶段。本节利用人工势场的思想给出一种协作式的单步转向角计算方法，并将其与随机行走理论相结合用于控制不同移动机器人在不同区域进行搜索，从而完成多移动机器人烟羽发现过程。

1）基本理论

自 1905 年 Karl Pearson[81] 提出随机行走这一名词以来，随机行走已被广泛用于描述空间生态学、经济学、生理学、计算机科学、物理、化学和生物学等众多学科中的问题。根据时间尺度的不同，随机行走可分为离散时间随机行走（离散随机行走）和连续时间随机行走（连续随机行走）。离散随机行走是在格形结构的地图上完成的，其中每一步均以某种概率从当前格子移动到相邻的格子。连续随机行走中，每一步的步长和停止时间都是随机的，这一过程可表示为[82]

$$\boldsymbol{X}(t) = \boldsymbol{X}_0 + \sum_{i=1}^{N(t)} \Delta \boldsymbol{X}_i \tag{5-1}$$

式中：$\boldsymbol{X}(t)$、$\boldsymbol{X}_0$ 和 $\Delta \boldsymbol{X}_i$ 均为矢量，$\boldsymbol{X}_0$ 表示本次随机行走的起始位置，$\Delta\boldsymbol{X}_i \in \boldsymbol{\Omega}$ 为第 i 步的位移（$\boldsymbol{\Omega}$ 为位移矢量集合）；$N(t)$ 为时间段 $(0,t)$ 内走过的总步数。矢

量 ΔX_i 的模和角度称为第 i 步的移动距离和转向角,可分别记为 l_i 和 $\Delta\theta_i$,因此,第 i 步移动前后的横、纵坐标变化量分别为 $l_i\cos\Delta\theta_i$ 和 $l_i\sin\Delta\theta_i$。不难发现,随机行走是建立在单步移动距离和转向角之上、不依赖于当前位置的全局坐标值,且与环境测量信息无关,非常适用于首次测得有效浓度信息之前的烟羽发现阶段。

单纯的随机行走(Simple Random Walk,SRW)也称为基本随机行走[80],是无关(Uncorrelated)而且无偏(Unbiased)的,SRW 的无关性和无偏性均导致其不存在方向持续性(Directional Persistence)。相应地,可通过同时或分别改变无关性和无偏性实现具有方向持续性的相关和/或有偏随机行走。近年来,列维行走[83](Levy Walk,LW)掀起了随机行走领域内的研究热潮,LW 行走是一种具有代表性的相关随机行走,LW 行走采用满足列维指数 $\mu\in(1,3]$ 的幂律分布的移动距离,LW 中单步移动距离的概率密度函数[84]为

$$
\begin{aligned}
&p(l)=(c-1)\cdot l_{\min}^{c-1}\cdot l^{-c}\\
&l\in[l_{\min},\infty)
\end{aligned}
\tag{5-2}
$$

式中:$p(l)$ 为移动距离的概率密度函数;l 为随机单步移动距离;$l_{\min}$ 为设定的最短随机行走移动步长;c 为列维指数变量。LW 中的单步移动距离在理论上是趋于无穷的,通过调节 LW 中参数 c 的大小可改变 LW 中单步移动距离大值出现的概率:当 c 值接近 1 时,单步移动距离大值出现的概率最小,此时 LW 接近于 SRW;当 c 值接近 3 时,单步移动距离大值出现的概率最大,此时 LW 接近于直线运动。

2) 算法实现

用于多机器人烟羽发现的随机行走理论主要通过改变机器人移动步长和转向角的大小得以实现。为了提高多机器人烟羽发现效率,多个机器人应尽量发散搜索以最大程度地覆盖较大区域,避免在某局部区域内同时进行反复搜索。基于控制多机器人发散搜索不同区域的思想,引入人工势场理论用于设置 SRW 和 LW 中的转向角,分别对应人工势场引导的随机行走算法 APRW(Artificial - Potential - guided Random Walk)和人工势场引导的列维行走算法 APLW(Artificial - Potential - guided Levy Walk)。APRW 及 APLW 算法的伪代码如图 5 - 3 所示,其中 n 为移动机器人的总个数。图 5 - 3 中伪代码主要涉及两种不同的人工势场:一种是第 10 行代码中用于实现常规移动机器人避障及路径规划人工势场;另一种是第 3 行代码中用于计算下一步转向角的人工势场。转向角人工势场主要利用各移动机器人之间的相对位置,将指向已达目标点机器人的合斥力方向作为转向角概率分布的均值方向,为其计算新的目标点。

```
1 For i=1:1:n
2    if 第i个移动机器人到达其目标点
3      计算其他移动机器人指向第i个移动机器人的作用力fi;
4      从满足均值方向与fi同向的高斯分布的角度中采样一个移动方向角θi;
5      从满足高斯分布或者幂律分布的距离中采样移动距离li;
6      结合第i个移动机器人的当前位置和li、θi计算一个新的目标点;
7    else if 第i个移动机器人测得高于阈值的有效浓度
8      终止烟羽发现过程
9    end
10     分别计算障碍物和目标点到第i个移动机器人的斥力和引力，并在此基础上控制第i个移动机
       器人向目标点运动;
11 End
```

图 5-3　APRW 和 APLW 算法的伪代码

如图 5-4 所示,2 号机器人到达目标点后,首先将来自其他机器人的斥力 f_{12}、f_{32} 和 f_{42} 合成为合力 f_2。第 $j(j \neq i)$ 个移动机器人与第 i 个移动机器人之间的分作用力计算公式如下:

$$f_{ji} = D_{th} - d_{ij} \tag{5-3}$$

式中:D_{th} 为预设的距离阈值;d_{ij} 为第 j 个移动机器人到第 i 个移动机器人之间的距离。当 $d_{ij} < D_{th}$ 时,$f_{ji} > 0$,分作用力 f_{ji} 为从第 j 个移动机器人指向第 i 个移动机器人的斥力;当 $d_{ij} > D_{th}$ 时,$f_{ji} < 0$,分作用力 f_{ji} 为从第 j 个移动机器人指向第 i 个移动机器人的引力。第 i 个移动机器人在其转向角势场所受到的合力为所有分作用力的矢量和:$f_i = \sum_{j, j \neq i} f_{ji}$。

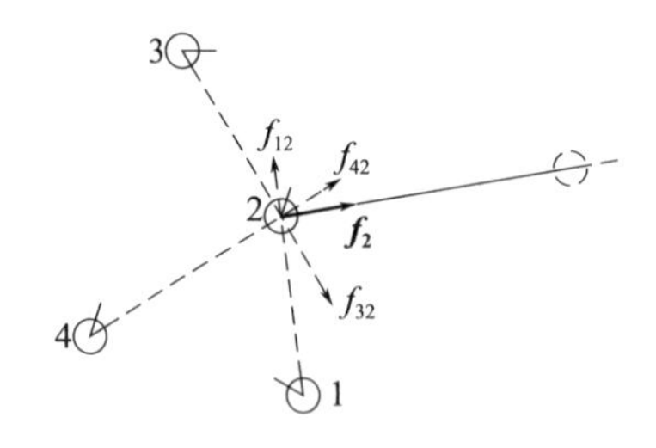

图 5-4　基于人工势场的单步转向角计算方法示意图

以 f_i 的方向为均值,以 σ_θ 为方差,生成满足高斯分布的移动方向,并以此作为 APLW 和 APRW 算法中第 i 个移动机器人的下一步移动方向,并在该方向结合单步步长计算新的目标点位置。由此可见,转向角势场通过作用于每一步的

转向角间接控制移动机器人的搜索过程。由于未使用实测风向，APLW 和 APRW 烟羽发现算法除了可用于风速可测环境，还可用于微弱气流环境。

5.3 多机器人烟羽跟踪方法

多机器人烟羽跟踪是研究如何利用所检测到的气味信息和其他传感信息，使机器人群体向气味源趋近的过程。在不同流场环境下（扩散主控、湍流主控、湍流主控微弱流体环境），气味的主要传播方式各异，因此，适用的多机器人烟羽跟踪的方法也不尽相同。在多机器人气味源定位研究中，烟羽跟踪通常需要多个机器人之间的协作和协调实现。在这里，"协作"可理解为对各机器人设置合适的目标点以使其快速靠近气味源（如将未测得烟羽机器人的目标点设为测得烟羽机器人的位置），"协调"可理解为控制各机器人沿着无碰撞的路径向其目标点运动，即无碰撞路径规划。

协作式多机器人气味烟羽跟踪方法的侧重点及难点在于各机器人的目标点确定后如何使多机器人向各自的目标点运动。这类方法通常为各机器人统一设置目标点，即各机器人的目标点之间存在某种确定的关系，一旦某个机器人目标点确定，其他机器人的目标点也随之确定。协调式多机器人气味烟羽跟踪方法通常采用现有多机器人避障算法（如人工势场法[14]）实现多机器人运动协调控制。这类方法着重研究搜索或估计算法，以得到比机器人当前位置更加靠近气味源的目标点，使机器人在协调控制（即避障算法）的干预下高效地向目标点运动，并最终实现气味烟羽跟踪。目前，主要采用智能优化方法实现，主要包括遗传算法、进化计算、强化学习及群智能（Swarm Intelligent，SI）算法等，其中群智能算法的典型代表有蚁群优化（Ant Colony Optimization，ACO）算法[9]、粒子群优化（Particle Swarm Optimization，PSO）算法[10]等。

5.3.1 基于改进蚁群优化的跟踪方法

ACO 算法可与其他方法相结合用于多机器人烟羽跟踪，如可将 ACO 结合逆风搜索、将 ACO 和进化梯度算法结合、将 ACO 与强化学习结合等，用于解决不同场景下的多机器人烟羽跟踪问题。

1）标准 ACO 数学描述

ACO 算法是由意大利学者 Macro Dorigo 等于 1991 年在蚂蚁觅食行为的启发下提出的一种元启发式算法。ACO 算法首先应用于著名的旅行商问题（Traveling Salesman Problem，TSP），并得到了良好的结果。下面通过 TSP 问题简单介绍 ACO 算法原理。

在算法初始化时，m 只蚂蚁被分别放置在随机选择的城市中，同时构建 TSP 的路径。在路径构建的每一次迭代中，蚂蚁 k 按照随机概率选择下一步的目标城市。当前位于城市 i 的蚂蚁 k 选择城市 j 作为下一步访问城市的概率为

$$p_{ij}^{k}=\frac{[\tau_{ij}]^{\alpha}[\eta_{ij}]^{\beta}}{\sum_{l\in N_{i}^{k}}[\tau_{il}]^{\alpha}[\eta_{il}]^{\beta}},\quad l\in N_{i}^{k} \tag{5-4}$$

式中：$\eta_{ij}=1/d_{ij}$代表预先给定的启发式信息，d_{ij}为城市 i 与城市 j 之间的距离；τ_{ij}表示边(i,j)所对应的信息素；α、β 决定了信息素和启发式信息的相对影响因子；N_{i}^{k} 代表位于城市 i 的蚂蚁 k 可以直接访问的相邻城市集合，亦即所有未被蚂蚁 k 访问过的城市集合。

当所有蚂蚁都构建好路径后，ACO 算法将更新各条边上的信息素。首先，所有边上的信息素都会按下式挥发：

$$\tau_{ij}\leftarrow(1-\rho)\tau_{ij},\quad\forall(i,j)\in A \tag{5-5}$$

式中：A 为蚂蚁访问的城市集合；ρ 是信息素的挥发率，$0<\rho\leqslant1$，参数 ρ 避免信息素无限积累，然后所有的蚂蚁向它们经过的边上释放信息素，表达式为

$$\tau_{ij}\leftarrow\tau_{ij}+\sum_{k=1}^{m}\Delta\tau_{ij}^{k},\quad\forall(i,j)\in A \tag{5-6}$$

式中：$\Delta\tau_{ij}^{k}$为蚂蚁 k 向它所经过的边释放的信息素量，定义为

$$\Delta\tau_{ij}^{k}=\begin{cases}1/C^{k}, & 若边(i,j)\in T^{k}\\0, & 其他\end{cases} \tag{5-7}$$

式中：C^{k} 为蚂蚁 k 建立的路径 T^{k} 的长度，即 T^{k} 中所有边的长度之和。

通过上述迭代过程，蚂蚁反复地取样路径，这个迭代过程包含了一个由虚拟信息素和启发式信息带来偏向性的路径构建过程。蚂蚁更新信息素的正反馈作用是促使 ACO 算法找到更优路径的主要机制：蚂蚁构建的路径越短，在该路径的边上释放的信息素就越多。随着这个机制的反复执行，在算法后期迭代中，这些边将有更高的概率被选中。信息素挥发机制则避免了在一条边上的信息素无限积累，并使得有极少甚至没有更新信息素的边上的信息素含量快速减少。

2）基于 ACO 烟羽跟踪算法

在气味源定位过程中，利用气味分布地图可有效地指导机器人的搜索行为。然而，在现有技术条件下构建气味分布的真实模型比较困难。ACO 算法的优化过程一般不依赖于问题本身的严格数学性质（如连续性、可导性）及目标函数和约束函数的精确描述，是一种随机全局搜索方法，有更多机会求得全局最优解，避免陷入局部极值点。再加之其具有潜在的并行性，搜索过程一般同时从多点进行，因此，ACO 算法经过适当的改进可很好地适用于多机器人气味源定位问题。为使

传统的ACO算法适用于多机器人气味源定位,主要进行以下两点修改。

(1) 将二维的搜索区域划分为许多正方形栅格,如图5-5所示,在每个栅格内测得的气味浓度作为相应“顶点”的信息素。这里的“顶点”是指每个栅格的几何中心点,对应于传统ACO算法中构建图的顶点(或节点)。机器人测得所在栅格气味浓度后,将其作为整个栅格的浓度,定义为整个栅格所包围“顶点”(几何中心点)的信息素值。机器人测得气体浓度并将其作为对应栅格“顶点”浓度的过程称为“释放”信息素,当然,这里所说的“释放”过程是虚拟的,主要通过修改相应的信息素数值来模拟蚂蚁释放信息素的行为。

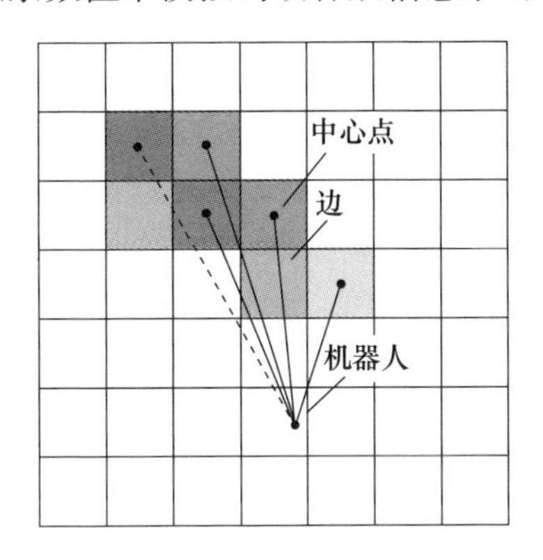

图5-5　标准ACO烟羽跟踪算法改进示意图

上述修改主要基于以下两方面考虑。一方面,传统ACO算法的问题空间及解空间都是离散的,算法在离散空间中运行;机器人搜寻气味源的过程是在连续空间中进行,其搜索区域是连续的,需将其离散化。另一方面,将最能代表气味源特征的浓度作为信息素,可把问题转化为在二维空间中搜索具有最大气味浓度区域来实现(虽然在湍流环境下气味源不一定具有最大的浓度值,但具有高浓度值仍可作为气味源的重要特征);考虑到气味分布特性,将搜索区域分割成许多正方形的等浓度的小栅格,气味源就在某个栅格内(也可以说在某个“顶点”处),每个栅格(或“顶点”)都可看作可行解。机器人当前位置到每个可行解的直线路径就称为“边”。这样,将搜索区域划分为栅格,机器人释放信息素到相应栅格,比释放到“边”形成信息素轨迹更加合理。与TSP等问题不同,机器人搜寻气味源的目的是找到气味源的位置,ACO优化的目标是“顶点”(栅格),具体搜索路径并不重要,因此,在这个问题里,“顶点”比“边”更重要。在不引起混淆的情况下,信息素和气体浓度不加区别,也称信息素释放在栅格里。

(2) 在ACO烟羽跟踪算法中,所有机器人共享全局信息素分布地图(实际上是机器人已测得的气味浓度分布地图)。在传统的ACO算法中,每个机器人仅知道其当前位置附近的局部信息素分布。在 TSP 等问题中,问题的构建图固定,城市间的路径固定(即连接各顶点的边是固定的),搜索者下一步的目标只能选择与其直接相邻的城市(顶点、节点),而不可能越过这些城市选择不相邻的城市。因此,搜索者只需知道局部信息素,依据局部信息素及启发式信息随机确定下一步访问目标,不能将不相邻边的信息素引入这个选择过程。在气味源定位问题中,搜索区域是连续的(尽管在算法中被离散化了),机器人可以直接到达任一位置,并不需要通过固定的路径。根据全局信息素决策更有助于加快收敛速度,提高搜索效率。

3）改进 ACO 烟羽跟踪算法

改进 ACO 烟羽跟踪算法(以下简称改进 ACO 算法)将机器人检测到的气味浓度作为相应“栅格”的信息素值,并考虑了历史信息素值。按照各个机器人所在栅格信息素值将机器人群体分为两组,信息素值较高的一组逆风搜索以期探索到更优解,同时避免陷入局部极值点;信息素值较低的一组在 ACO 算法的协调下向信息素值较高的区域运动以保持历史和群体最优解,通过信息素更新适应气味分布的动态变化,逐步“忘记”差解,更新机器人所在栅格的局部信息素。为防止机器人在某一栅格内持续重复搜索,算法设置了禁忌表,使得机器人能搜索更多的区域。

(1) 信息素计算。改进的 ACO 算法将连续搜索区域进行离散化,分割成 $M \times M$ 个正方形栅格,给每一个栅格分配一个序号作为索引。机器人在第 $i(i=1,2,\cdots,M \times M)$ 个栅格对应的“顶点”处释放信息素,可表示为

$$\rho_i(t) = \sum_{m=1}^{N_s} c_m \Big/ N_S \tag{5-8}$$

式中:c_m 代表机器人在第 i 个栅格内第 m 次检测到的气味浓度;N_s 代表在栅格内的采样次数。为防止某一“顶点”处信息素增长过快,对信息素值设置上界。

(2) 可行解构建。多机器人采用分工协作的方式定位气味源,若机器人 k 所在栅格的信息素值大于所有机器人所在栅格的平均信息素值,则机器人 k 将通过逆风搜索更多的区域发现气味浓度更高的栅格,同时降低陷入局部最优的概率;否则,将依据信息素和启发式信息通过轮盘赌方式从当前 5 个信息素浓度最大的“顶点”中随机选取 1 个作为目标“顶点”。机器人 k 在第 i 个栅格内的分工及选择目标“顶点”$j(j \in \max(t))$ 的概率为

$$\begin{cases} p_{ij}^k(t) = \dfrac{[\tau_{ij}(t)]^\alpha [\eta_{ij}(t)]^\beta}{\sum\limits_{s \in \max(t)} [\tau_{is}(t)]^\alpha [\eta_{is}(t)]^\beta}, & \rho_i(t) < \rho_{\text{av}}(t) \\ \text{逆风搜索}, & \text{其他} \end{cases} \tag{5-9a}$$

$$\tau_{ij}(t)=e^{\rho_j(t)/C} \tag{5-9b}$$

$$\eta_{ij}(t)=e^{-d_{ij}/D} \tag{5-9c}$$

$$\rho_{av}(t)=\sum_{i\in G(t)}\rho_i(t)/N \tag{5-9d}$$

式中：$\tau_{ij}(t)$和$\eta_{ij}(t)$分别代表信息素信息和启发式信息；$\max(t)$存储了t时刻5个信息素值最大的“顶点”的索引值；d_{ij}表示“顶点”i到“顶点”j的几何距离，$\rho_{av}(t)$表示所有机器人所在栅格的平均信息素值，$G(t)$为t时刻所有机器人所在栅格的索引值集合；N为机器人的数量；α、β、C和D是常数，分别代表信息素的影响权重，启发式信息影响权重、信息素值上限和机器人之间最大距离。

（3）信息素更新。信息素的更新考虑时变的风场对气味烟羽传输的影响。风场变化时气味烟羽也随之变化，因此，一方面，历史信息素的不确定性增加，应该通过挥发以逐渐“忘记”差解，减少对机器人决策的影响；另一方面，新采集到浓度信息的机器人，其所对应的“顶点”的信息素应主要根据新浓度值更新。前者称为全局信息素更新，后者称为局部信息素更新。全局信息素更新速率根据平均风速大小自动调整，表达式如下：

$$\rho_i(t)=[1-\delta(t)]\rho_i(t-\Delta t) \tag{5-10a}$$

$$\delta(t)=\frac{V_{av}(t)}{V_{max}}=\frac{\left|\sum_{k=1}^{N}V_k(t)/N\right|}{V_{max}} \tag{5-10b}$$

式中：$\boldsymbol{V}_k(t)$表示t时刻机器人k检测到的风速/风向，为矢量；$V_{av}(t)$表示t时刻所有机器人检测到的风速的矢量平均值；V_{max}表示设定的最大风速，为常量；因为平均风速总是小于设定的最大风速，故$\delta(t)$值保证在(0,1)区间。

只有当某一栅格内有新检测到的浓度信息时，才对其进行局部信息素更新。局部信息素更新考虑历史信息素值和机器人新释放的信息素值：

$$\rho_i(t)=\omega(t)\rho'_i(t)+(1-\omega(t))\rho_i(t-\Delta t),\quad i\in G(t) \tag{5-11a}$$

$$\omega(t)=\begin{cases}\omega'(t), & \omega'(t)\leqslant 0.9\\ 0.9, & \omega'(t)>0.9\end{cases} \tag{5-11b}$$

$$\omega'(t)=0.6+0.3\cdot\frac{\sigma_f(t)}{\pi/6} \tag{5-11c}$$

式中：t时刻第i个“顶点”处的信息素值更新为$\rho_i(t)$；$\rho'_i(t)$为t时刻新释放的信息素值；$\rho_i(t-\Delta t)$是第i个“顶点”处的历史信息素值；$\sigma_f(t)$反映风向变化，为当前风向平均值。风向变化越剧烈时，新释放信息素所占的比例就越大。

（4）禁忌表更新。改进的ACO算法为每个机器人维护了一张禁忌表。信息素值最大的 5 个“顶点”是机器人可选择的目标点，当该机器人经过了 max(t) 中的“顶点”时，则将其加入到该机器人的禁忌表中。禁忌表的设置是为了减少机器人的“无用功”，使其避开已搜索过的高信息素值（高浓度）区域，也减少陷入局部极值点的概率。如果改进的 ACO 随机选择的目标“顶点”恰好在禁忌表中，则该机器人逆风搜索更大的区域。每次迭代中，在信息素更新之后信息素值最大的“顶点”若发生变化，则将不再属于 max(t) 的“顶点”从禁忌表中删除。另外，禁忌表中“顶点”在经过了若干次迭代之后也会被自动删除。

4）实验及结果分析

为验证改进 ACO 算法的效率和健壮性，将 Spiral Surge 算法作为对照算法，在室内自然风条件下利用真实多机器人进行单个气味源的跟踪实验，并对结果分析。

真实多机器人烟羽跟踪实验在室内通风条件下进行，为湍流主控环境。实验室有两扇门和两个窗户，其中两扇门用来创造通风流场环境，如图 5－6(a) 所示。场地上方安装有高架 CCD 摄像头，可用作多机器人视觉定位及实验过程录像，图 5－6(b) 即为 CCD 摄像头拍摄的一次实验场景。

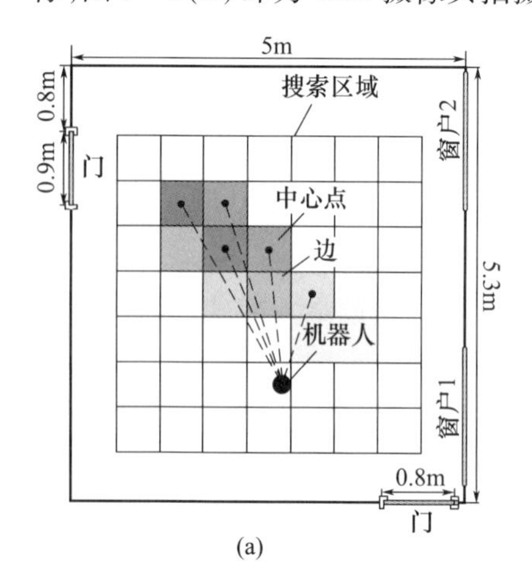

(a)

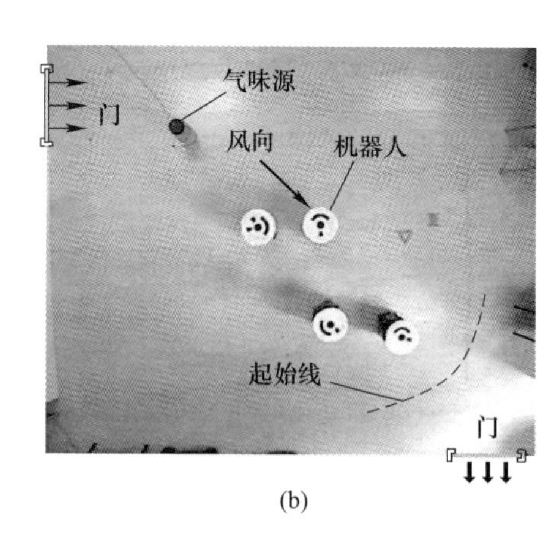

(b)

图 5－6　气味源定位实验场景

(a) 实验室二维布局图；(b) 高架 CCD 摄像头拍摄的实验场景。

实验中选用一个加湿器作为气味源，内装无水乙醇（质量分数不低于 99.7%），乙醇挥发形成的蒸气作为要搜索的目标气体，加湿器可加快酒精的挥发速率，气味源释放率约为 25mg/s。如图 5－6(b) 所示，气味源置于实验场地的一角，靠近进风门（左上角的门）；机器人出发位置在气味源的对角，在出风门（右下角的门）附近。实验过程中窗户关闭，风从左上角的门进入，到右下角的门吹出,气流经过气味源时将酒精蒸气裹挟输运。机器人从图中弧线开始搜索,弧线上各点到气味源的距离相等,大约为3.3m。实验集中在多机器人烟羽跟踪阶段,不考虑烟羽发现和气味源确认阶段。实验开始时,先打开加湿器,让烟羽扩散1~2min,待机器人出发区域可以检测到气味浓度时再启动搜索。当机器人到达气味源附近时,人工确认气味源,结束搜索过程。这里所说的气味源附近是指以气味源所在点为圆心,半径为60cm的圆所覆盖的区域。

定义两个评价烟羽跟踪性能指标:搜索时间和成功率。多机器人完成一次烟羽跟踪任务,是指当n($n=1,2\cdots,N$,N为投入实验的机器人数目)个机器人同时到达气味源附近区域。这样,实验的完成时间也可有多个,记为time_n,表示n个机器人同时到达气味源附近区域所花费的时间。实验中,当第一个机器人到达气味源附近时,记为time_1,多机器人继续搜索;第一次同时有2个机器人到达气味源附近,则记为time_2,然后继续搜索,直到所有机器人都到达气味源附近或超时。机器人到达气味源之后,由于缺少相应的气味源确认算法,它(们)将继续执行烟羽跟踪算法,也可能会离开气味源附近区域。如果在规定时间内,机器人未能到达气味源附近区域,则实验失败。对于每一个time_n,都有一个相应的成功率。对于失败的实验,本次所花费的时间time_n记为规定时限。

由于实验条件限制,多机器人跟踪烟羽时采用走-停-走运动方式,所有机器人都同步行进,同步停止。机器人在停止行进的5s时间内采集气味浓度、风速/风向等信息,采样频率为1Hz,将5次采样平均值(风速/风向为矢量平均值)作为决策依据,然后向着算法给定阶段目标行进5s。行进速度为2.4cm/s,将搜索时间上限设置为900s,每个机器人在这段时间内所行进距离约为其出发位置到气味源直线距离3倍。因机器人行进中保持匀速,所以搜索时间和其所行进距离仅相差常数倍。

气味源定位实验主要比较了不同数量(2~4个)机器人采用两种不同算法(改进ACO和Spiral Surge(SS))的搜索时间和成功率。在自然通风条件下,通常无法保证多次实验过程中的流场一致。可以采用两种方法克服风场变化带来的影响:一是统计方法,每种情况做20次实验,共120次;二是两种算法实验交替进行,因为短时间内流场变化相对较小。

图5-7(a)、(c)、(e)为改进ACO算法的用户界面,分别记录了采用2~4个机器人时其中各一次实验的搜索轨迹及释放的信息素。图中的虚线外边框为搜索区域边界,搜索区域被人为划分成许多20cm×20cm的栅格,检测到气味信息,释放了信息素的栅格被涂成灰色,灰度和信息素值(浓度)成正比,颜色越深代表信息素值越大。其中,5个信息素值最大的栅格边框用粗实线绘制。带填充颜色的2~4个圆形分别代表2~4个机器人,从圆心向外的直线代表机器人

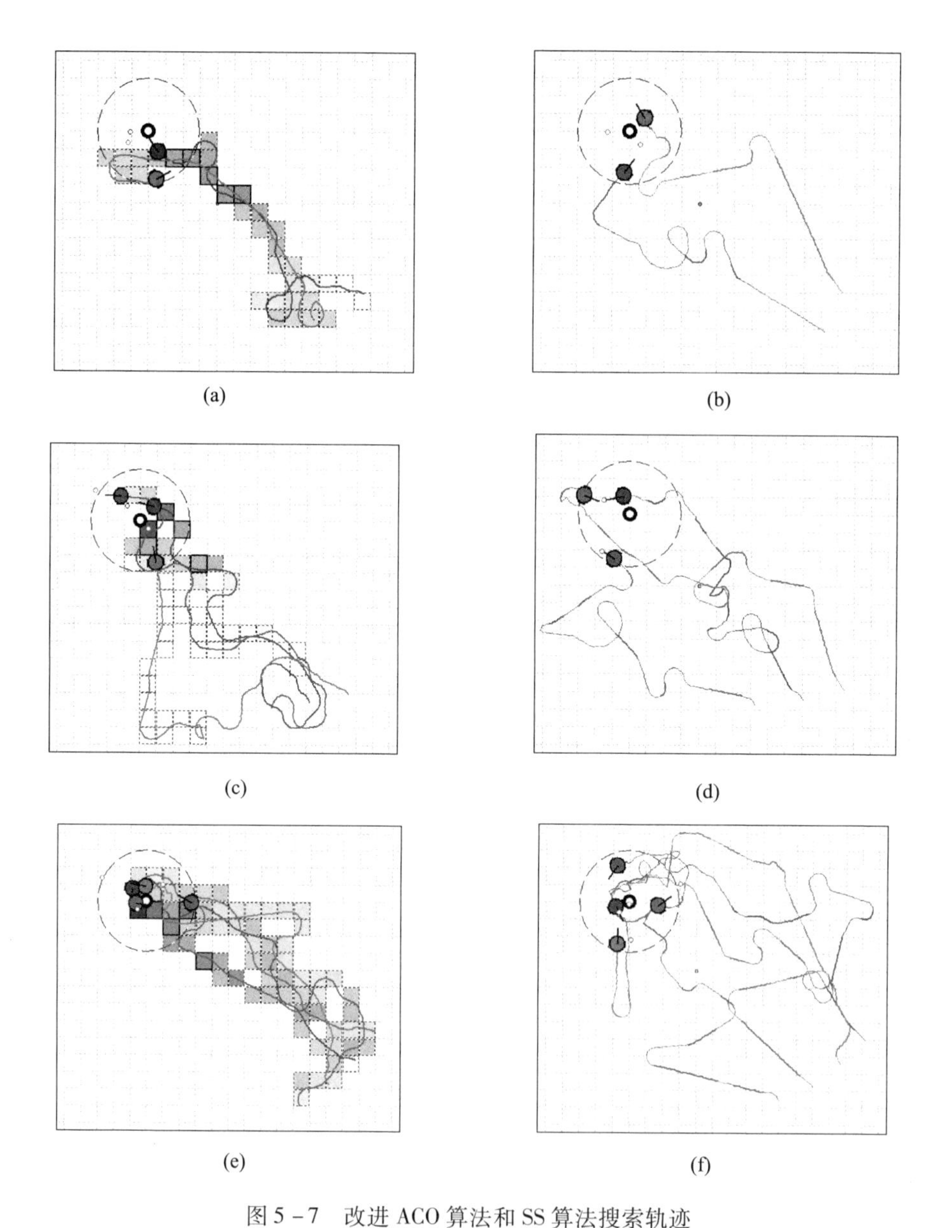

图 5-7 改进 ACO 算法和 SS 算法搜索轨迹

(a)2 个机器人的改进 ACO 算法；(b)2 个机器人的 SS 算法；(c)3 个机器人的改进 ACO 算法；(d)3 个机器人的 SS 算法；(e)4 个机器人的改进 ACO 算法；(f)4 个机器人的 SS 算法。

朝向,2~4 条曲线分别记录了机器人的搜索轨迹,2~4 个空心小圆分别指示了机器人当前的目标点。左上角的虚线圆为气味源附近区域的边界,圆心为气味源(即圆心处的黑色空心圆),到达虚线圆内就认为到达了气味源附近。

图5-7(b)、(d)、(f)记录了SS算法协调下的多机器人气味源定位轨迹。其中,粗实线部分代表机器人最近一次采样过程中检测到了气味包,细实线表示没有测到气味。从图5-7可以看出,采用改进的ACO算法和SS算法的机器人都成功地到达了气味源附近区域,验证了两种算法在室内时变的自然风条件下的可行性。两种算法都避免了陷入左下角的漩涡区域。

图5-8分别统计了改进的ACO算法和SS算法的搜索时间,图中横坐标代表同时有n个机器人到达气味源附近,纵坐标表示相应的搜索时间,即$time_n$。为使图中结果易读,各折线都在横坐标方向进行了小幅度偏移。各数据点的误差线都代表相应情况下20次实验所记录的搜索时间的标准差。折线ACO-N和SS-N分别代表应用改进ACO和SS算法时投入N个机器人进行实验的统计结果。

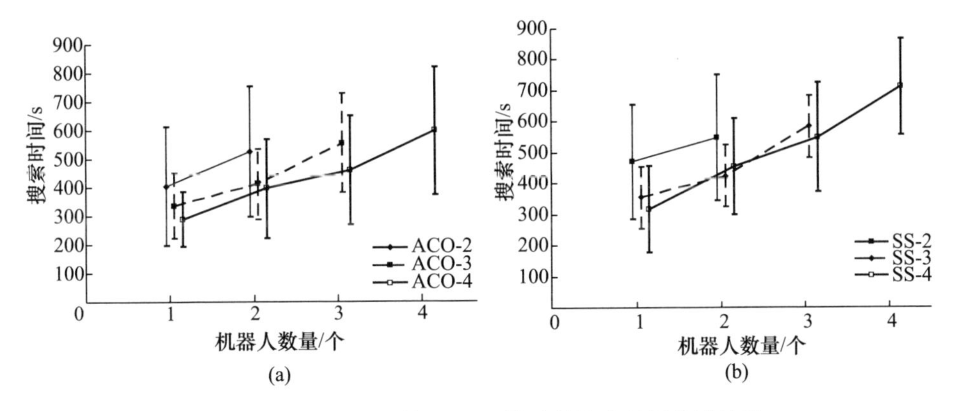

图5-8　改进ACO算法和SS算法的搜索时间统计结果

(a)改进ACO算法;(b)SS算法。

特别地,图5-9考察了应用两种算法时,第一个机器人到达气味源附近时间和所有机器人到达时间的对比。第一个机器人到达气味源附近是完成气味源定位的常用指标,最能反映算法的搜索效率。然而,这个指标有一定的随机性,而以所有机器人到达气味源附近时间作为指标则可最大程度地减小随机性。由图5-9(a)可见,随着机器人数量的增加,搜索时间($time_1$)及其标准差随之减少;在这两方面,改进ACO算法都优于SS算法。这说明,由于多机器人之间的协作,随机器人数量的增加,搜索效率提高了,其稳定性也提高了。在图5-9(b)中,随着机器人数量的增加,所有机器人都收敛到机器人附近区域所需时间也增加,改进ACO算法在搜索时间及其标准差方面的数值仍优于SS算法。时间增加的原因可能有以下两点:首先,算法中不包含气味源确认过程,机器人到达气味源后不进行气味源确认或停止,而是继续搜索,可能走出气味源附近区域，在所有机器人同时到达气味源时，有些机器人可能已不止一次到达过该区域；其次，实验中所划定的机器人附近区域面积过小，容纳所有机器人显得拥挤，机器人之间的避障行为导致机器人很难全部收敛到该区域。尽管如此，机器人最终还是能收敛到该区域，也反映了两种算法具有较好的健壮性。

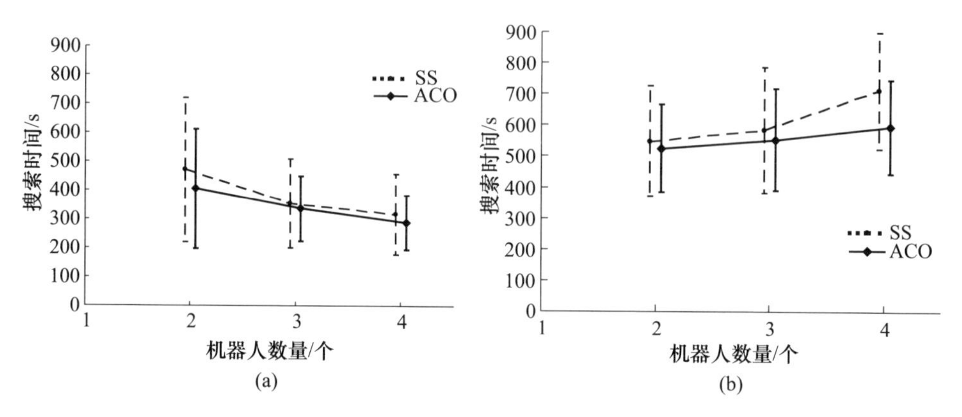

图 5－9　第一个机器人和所有机器人到达气味源的时间对比

(a)第一个机器人到达气味源附近；(b)所有机器人都到达气味源附近。

表 5－1 列出了多机器人烟羽跟踪的成功率。表中仅考虑了两种特殊指标下的成功率，即第一个机器人到达气味源附近和所有机器人同时到达该区域，分别对应图 5－9 的两种情况。表中，SR_f表示第一个机器人到达气味源附近的成功率，SR_a表示所有机器人同时到达。由表 5－1 可知，随着机器人数量增加，SR_f增大，表明多机器人协作提高了这一指标下的成功率；多数 SR_a减小，表明随着机器人增多，收敛到气味源附近区域的难度增大。

表 5－1　多机器人烟羽跟踪成功率

改进算法	多机器人数量		
	2	3	4
SR_f－SS	17/20	19/20	20/20
SR_f－ACO	18/20	20/20	20/20
SR_a－SS	17/20	17/20	14/20
SR_a－ACO	16/20	19/20	15/20

综合以上结果，可以看出改进的 ACO 算法和 SS 算法都能适用于时变的室内风场环境，具有较高的效率和健壮性。两种算法相比较，改进的 ACO 算法要优于 SS 算法。改进的 ACO 算法和 SS 算法采用了不同的协作方式。在改进的 ACO 算法中，按照多机器人所在栅格的信息素值（浓度）对其进行了分工，处在

高信息素值栅格内的机器人逆风搜索以探索更高信息素值区域,处于低信息素值栅格内的机器人则按照 ACO 算法协调搜索,保持和利用已检测到的优化解,机器人之间通过信息素进行通信。在 SS 算法中,每个机器人都运行着全套 SS 搜索策略,只有在特定条件下才通过“ATTRACT”的方式通信,这样的通信方式是很基础、很简单的。因此,改进 ACO 算法侧重多机器人分工协作,而 SS 算法侧重在各自独立搜索中的“ATTRACT”通信。从实验过程中观察发现,改进 ACO 算法协调多机器人效果比 SS 算法要好,这也是改进 ACO 算法优于 SS 算法的原因之一。

两种算法都依赖于强而稳定的风场。图 5 - 10 以两个机器人的 ACO 算法为例,给出了在不同风场条件下烟羽跟踪的性能对比情况。图 5 - 10(a)、(b)为两次烟羽跟踪的轨迹,图 5 - 10(c)、(d)分别为两个机器人中的浅色机器人(2 号)在搜索过程中记录下的风速/风向信息,每幅图中上方的曲线表示风向,下方的曲线表示风速。图 5 - 10(c)所示风向较为平稳,对应的图 5 - 10(a)搜索时间仅为 269s;图 5 - 10(d)所示的风向变化较剧烈,对应图 5 - 10(b)搜索时间长达 559s。

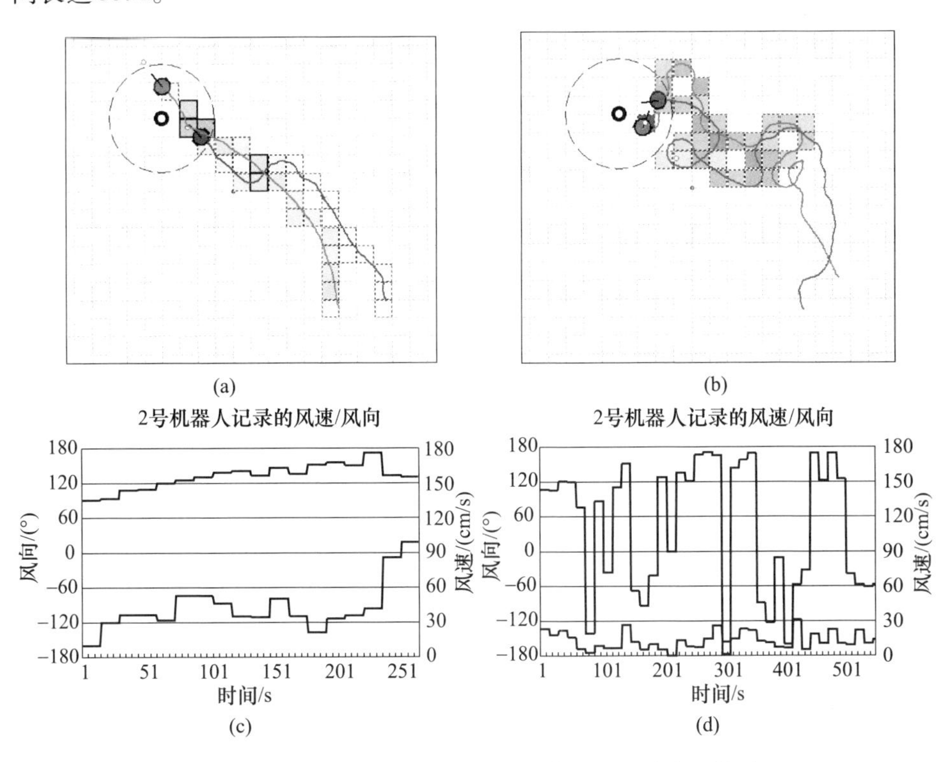

图 5 - 10　改进 ACO 算法在不同风场条件下的搜索性能对比

(a)搜索时间 269s;(b)搜索时间 559s;(c)风向较为平稳;(d)风向变化剧烈。

图 5-11 所示为 SS 算法的情况,与 ACO 算法有相似的结论。可见,当风场变化剧烈时,两种算法的搜索性能都急剧变差。实际上,改进的 ACO 算法和 SS 算法都主要由两部分构成。改进的 ACO 算法将机器人分为两组:一组机器人执行 ACO 算法,利用“历史”和群体的信息,以一定的概率回到“历史”或群体最优区域,这部分机器人不仅不趋向气味源,反而往往远离气味源;另一组机器人逆风搜索以期发现浓度更高的区域,虽然这部分机器人搜索方向不总是正确的,但总体上会趋近气味源。类似地,SS 算法主要包含两种行为:Spiral 和 Surge。Spiral 主要是局部搜索,没有明显的朝向性,并不能直接保证机器人趋近气味源;逆风 Surge 行为则可能使机器人向着气味源方向行进。由此分析可知,两种算法对风场的要求都很高。如果风场波动剧烈,将严重影响两种算法的搜索性能。但前面对于其搜索效率和成功率的分析同时又表明,两种算法对于风场的变化仍有相当的“抵抗力”,表现出良好的健壮性。

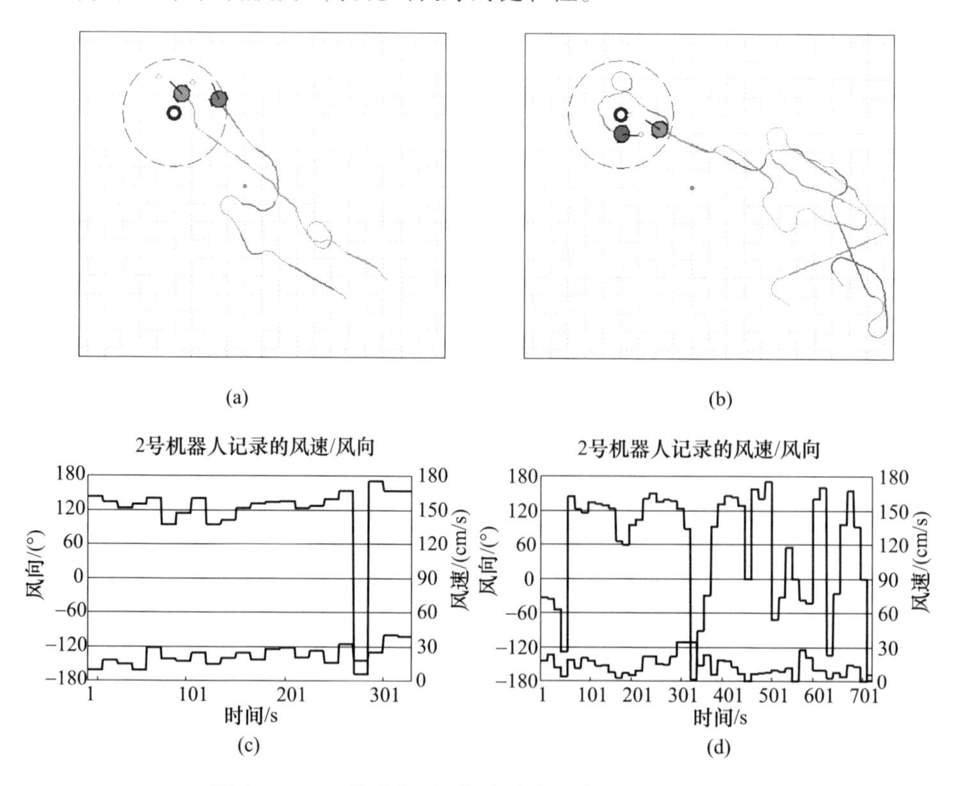

图 5-11　SS 算法在不同风场条件下的搜索性能对比

(a)搜索时间 328s;(b)搜索时间 731s;(c)风向较为平稳;(d)风向变化剧烈。

通过对实验过程观察发现,机器人之间频繁发生的避障行为等相互干扰引起的内耗降低了性能，尤其是随着机器人数量增加，情况更糟，甚至会抵消多机器人协作带来的性能改善。这可能是图5－11(b)中 $time_2$ 出现反常的原因。由此可得出结论：提升多机器人气味源搜寻性能的一个关键问题在于尽可能地减少避障等干扰。这可以从两个方面入手：第一，算法本身协调作用可以保证很少有“碰撞”发生，如实验中发现改进ACO算法引发避障行为的频率要低于SS算法；第二，对于每次迭代计算出的目标点，重新优化配置。其中第二方面需要基于两点假设：首先，各机器人的传感器应该有较好一致性；其次，对机器人到达其当前目标点的路径没有特殊要求。此外，减少避障干扰还有一个重要的手段是采用高效可靠的避障及路径规划算法。气体传感器缓慢的响应/恢复时间，以及由此导致的走－停－走的运动模式也限制了气味源定位的性能。此外，通过适当地改进软硬件，若实现多机器人的分散式控制结构，预期比实验中采用的集中式控制更有优势。

5.3.2　基于改进粒子群优化的跟踪方法

1）标准PSO数学描述

PSO算法是美国学者Eberhart和Kennedy于1995年提出的一种模拟群体智能行为的优化算法，其核心思想来源于对鸟群简化社会模型的研究及行为模拟。PSO算法是一种基于迭代模式的优化算法，在连续空间坐标系中，PSO算法的数学描述如下：

设粒子个数为 m，其中每个粒子在 N 维空间中的坐标位置可表示为 $\boldsymbol{X}_i=(x_i^1,x_i^2,\cdots,x_i^n,\cdots,x_i^N)$，粒子 $i(i=1,2,\cdots,m)$ 的速度定义为每次迭代中粒子移动的距离，用 $\boldsymbol{V}_i=(v_i^1,v_i^2,\cdots,v_i^n,\cdots,v_i^N)$ 表示。

在1995年Eberhart和Kennedy提出的PSO算法[10]中，粒子 $i(i=1,2,\cdots,m)$ 的飞行速度 v_i^n 与粒子坐标位置 x_i^n 根据以下公式进行调整[85]：

$$v_i^{n+1}=v_i^n+c_1\text{rand}()\cdot(p_i^n-x_i^n)+c_2\cdot\text{rand}()\cdot(p_g^n-x_i^n) \tag{5-12}$$

$$\begin{cases} v_i^n=V_{\max}, v_i^n>V_{\max} \\ v_i^n=-V_{\max}, v_i^n<-V_{\max} \end{cases} \tag{5-13}$$

$$x_i^{n+1}=x_i^n+v_i^{n+1} \tag{5-14}$$

式(5－12)中，v_i^n 表示粒子当前速度，它影响粒子下一步的运动方向和速度，使粒子在解空间中具有扩张的趋势，从而使算法具有全局搜索的能力；p_g^n 表示群体的历史最佳位置，它与当前粒子位置 x_i^n 之差用于驱使当前粒子向群体最优值趋近，并且进行一定程度的随机化；p_i^n 表示当前粒子的历史最佳位置，它与当前粒子的位置之差也用于该微粒的方向性随机运动的设定；c_1、c_2 为学习因子,分别表示从自身和群体学到的经验。

式(5－13)中,粒子的速度受最大速度 V_{max} 限制,它决定了粒子在解空间中的搜索精度,如果 V_{max} 太大,粒子可能会飞过最优解;如果 V_{max} 太小,微粒容易陷入局部搜索空间而无法进行全局搜索。

式(5－14)中,x_i^{n+1} 表示更新后的粒子位置,它是当前位置 x_i^n 与更新后速度 v_i^{n+1} 的叠加。从式(5－12)可以看出,粒子运动速度增量与其历史飞行经验和群体飞行经验相关,并受最大飞行速度的限制。

由于不同的问题或者同一问题求解的不同时期对全局搜索和局部搜索能力的要求不同,经常需要调整全局与局部搜索能力之间的平衡关系。1998 年,Eberhart 等提出一种修正的算法,也就是标准 PSO 算法。它在速度更新式(5－12)中增加了参数 w,用于调整当前速度对更新后速度的影响,其余两式保持不变:

$$v_i^{n+1} = wv_i^n + c_1\text{rand}() \cdot (p_i^n - x_i^n) + c_2 \cdot \text{rand}() \cdot (p_g^n - x_i^n) \tag{5-15}$$

从社会学的角度看,式(5－15)中第一部分为粒子先前的速度乘一个系数,表示粒子对当前自身运动状态的信任,依据自身的速度进行惯性运动,系数 w 称为“惯性权重”;第二部分是粒子当前位置与自身最优位置之间的距离,为“认知”(Cognition)部分,表示粒子本身的思考,即粒子的运动来源于自己经验的部分;第三部分是粒子当前位置与群体最优位置之间的距离,为“社会”(Social)部分,表示粒子间的信息共享与相互合作,即粒子运动来源于群体中其他粒子经验的部分,通过认知模仿适应度较高同伴的运动。

2）基于 P－PSO 的烟羽跟踪算法

采用贝叶斯推理估计得到的气味源概率作为 PSO 算法的适应度函数,即基于概率适应度函数的 PSO,简称 P－PSO 算法。由于烟羽复杂的动态特性,通过单个机器人的检测值估计整个搜索空间的瞬时气味源概率是非常困难的。然而,在一个小范围内估计出瞬时的气味源概率是可行的,这是因为流体的变化是连续的,所以小范围内的湍流特性变化相对较小。在基于 P－PSO 的烟羽跟踪算法中,气味源概率估计和多机器人搜索是迭代实现的。估计的结果用于引导多机器人搜索,多机器人搜索反过来通过不断位置的更新来验证估计的结果。

基于 P－PSO 的烟羽跟踪算法包括以下 3 个步骤。

步骤 1:感知(Perception)。通过机载传感器对气味和风速/风向进行检测。

步骤 2:估计(Estimation)。通过融合检测得到的气味和风速/风向信息预测气味源位置。气味源位置的预测又包括两个子步骤:第一,基于单个机器人单个检测事件,采用贝叶斯规则和模糊推理预测出“分散概率分布”;第二,采用距离法和叠加法得到“联合概率分布”的估计。分散概率分布与联合概率分布分别对应的是局部的概率分布和全局的概率分布。

步骤3:多机器人搜索(Multi - robot Based Searching)。P - PSO 算法用来协调多个机器人搜索气味源。P - PSO 算法用估计得到的分散和联合气味源概率分别作为局部和全局适应度函数,而没有采用真实信息值(如气味浓度)。

在基于 P - PSO 的烟羽跟踪过程中,3 个步骤循环执行。由于对估计气味源概率的步骤来说,烟羽的分布特性十分重要,因此,这里先对烟羽特性进行简单的介绍。在空气中气味的传输主要通过对流、湍流扩散和分子扩散等形式。因为机器人上安装的气味传感器的高度通常是固定的,所以只考虑二维环境中烟团的对流 - 扩散运动。在均匀各向同性的湍流环境中,气味扩散随机过程的概率分布可以认为是准高斯的。大量烟团的运动如图 5 - 12 所示。虚线表示烟团在 $x-y$ 平面运动的轨迹。在均匀各向同性的湍流中,在 x 轴截面上烟团呈高斯分布。$p(x,y)$ 表示在 x 轴截面上烟团分布的概率密度函数(Probability Density Function,PDF);烟团到达 $y-1$ 轴和 $y-2$ 轴的时间分别为 t_1 与 t_2。

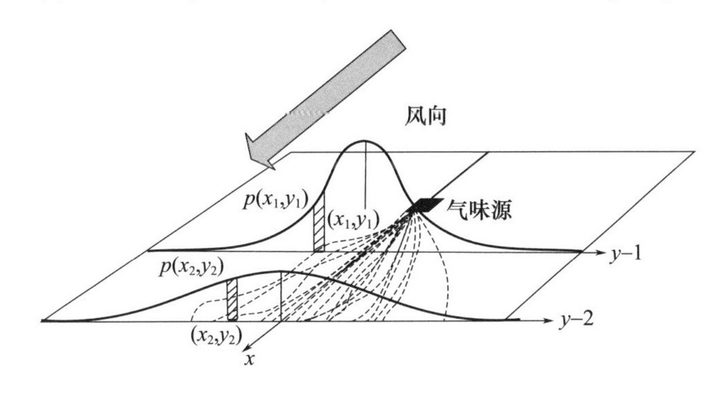

图 5 - 12　烟团概率密度分布的示意图

(1) 气味源概率估计原理。本节中,“检测”表示传感器的正常工作事件;“检测到”表示由传感器检测事件得到触发信号(即传感器得到的值大于传感器的阈值);“未检测到”表示传感器检测没有得到触发信号。z 表示风速和气味的传感器检测事件;Δ 表示一个小范围的连通区域(本文中指小的正方形区域);Ω 表示整个二维搜索空间;m 表示搜索空间中的栅格,是气味源概率估计中最小空间单位。$p(m=1)$ 和 $p(\Delta=1)$ 分别表示气味源位于 m 和 Δ 的概率。为了简化表示,$p(m=1)$ 和 $p(\Delta=1)$ 分别由 $p(m)$ 和 $p(\Delta)$ 表示。假设当 $m\in\Delta$ 时,可以通过贝叶斯公式得到以下后验概率:

$$p(m|z)=\frac{p(m|z,\Delta)p(\Delta|z)}{p(\Delta|z,m)} \tag{5-16a}$$

式中:由于 $p(\Delta|z,m)=1$,式(5 - 16a)可以改写为

$$p(m|z)=p(m|z,\Delta)p(\Delta|z) \tag{5-16b}$$

由于准确的湍流模型很难建立，因此，通过湍流模型的方法对气味源后验概率进行估计难以实现。这里给出的后验概率的估计方法分为两个阶段。第一，通过单个机器人的检测信息估计得到小范围内的分散后验概率 $p(m|z)$。概率 $p(m|z,\Delta)$ 和 $p(\Delta|z)$ 通过单个检测事件 z 利用贝叶斯规则和模糊推理分别得到。第二，基于不同位置、不同时刻的分散概率融合得到 $p(m|z)$ 的联合估计。

(2) 分散的气味源概率估计。

① 估计 $p(m|z,\Delta)$。设 c_{ref} 表示气味传感器的检测阈值（真实实验中设 $c_{\text{ref}}=50\text{ppm}$），$c_t$ 表示 $[t,\ t+\lambda t]$ 时间内测到的平均浓度值，λt 表示传感器的采样周期。机器人在 t 时刻检测事件 z 由 z_t 表示。z_t 有两种形式，即 $z_{t,\text{In}}$（即 $c_t \geqslant c_{\text{ref}}$）和 $\bar{z}_t$（即 $c_t < c_{\text{ref}}$），$\bar{z}_t$ 也包括两种形式，即 $\bar{z}_{t,\text{Edge}}$ 和 $\bar{z}_{t,\text{Out}}$。检测到事件 $z_{t,\text{In}}$ 表示机器人在烟羽中；未检测到事件 $\bar{z}_{t,\text{Edge}}$ 和 $\bar{z}_{t,\text{Out}}$ 分别表示机器人在烟羽边缘和在烟羽的外部。这里通过时间阈值 T_{plume} 区分两种未检测到事件：如果未检测到气味的时间 $\lambda\bar{t}>T_{\text{plume}}$，则认为机器人在烟羽外；如果 $\lambda\bar{t}\leqslant T_{\text{plume}}$，则认为机器人在烟羽的边缘。在这 3 种检测事件（$z_{t,\text{In}}$、$\bar{z}_{t,\text{Edge}}$ 和 $\bar{z}_{t,\text{Out}}$）的情况下，气味源分散概率分布可以利用风向信息进一步构建。

依据图 5-12 气味烟羽的动态特性，正方形区域 Δ 由下式确定：

$$r_t=r_0(1-p_l(\Delta|z_t)) \tag{5-17}$$

式中：r_t 表示 t 时刻区域 Δ 的边长；初始边长 r_0 在仿真中设为 10m，真实实验中设为 2m；$p_l(\Delta|z_t)$ 表示在检测事件 z_t 发生时，气味源位于 Δ 的概率，$p_l(\Delta|z_t)$ 的值通过模糊推理获得。r_t 设置为变化值的原因是：当检测浓度值增加时，估计区域缩小，这样机器人更易于在高浓度区域进行局部搜索，提高了机器人的烟羽利用性能；在低浓度的区域，估计区域扩大，机器人的搜索范围增大，多机器人的探索性能得到了提高。

如图 5-13(a) 所示，以机器人所在位置为局部坐标系 $X'-Y'$ 的原点，将机器人逆风的方向和垂直风向的方向分别设定为局部坐标系的横轴和纵轴正向。区域 Δ（见图 5-13(a) 中标记的正方形）划分为栅格 $m'_{x'y'}$。$m'_{x'y'}$ 表示局部坐标系 $X'-Y'$ 中，中心坐标为 (x',y') 的栅格。设 m_{xy} 表示在全局坐标系 $X-Y$ 下中心坐标为 (x,y) 的栅格。全局坐标系与局部坐标系可以通过坐标系变换公式 $f(m'_{x'y'})=m_{xy}$ 进行转换。当检测事件 z_t 发生时，气味源位于 Δ 中的栅格 $m'_{x'y'}$ 里的分散后验概率 $p_l(m'_{x'y'}|z_t,\Delta)$ 可以根据贝叶斯规则计算。这里下角标为 l 的概率变量表示该值是在局部坐标系下进行计算的。由于检测到的气味烟团在

Δ 里的运动时间是未知的，所以假设检测到的烟团运动时间为0到 t_M，这里 t_M 表示检测到的烟团的最大运动时间，由 $t_M = r_t/2u'_x$（u'_x表示风速大小）计算得到。

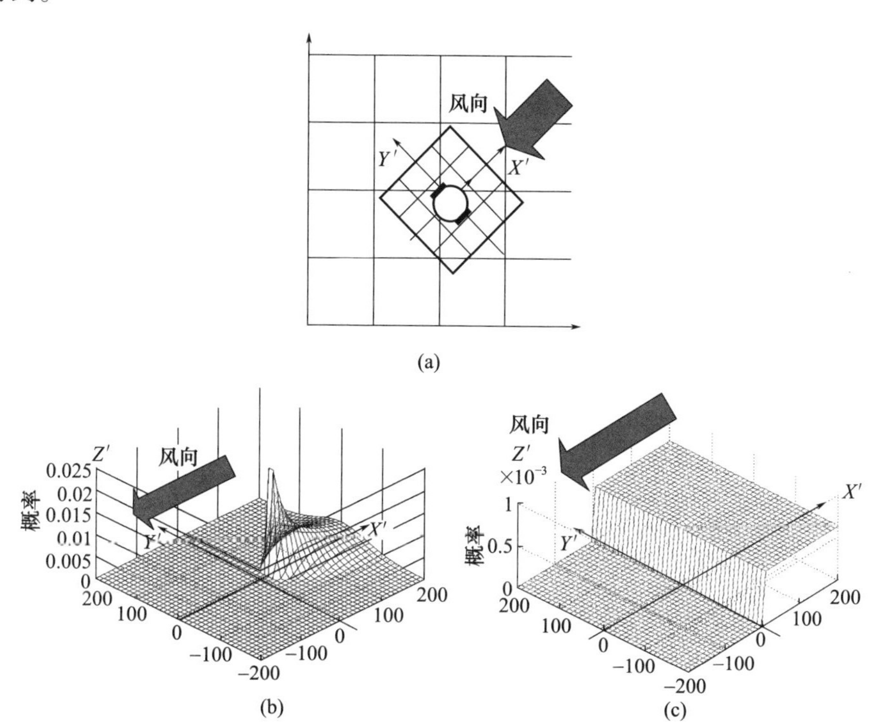

图5-13　机器人坐标系栅格划分以及分散气味源概率分布地图

（a）机器人坐标系和世界坐标系的栅格划分；（b）分散气味源概率分布地图（检测到气味）；（c）分散气味源概率分布地图（未检测到气味）。

当 $z_{t,\mathrm{In}}$发生时，由于假设气味源位于 $m'_{x'y'}$中，则当检测到烟团运动时间为 x'/u'_x时，$p_l(m'_{x'y'}|z_t,\Delta)$通过下式计算得到；当检测到的烟团运动时间不为 x'/u'_x时，$p_l(m'_{x'y'}|z_t,\Delta)$为0，即

$$
p_l(m'_{x'y'} \mid z_{t,\mathrm{In}},\Delta) =
\begin{cases}
\dfrac{p_l(m'_{x'y'})p_l(z_{t,In},\Delta \mid m'_{x'y'})}{p_l(z_{t,In},\Delta)} = \dfrac{p_l(m'_{x'y'})p_l(z_{t,In} \mid m'_{x'y'})}{\sum\limits_{m'_{x'y'} \in \Delta} p_l(m'_{x'y'})p_l(z_{t,\mathrm{In}} \mid m'_{x'y'})}, & x' > \dfrac{d_{\mathrm{robot}}}{2} \\
\varepsilon, & x' \leqslant \dfrac{d_{\mathrm{robot}}}{2}
\end{cases}
\tag{5-18}
$$

式中：$p_l(m'_{x'y'})$表示气味源位于栅格$m'_{x'y'}$中的先验概率。考虑到机器人的大小，估计区域的初始横坐标大于机器人边长d_{robot}的1/2。在顺风向区域所在栅格的气味源后验概率设置为一个小常数ε。在逆风向区域，条件概率表示为

$$p_l(z_{t,\text{In}} \mid m'_{x'y'}) = \frac{1}{\sqrt{2\pi\sigma'^2_y}}\mathrm{e}^{-\frac{d^2}{2\sigma'^2_y}} = \frac{1}{\sqrt{2\pi\sigma'^2_y}}e^{-\frac{y'^2}{2\sigma'^2_y}} \tag{5-19}$$

式中：y'表示$m'_{x'y'}$中心位置的纵坐标；d表示栅格$m'_{x'y'}$中心点到与风向平行的正方形区域中心线的距离；σ'^2_y表示当烟团从栅格$m'_{x'y'}$出发到达传感器的位置时，烟团在风垂直方向上的概率分布的方差。在区域Δ中对分散气味源概率估计时，先验概率$p_l(m'_{x'y'})$设置为相等的，所以它可以被约去。将式(5-19)带入式(5-18)，可以得到

$$p_l(m'_{x'y'} \mid z_{t,\text{In}},\Delta) = \frac{\frac{1}{\sqrt{2\pi}\sigma'_y}\cdot \mathrm{e}^{-\frac{y'^2}{2\sigma'^2_y}}}{\sum\limits_{m'_{x'y'}\in\Delta}\frac{1}{\sqrt{2\pi}\sigma'_y}\cdot \mathrm{e}^{-\frac{y'^2}{2\sigma'^2_y}}} = \frac{\frac{1}{\sigma'_y}\cdot \mathrm{e}^{-\frac{y'^2}{2\sigma'^2_y}}}{\sum\limits_{m'_{x'y'}\in\Delta}\frac{1}{\sigma'_y}\mathrm{e}^{-\frac{y'^2}{2\sigma'^2_y}}},\quad x' > \frac{d_{\text{robot}}}{2} \tag{5-20}$$

令ω'_y表示Y'方向上湍流随机过程的标准差，有$\sigma'_y = t_{x'}\cdot\omega'_y = \frac{x'}{u'_x}\cdot\omega'_y$，$t_{x'}$表示烟团从栅格$m'_{x'y'}$到达传感器位置的运动时间，则式(5-20)可以表示为

$$p_l(m'_{x'y'} \mid z_{t,\text{In}},\Delta) = \frac{\frac{1}{\sigma'_y}\cdot \mathrm{e}^{-\frac{y'^2}{2\sigma'^2_y}}}{\sum\limits_{m'_{x'y'}\in\Delta}\frac{1}{\sigma'_y}\mathrm{e}^{-\frac{y'^2}{2\sigma'^2_y}}} = \frac{\frac{1}{x'}\cdot \mathrm{e}^{-\frac{y'^2}{2\sigma'^2_y}}}{\sum\limits_{m'_{x'y'}\in\Delta}\frac{1}{x'}\mathrm{e}^{-\frac{y'^2}{2\sigma'^2_y}}},\quad x' > \frac{d_{\text{robot}}}{2} \tag{5-21}$$

在正方形区域Δ中，假设检测到烟团的运动时间从0到t_M，分散概率地图如图5-13(b)所示，其中Z'轴表示概率值。

当机器人没有检测到浓度时，后验概率分布表示如下：

$$\begin{aligned}p_l(m'_{x'y'} \mid \bar{z}_t,\Delta) &= \frac{p_l(m'_{x'y'})p_l(\bar{z}_t,\Delta \mid m'_{x'y'})}{p_l(\bar{z}_t,\Delta)} = \frac{p_l(m'_{x'y'})p_l(\bar{z}_t \mid m'_{x'y'})}{\sum\limits_{m'_{x'y'}\in\Delta}p_l(m'_{x'y'})p_l(\bar{z}_t \mid m'_{x'y'})}\\ &= \frac{p_l(\bar{z}_t \mid m'_{x'y'})}{\sum\limits_{m'_{x'y'}\in\Delta}p_l(\bar{z}_t \mid m'_{x'y'})} = \frac{1-p_l(z_t \mid m'_{x'y'})}{\sum\limits_{m'_{x'y'}\in\Delta}(1-p_l(z_t \mid m'_{x'y'}))}\end{aligned} \tag{5-22a}$$

$$p_l(m'_{x'y'} \mid \bar{z}_t, \Delta) = \frac{1 - \frac{1}{\sqrt{2\pi}\sigma'_y} \cdot e^{-\frac{y'^2}{2\sigma_y'^2}}}{\sum_{m'_{x'y'} \in \Delta} (1 - \frac{1}{\sqrt{2\pi}\sigma'_y} \cdot e^{-\frac{y'^2}{2\sigma_y'^2}})} \tag{5-22b}$$

当$\bar{z}_{t,\mathrm{In}}$和$\bar{z}_{t,\mathrm{Out}}$发生时,估计得到的概率分布地图如图 5 – 13(c)所示。

这里通过检测气味和风的信息,得到一个在 Δ 区域内分散的气味源概率分布的模板(图 5 – 13(b)和图 5 – 13(c))。估计分散概率分布的目的在于能够将离散的检测转换成一个连续的概率分布场,以此来弥补由于气味传感器检测范围小的缺点和湍流导致的烟羽离散分布。

② 估计 $p(\Delta \mid z)$。通过模糊推理,结合气味浓度大小和波动强度得到 $p_l(\Delta \mid z_t)$。烟羽自身包含气味源位置的信息。这里所用模糊推理的输入主要源自两个物理信息:气味浓度大小和波动强度。模糊推理的输出就是概率 $p_l(\Delta \mid z_t)$。由于本节实验所用的气体传感器的响应时间和恢复时间都相对较长,因此较难获取气味有无的二值准确信息。一般来说,距离气味源越近,烟羽的波动强度越大,因此,用波动强度代替气味有无的二值信息。这里设波动强度为传感器多次测量后,对测量序列进行低通滤波,波峰浓度大于平均浓度的波的个数。

模糊推理的两个输入和一个输出都分为 5 个模糊子集:小(SMALL)、较小(MIDDEL – SMALL)、中(MIDDLE)、较大(MIDDLE – BIG)和大(BIG)。选择三角形的隶属函数。浓度小、波动强度小时,气味源存在的可能性就小;浓度高、波动强度大时,存在气味源的可能性就大。这里采用变论域的模糊推理来自适应外部环境变化的影响(主要指在气味源的浓度未知的情况下)。当机器人群体第一次发现烟羽时,设定此时检测到浓度平均值和波动强度分别为 C_{first} 和 I_{first},这里分别取 $10C_{\mathrm{first}}$ 和 $10I_{\mathrm{first}}$ 为模糊输入论域的最大值;随着机器人的不断搜索,当机器人检测到的当前浓度 $C_{\mathrm{current}} > 10C_{\mathrm{first}}$ 时,就设 C_{current} 为输入论域最大值,各个隶属度函数的范围按比例增加;波动强度的论域同理设置。

本节前面估计得到的概率 $p(m \mid z, \Delta)$ 和 $p(\Delta \mid z)$,当检测事件发生时,分散气味源概率 $p_l(m'_{x'y'} \mid z_{t,\mathrm{In}})$ 可以通过下式表示:

$$p_l(m'_{x'y'} \mid z_{t,\mathrm{In}}) = p_l(m'_{x'y'} \mid z_{t,\mathrm{In}}, \Delta) p_l(\Delta \mid z_{t,\mathrm{In}}) \tag{5-23}$$

对于未检测到事件$\bar{z}_{t,\mathrm{Edge}}$和$\bar{z}_{t,\mathrm{Out}}$,模糊推理不能用于预测 $p(\Delta \mid z)$。因此,当$\bar{z}_{t,\mathrm{Edge}}$和 $\bar{z}_{t,\mathrm{Out}}$发生时,$p_l(m'_{x'y'} \mid \bar{z}_{t,\mathrm{Edge}})$ 和 $p_l(m'_{x'y'} \mid \bar{z}_{t,\mathrm{Out}})$ 分别通过式(5 – 24)和式(5 – 25)计算得到

$$p_l(m'_{x'y'} \mid \bar{z}_{t,\mathrm{Edge}}) = \mathrm{rand}() \cdot p_l(\Delta \mid z_{t-1,\mathrm{In}}) \cdot p_l(m'_{x'y'} \mid \bar{z}_t, \Delta) \tag{5-24}$$

$$p_l(m'_{x'y'} \mid \bar{z}_{t,\mathrm{Out}}) = \xi \cdot p_l(m'_{x'y'} \mid \bar{z}_t, \Delta) \tag{5-25}$$

这里用(0,1)范围内的随机数 rand( )和 $p_l(\Delta | z_{t-1,\mathrm{In}})$的乘积表示 $p_l(\Delta | \bar{z}_{t,\mathrm{Edge}})$，概率 $p_l(\Delta | \bar{z}_{t,\mathrm{Out}})$设置为小常数 ξ。

局部坐标系 $X'-Y'$下的 $p_l(m'_{x'y'} | z_t)$值可以通过坐标变换公式 $f(m'_{x'y'}) = m_{xy}$ 转换为全局坐标系 $X-Y$ 下的值 $p(m_{xy} | z_t)$。

(3) 联合气味源概率估计。估计联合气味源概率地图的目的在于更好地引导多机器人进行气味源搜索。为了使估计结果更加可靠,将不同位置、不同时间的所有分散概率地图融合成为一个联合气味源概率地图。

当 N 个机器人在时间$[t,\ t+\lambda t]$内检测气味和风向信息时,所有的分散气味源概率分布地图融合成为一个联合气味源概率地图如下:

$$p(m_{xy} \mid Z_t) = \frac{\sum_{i=1}^{N} \rho_i \cdot p(m_{xy} \mid z_{i,t})}{N}, Z_t = \{z_{1,t}, z_{2,t}, \cdots, z_{N,t}\}, \rho_i = \frac{\dfrac{1}{\| \boldsymbol{x}_{x,y} - \boldsymbol{x}_i \|}}{\sum_{j=1}^{N} \dfrac{1}{\| \boldsymbol{x}_{x,y} - \boldsymbol{x}_j \|}} \tag{5-26}$$

式中:$\boldsymbol{x}_{x,y}$表示栅格 m_{xy}的中心位置坐标;$\boldsymbol{x}_i$ 表示第 i 个机器人的位置;$z_{i,t}$表示第 i 个机器人在时间$[t,\ t+\lambda t]$内的检测事件。式(5-26)表示检测点越接近估计栅格,在融合过程中,该检测点估计得到的概率所占的权重就越大。

最后,联合气味源概率地图通过叠加不同采样时刻的地图来计算:

$$p(m_{xy} | Z_{1:t}) = \delta \cdot p(m_{xy} | Z_{1:t-1}) + (1-\delta) p(m_{xy} | Z_t), Z_{1:t} = \{Z_1, Z_2, \cdots, Z_t\} \tag{5-27}$$

式中:δ 表示历史信息的衰减系数。通过时间上的叠加,可以得到一个平均的概率分布。

(4) P-PSO 算法。在 P-PSO 中,令 $p_i(t)$表示截止到时刻 t,第 i 个机器人得到的最大气味源后验概率期望值所对应的栅格,对应 PSO 算法中的当前个体的历史最佳位置;令 $p_g(t)$表示截止到时刻 t,联合气味源后验概率分布最大值对应的栅格,对应 PSO 算法中的群体历史最佳位置。这里,局部区域的气味源概率估计后验概率分布的最大值并没有直接用于 P-PSO 算法中,主要原因在于考虑到检测到烟团的运动时间。基于不同的检测到烟团运动时间的假设,能够得到如图 5-13(b)和图 5-13(c)所示的小范围区域内的气味概率分布地图。然而,检测到烟团的准确运动时间是事先未知的,所以这里用小范围 Δ 内的概率分布期望值对应的栅格表示该次检测估计得到的气味源概率分布的平均位置。栅格位置期望的计算公式如下所示：

$$\boldsymbol{E}_{i,t}(m_{xy})_{(x,y)\in\Delta}=\left(\frac{\sum_{x\in\Delta}x\cdot p(m_{xy}\mid z_{i,t})}{\sum_{x\in\Delta}x},\frac{\sum_{y\in\Delta}y\cdot p(m_{xy}\mid z_{i,t})}{\sum_{y\in\Delta}y}\right)\tag{5-28}$$

式中：$p(m_{xy}|z_{i,t})$可以通过式(5－23)～式(5－25)和坐标转换计算得到，表示在时刻t通过第i个机器人的检测事件估计得到的气味源概率。

在P－PSO算法中，$p_i(t)$和$p_g(t)$的表示如下：

$$p_g(t)=\arg\underset{m_{xy}}{\mathrm{Max}}(p(m_{xy}|Z_{1:t}))\tag{5-29a}$$

$$p_i(t)=\arg\underset{m_{xy}}{\mathrm{Max}}(\boldsymbol{E}_{i,t}(m_{xy})_{(x,y)\in\Delta})\tag{5-29b}$$

机器人的速度$\boldsymbol{v}(t)$的大小范围为$[V_{\min},V_{\max}]$。如果$|\boldsymbol{v}(t)|>V_{\max}$，令$|\boldsymbol{v}(t)|=V_{\max}$；如果$|\boldsymbol{v}(t)|<V_{\min}$，令$|\boldsymbol{v}(t)|=V_{\min}$。设置速度范围原因如下：一方面，可控制PSO算法的搜索精度范围；另一方面，实际机器人速度也有一定的限制。

采用P－PSO算法协调多个机器人搜索气味源的必要性体现在两个方面：一方面，P－PSO算法用估计得到的概率分布值作为线索重新发现烟羽，可以减少烟羽丢失的概率；另一方面，真实的气味浓度波动剧烈，但概率分布的统计量变化是相对缓慢的，所以采用概率分布而不是浓度作为适应度函数值。

3）P－PSO算法在室外烟羽模型下的仿真

仿真实验环境采用Farrell的室外大尺度细丝烟羽模型（见第8章主动嗅觉仿真技术之基于细丝的大气扩散模型小节）。在两个不同的室外烟羽环境下（小波动和中波动烟羽环境）对P－PSO算法进行了仿真验证，并与已用于多机器人气味源定位的标准PSO和Charged PSO[86]（即CPSO）算法进行了比较。

为了能更准确地得到用于气味源概率估计的信息（气味信息和风速/风向信息），机器人采用走－停－走－停的运动模式（走0.5s，停5s），机器人停止的过程中对传感器信息取平均值。在烟羽跟踪过程中，机器人速度范围设置为0.2～0.8m/s；烟羽发现过程中，机器人速度设为定值0.5m/s。标准PSO算法、CPSO算法实现过程中，机器人的运行方式和速度同上所述。如果在3000s内，没有任何一个机器人接近气味源，则认为算法搜索失败。

用5、7、9、11、13、15等不同数量的机器人，采用标准PSO算法、CPSO算法和P－PSO算法在小波动和中波动烟羽环境下进行了仿真，每个方法实现20次。统计结果如图5－14所示，其中横坐标表示机器人数量，纵坐标表示95%置信度情况下的置信区间。P－PSO－S和P－PSO－M分别表示使用P－PSO算法在小波动和中波动环境中的搜索结果，CPSO－S表示使用CPSO在小波动环境中的搜索结果。由于本节没有考虑气味源确认阶段，所以图5－14(a)的搜索时间表示任何一个机器人从出发计时，一直到进入以真正气味源为圆心、半径为 R_1（$R_1=0.5\text{m}$）的圆 O_1 中所用的时间；图 5－14（b）表示任一机器人进入圆 O_1 以后，所有机器人进入以真正气味源为圆心、半径为 R_2（$R_2=5\text{m}$）的圆 O_2 中所用的时间。当采用 CPSO 算法和 P－PSO 算法时，任意一个机器人进入圆 O_1 的成功率如表 5－2 所列。在 3000s 以内，使用标准 PSO 算法的机器人在两种不同的室外烟羽环境中都没有接近气味源；在 3000s 内，中波动烟羽环境中，很少有机器人采用 CPSO 算法接近气味源，所以它们的结果没有在图 5－14 中显示。如图 5－14（b）所示，任一机器人进入圆 O_1 到所有机器人收敛到圆 O_2 需要的时间随着机器人数量的增加而增加。其原因是：在实际气味源位置的上风向没有烟羽，并且在气味源的下风向附近区域，烟羽宽度非常窄。因此，气味源附近的烟羽特性使得机器人的数量越多就越不容易收敛到指定的区域内。

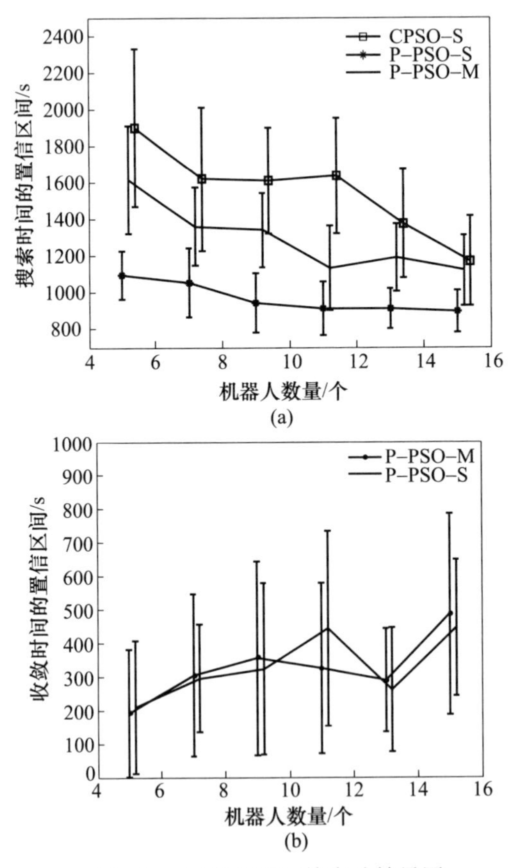

图 5－14　室外烟羽环境实验结果图

（a）在室外烟羽环境下 P－PSO 算法和 CPSO 算法的统计结果；

（b）采用 P－PSO 算法时所有机器人从接近气味源到收敛到气味源所用的统计时间。

表 5-2　成功率的统计结果

机器人数量	5	7	9	11	13	15
P-PSO 在小波动烟羽环境	19/20	20/20	20/20	20/20	20/20	20/20
CPSO 在小波动烟羽环境	5/20	12/20	13/20	17/20	17/20	19/20
P-PSO 在中波动烟羽环境	18/20	18/20	19/20	20/20	20/20	20/20
CPSO 在中波动烟羽环境	0/20	1/20	1/20	2/20	2/20	4/20

在中波动的烟羽条件下,5 个机器人在不同时刻的联合气味源概率分布如图 5-15 所示。在图 5-15(d)中,估计的气味源位置收敛到真实的气味源附近。

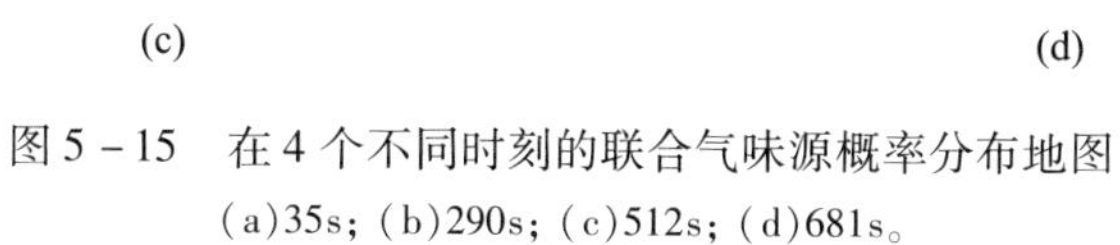

图 5-15　在 4 个不同时刻的联合气味源概率分布地图
(a)35s;(b)290s;(c)512s;(d)681s。

5.4　多机器人气味源确认

气味源确认是气味源定位问题中继烟羽发现和烟羽跟踪后的最后一个阶

段,气味源确认主要是利用机器人自身携带的多种传感器采集疑似气味源周围的有用信息,进而进行分析判定。通过分析发现,气味源具有持久性和发散性两个性质:持久性指的是在气味源周围,气味浓度峰值在较长时间内维持在一个较高水平;发散性是指气味从气味源所在区域逐渐向周围区域发散。针对多机器人的气味源确认方法,使用不同的传感器有不同的确认算法,也可在其他传感器(如视觉、激光或超声测距、温度传感器等)的辅助下完成。这里主要探讨仅采用气体和风速/风向传感器的情况。

5.4.1 算法描述

在不借助其他类型的传感器(如视觉)的情况下,只采用气味传感器和风速/风向传感器确认气味源是一项很有挑战性的工作。有关满足何种流场和浓度的条件即可判断为是气味源的文献报道还很少。多数生物通过融合嗅觉和视觉双模态信息完成气味源确认。这里给出一种三步气味源确认的方法,主要结合启发式的思想和气味质量通量计算予以实现。

第一步,判断是否所有机器人都收敛到一个相对小的区域,如图 5-16(a)所示。当每个机器人到多机器人几何中心的距离都小于阈值 r 时,则设定所有机器人已经收敛到一个较小的区域。在这种情况下,气味源确认过程进入下一步。几何中心(x_{center},y_{center})计算如下式表示:

$$x_{\text{center}} = \frac{\sum_{k=1}^{K} x_k}{K}, y_{\text{center}} = \frac{\sum_{k=1}^{K} y_k}{K} \tag{5-30}$$

式中:x_k 和 y_k 分别表示第 k 个机器人的横坐标和纵坐标;K 表示机器人的数量。

第二步,高气味浓度的持久性判断。这个判断是基于一个气味源通常可以在较长的时间里保持较高浓度值的假设。通常一个局部最优值区域不能够保持长时间的高浓度值,所以持久性判断可以排除大多数的局部极值区域。设定阈值 $T_{\max}$,如果该区域的气味保持较高浓度值的时间大于 $T_{\max}$,则认为在这个区域存在一个疑似气味源,气味源确认过程进入第三步。

第三步,计算气味质量通量来确认气味源。利用多个机器人在疑似气味源周围的运动来实现通量的计算。在收敛和持久性都满足以后,多个机器人向半径为 R 的圆周上运动(图 5-16(a)和 5-16(b)),然后沿着圆周运动,采集浓度和风速信息。气味质量通量作为气味源确认的判据推导如下。

首先,流体力学质量守恒方程表示如下:

$$-\frac{\partial c}{\partial t} = \nabla \cdot (c\boldsymbol{V}) \tag{5-31}$$

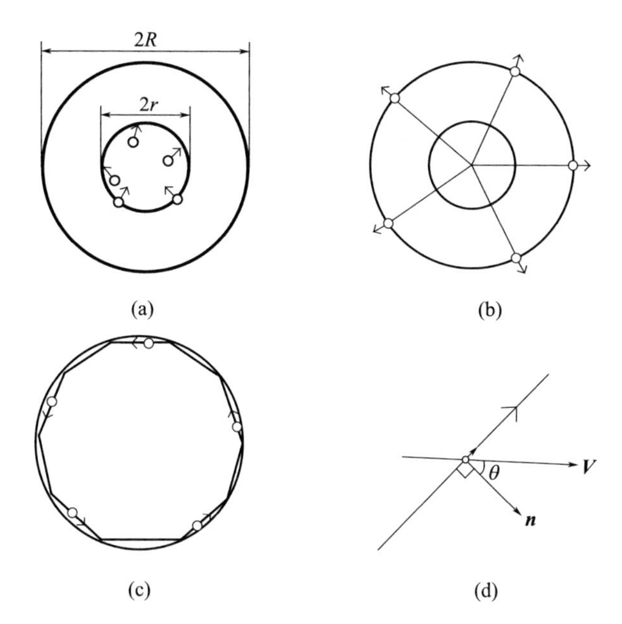

图 5-16　多机器人确认气味源过程

(a)机器人收敛；(b)机器人运行到半径为 R 的圆周上；
(c)机器人开始沿圆周运行；(d)单个机器人的质量通过量计算。

式中：c 表示气味浓度；$\boldsymbol{V}$ 表示流体的速度；$c\boldsymbol{V}$ 表示气味质量通量，即在单位空间、单位时间内的气味质量流量。式(5-31)等号的右方表示气味质量通量的散度，质量通量的散度可以表示出气体浓度在时间上的变化率，即对于任意三维(3D)空间的点 P，当 $\nabla\cdot(c\boldsymbol{V})>0$ 时，表示 P 点是源点；当 $\nabla\cdot(\rho\boldsymbol{V})<0$ 时，表示该点是汇点；当 $\nabla\cdot(\rho\boldsymbol{V})=0$ 时，表示该点既不是源点也不是汇点，而是流动过程中的某一点。如下式所示，将质量通量散度从 3D 空间点扩展到 3D 空间体积，并且根据矢量计算中的散度定理(即高斯定理)得到

$$\iiint_W \nabla\cdot(c\boldsymbol{V})\mathrm{d}W = \iint_{\partial W}(c\boldsymbol{V})\cdot\mathrm{d}\boldsymbol{S} = \iint_{\partial W}(c\boldsymbol{V})\cdot\boldsymbol{n}\mathrm{d}S \tag{5-32}$$

式中：W 表示控制体积；∂W 表示体积的封闭边界表面；$\boldsymbol{n}$ 表示无穷小表面 $\mathrm{d}S$ 上外法线的矢量。式(5-32)表明，理论上可以通过对控制体积进行曲面积分判定该控制体积为气味源还是局部极值点。由于仿真中采用的是二维(2D)烟羽模型，即高度 z 可以不用考虑。根据格林公式表达如下：

$$\iint_A \nabla\cdot(c\boldsymbol{V})\mathrm{d}A = \int_{\partial A}(c\boldsymbol{V})\cdot\mathrm{d}\boldsymbol{L} = \int_{\partial}(c\boldsymbol{V})\cdot\boldsymbol{n}\mathrm{d}L \tag{5-33}$$

式中：A 表示控制面积；∂A 表示该面积的封闭曲线；$\boldsymbol{n}$ 表示无穷小曲线 $\mathrm{d}L$ 上的外法线矢量。质量通量散度的积分如下式所示：

$$\int_{\partial A}(c\boldsymbol{V})\cdot \mathrm{d}\boldsymbol{L}=\int_{\partial A}(c\boldsymbol{V})\cdot \boldsymbol{n}(V_r\mathrm{d}t)=\int_{\partial A}c(\boldsymbol{V}\cdot\boldsymbol{n})V_r\mathrm{d}t=\int_{\partial A}c(|V||n|\cos\theta)V_r\mathrm{d}t \tag{5-34a}$$

式中：V_r 表示机器人运动的速度标量；dt 是传感器的采样周期；θ 表示流体速度 $\boldsymbol{V}$ 与外法线 $\boldsymbol{n}$ 的夹角。令 $f(c,V,\theta)=c(|V||n|\cos\theta)$，式(5－34a)可以写成如下形式：

$$\int_{\partial A}(c\boldsymbol{V})\cdot \mathrm{d}\boldsymbol{L}=\int_{\partial A}f(c,V,\theta)\mathrm{d}L \tag{5-34b}$$

由式(5－34)和图5－35(d)可以看出，当 $\theta>90°$ 时，$f(c,V,\theta)$ 的值小于0；当 $0<\theta<90°$ 时，$f(c,V,\theta)$ 的值大于0。理论上，如果沿着圆周的所有的浓度和风速数据可以同时被测量，则式(5－34)可以用来定义一个直观的判据：若2D控制面积包含气味源，则得到正的气味质量通量散度积分值；如果控制面积包含一个汇，则得到负的气味质量通量散度积分值。然而，事实上，机器人不可能同时采样圆周上所有点的浓度和风速信息，所以质量通量散度的积分在非气味源的区域也可能是正的。这里通过在大气扩散烟羽模型下的仿真说明这个问题。

图5－17表示一个10m×10m的Farrell烟羽模型仿真环境，气味源坐标为(2,0)m，即图中圆圈的中心位置。

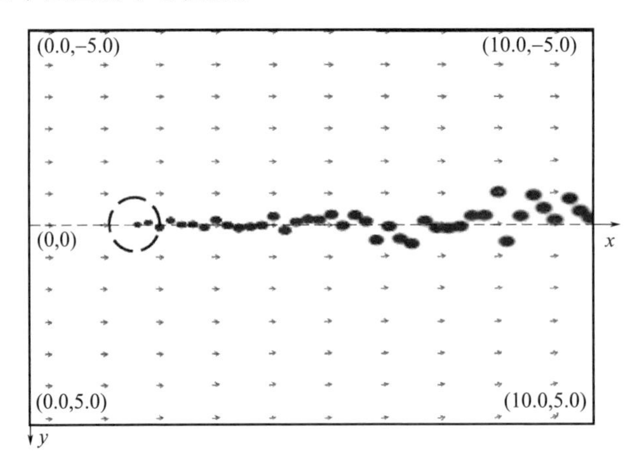

图5－17　在10m×10m环境下的气味烟羽

图5－18表示在烟羽中9个不同位置气味质量通量散度积分结果。5个机器人用来采样气味浓度和风速，每个机器人的运动速度为0.5m/s。圆的半径 R 设置为0.5m，采样频率为100Hz。由图5－18可以明显看出，除了真实气味源的位置(2,0)m以外，在其他位置也有气味质量通量散度积分大于0的情况。主要原因是：5个机器人不可能同时采样圆周上所有位置的气味和风速信息。

每个机器人需要1.25s完成采样过程。在这个时间段内,烟羽已经发生了改变。

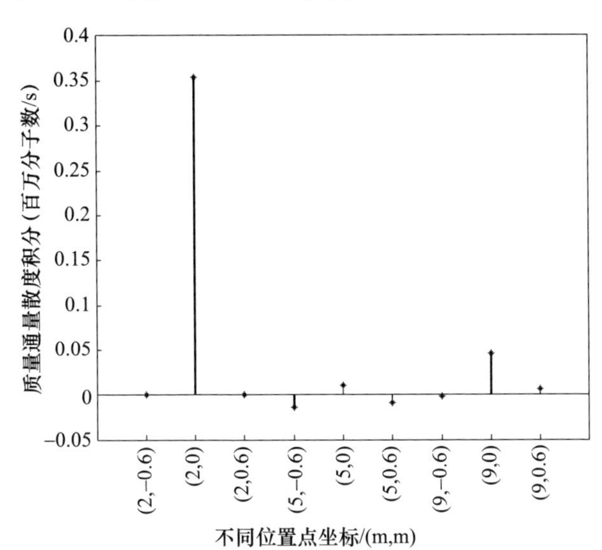

图5－18　9个不同位置气味质量通量散度积分结果

由于实际条件的限制,机器人沿着圆周进行采样需要一定的时间,所以现实情况下不能采用沿圆周的质量通量散度积分值的符号这个判据。由图5－19可以看出,只有在包围气味源位置的圆周上,所有$f(c,V,\theta)\Delta L$的值都大于0,包围非气味源位置的圆周上,存在小于0的值或者所有值都为0,式中ΔL表示单个采样时间内每个机器人沿圆周运动的距离。所以利用单位时间内沿着圆周采样位置的气味质量(即$f(c,V,\theta)\Delta L$)的符号作为气味源确认的判据。当机器人在气味源周围运动时,可以得到以下关系:

$$f(c,V,\theta)\Delta L\geqslant 0 \tag{5-35}$$

当机器人围绕非气味源运动时,式(5－35)为负值或者所有值都为0。通过这个准则,真实的气味源可以得到确认。

如果疑似的气味源确认失败,机器人将会沿着气味流入(Flow－in)圆的方向的反向作发散运动。图5－20表示决定这个方向的过程。5个等间距分布在圆周上的小空心圆圈表示机器人。图5－20(a)中左侧箭头指向的圆点表示气味流入圆的位置。矢量$\boldsymbol{V}_1,\boldsymbol{V}_2,\boldsymbol{V}_3,\cdots,\boldsymbol{V}_m$的方向同风向方向一致,长度和气味浓度的大小成正比。图5－20(b)表示$\boldsymbol{V}_1,\boldsymbol{V}_2,\boldsymbol{V}_3,\cdots,\boldsymbol{V}_m$各自的反向矢量$\boldsymbol{V}'_1,\boldsymbol{V}'_2,\boldsymbol{V}'_3,\cdots,\boldsymbol{V}'_m$。反向矢量之和$\boldsymbol{V}'$用来作为多机器人在下一步的主运动方向。为了扩大搜索范围,并不是所有的机器人都沿着跟$\boldsymbol{V}'$相同方向运动。与矢量$\boldsymbol{V}'$临近的机器人和$\boldsymbol{V}'$方向接近,与$\boldsymbol{V}'$越远的机器人则和$\boldsymbol{V}'$方向的夹角变化越大。

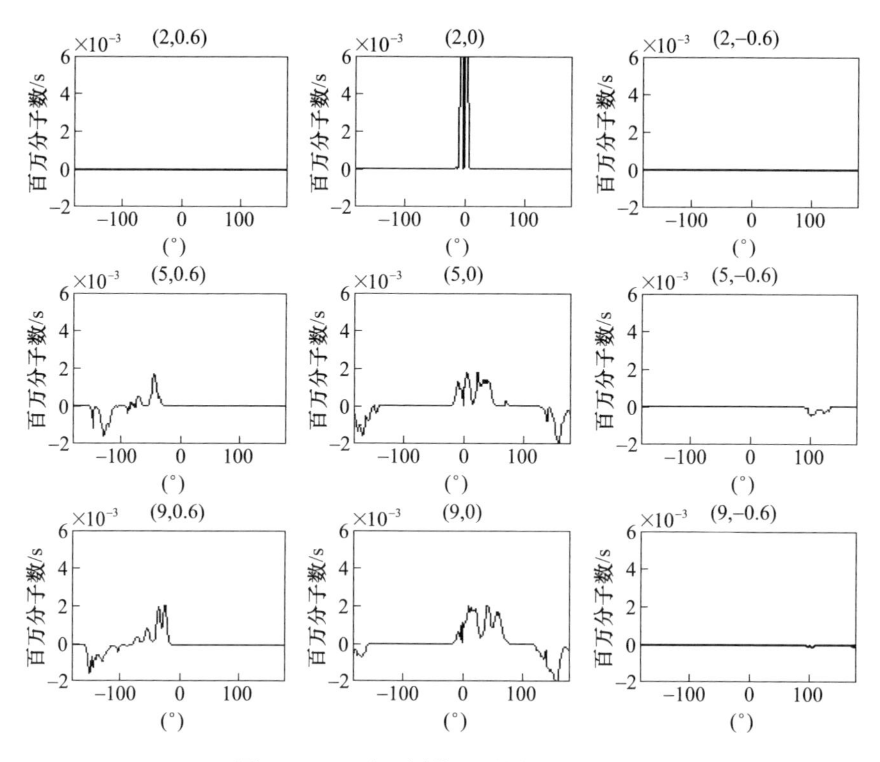

图 5－19　9 个不同位置圆周上的通过量

图 5－20(d)中实线箭头表示 5 个机器人的下一步运动方向。该过程与烟羽发现过程中的发散搜索算法类似。

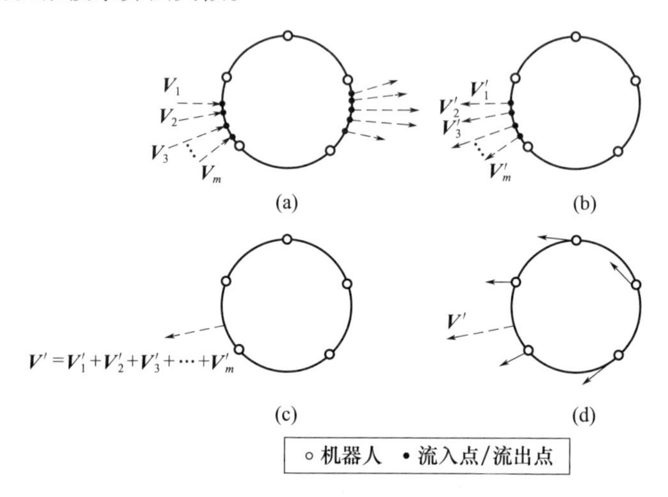

图 5－20　Flow－in 方向的确定

5.4.2　仿真及实验结果分析

由于标准的PSO和CPSO算法没有气味源确认阶段,并且目前作者还没有看到其他针对多机器人气味源确认的相关文献,所以无法将提出的气味源确认方法同其他方法进行对比。因此,该部分只针对结合逆风搜索的改进ACO(Upwind surge combined Modified Ant Colony Optimization,U-MACO)方法中的气味源确认阶段进行仿真和实验分析,仿真环境采用Farrell的室外大尺度细丝烟羽模型实现。

1)计算机仿真分析

基于传感器检测信息的多机器人气味源定位控制结构,在室外3种烟羽环境下(小波动Small、中波动Middle和大波动Large)对气味源确认算法进行了验证,确认算法所需要时间如图5-21所示。

图5-21中的时间表示从任意机器人接近气味源开始计时,到最终气味源确认成功(即提出的三步气味源确认算法条件满足)为止的时间。在图5-21中,U-MACO-S、U-MACO-M和U-MACO-L分别表示使用U-MACO作为烟羽跟踪算法在小波动、中波动和大波动条件下的气味源确认时间。U-MACO-(7,9)表示U-MACO算法在室内环境下,气味源位于(7,9)m时的气味源确认时间。从图5-21可以看出,烟羽波动越大的环境中,气味源确认所需要的时间就越长。这里有一个有趣的现象:气味源确认的时间随着机器人数量的增多先增加后减少。气味源确认过程包括三步,但机器人数量对后两步(即气味高浓度的持久性判断和计算气味质量通过量)的影响比第一步(即收敛阶段)要小很多。收敛阶段又可以分为两部分:烟羽再发现和多机器人重新收敛。当任意一个机器人接近气味源,检测到比较大的浓度值以后,则该机器人逆风运行,所有其他的机器人都会向该浓度值大的区域运行。在收敛阶段,气味烟羽可能会丢失,所有机器人需要烟羽再发现。所采用的机器人数量越多,需要的烟羽再发现的时间越少。烟羽重新发现以后,多机器人再次收敛。随着机器人数量的增加,多机器人再收敛时间增加。当综合考虑气味源确认的3个步骤时,机器人数量最大和最小时都会需要最长的时间(图5-21)。

图5-22、图5-23和图5-24表示在中波动烟羽环境下分别使用5个、9个和15个机器人在不同时刻的气味源确认过程。每个子图包括的区域是位于气味源附近的25m×30m的范围。5个、9个和15个机器人的气味源确认的总时间分别为386s、448s和224s。图5-22和图5-23中给出的时间是累计时间,在这三张图中,实际的气味源确认时间是用每张图中的子图(c)中给出的"气味源确认"时间减去每张图中的子图(a)中"任一个机器人接近气味源"的时间。

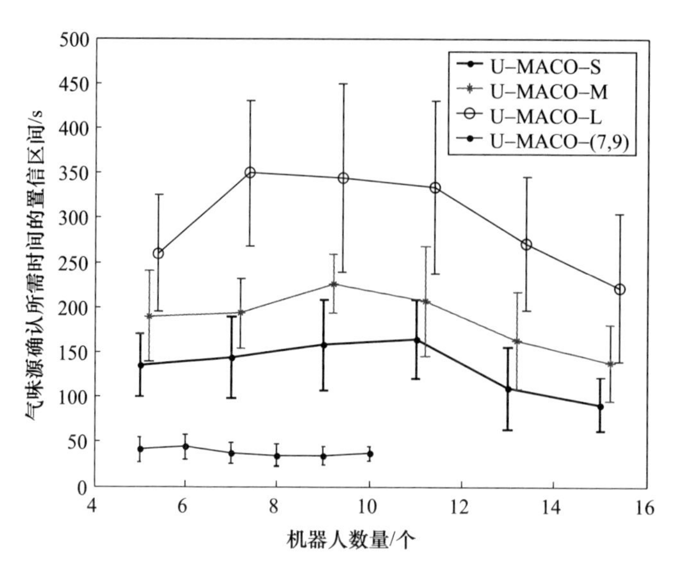

图 5-21　气味源确认算法需要时间的统计结果

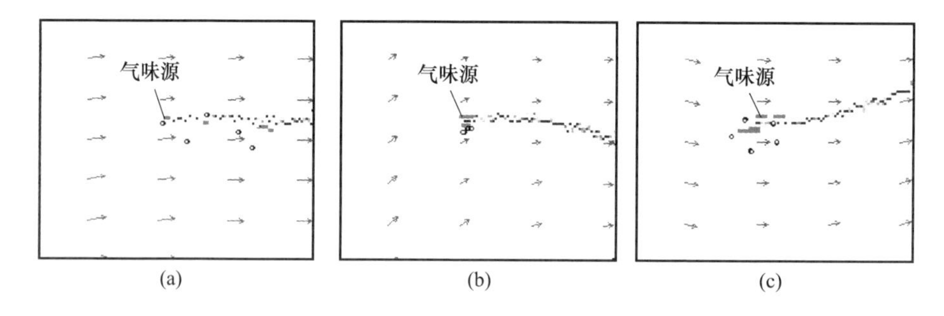

图 5-22　中波动烟羽环境下 5 个机器人的气味源确认过程

(a)一个机器人接近气味源(1294s)；(b)多机器人收敛到小区域(1660s)；(c)气味源确认(1680s)。

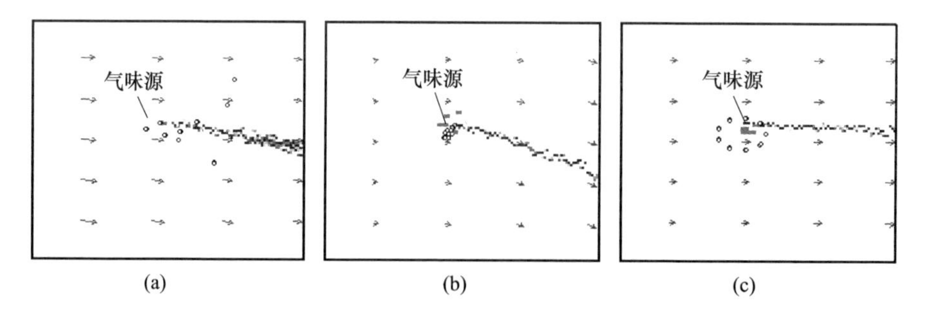

图 5-23　中波动烟羽环境下 9 个机器人的气味源确认过程

(a)一个机器人接近气味源(950s)；(b)多机器人收敛到小区域(1386s)；(c)气味源确认(1398s)。

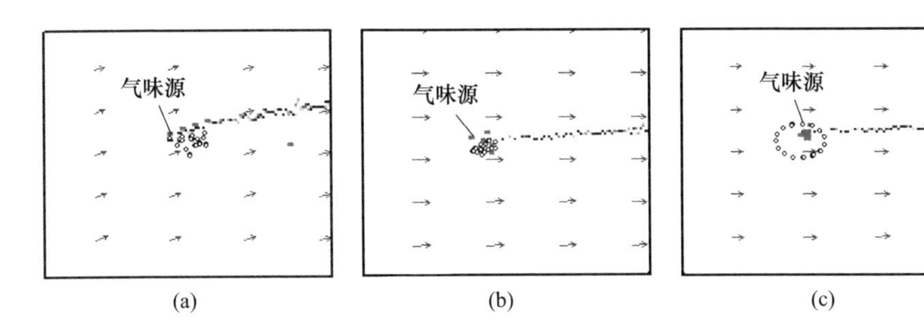

图5-24　中波动烟羽环境下15个机器人的气味源确认过程
(a)一个机器人接近气味源(908s);(b)多机器人收敛到小区域(1122s);(c)气味源确认(1132s)。

2）实验及结果分析

本节给出使用真实机器人验证U-MACO气味源确认算法的实验结果。

首先,在实验环境中设置两个待测试的位置,一个是真实气味源位置(0,0),另外一个是在下风向选取的非气味源位置(0,0.8)m,后文中简称“气味源”和“非气味源”。

单个气味源确认的实验设置和坐标框架由图5-25所示。这里只是对气味源确认算法的第三步进行了实验验证。气味源的位置坐标为(0,0),3个机器人的初始位置分别为(0.5,0)m、(-0.25,0.43)m和(-0.25,-0.43)m。气味源确认需要的圆半径R为0.5m。风扇的位置位于(0,-1.8)m。3个机器人同时沿着圆周顺时针方向运动120°。在单个气味源确认的实验中,机器人分别在包围这两个位置的圆周上连续运行。机器人速度设置为2.5cm/s,X轴和Y轴的正向分别对应0°和90°。3个气体传感器在实验之前进行标定。测量得到风速

图5-25　气味源确认的实验设置

的范围在人工风场条件下为 20～220cm/s，在自然风场条件下为 5～60cm/s。

图 5－26～图 5－29 分别表示 4 种不同情况下（人工风场－气味源、人工风场－非气味源、自然风场－气味源、自然风场－非气味源）的实验结果，图 5－26～图 5－29中的子图（a）和（b）表示 3 个机器人记录得到的浓度和风向数据，图 5－26～图 5－29 中的子图（c）表示计算得到的气味质量通过量，其中气体浓度用传感器输出电压（mV）表示。3 种不同颜色的曲线分别代表 3 个不同机器人测量的数据或者计算的结果。从图 5－26 到图 5－29 可以看出，两种不同流场环境下气味源周围的气味质量通过量值都是大于或者等于 0，在非气味源周围，气味质量通过量存在小于 0 的数值。

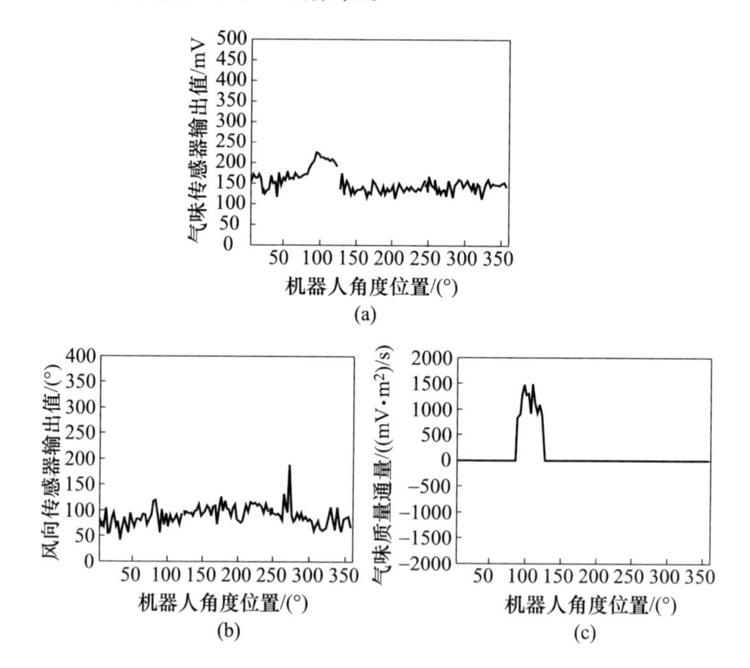

图 5－26　人工风场条件下围绕气味源的实验结果（见彩插）

（a）测量的气味浓度；（b）测量的风向信息；（c）计算的气味质量通过量。

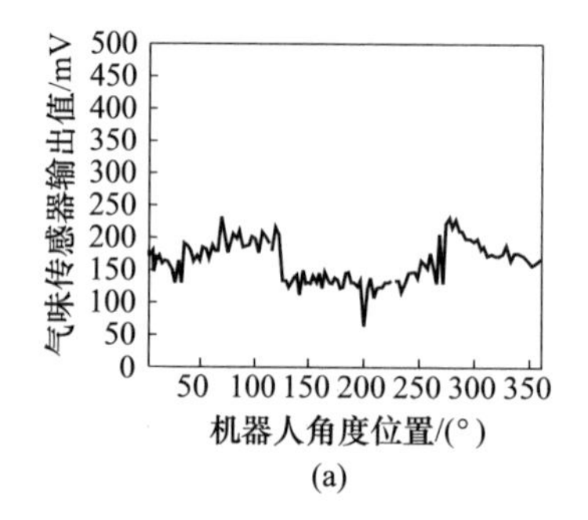

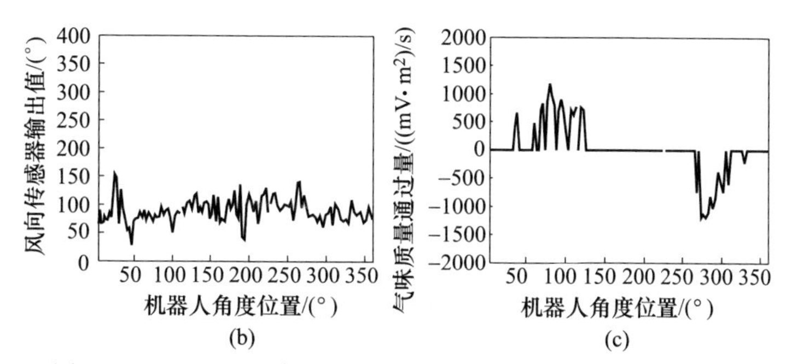

(b)　　(c)

图 5－27　人工风场条件下围绕非气味源的实验结果(见彩插)

(a)测量的气味浓度；(b)测量的风向信息；(c)计算的气味质量通过量。

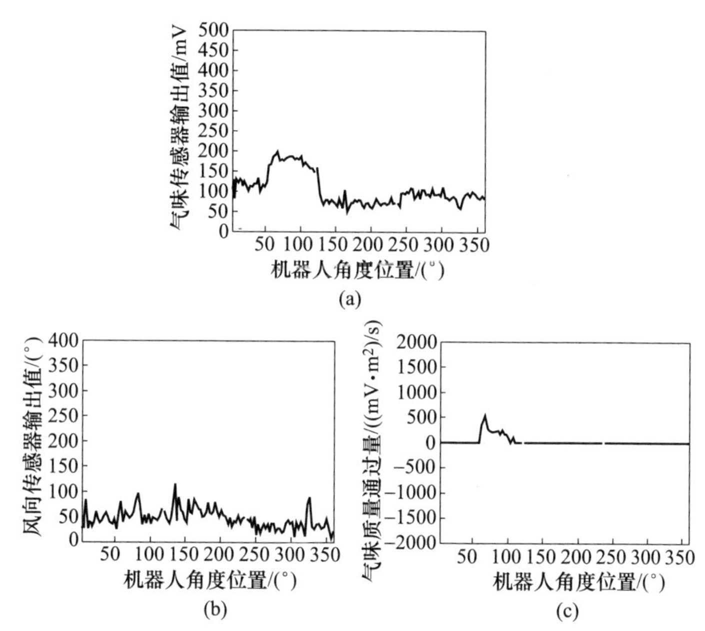

(b)　　(c)

图 5－28　自然风场条件下围绕气味源的实验结果(见彩插)

(a)测量的气味浓度；(b)测量的风向信息；(c)计算的气味质量通过量。

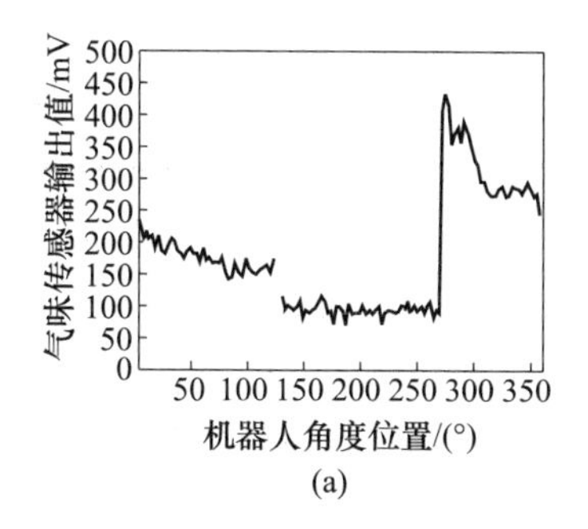

(a)

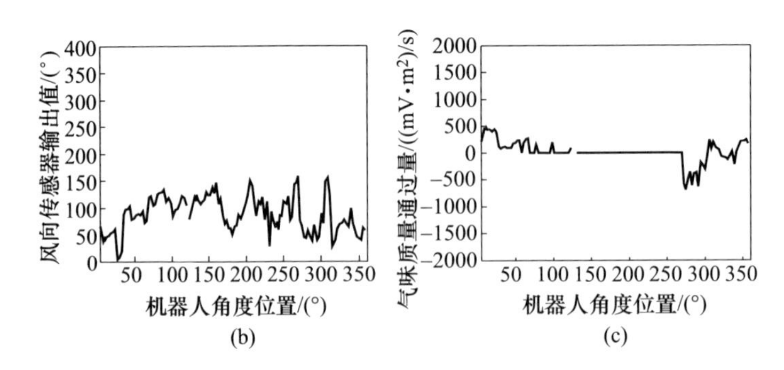

图 5－29　自然风场条件下围绕非气味源的实验结果(见彩插)

(a)测量的气味浓度；(b)测量的风向信息；(c)计算的气味质量通过量。

气味源确认实验共运行 40 次，每种情况运行了 10 次。在每次新的实验运行之前，门和窗户都打开，一直等到检测的气味浓度小于 5ppm。如果围绕气味源的气味质量通过量有小于 0 的数据或者围绕非气味源的数据都大于或者等于 0，则认为实验失败。统计结果如表 5－3 所列，其中，"OS"和"NOS"分别表示机器人围绕真实气味源和非气味源的位置，"AW"和"NW"分别表示人工风场和自然风场。在人工风场条件下 20 次实验的成功率为 100%。在自然风场条件下，多机器人气味源确认的成功次数为 17。3 次错误的结果原因在于风向在短时间内变化较大(接近 180°)。

表 5－3　气味源确认实验的成功率

	OS－AW	NOS－AW	OS－NW	NOS－NW
成功率	10/10	10/10	9/10	8/10

通过实验分析可以看出，气味质量通过量算法在大多数烟羽环境下能够成功地识别单个气味源，验证了该算法的可行性。该算法受烟羽波动的影响，波动越大，气味源确认需要的时间越长。完成气味源确认的时间随着机器人数量的增加，最终呈减少的趋势。

第 6 章　飞行机器人主动嗅觉技术

截至目前,有关机器人主动嗅觉的研究主要集中在地表二维平面,缺少对竖直(高度)方向气味信息的有效获取与利用。如图 6 - 1 所示,当危险气体从地表泄漏时,释放的气体烟羽会在湍流的作用下向空中扩散,此时,地面机器人即便处于烟羽之中,但也可能检测不到气味。这是因为如果地面机器人机载的气体传感器是接触式的,那它最多只能探测到该气体传感器所处高度上的烟羽信息,无法探测其他高度上的烟羽信息。当泄漏的气体比空气轻时(如甲烷),机器人甚至无法接触到烟羽。此外,危险气体泄漏源也有可能不在地表(如处在半空的气体输送管道或储运罐等发生泄漏),这种情况下,地面机器人也无法检测到气味信息以定位气味源头。因此,目前国内外一些主动嗅觉研究团队开始将搜索空间从二维平面扩展到三维空间,其中,基于旋翼无人机的主动嗅觉研究是一个热点。

图 6 - 1　地面气味源产生的三维烟羽扩散

6.1　飞行机器人主动嗅觉研究概述

6.1.1　三维空间主动嗅觉研究背景

为了改善地面机器人在竖直方向获取气味信息的能力,一些学者在地面机器人改装方面做了一些尝试。Russell[25] 将由气体传感器和风向测量装置组成的探头安装在套管伸缩式的天线顶端,赋予探头在竖直方向有限的移动能力,并将天线底部安装在 LABOT 机器人底座上。Reggente[32]在先锋 P3 - DX 机器人上将 3 枚传感器安装在不同高度处,进行有限高度三维气味分布建图的尝试。但是这些改装对提升机器人在竖直方向获取气味信息能力的作用有限,因为竖直的传感器安装杆不能延长太高,否则无法保持机器人的平衡。另外,过长的杆子会降低机器人的通过性。因此,一些研究人员开始考虑采用其他类型的机器人平台进行三维空间的气味搜寻。

能够携带气体传感器并提供多运动自由度的常见平台是无人机(Unmanned Aerial Vehicle,UAV)。与地面移动机器人相比,无人机能够更轻松地越过非结构化的复杂地表环境,如垃圾填埋场、废墟甚至丛林。无人飞行器可分为四大类:飞艇、扑翼飞行器、固定翼和旋翼无人机。飞艇是一种依靠平均密度比空气小的特性获取升力的飞行器。Ishida 设计了一个微型飞艇用于室内气味分布建图[21]和三维空间下的烟羽跟踪[63]。飞艇是一类很不容易控制的飞行器,因为它的平均密度小、动力有限,极易受风的作用力影响。因此,飞艇只适用于微弱流体环境(一般为室内)下的气味搜索。扑翼飞行器,也称为扑翼机,是一种通过像鸟类和昆虫一样扇动翅膀而获取升力的航空器。由于难以建立精确的空气动力学模型,目前,大多数扑翼飞行器的研究还停留在试验阶段,未见用于主动嗅觉研究领域的报道。固定翼无人机通常具有比旋翼无人机更长的续航时间,有利于执行各类任务。固定翼无人机的最低巡航速度比旋翼无人机要高得多,但是这一通常情况下的优势在主动嗅觉研究领域却会产生负面影响,因为目前大多数气体传感器的响应和恢复时间都较长,过高的巡航速度会使气体传感器无法及时对气味烟羽做出响应;另外,固定翼无人机很难悬停,这不利于执行气味源的搜寻任务。旋翼无人机,也称为无人直升机(Unmanned Helicopter)或垂直起降(Vertical Take - Off and Landing,VTOL)无人机,通常具备悬停和慢速巡航能力,这对气体浓度的逐点测量十分关键。目前,国内外一些团队将研究重点转向基于旋翼无人机平台的主动嗅觉,如开发稳定、高效的无人机平台和适合无人机使用的气体传感器,研究适用于三维搜索空间的主动嗅觉方法等。另外,结合各种实际应用场景,将三维主动嗅觉算法及平台方面的实验室研究成果实现工程应用,同样是需要解决的问题。

6.1.2 旋翼无人机主动嗅觉研究难点

1) 旋翼气流对气味扩散扰动建模

应用旋翼无人机搜寻气味源时,旋翼产生的下洗气流会对所在的局部流场造成很大扰动,从而影响烟羽运动。旋翼对气味分布的扰动已成为亟待解决的问题,解决思路有两种:一种是将气体传感器安装至远离旋翼气流的位置,从工程角度解决;另一种是研究旋翼对气味分布扰动的影响,从理论角度解决。显然,前一种思路有助于采集到高信噪比的气味信号,但是旋翼对局部气味扩散的影响依然存在,所以后一种思路是更需要努力的研究方向。从机器人主动嗅觉的角度来看,“研究旋翼对气味分布扰动的影响”有两个目标:一是明晰旋翼对气味分布扰动的作用机理;二是依据此机理设计适用于旋翼嗅探机器人的气味检测装置或气味搜索方法。

2）三维烟羽发现与跟踪方法

在气味源搜索的初始阶段,机器人可能距离气味源较远,气体传感器有较大概率接触不到气味烟羽,或者气体传感器周围的气味浓度低于检测阈值,这时就需要启动气味烟羽发现策略,即机器人需要规划路径以寻找气味烟羽。

目前,烟羽发现研究的相关文献较少,并且全部集中在地面二维搜索环境,在现实的三维环境中无法适用。因此,基于旋翼无人机开展主动嗅觉研究时,需要另行研究适用于三维搜索空间的气味烟羽发现方法。

同样,现有烟羽跟踪方法主要针对二维平面搜索空间,机器人进行烟羽跟踪时不考虑烟羽的高度维度分布。对于三维空间中的烟羽跟踪问题,无人机在跟踪烟羽的同时,还需要考虑飞行高度的控制,以便更加高效地执行烟羽跟踪任务。

针对上述研究难点,本章后续各小节有针对性地展开讨论。6.2 节介绍旋翼尾流对气味分布扩散影响的气动嗅觉效应模型,6.3 节给出基于三维螺旋遍历的旋翼无人机三维烟羽发现方法,6.4 节给出基于气味来源方向推理的无人机三维烟羽跟踪方法。

6.2 旋翼无人机气动嗅觉效应

当旋翼无人机执行主动嗅觉任务时,旋翼搅动产生的气流会扰乱无人机周围的流场,进而影响气味分子的运动轨迹,甚至改变局部气味扩散模式。仅仅依靠优化传感器的安装位置,或者限制无人机的三维飞行轨迹(如定高飞行),都有一定的局限性。

“气动嗅觉效应”(Aero - olfactory Effect)[87]一词,用以指代“气味在无人机附近的扩散受旋翼气流影响”的现象。“气动嗅觉效应”的提出是受“气动光学效应”(Aero - optical Effect)[88]的启发,后者是研究高速湍流对机载光学系统产生的影响,即空气动力流场的密度变化改变了传播光线的原来路径,使其产生偏折或相位变化,致使被动光学系统成像平面上产生图像的偏移、模糊、抖动及能量损失等成像误差,或导致主动光学系统高能激光器发出的激光束能量损耗减弱、失去攻击力及聚焦点偏离攻击目标。气动光学效应包括两个问题：正问题——空气动力流场中折射率场脉动对光学系统扰动的建模；逆问题——光学系统的扰动补偿（通常采用自适应光学技术）。与之类似，气动嗅觉研究也包括两个问题：正问题——（旋翼产生的）空气动力流场对气味扩散扰动的建模；逆问题——气味扩散信息的重建。

图 6－2 展示了一架四旋翼无人机产生的气动嗅觉效应，其中，图 6－2(a)、(b)、(c)中的旋翼以正常的速度旋转，图 6－2(d)中的旋翼静止。另外，燃烧烟源（烟饼）与无人机的水平距离为 40cm，图 6－2(a)中的烟源放置在低于无人机 15cm 的位置，图 6－2(b)中的烟源放置在高于无人机 15cm 的位置，图 6－2(c)和(d)中的烟源与无人机处于同一水平面。从图 6－2 中可清楚地观察到，相比正常（无旋翼气流扰动）的气味扩散（图 6－2(d)），气动嗅觉效应对旋翼下方气味烟羽的浓度分布有明显影响（图 6－2(a)～(c)）。理论上，在无人机上的不同位置安装多枚气体传感器，并使传感器检测范围尽可能完全地覆盖无人机，将会降低气味漏检概率。

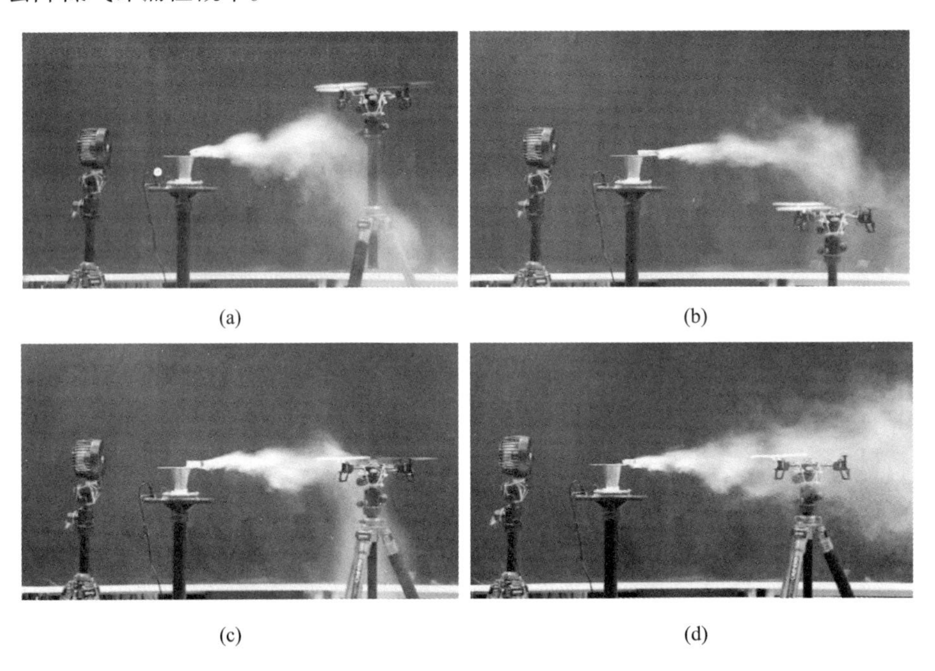

图 6－2　四旋翼无人机产生的尾流对烟羽扩散的影响

6.2.1　气动嗅觉效应计算思路

准确地仿真无人机螺旋桨旋转产生的气流场是十分困难的，旋翼产生的气流不稳定,并且无人机机体会在运动过程中有位姿摆动。无人机产生的风场不仅与每个旋翼的翼型和旋转状态相关,还与无人机本体的运动相关。

旋翼旋转产生的风场可以通过多种方法进行计算模拟。比较传统的解法是用基于网格划分的方法求解欧拉形式的纳维-斯托克斯方程,这种计算方法耗费的计算资源较多,并且需要设计复杂的空间网格划分,无法在无人机机体运动的过程中对旋翼风场进行实时建模求解。板块法通过解拉普拉斯方程也可以求解这类问题,但是这种经典的方法难以高精度地仿真旋翼产生的复杂涡流结构。涡方法是一类基于拉格朗日视角的无网格流体计算方法,适用于模拟非定常流场,在飞行动力学及飞机气动弹性力、风机气动分析、直升机气动光学环境计算等研究中均有应用。通过涡方法,可以将螺旋桨产生的风场进行数值化建模,通过四旋翼无人机的动力学模型确定无人机的位姿运动,从而实现运动和悬停过程中无人机环境风场的建模和仿真。

自由涡丝方法(Free Vortex Filament Method),或称自由涡尾迹方法(Free Vortex Wake Method),是涡方法的一种。它使用自由运动、变形的涡丝(Vortex Filament)建立旋度场的数学表达,常用于旋翼的气动原理分析。虽然在直升机和风机气动分析中,自由涡丝方法主要用于旋翼/桨叶气动载荷和气动响应的计算,旋翼产生的气流场并不是关注点,但由于涡丝是真实存在的涡迹的数学表达,自由涡丝方法在原理上可以较为逼真地直接模拟旋翼产生的气流场。

如果旋翼产生的气流速度场可以通过计算得到,气味在气流场中的扩散过程就可以采用大量微小的气味细丝进行模拟,气味细丝的位置可根据气流速度场通过时间积分得到,这是因为气味的分子扩散速度非常低,气味分子的远距离输运过程主要受气流控制。

6.2.2 基于自由涡法的气动嗅觉效应计算

针对旋翼无人机的“气动嗅觉效应”,可以采用自由涡丝方法计算旋翼尾流(旋翼产生的气流)速度场,同时结合气味细丝模型[16]计算气动嗅觉效应。

常见的旋翼无人机通常具有较小的尺寸和有限的动力,这使得旋翼尾流马赫数一般不超过0.3(相当于在海平面的102m/s)。这意味着尾流导致的空气密度变化非常小,可以忽略不计。另外,由于在刚体(如无人机机体、地面、墙壁)表面的边界层对气味传感的影响非常小,尾流可以近似为无黏性的,以减小计算量。基于自由涡丝的气动嗅觉效应计算方法建立在尾流不可压缩、无黏性两个假设之上,包含两个计算步骤,分别是流场和气味扩散的计算。

当(直升机的)旋翼旋转时,叶片两侧出现压强差,导致空气从叶片下表面流动到叶尖并翻转到叶片上表面,产生漩涡,这些漩涡翻卷汇聚至叶尖,形成涡迹。实验表明，叶尖涡迹是旋翼尾流的主控因素[89]，因此，为了简化计算过程，只考虑叶尖涡迹的模拟。涡迹从旋翼叶尖倾泻，形成半无限螺旋向下的形状，进而产生强梯度复杂尾流。计算旋翼周围流场需要知道螺旋形涡迹的状态（位置、形状等），因为涡迹叠加形成了旋翼尾流的结构[90]。

1）涡迹运动

涡迹运动由涡丝运动控制方程描述，即表征涡丝上某点的位置与速度的关系。不可压缩牛顿流体的运动由流体动力学质量和动量守恒的 Navier - Stokes（N - S）方程决定，通常 N - S 方程有欧拉和拉格朗日两种描述方式。在三维空间中，流体密度恒定的情况下 N - S 方程包含动量守恒方程和质量守恒方程。动量守恒方程的拉格朗日描述为[91]

$$\rho \frac{\mathrm{D}u}{\mathrm{D}t} = -\nabla p + \mu \Delta u \tag{6-1}$$

式中：ρ 是空气密度；u 代表速度场；t 是时间；p 代表压力；μ 表示流体的黏度，$v = \mu/\rho$ 代表运动黏度。公式左边为流体粒子的加速度，公式右边第一项是净压力，右边第二项是净黏性力。

质量守恒方程的拉格朗日描述为

$$\nabla \cdot \boldsymbol{u} = 0 \tag{6-2}$$

旋度场 $\boldsymbol{w}$ 定义为速度场 $\boldsymbol{u}$ 的旋度，即

$$\boldsymbol{w} = \nabla \times \boldsymbol{u} \tag{6-3}$$

将式（6 - 3）代入到式（6 - 1）中，可得

$$\rho \frac{\mathrm{D}\boldsymbol{w}}{\mathrm{D}t} = \rho \boldsymbol{w} \cdot \nabla \boldsymbol{u} + \mu \Delta \cdot \boldsymbol{w} \tag{6-4}$$

式（6 - 4）左边为粒子旋度的变化率，右边第一项是涡线变形的速率，右边第二项是黏性扩散的净速率。通常只在边界层的小范围内黏性扩散对涡量存在影响，当考虑无黏性不可压缩流体的旋度场时，式（6 - 4）可以进一步简化为

$$\frac{\mathrm{D}\boldsymbol{w}}{\mathrm{D}t} = \boldsymbol{w} \cdot \nabla \boldsymbol{u} \tag{6-5}$$

考虑流体中的任意物质线段 δs，它的运动是由方程

$$\frac{\mathrm{D}}{\mathrm{D}t} \delta s = \delta s \cdot \nabla \boldsymbol{u} \tag{6-6}$$

决定的，结合式（6 - 5）和式（6 - 6）可以得出

$$\frac{\mathrm{D}}{\mathrm{D}t} (\boldsymbol{w} - \varepsilon \delta s) = (\boldsymbol{w} - \varepsilon \delta s) \cdot \nabla \boldsymbol{u} \tag{6-7}$$

式中：ε 是一个大于零的标量。在流体不可压缩且无黏无旋的情况下，某个 $t=t_0$ 的时刻，当涡线与物质线重合时，有唯一确定解

$$\boldsymbol{w}-\varepsilon\delta s=0 \tag{6-8}$$

使得式(6-8)成立。所以流场中的涡线会随着物质线运动，可以将涡丝的运动表示为

$$\frac{\mathrm{d}\boldsymbol{r}}{\mathrm{d}t}=u(\boldsymbol{r}) \tag{6-9}$$

式中：$\boldsymbol{r}$ 表示涡的位置矢量。

涡丝上某点的位置 $\boldsymbol{r}$ 可以由螺旋桨叶片旋转的方位角 ψ 和涡丝寿命角 ζ 表示成 $\boldsymbol{r}(\psi,\zeta)$，对于以角速度 Ω 进行旋转的螺旋桨叶片，涡丝上某点的位置矢量 $\boldsymbol{r}$ 可以表示为叶片方位角 ψ 和寿命角 ζ 的全微分展开：

$$\frac{\partial\boldsymbol{r}(\psi,\zeta)}{\partial\psi}+\frac{\partial\boldsymbol{r}(\psi,\zeta)}{\partial\zeta}=\frac{1}{\Omega}u[\boldsymbol{r}(\psi,\zeta)] \tag{6-10}$$

式(6-10)就是旋翼涡丝运动的控制方程，公式中的流体流速 $u[\boldsymbol{r}(\psi,\zeta)]$ 可分解为

$$u[\boldsymbol{r}(\psi,\zeta)]=u_{\infty}[\boldsymbol{r}(\psi,\zeta)]+u_{\mathrm{ind}}[\boldsymbol{r}(\psi,\zeta)] \tag{6-11}$$

式中：u_{∞} 表示环境在位置 $\boldsymbol{r}$ 处的自由流风速；u_{ind} 表示空间中所有涡丝段在位置 $\boldsymbol{r}$ 处的产生的诱导风速。自由流风速 u_{∞} 通过计算流体动力学软件仿真得到，诱导风速 u_{ind} 通过气动嗅觉效应模型进行数值计算。

图6-3中展示了一段涡丝的示意图，涡丝由一段段首尾相接的涡丝段组成，涡丝段之间的间隔点是涡丝的标识点。随着无人机旋翼螺旋桨以角速度 Ω 旋转，每个叶片上方位角 ψ 在随着旋转方向持续不断增加，每隔一段时间 Δt 从叶片尖处倾泻一段涡丝段，相邻的涡丝标识点之间的寿命角相差 $\Delta\zeta$。

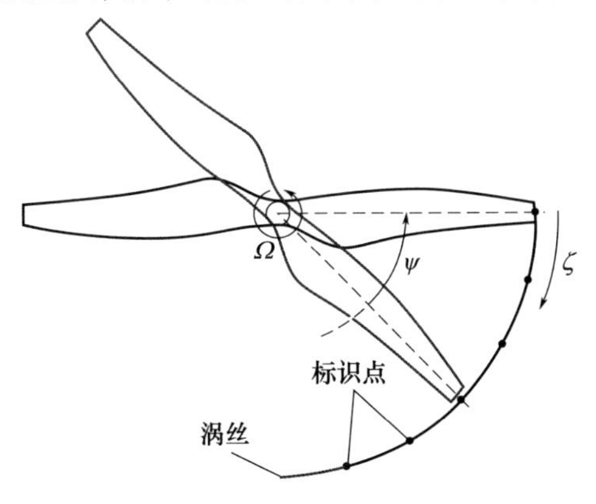

图6-3　螺旋桨翼尖涡丝示意图

2）诱导速度

取一段涡丝中的无限小长度的微元 ds，这段微元对空间中与微元距离为 $\boldsymbol{r}$（矢量）处的位置 A 点产生的诱导速度 d$\boldsymbol{u}$ 可以用电磁学中电流微元激发磁场的毕奥-萨伐尔定律计算：

$$\mathrm{d}\boldsymbol{u}=\frac{\Gamma}{4\pi}\frac{\mathrm{d}s\times\boldsymbol{r}}{|\boldsymbol{r}|^3} \tag{6-12}$$

式中：Γ 是涡强（环量），此时第 i 个直线涡段对 A 点的流速贡献可写为

$$\boldsymbol{u}_i(\boldsymbol{r}_A)=\frac{\Gamma_i}{4\pi h}(\cos\alpha+\cos\beta)\boldsymbol{e} \tag{6-13}$$

式中：$\boldsymbol{r}_A$ 表示 A 点处的位置矢量；$\boldsymbol{e}$ 表示诱导速度的方向单位矢量，根据电磁感应定律中的右手法则确定；h 为涡段到 A 点的距离（标量），如图 6-4 所示。

假设空间中一共有 n 个涡丝段，空间中点 A 的诱导速度是所有涡丝段对 A 点的诱导速度之和，可以将 A 的诱导速度 $\boldsymbol{u}_{\text{ind}}(\boldsymbol{r}_A)$ 表示为

$$\boldsymbol{u}_{\text{ind}}(\boldsymbol{r}_A)=\sum_{i=1}^{N_{\text{segments}}}\boldsymbol{u}_i(\boldsymbol{r}_A) \tag{6-14}$$

当式(6-13)中的 h 趋向零时，公式将变得无意义，并且会造成诱导速度场 $\boldsymbol{u}$ 不连续，无法在实际工程中应用，需要通过去极化的涡核转换式(6-13)，让诱导速度场 $\boldsymbol{u}$ 连续。

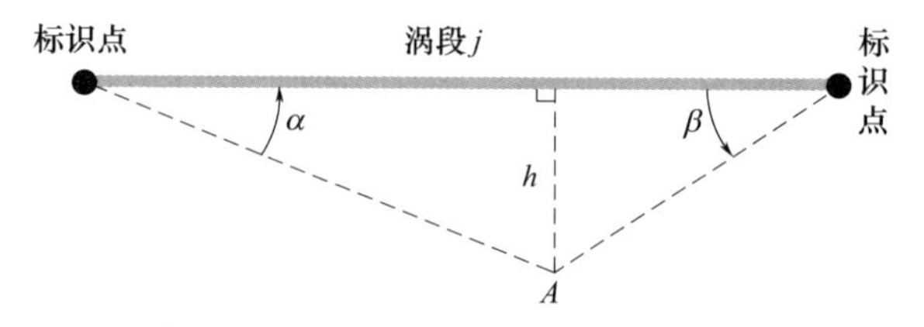

图 6-4　一段涡丝对空间中一点产生的诱导速度

应用 Vatistas 等提出的涡模型，将式(6-13)转换为去极化涡核的诱导速度公式：

$$\boldsymbol{u}_i(\boldsymbol{r}_A)=\frac{\Gamma_i h^2}{4\pi\left(R_{C_i}^{2n}+h^{2n}\right)^{\frac{1}{n}}}(\cos\alpha+\cos\beta)\boldsymbol{e} \tag{6-15}$$

式中：R_C 为去极化涡核的半径；诱导速度 $\boldsymbol{u}$ 在涡核位置处值最大为 $\boldsymbol{u}_{\max}$，n 越大则 $\boldsymbol{u}_{\max}$ 越大。通过旋翼实验可以得出，在 $n=2$ 为最优值。

随着旋翼旋转演变，$\boldsymbol{u}_{\max}$ 应该是越来越小，涡核半径 R_C 不断变大。可以将 R_C 建模为随着寿命角 ζ 不断变大的过程：

$$R_C(\zeta) = \sqrt{R_0^2 + 4\alpha\delta\nu\zeta/\Omega} \tag{6-16}$$

式中：R_0 为涡丝段产生时的初始涡核半径；$\alpha = 1.25643$ 是 Lamb 常数；ν 是流体的运动黏性系数；$\delta(>1)$ 是湍流黏性系数，与流体的漩涡雷诺数有关。

涡丝的涡强 Γ 与旋翼翼型、旋翼的叶片个数、旋翼旋转速度等都有关系，可以通过动量守恒定理简单近似模型成如下形式[91]：

$$\Gamma = \frac{2T}{N_b \rho \Omega R^2} \tag{6-17}$$

式中：N_b 是旋翼螺旋桨叶的个数；T 是 N_b 个叶片的旋翼升力；ρ 为流体的密度；Ω 是旋翼旋转的角速度；R 表示旋翼的半径。

3）时间步进

旋翼产生的整条涡丝的轨迹需要通过控制方程式(6－10)进行求解，基于时间步进有限差分方法求解涡丝位置 $\boldsymbol{r}$。通过“预测校正”方法对微分控制方程进行求解，以确定涡丝的位置。先根据当前时刻 t 的位置 $\boldsymbol{r}_t$ 和速度 $\boldsymbol{u}(\boldsymbol{r}_t)$ 推测下一时刻 $t+\Delta t$ 的预测位置 $\hat{\boldsymbol{r}}_{t+\Delta t}$：

$$\hat{\boldsymbol{r}}_{t+\Delta t} = \boldsymbol{r}_t + \boldsymbol{u}(\boldsymbol{r}_t)\Delta t \tag{6-18}$$

然后通过预测位置 $\hat{\boldsymbol{r}}_{t+\Delta t}$ 处的速度修正位置 $\boldsymbol{r}_{t+\Delta t}$，即

$$\boldsymbol{r}_{t+\Delta t} = \boldsymbol{r}_t + \frac{1}{2}[\boldsymbol{u}(\boldsymbol{r}_t) + \boldsymbol{u}(\hat{\boldsymbol{r}}_{t+\Delta t})]\Delta t \tag{6-19}$$

通过修正提高了 $\boldsymbol{r}_{t+\Delta t}$ 的精度，并且可以通过多次修正的方式进一步提高精度。

6.3　旋翼无人机三维烟羽发现

在时变流场环境下，气味烟羽是蜿蜒、间歇、时变的，造成气味信息在搜索空间中的分布是稀疏的。对于气味源搜索任务而言，常用的接触式气体传感器测量范围有限，机器人需要不断获得气味信息，才能够逐渐趋近气味源。烟羽发现是在气味源搜索初期，无人机尚未接触烟羽时的气味搜寻过程，烟羽发现方法对气味源搜索效率有重要的影响。

现有研究烟羽发现方法的文献主要针对地面二维搜索环境，包括被动监测、直线搜索、随机搜索、Z 字形遍历和螺旋遍历等方法。现实环境中，烟羽不一定与机器人处于同一高度，因此，需要研究适用于飞行机器人的三维空间下的烟羽发现方法。这里给出一种三维搜索空间下的气味烟羽发现方法——基于三维螺旋曲线的遍历搜索方法。

6.3.1 三维螺旋曲线

典型的二维阿基米德螺旋曲线如图 6－5 所示,在直角坐标下可表示为

$$\begin{aligned} x(t) &= \cos t \cdot t \\ y(t) &= \sin t \cdot t \end{aligned} \tag{6-20}$$

式中:t 为搜索时间。

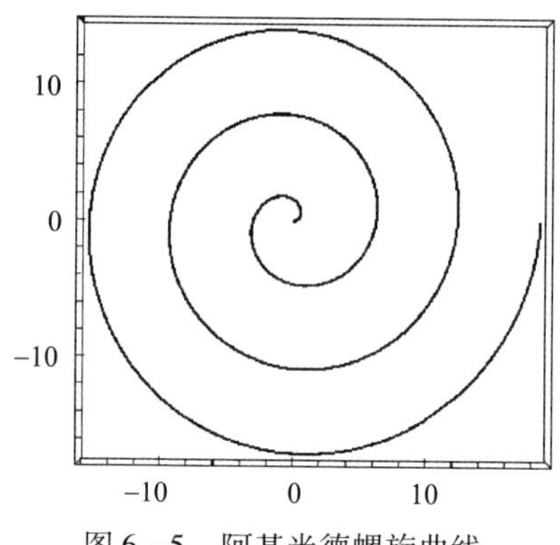

图 6－5 阿基米德螺旋曲线

从图 6－5 可观察到,阿基米德螺旋曲线可用于二维烟羽发现的原因是:机器人行走路径以初始位置为中心逐渐覆盖整个搜索平面。根据“覆盖搜索空间”这一思路,可将阿基米德螺旋曲线扩展至三维。

不失一般性地,将螺旋曲线放置在 $x-z$ 平面,此时,式(6－20)所述螺旋曲线可写为

$$\begin{aligned} x(t) &= \cos t \cdot t \\ z(t) &= \sin t \cdot t \\ y &= 0 \end{aligned} \tag{6-21}$$

然后将曲线沿 z 轴匀速旋转,设旋转角速度为 ω,则形成由如下公式描述的三维螺旋曲线:

$$\begin{aligned} x(t) &= t \cdot \cos t \cdot \cos(\omega t) \\ y(t) &= t \cdot \cos t \cdot \sin(\omega t) \\ z(t) &= t \cdot \sin t \end{aligned} \tag{6-22}$$

当 $\omega = \pi/36, 0 \leqslant t \leqslant 6\pi$ 时,式(6－22)描述的三维螺旋曲线如图 6－6 所示。

当飞行机器人沿三维螺旋曲线移动时,式(6－22)描述的路径可写为

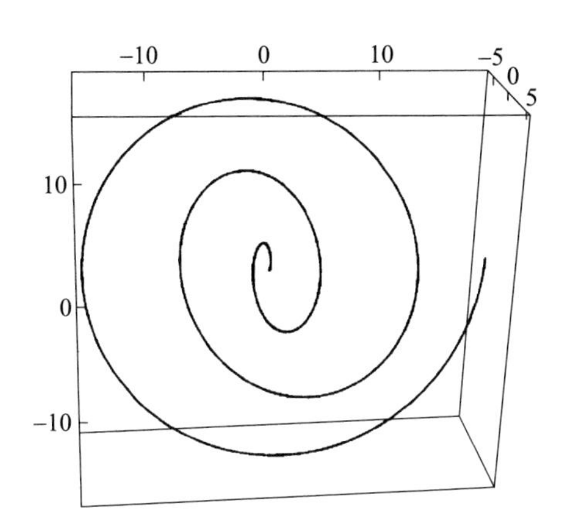

图6-6　$w = \pi/36$ 时的三维螺旋曲线

$$\begin{gathered}\boldsymbol{x}_r = \kappa\begin{bmatrix}\gamma\cos\gamma\cos(\omega\gamma)\\ \gamma\cos\gamma\sin(\omega\gamma)\\ \gamma\sin\gamma\end{bmatrix} + \boldsymbol{x}_{r_0}\\ \gamma = g(t_{pf})\\ 0 = g(0)\end{gathered} \tag{6-23}$$

式中：$\boldsymbol{x}_r$ 为机器人位置；$\boldsymbol{x}_{r_0}$ 为机器人启动烟羽发现算法时的初始位置（即三维螺旋线中心点）；t_{pf} 表示烟羽发现算法已执行的时间；γ 代表机器人绕初始位置 $\boldsymbol{x}_{r_0}$ 旋转的角度；$g(t_{pf})$ 表示从时间 t_{pf} 至角度 γ 的映射；κ 为参数控制三维螺旋遍历路径的空间尺度。

6.3.2　参数选择

式(6-23)中的参数 ω 决定了三维螺旋遍历路径的形状，合理的路径形状能够提高烟羽发现的时间效率。

当 $\omega = 1/4$ 时，三维螺旋遍历的路径在 $x-y$ 平面的投影呈十字形，如图6-7所示。

当 $\omega = 1/3$ 时，三维螺旋遍历的路径在 $x-y$ 平面的投影呈三叶草形，如图6-8所示。

当 $\omega = 1/8$ 时，三维螺旋遍历的路径在 $x-y$ 平面的投影呈玫瑰形，如图6-9所示。

式(6-23)中的 $g(t_{pf})$ 函数可被用于控制机器人的线速度及三维螺旋遍历路径的增长速度，从式(6-23)可推导出三维螺旋遍历路径的两个特性。

机器人与初始位置的距离为

$$|\kappa g(t_{pf})|$$

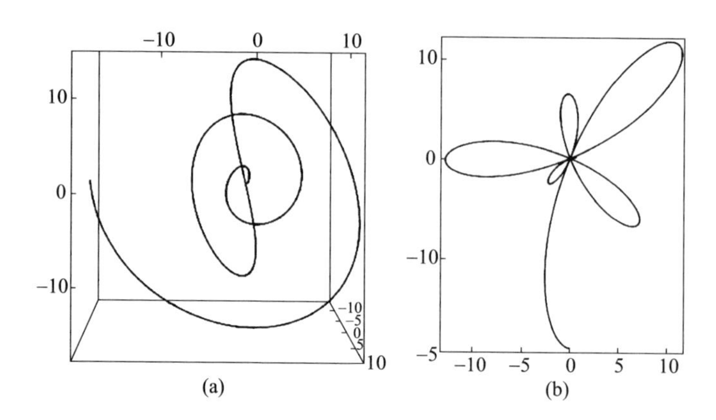

图 6－7　十字形三维螺旋遍历路径

（a）侧视图；（b）俯视图。

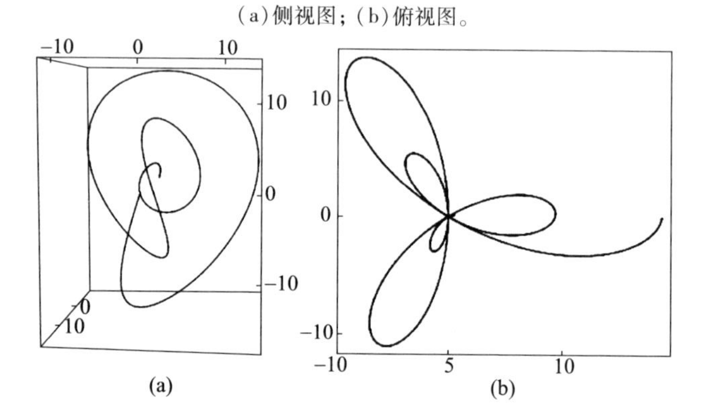

图 6－8　三叶草型三维螺旋遍历路径

（a）侧视图；（b）俯视图。

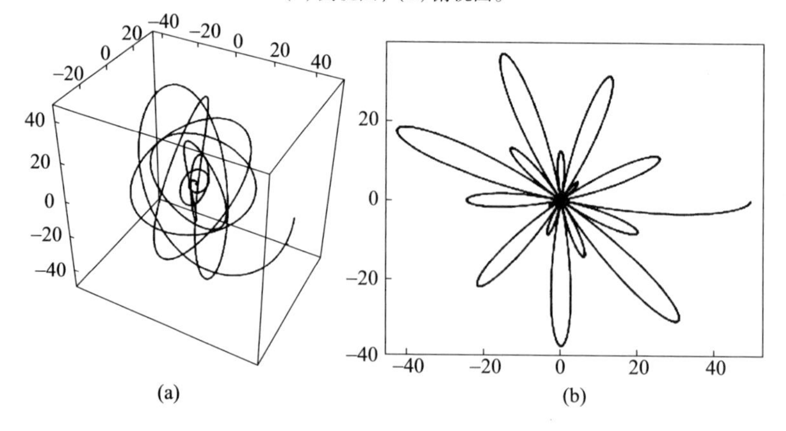

图 6－9　玫瑰型三维螺旋遍历路径

（a）侧视图；（b）俯视图。

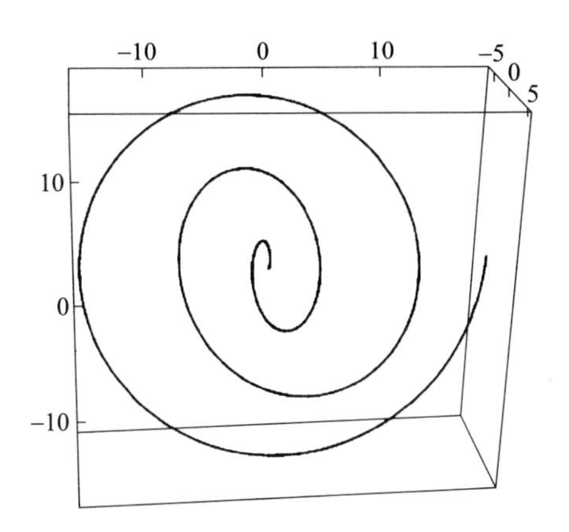

图6-6 $w=\pi/36$ 时的三维螺旋曲线

$$
\begin{gathered}
\boldsymbol{x}_r=\kappa\begin{bmatrix}\gamma\cos\gamma\cos(\omega\gamma)\\ \gamma\cos\gamma\sin(\omega\gamma)\\ \gamma\sin\gamma\end{bmatrix}+\boldsymbol{x}_{r_0}\\
\gamma=g(t_{pf})\\
0=g(0)
\end{gathered}
\tag{6-23}
$$

式中:$\boldsymbol{x}_r$ 为机器人位置;$\boldsymbol{x}_{r_0}$为机器人启动烟羽发现算法时的初始位置(即三维螺旋线中心点);t_{pf}表示烟羽发现算法已执行的时间;γ 代表机器人绕初始位置 $\boldsymbol{x}_{r_0}$ 旋转的角度;$g(t_{pf})$表示从时间 t_{pf}至角度 γ 的映射;κ 为参数控制三维螺旋遍历路径的空间尺度。

6.3.2 参数选择

式(6-23)中的参数 ω 决定了三维螺旋遍历路径的形状,合理的路径形状能够提高烟羽发现的时间效率。

当 $\omega=1/4$ 时,三维螺旋遍历的路径在 $x-y$ 平面的投影呈十字形,如图6-7所示。

当 $\omega=1/3$ 时,三维螺旋遍历的路径在 $x-y$ 平面的投影呈三叶草形,如图6-8所示。

当 $\omega=1/8$ 时,三维螺旋遍历的路径在 $x-y$ 平面的投影呈玫瑰形,如图6-9所示。

式(6-23)中的 $g(t_{pf})$ 函数可被用于控制机器人的线速度及三维螺旋遍历路径的增长速度,从式(6-23)可推导出三维螺旋遍历路径的两个特性。

机器人与初始位置的距离为

$$|\kappa g(t_{pf})|$$

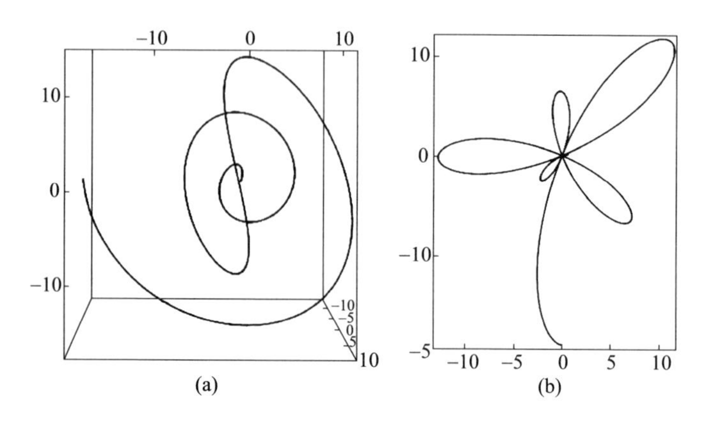

图 6-7　十字形三维螺旋遍历路径

(a)侧视图；(b)俯视图。

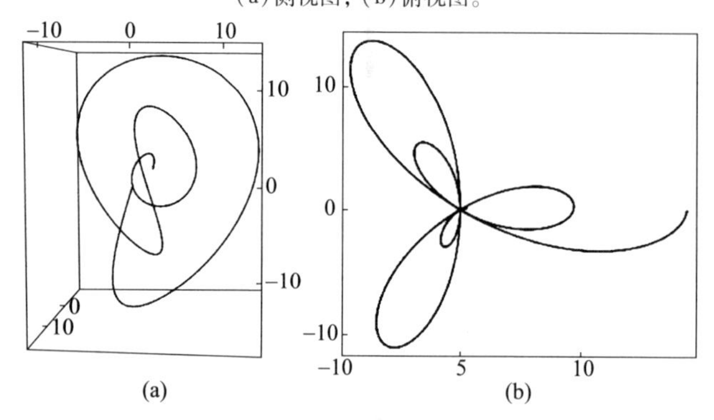

图 6-8　三叶草型三维螺旋遍历路径

(a)侧视图；(b)俯视图。

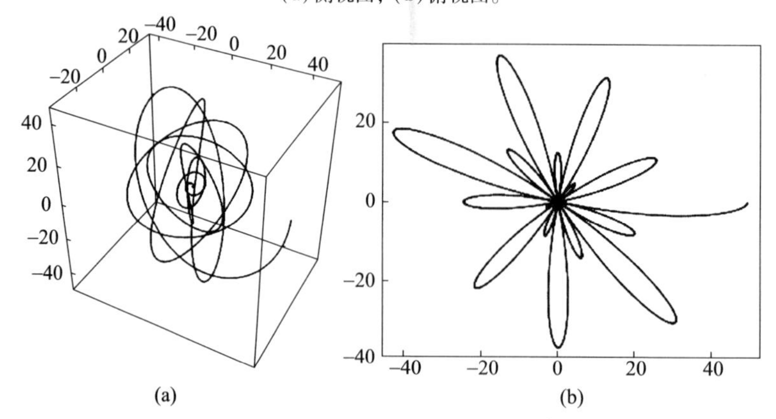

图 6-9　玫瑰型三维螺旋遍历路径

(a)侧视图；(b)俯视图。

机器人线速度为

$$|\kappa|\sqrt{\omega^2 g^2(t_{pf})\cos(g^2(t_{pf}))+g^2(t_{pf})+1}$$

由此可知，机器人与初始位置距离随着 $\gamma=g(t_{pf})$ 线性增长，线速度近似线性增长。如需控制机器人的线速度，可以设计合适的函数 $g(t_{pf})$。例如：

$$g(t_{pf})=\log(t_{pf}+10) \tag{6-24}$$

式(6-24)定义的 $g(t_{pf})$ 可使机器人线加速度越来越低，进而限制机器人线速度的增长。

6.4　旋翼无人机气味烟羽跟踪

现有基于搜索行为和分析模型的烟羽跟踪方法主要针对二维平面搜索空间，机器人进行烟羽跟踪时不考虑烟羽在垂直方向的运动和分布。基于旋翼无人机进行三维空间中的烟羽跟踪研究时，需要烟羽在垂直方向的运动，以进行无人机飞行高度的控制，实现三维空间内的烟羽跟踪；同时，由于旋翼气动嗅觉效应对无人机周围的烟羽扩散分布有明显影响，利用浓度梯度或者分析模型进行烟羽跟踪的方法应用受限，需要适用于旋翼无人机的烟羽扩散信息提取方法。本节提出一种适用于旋翼无人机的气味来源方向推理方法，通过设计合理的机载传感器布局和信息提取方法，实现对气味来源方向的估计。

6.4.1　旋翼无人机气味来源方向推理

旋翼无人机气味来源方向推理(Odor Source Orientation Inference，OSOI)是一种通过对安装于旋翼飞行机器上的多枚气体传感器的输出信号进行处理，进而判断出气味来源方向的方法。推理结果可用于引导无人机跟踪气味烟羽。此法降低了气味源定位过程中对风信息的依赖程度。

受到达时间差(Time Differences of Arrival，TDOA)定位技术的启发，理论上也可以通过测量气味到达多枚气体传感器的时间差计算气味来源方向。然而，不同于声波或电磁波的传播，湍流主控环境中的气味浓度场不是以气味源为中心辐射式分布的(区别于分子扩散环境，该环境类似于中心辐射)，而是间歇、混沌、摆动的，因此即使是多枚距离很近的同种气体传感器，它们输出信号的相关性也比较低，互相关方法不适用于获取气味检测信号之间的时间差。

由于旋翼尾流的湍动特性，无人机周围的气味浓度随时间剧烈变化，致使气体传感器信号强烈波动。常用的金属氧化物气体传感器的恢复时间与气味浓度呈正相关,即气味浓度越高,传感器恢复时间越长。传感器在不同浓度水平的环境中的输出信号所含频率成分也不同,在这些不同的频率成分中则可能包含气味流动的相关信息。

实际上,在无人机周围一直同时存在许多不同几何尺寸、形状、浓度的气味包,这些气味包的运动由空气中的大尺度和中尺度涡的流速支配,可表示为

$$\dot{\boldsymbol{x}}_{\mathrm{p}}=\boldsymbol{u}_{\mathrm{p}}+\boldsymbol{u}_{\mathrm{eddy}} \tag{6-25}$$

式中:$\boldsymbol{x}_{\mathrm{p}}$ 是气味包的位置,$\dot{\boldsymbol{x}}_{\mathrm{p}}$是气味包速度矢量;$\boldsymbol{u}_{\mathrm{p}}$ 是大尺度涡的流速;$\boldsymbol{u}_{\mathrm{eddy}}$ 表示中尺度涡的流速。当气味流经无人机时,气体传感器信号的低频分量反映了大量气味包在$\boldsymbol{u}_{\mathrm{p}}$ 影响下的整体移动,而高频分量则对应着气味包在($\boldsymbol{u}_{\mathrm{p}}+\boldsymbol{u}_{\mathrm{eddy}}$)作用下的移动。采用连续小波变换(Continuous Wavelet Transform,CWT)可以将气体传感器信号解剖为不同频率的切片,进一步揭示一系列时间尺度的 CWT 系数包含着的与气味流动方向有关的丰富信息。

1)传感器布局

根据气体传感器信号对气味来源方向进行推理需要适当的传感器布局配合。理论上,一种直接的思路是在无人机不同部位布置大量气体传感器,使传感器检测范围覆盖机身。该思路的优势是:可以极大地降低漏检概率,并产生大量的冗余信息。但是其缺点也很明显,即增加无人机的重量和电能消耗。这里采用三枚金属氧化物气体传感器测量无人机不同部位的气味浓度变化。如图 6-10 所示,三枚传感器安装在四旋翼无人机的桨叶下方,间距 12cm,即位于边长 12cm 的等边三角形的顶点。

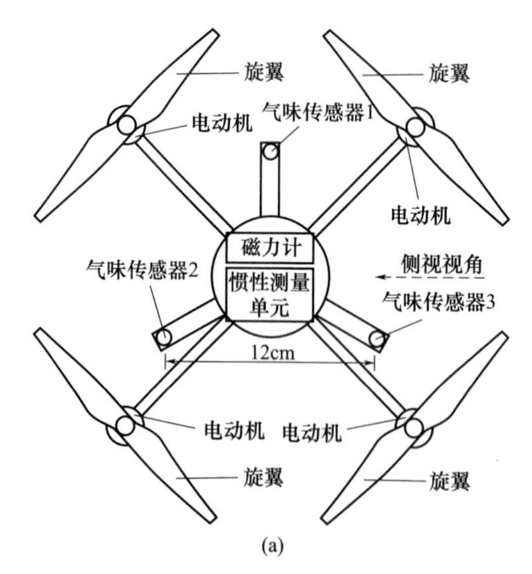

(a)

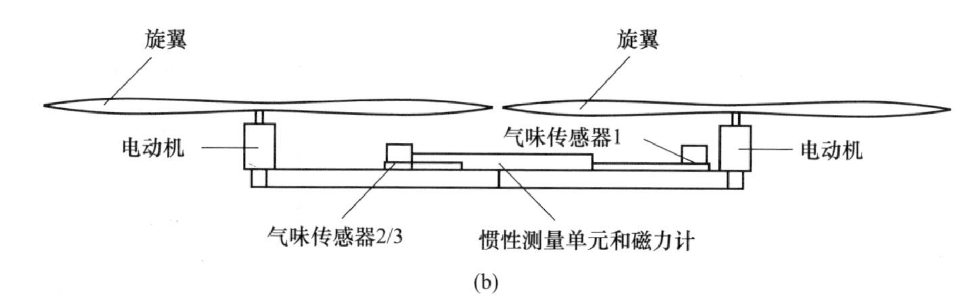

图6-10　三枚气体传感器的安装位置
(a)俯视图；(b)侧视图。

气体传感器信号之间的相似程度与传感器之间的距离有关,距离越短,相似程度越高。然而,缩短传感器之间的距离需要增加传感器数量才能使检测范围完全覆盖无人机,因此,图6-10所示的传感器布局是检测范围、传感器数量和传感器距离三方面的权衡结果。将传感器放置于桨叶下方还有一个优势,就是传感器的恢复时间会由于旋翼气流的冲洗作用而缩短。

2）气体来源方向推理方法

气味来源方向用惯性坐标下的 e_{odor} 表示。e_{odor} 的计算包含两个步骤:一是计算/估计气味流动方向 e_g;二是融合 e_g 和风向估计值 e_w(e_g、e_w 均在机体坐标系下)。图6-11是机体/惯性坐标系和气味流动方向的示意图,机体、惯性坐标系分别以B、I表示。

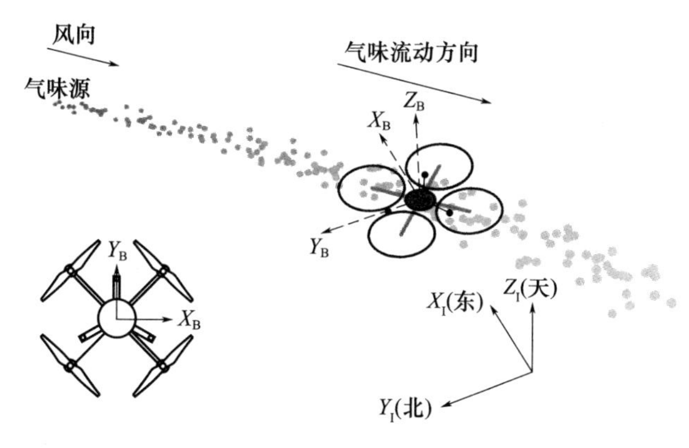

图6-11　机体/惯性坐标系以及气味流动方向的定义

OSOI方法的计算流程如图6-12所示。在每个更新周期(设定为1s)内,OSOI方法处理最近一段时间(设定为10s)内的气体传感器电压信号,以推理气味来源方向。

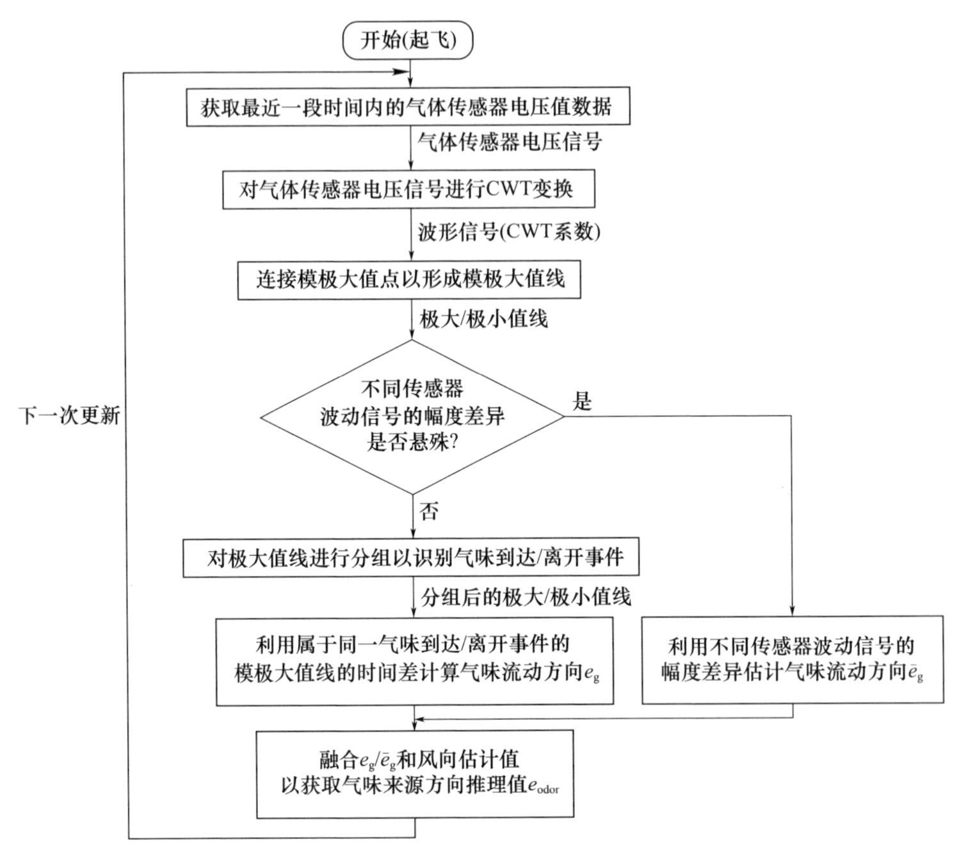

图 6－12　气味来源方向推理方法流程图

首先采用连续小波变换(CWT)剥离气体传感器信号的基线并保留波动信号(方便起见,以“波动信号”表示气体传感器电压值时间序列的 CWT 系数),然后将波动信号的模极大值点(包括极大值和极小值)连接起来形成模极大值线(包括极大值线和极小值线)。这些线用于识别气味到达/离开事件,并提取时间差以计算气味流动方向 e_g。然后将气味流动方向与风向估计融合以消除奇异值,最后采用矢量相加以获取稳定的气味来源方向推理值 e_{odor}。

如果不同传感器的波动信号幅度差异悬殊(体现为不同气体传感器的模极大值线的顶点值有较大差异),模极大值线的分组就变得不可靠,导致气味到达/离开事件的识别不准确。此时,就不能采用模极大值线的时间差计算气味流动方向,应采用变化信号的幅度差异来估计气味流动方向,记为 $\tilde{e}_g$。然后融合 $\tilde{e}_g$ 与风向估计平均值 $\bar{e}_w$ 以得到气味来源方向推理值 e_{odor}。

(1) 气体传感器响应信号的连续小波变换。为了提取气体传感器响应信号中的变化信息，对气体传感器输出的原始电压信号进行小波变换。小波基采用高斯一阶导数：

$$\chi(t) = -\frac{t-\tau}{\sigma^3\sqrt{2\pi}}e^{-\frac{(t-\tau)^2}{2\sigma^2}} \tag{6-26}$$

式中：t 为时间；σ 为标准差；τ 为平移参数。此小波基的特点是能够滤除低频分量、保留高频分量。小波变换定义如下式所示：

$$Wf(\tau,s) = \int_R f(t)\frac{1}{\sqrt{s}}\chi\left(\frac{t-\tau}{s}\right)\mathrm{d}t \tag{6-27}$$

式中：$Wf(\,)$ 表示波动信号（小波变换系数），$Wf(\,)\in R$；s 为尺度参数，$s\in R$；$f(t)$ 为气体传感器输出的电压信号。

采用连续小波变换获取多个时间尺度下的波动信号，即设定一系列尺度参数，将气体传感器输出的原始电压时间序列经过 CWT 处理，以产生从最精细的时间尺度到最粗略的时间尺度的小波变换系数。相较于线性函数，指数函数能产生更均匀分布的模极大值，因此尺度参数 s 由下式的指数函数计算得到：

$$s_i = \alpha(2^{\frac{N_s-i}{N_s}}-1)+1,\quad i=0,1,\cdots,N_s-1 \tag{6-28}$$

式中：α 为尺度变化范围；N_s 为尺度数量。

图6-13展示了一段时间内气体传感器输出的电压信号，它们经过 CWT 生成的多尺度波动信号如图6-14所示。从 CWT 系数可以看出，不同气体传感器的波动信号之间有着原始电压信号中难以识别出来的相似性，这种相似性可以用来揭示隐藏于信号中的气味到达/离开时间差。由于气体传感器的输出电压与气味浓度呈负相关性，即气味浓度越高、输出电压值越低，小波变换结果中的

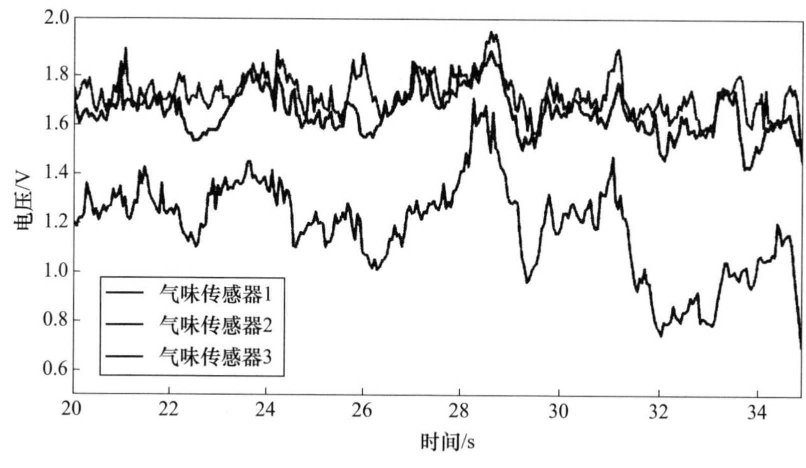

图6-13　三枚气体传感器的原始电压信号

负值意味着气味在传感器周围积聚、正值对应气味消散，所以极小值代表气味的最大积聚程度，而极大值对应气味的最大消散速率。因此模极大值（极大值/极小值）的出现时刻可以用来计算气味达到/离开 3 个传感器的时间差。

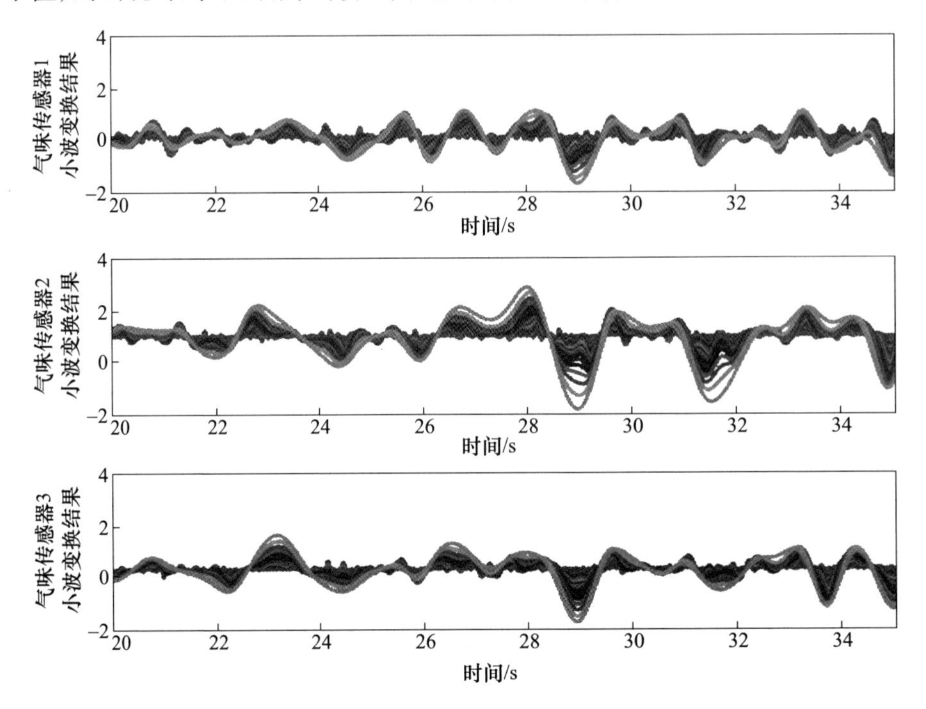

图 6－14　小波变换产生的波动信号（CWT 系数）

（2）模极大值线的提取。模极大值线的作用是识别气味到达/离开事件。对于两个相邻尺度 s_i 和 s_{i+1} 上的模极大值点 (m,s_i) 和 (n,s_{i+1})，通过决策函数判定它们是否属于同一条模极大值线。决策函数为

$$P((m,s_i),(n,s_{i+1}))=\Delta(m,s_i,n)D(m,s_i,n,s_{i+1})\mathrm{sign}(m,s_i,n,s_{i+1}) \tag{6-29}$$

式中：

$$\Delta(m,s_i,n)=\exp(-|n-m|s_i^{-\beta})$$

$$D(m,s_i,n,s_{i+1})=\exp\left(-\left|\ln\frac{|Wf(n,s_{i+1})|}{|Wf(m,s_i)|}\ln^{-1}\frac{s_{i+1}}{s_i}-\frac{1}{2}\right|s_i^{\beta}\right)$$

$$\mathrm{sign}(m,s_i,n,s_{i+1})=\begin{cases}1, & \dfrac{Wf(n,s_{i+1})}{Wf(m,s_i)}>0\\ 0, & \text{其他}\end{cases}$$

式中：P 是极值(m,s_i)和(n,s_{i+1})属于同一条极值线的概率；s_i 和 s_{i+1} 为两相邻时间尺度；m 和 n 为极值点发生的时刻；β 控制两个点的距离 Δ 和衰减系数 D 的权重。若对尺度 s_i 上的任意极值(t',s_i)，$t'\neq m$ 都有 $P((m,s_i),(n,s_{i+1}))>P((t',s_i),(n,s_{i+1}))$，则$(m,s_i)$和$(n,s_{i+1})$在同一条极值线上。这里需要解释的是，$s_{i+1}$ 比 s_i 更精细，极值线从粗糙尺度到精细尺度生长，即极大值线的生长是根据式(6-29)已知(m,s_i)确定(n,s_{i+1})的过程。

模极大值点有3个属性：CWT系数 $Wf(\,)$、尺度索引和发生时间。完整地表达模极大值点需要两种映射：一是时间→$Wf(\,)$；二是时间→尺度索引。图6-15展示了使用式(6-29)从图6-14的波动信号中提取的模极大值线，图6-15(a)中绘制了模极大值线的时间和CWT系数值，图6-15(b)中绘制了模极大值线的时间和尺度索引。接下来需要将代表着气味到达/离开事件的模极大值线进行分组，即将属于同一气味到达/离开事件的三枚传感器的模极大值线找出来分为一组，重复这个过程直到找出所有能够匹配的分组。分组过程基于一个合理的假设：如果两条模极大值线相似，则它们有可能属于同一气味到达/离开事件。显然，仅仅利用时间和尺度索引(图6-15(b))难以准确判断两

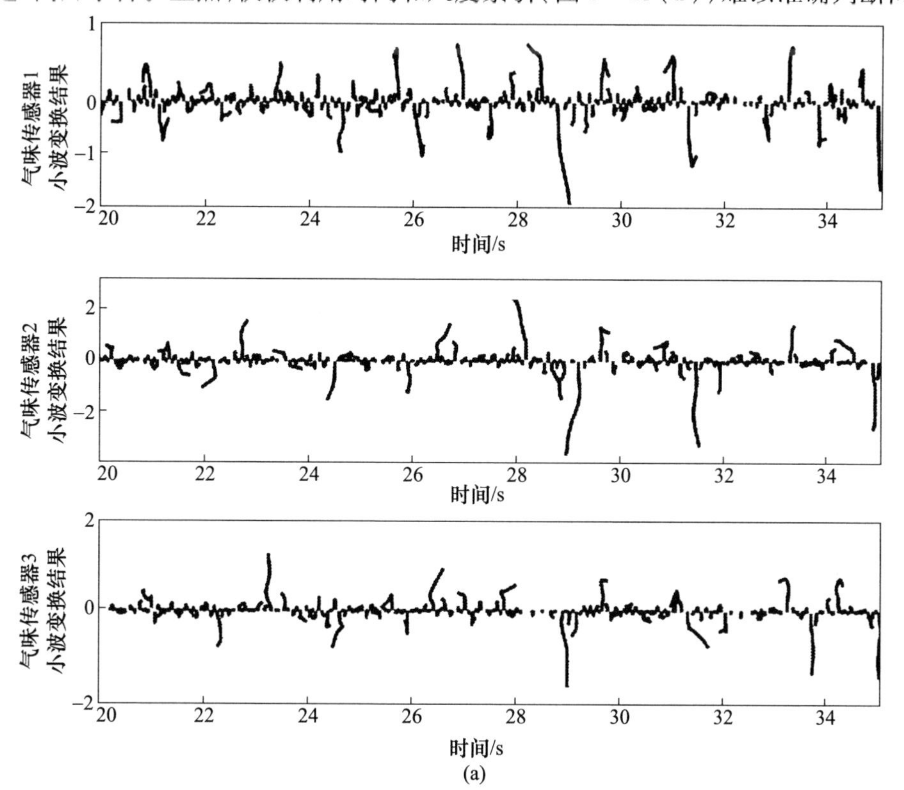

(a)

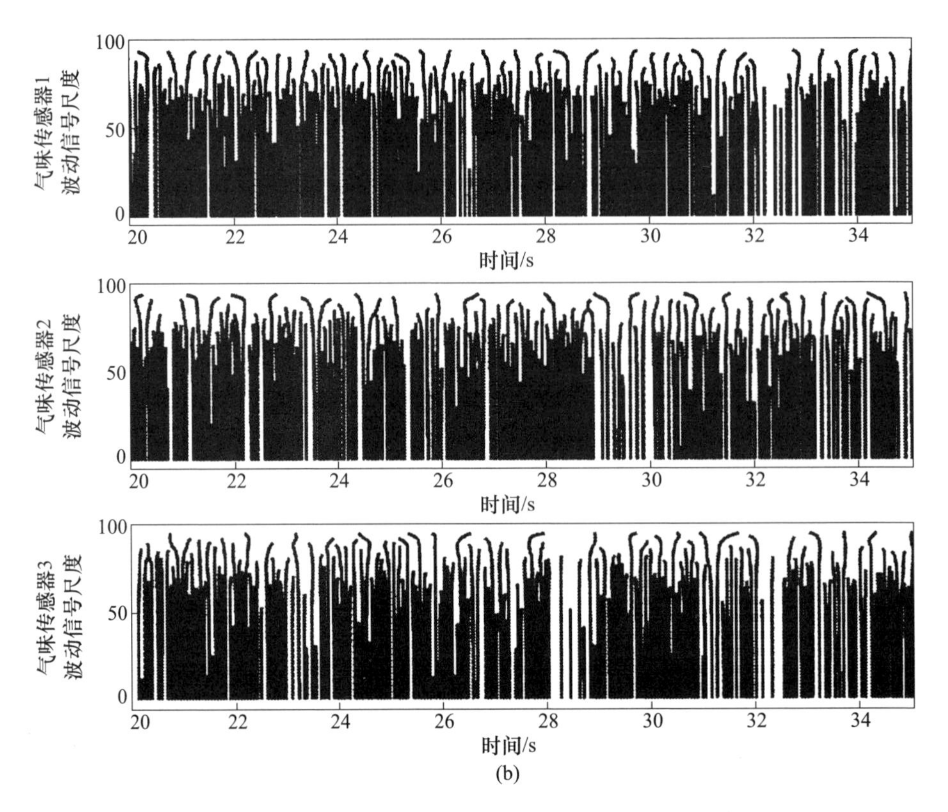

图 6－15　从图 6－14 所示波动信号中提取的模极大值线

条模极大值线相似性如何，因此，CWT 系数值（每条极值线所有的极值点的 CWT 系数值）也需要考虑，以准确度量极值线的相似性。

（3）模极大值线的分组。依据模极大值线之间的相似性将其分组，以匹配三枚气体传感器对同一气味到达/离开事件的响应。从三个方面定义了模极大值线的相似性。

① CWT 系数值随尺度索引变化趋势的相似性，记为 S_{wt}。

② 时间随尺度索引变化趋势的相似性，记为 S_t。

③ 最大尺度的相似性，记为 S_{ly}。

对于模极大值线 l_1 和 l_2，前两个相似性 $S_{wt}(l_1,l_2)$ 和 $S_t(l_1,l_2)$ 由皮尔逊相关系数得

$$r(X,Y)=\frac{\sum(x_i-\bar{x})(y_i-\bar{y})}{\sqrt{\sum(x_i-\bar{x})^2}\sqrt{\sum(y_i-\bar{y})^2}} \tag{6-30}$$

式中：X 和 Y 分别为 $Wf(\,)$ 序列或者时刻值序列。在使用式（6－30）计算之前需

要将较短的序列使用零值填充至和另一序列相同的长度。最大尺度相似性(第三个相似性)的计算公式为

$$S_{ly}(l_1,l_2)=1-|N_1-N_2|/N_s \tag{6-31}$$

式中:N_1、N_2 分别为模极大值线 l_1 和 l_2 延伸到的最大尺度的索引值。两条模极大值线的相似程度可写为这3种相似性的加权和形式:

$$\begin{aligned}&S_{ly}(l_1,l_2)=w_{wt}S_{wt}(l_1,l_2)+w_tS_t(l_1,l_2)+w_{ly}S_{ly}(l_1,l_2)\\&1=w_{wt}+w_t+w_{ly}\end{aligned} \tag{6-32}$$

式中:w_{wt}、w_t 和 w_{ly} 分别为 S_{wt}、S_t、和 S_{ly} 的权重。在不同的气味到达/离开事件中,CWT系数值随尺度索引变化趋势的差异比模极大值最大尺度的差异更显著,而极大值出现时刻的差异最不明显,如图6-15所示,因此,3个权重值的选取最好满足 $w_{wt}>w_{ly}>w_t$,相似性计算所需参数的参考取值如表6-1所列。

表6-1　气味来源估计方法可调参数的参考取值

参数	取值
σ	0.4
N_s	100
α	49
β	-0.3
w_{wt},w_t,w_{ly}	0.5,0.1,0.4

定义了模极大值线的相似性后,模极大值线的分组方法是:找到具备最高整体相似性的3条模极大值线,并将其分为同一组。3条模极大值线的整体相似性为

$$S_G(l_1,l_2,l_3)=S(l_1,l_2)+S(l_1,l_3)+S(l_2,l_3) \tag{6-33}$$

一种用于对模极大值线进行分组的迭代算法,如图6-16所示。根据该算法得到图6-15中极值线的分组结果如图6-17所示,其中颜色相同的模极大值线属于同一组别,并且过滤掉了CWT系数值过低和最大尺度过小的模极大值线。模极大值线分组后,每组的气味到达/离开时间差可通过比较组内3条模极大值线的时间分量得到,此处采用最精细尺度下模极大值点出现的时刻计算时间差。

(4)气味流动方向计算。三枚气体传感器在机体坐标系 X_B-Y_B 平面上的布置如图6-18所示。气体传感器分别位于 P_1、P_2、P_3。机体坐标系的中心与气体传感器分布形成的等边三角形的中心重合,即 $O_BP_1=O_BP_2=O_BP_3$,令 $O_BP_1=R$,在 X_B-Y_B 平面上,传感器位置为 $\boldsymbol{P}_1=(0,R)^{\mathrm{T}}$、$\boldsymbol{P}_2=(-\sqrt{3}R/2,-R/2)^{\mathrm{T}}$ 和 $\boldsymbol{P}_3=(\sqrt{3}R/2,-R/2)^{\mathrm{T}}$。

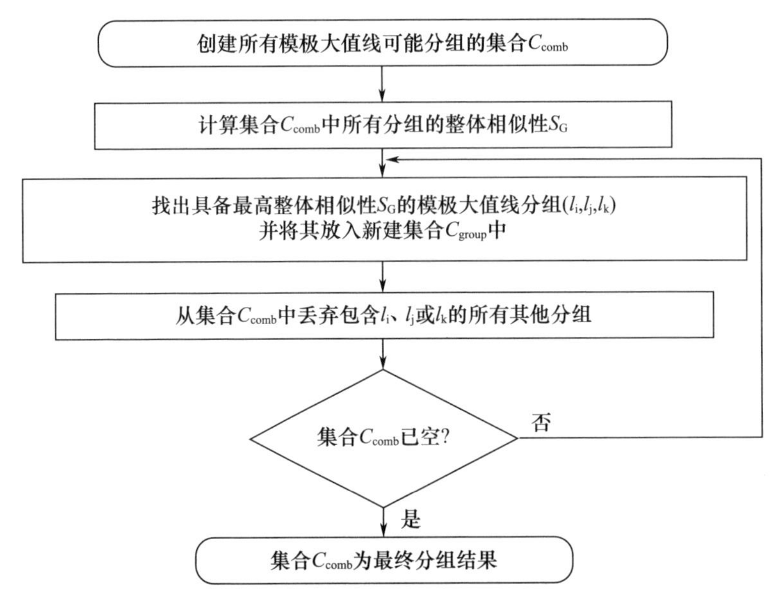

图 6-16　模极大值分组的迭代算法

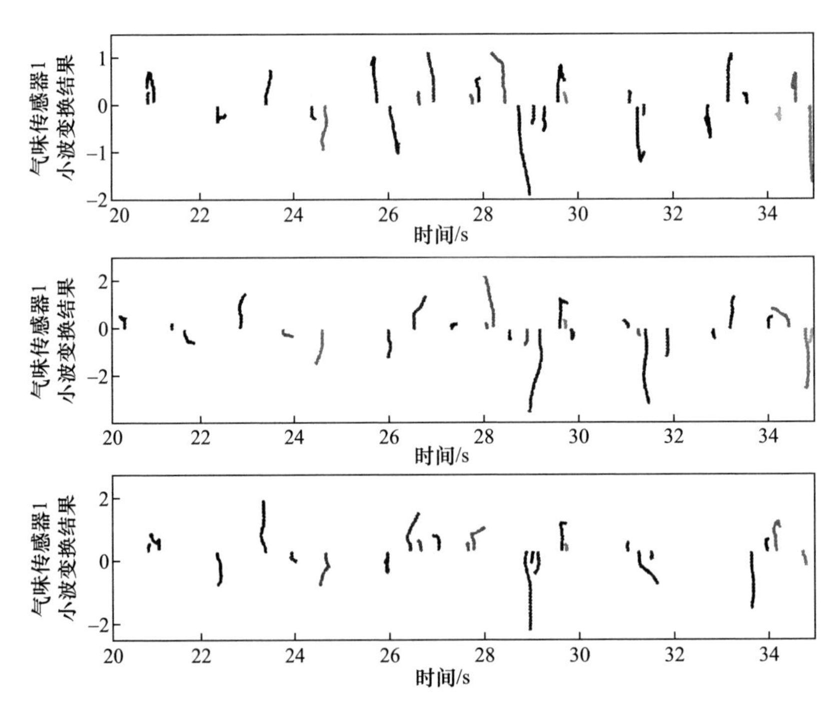

图 6-17　图 6-15 中模极大值线的分组结果(同色线属同组)

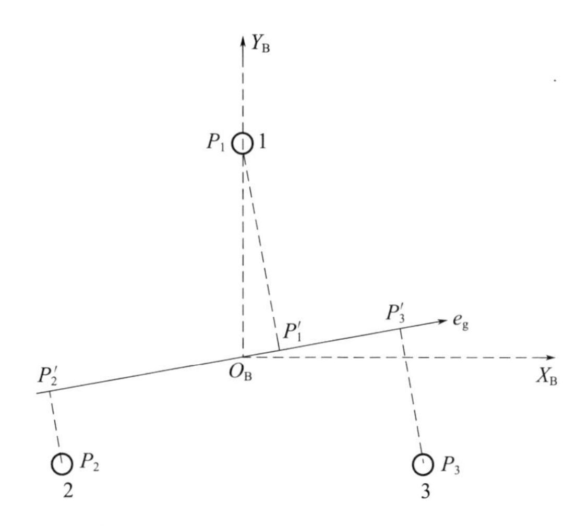

图6-18 机体坐标系下气体传感器位置和气体流动方向示意图

如图6-18所示,如果气味沿 $\boldsymbol{e}_g$ 方向流动,则 P_1、P_2 和 P_3 在 $\boldsymbol{e}_g$ 上的投影 P'_1、P'_2 和 P'_3 之间的距离与时间差成正相关。因此,当已知气体传感器对同一气味到达/离开事件的响应时间差时,气体流动方向 $\boldsymbol{e}_g$ 可通过求解以下方程组计算:

$$\begin{aligned} \boldsymbol{P}_{13} \cdot \boldsymbol{e}_g &= \Delta t_{13} v \\ \boldsymbol{P}_{21} \cdot \boldsymbol{e}_g &= \Delta t_{21} v \\ \boldsymbol{P}_{23} \cdot \boldsymbol{e}_g &= \Delta t_{23} v \end{aligned} \tag{6-34}$$

式中:$\boldsymbol{P}_{ij} = \boldsymbol{P}_j - \boldsymbol{P}_i, i,j \in \{1,2,3\}, i \neq j$;$\Delta t_{ij}$ 是传感器 j 滞后传感器 i 的时间差;$\boldsymbol{e}_g = (e_{gx}, e_{gy})^{\mathrm{T}}$ 为单位矢量;v 是气体流动速度(标量);( )·( )表示两矢量的内积。由于方程组(6-34)含3个未知量(e_{gx}、e_{gy} 和 v),$\boldsymbol{e}_g$ 的唯一解必定存在,除非 $\Delta t_{13} = \Delta t_{21} = \Delta t_{23} = 0$。

(5)气体流动方向估计。当不同传感器在经过小波变换后得到的波动信号的幅值悬殊时,模极大值线的长度会存在悬殊差异,这将会导致不可靠的分组结果。尽管这种情况很少出现,但错误的时间差信息会使结果出现明显的错误。因此,在这种情况下,使用小波变换得到的波动信息估计气体到达/离开事件,计算公式为

$$\tilde{t}_i = \left(\sum | Mf_i(\tau, s_{\max}) | \right)^{-1}, \quad i = 1,2,3 \tag{6-35}$$

式中:$Mf_i(\tau, s_{\max})$ 为最近一段时间 τ(通常为10s)内最大尺度波动信号的极大值/极小值。时间差可计算为 $\Delta t_{ij} = \tilde{t}_j - \tilde{t}_i, i,j \in \{1,2,3\}, i \neq j$,而气味流动方向可由式(6-34)得到,记为 $\tilde{e}_g$,以与直接通过极大值线时间差计算得到的 $\boldsymbol{e}_g$ 进

行区分。只要已知时间差,不管此时间差信息是通过分组后的模极大值线直接计算得到,还是通过式(6-35)估计得到,式(6-34)均可用于获取气味流动方向,只是结果分别表示为 $\boldsymbol{e}_g$ 和 $\tilde{\boldsymbol{e}}_g$。

式(6-35)暗示着一个现象,即烟羽接触旋翼无人机后,旋翼转动会对气体分布产生影响,导致无人机周围气味浓度水平不一致,尽管估计得到的 $\tilde{\boldsymbol{e}}_g$ 与真实的 $\boldsymbol{e}_g$ 不完全一致,但比使用错误的时间信息计算得到的结果会更可靠。

(6) 气味来源方向推理。风向估计值被用于与气味流动方向 $\boldsymbol{e}_g/\tilde{\boldsymbol{e}}_g$ 融合得到稳定的气味来源方向推理结果(e_{odor})。在通常情况下,在气体传感器对气味进行连续采样过程中持续计算气味流动方向会得到 $\boldsymbol{e}_g$ 序列,每一个 $\boldsymbol{e}_g$ 需要和它同时刻的风向 $\boldsymbol{e}_w$(根据风速在线估计算法得到)进行融合。融合过程分为3个步骤。

① 遍历 $\boldsymbol{e}_g$ 序列,计算每一个 $\boldsymbol{e}_g$ 和它同时刻风向的夹角,如果夹角大于预设阈值(通常为90°),则此 $\boldsymbol{e}_g$ 和 $\boldsymbol{e}_w$ 被视为奇异值而舍弃。

② 将同一时刻的 $\boldsymbol{e}_g$ 和 $\boldsymbol{e}_w$ 进行矢量相加,得到($\boldsymbol{e}_g+\boldsymbol{e}_w$)序列。

③ 将($\boldsymbol{e}_g+\boldsymbol{e}_w$)序列元素进行矢量相加,最终结果取反并根据无人机的航向角 ψ 转换到惯性坐标系,得到 e_{odor}。

估计(而非计算)得到的 $\tilde{\boldsymbol{e}}_g$ 不是一个序列,而是一个矢量,因为它是用最近一段时间的平均波动信息得到的(见式(6-35)),所以 $\tilde{\boldsymbol{e}}_g$ 和风向单位矢量的平均值 $\bar{\boldsymbol{e}}_w$ 直接相加得到融合结果。

6.4.2 气味烟羽发现和跟踪实验验证

1) 室内气味来源推理实验

为了验证气味来源方向推理方法的有效性,设计了两项测试。所有测试均在密闭室内进行,这样可以产生可控的气流环境。自由气流(风)由微风风洞产生,气味来源为金属酒杯,杯中盛有无水酒精,杯底安装有正温度效应(Positive Temperature Coefficient,PTC)发热器以加速酒精挥发。气味源紧靠微风风洞扇叶中心放置,距离地面1.4m。

(1) 测试1:静态(旋翼不转)测量。此测试为了验证气味流动方向 $\boldsymbol{e}_g$ 的计算。无人机被固定在微风风洞前的一支三脚架上,无人机在气味源的正北方向,距离气味源1.6m,无人机高度与气味源相同。微风风洞摇头以产生时变气流场。无人机的旋翼保持静止(不旋转),此时不产生旋翼尾流,气味烟羽的扩散不受气动嗅觉效应的影响。在此测试中,风速信息不可用,计算结果仅为对3枚气体传感器的输出电压信号进行数据处理所得。另外,无人机偏航角 $\psi=0$,这使得 $\boldsymbol{e}_g$ 的反方向指示着气味来源方向。

2min 内的气味流动方向计算结果(取反)如图 6-19 所示。0°为北方,180°为南方,图中给出的是由 152 个测量结果统计获得的结果,其中 37.5% 的结果在正确方向(180°,正南)±15°范围内,75.7% 的结果在正确方向 ±30°范围内,91.4% 的结果在正确方向 ±45°范围内,98% 的结果在正确方向 ±60°范围内。

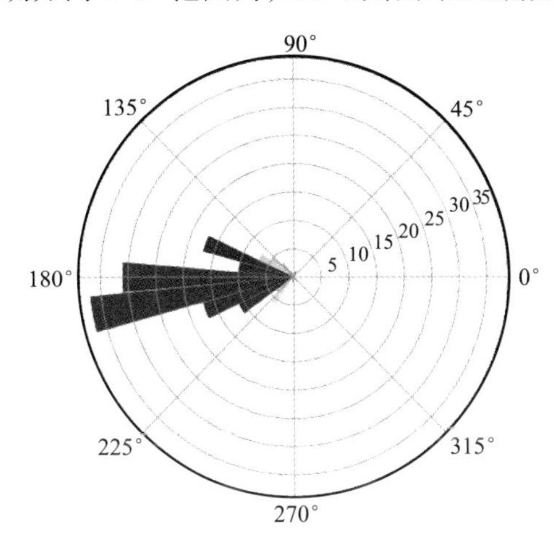

图 6-19 根据静态测量的气体传感器数据计算的气味流动反方向

(2) 测试 2:悬停测量。此测试是为了验证气味来源推理方法的有效性而设计。无人机在微风风洞前飞行,水平方向距离气味源 1.6m,高度与气味源相同,如图 6-20 所示。

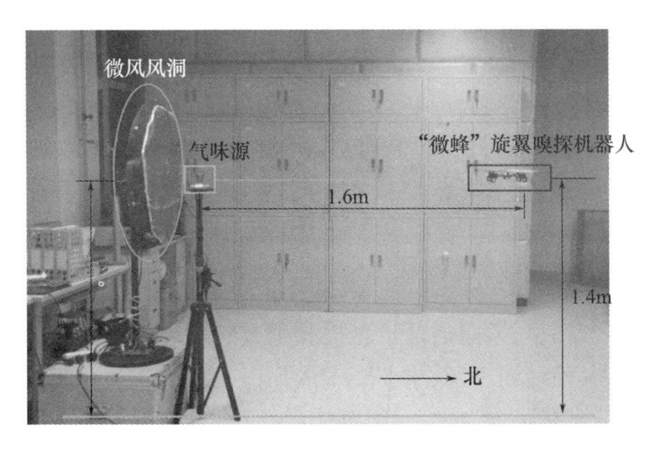

图 6-20 微风风洞、气味源、无人机的相对位置

本次测验总共包含3个情景。

① 无人机在微风风洞和气味源北方悬停,微风风洞产生向正北方向发展的气流(微风风洞不摇头,风向固定),此场景中,气味烟羽径直朝无人机扩散。

② 无人机在微风风洞和气味源北方悬停,微风风洞摇头产生时变气流场,此场景中,气味在向无人机方向扩散的同时表现出蜿蜒特征。

③ 无人机沿一条水平圆弧飞行,圆弧的圆心为气味源,如图6-21所示,圆弧的半径为1.6m,微风风洞摇头以产生时变气流场,此场景中,气味烟羽向北方扩散且表现出蜿蜒特征,气味源相对于无人机的方位角(气味来源方向)一直在变化。

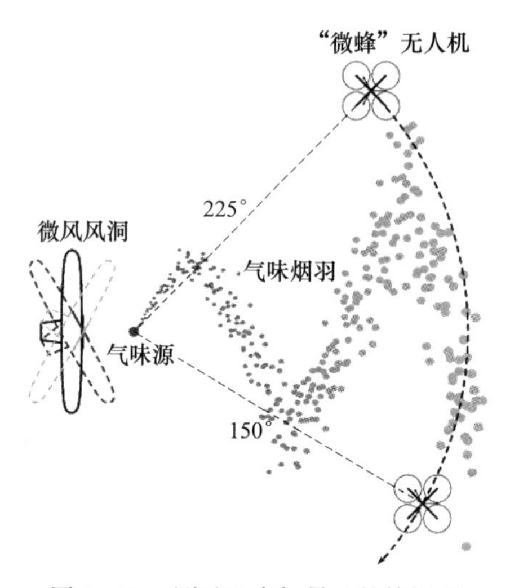

图6-21 测试2中场景3的俯视图

在测试中,无人机偏航角ψ的参考值设为0,但是当无人机悬停/飞行时ψ的实际值会在0左右来回摇摆,所以$\boldsymbol{e}_{\mathrm{g}}$和$\boldsymbol{e}_{\mathrm{w}}$的结果需要被转换到惯性坐标系下,因此,在测试结果中,展示了惯性坐标系下$\boldsymbol{e}_{\mathrm{g}}$和$\boldsymbol{e}_{\mathrm{w}}$的结果,分别用$\boldsymbol{e}_{\mathrm{g}}^{\mathrm{I}}$和$\boldsymbol{e}_{\mathrm{w}}^{\mathrm{I}}$代表。

① 场景1:微风风洞风向固定、无人机悬停。在此场景下,气味流动方向计算结果如图6-22(a)所示,气味来源方向推理结果如图6-22(b)所示。从图6-22中可观察到旋翼无人机的气动嗅觉效应使气味流动方向计算结果变差,通过将图6-22(a)与图6-19静态测量结果对比可观察到此差异,而从图6-22(b)可看到引入风向估计信息提高了方向结果的准确度。图6-22(a)由487个估计结果统计而来,其中32%的结果在正确方向(180°,正南)±15°范围内,44.8%的结果在正确方向±30°范围内,69.2%的结果在正确方向±45°范围内,91.4%的结果在正确方向±60°范围内;图6-22(b)中,52.4%的结果在正确方向±15°范围内,100%的结果在正确方向±30°范围内。

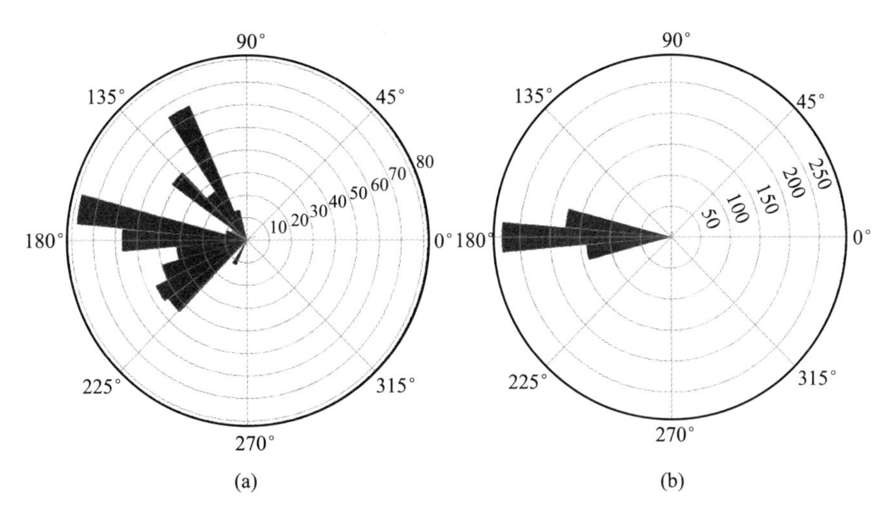

图 6－22　微风风向固定且无人机悬停时（测试 2 场景 1）的气味流动方向和气味来源方向
（a）气味流动反方向；（b）气味来源方向。

② 场景 2：微风风洞风向时变、无人机悬停。此场景下，气味流动方向计算结果被绘制于图 6－23（a）中，同时期风向估计值（取反）被绘制于图 6－23（b）中，气味来源方向推理结果被绘制于图 6－23（c）中。图 6－23（a）为 197 个结果的统计，其中 14.2% 的结果在正确方向（180°，正南）±15°范围内，32% 的结果在正确方向 ±30°范围内，44.2% 的结果在正确方向 ±45°范围内，50.3% 的结果在正确方向 ±60°范围内；图 6－23（c）中 32.4% 的结果在正确方向 ±15°范围内，64.6% 的结果在正确方向 ±30°范围内，84.1% 的结果在正确方向 ±45°范围内，94.3% 的结果在正确方向 ±60°范围内。

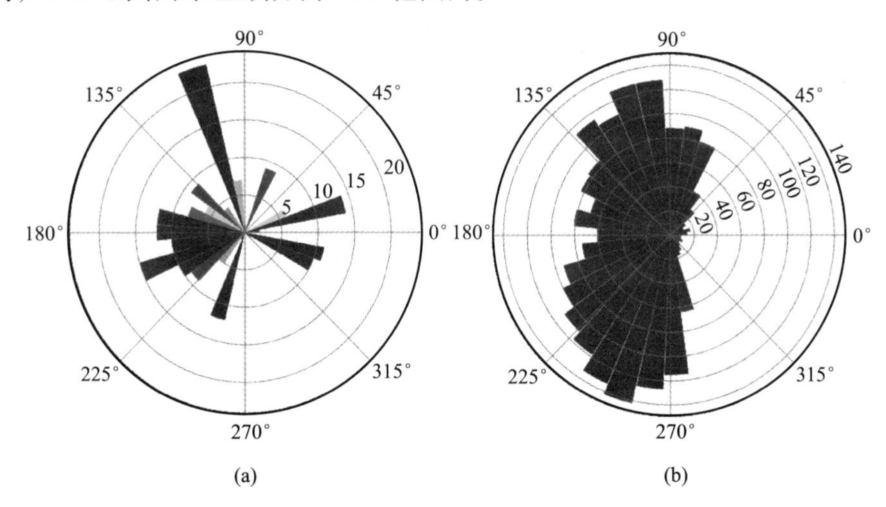

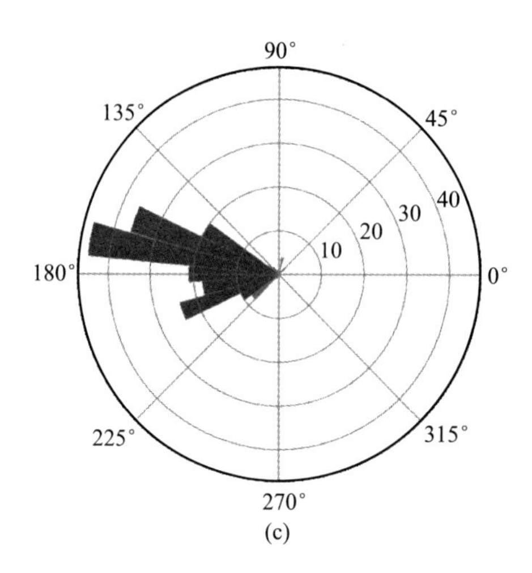

图 6－23　微风风向时变且无人机悬停时（测试 2 场景 2）的气味流动方向和气味来源方向

（a）气味流动反方向；（b）风向估计值取反；（c）气味来源方向。

在此场景中，旋翼无人机的气动嗅觉效应对气味流动方向计算结果的恶化作用比图 6－22 展示得更为明显。另外，尽管图 6－23（b）中展示的风向估计结果比较发散，融合后的气味来源推理结果 e_{odor} 依然准确地指示着气味源方向，这证明了气味来源推理方法的有效性。

③ 场景 3：微风风洞风向时变、无人机飞行。当无人机沿图 6－21 所示的曲线在时变流场飞行时，实时推理的气味来源方向 e_{odor} 被转换为方位角绘制于图 6－24 中，展示了 269 个气味来源方向推理结果，其中 54.5% 的结果在正确方向 ±15°范围内，85.5% 的结果在正确方向 ±30°范围内。气味来源方向（即无人机相对气味源的方位角）实测值由动作捕捉系统记录的无人机位置数据换算而来。为了与气味来源方向实测值作对比，气味来源方向推理值采用长度 20s 的滑动滤波器处理后得到，如图 6－24 中虚线所示。由微风风洞摇头速度所限，无人机飞行速度仅设置为 0.014m/s，因为只有无人机接触到气味烟羽，OSOI 算法才会产生结果，所以无人机只能慢速飞行，否则，难以得到足够的数据以将其与气味来源方向实测值作对比。从图 6－24 中可以看到滤波后的气味来源方向推理值与实测值有相同的变化趋势（下降）。

2）室内人工流场气味跟踪实验

为了进一步验证气味来源方向推理方法在实际气味跟踪中应用的有效性，本节设计了一项实验。此实验在密闭室内进行，场景如图 6－25 所示，气味源被放置于（－2.0，0，1.4）m 处，风扇摇头产生随机时变的人工流场，此流场的平均

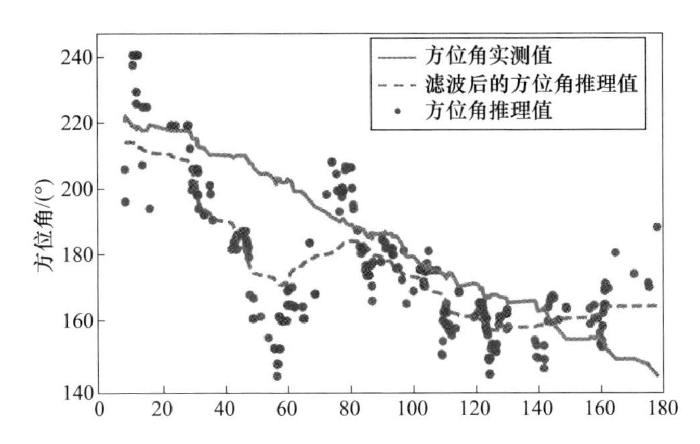

图6-24 微风风向时变且无人机沿图6-21所示圆弧飞行时(测试2场景3)的气味来源方向(方位角)推理结果

流向为由西向东。此实验是为了验证气味跟踪性能,旋翼无人机的飞行高度与气味源所处高度相同,以保证气体传感器能够尽可能地接触气味烟羽。在实验中,每当OSOI算法产生一个结果 e_{odor},无人机就沿 e_{odor} 方向移动5cm。当无人机到达以气味源为中心、1m为半径的范围内时,气味跟踪实验即告成功,无人机自动降落;如果在5min内无人机没有到达气味源附近,实验即告失败。此实验重复10次,每次无人机的初始位置均为随机。

图6-25 室内人工流场环境下气味跟踪实验场景

无人机移动轨迹如图6-26中的曲线所示,从图中可观察到除了(1.7,0)m位置出发的曲线外,其他曲线的终点都在气味源周围1m范围内,这10次实验均告成功,验证了气味来源方向推理方法应用于气味跟踪的有效性。

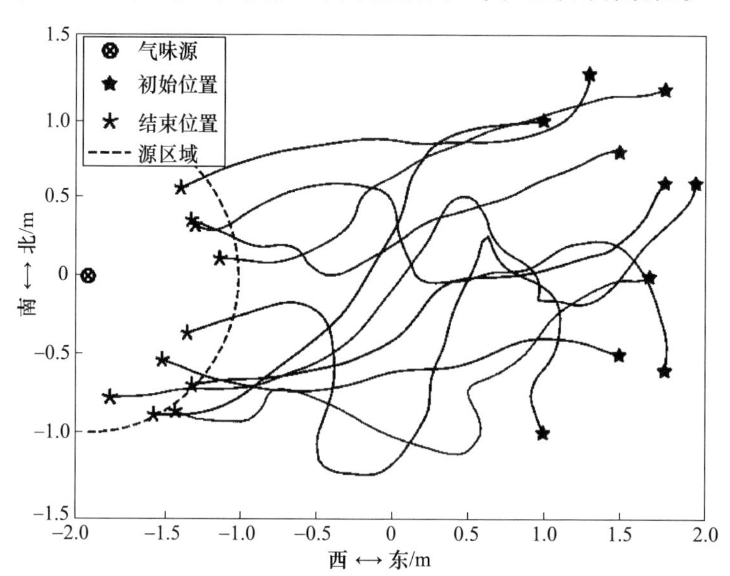

图 6-26 无人机气味跟踪结果

3）室内自然通风环境气味源定位实验

人工流场实验结果展示了 OSOI 算法用于气味跟踪的良好性能,但是人工产生的随机风场有可能与实际风场有差别。另外,在实验设计中,旋翼无人机与气味源处于同一高度,而实际气味源搜索任务并没有气味源高度这个先验信息,所以为了更进一步验证 OSOI 算法在实际气味源搜索任务中的性能,设计了一项面向现实时变气流环境下的飞行无人机气味源定位实验。

此实验在自然通风的室内进行(图 6-26),所有门、窗开到最大,所有空调、风扇、风洞设施均关闭。由于窗户分布在南、北两侧,并且实验时风主要由南向北吹,气味源被放置于南侧中间窗户旁,气味源位置为(-0.2, -3.4,1.4)m。无人机从 3 个不同位置起飞,即(-1.2,1.8,0.8)m、(0,2.0,1.2)m 和(2.4,1.5,1.8)m,如图 6-27 所示,并且无人机在每个位置重复起飞 20 次。每当 OSOI算法产生一个结果 e_{odor},无人机的参考位置就沿 e_{odor} 方向移动 20cm。当无人机参考位置到达以气味源为中心、0.5m 为半径的球形范围内时,即认为气味跟踪实验成功,无人机自动降落;如果在 5min 内没有到达气味源附近,即认为失败。

由于此实验在室内自然通风环境下进行,并且无人机起飞高度与气味源高度相差甚远,所以在搜索过程中不能保证气体传感器能够频繁接触到气味烟羽,这符合三维气味源搜索实际应用中经常会发生的情况。因此,在无人机检测不

图6-27 室内自然通风环境下气味源定位实验场景

到气味时,需要启动气味烟羽发现方法,这里采用8.3节给出的三维螺旋遍历烟羽发现算法,路径形状为十字形,如图6-28所示。

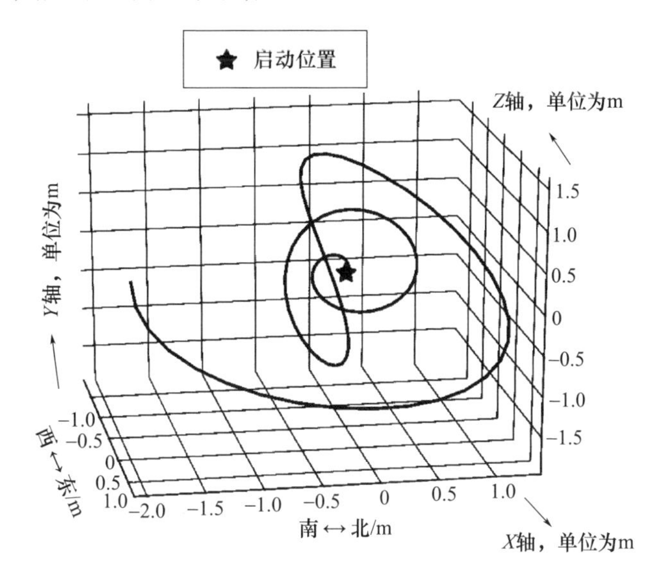

图6-28 三维螺旋遍历路径形状

图6-29展示了无人机从(-1.2,1.8,0.8)m起飞的某次实验中的飞行轨迹,起飞位置低于气味源0.6m。在这次飞行中:旋翼无人机从低于气味源的高度起飞,然后因检测不到气味而启动烟羽发现算法;当无人机移动到更高的位置时,气体传感器开始检测到气味,此时,无人机停止遍历并启动OSOI算法以推理气味来源方向,但由于此时无人机与气味源还存在一定高度差,OSOI算法没

有来得及收集足够的气味信息,气味烟羽就瞬间丢失,因此,无人机停止 OSOI 算法并在当前位置重启三维遍历螺旋烟羽发现算法;当无人机到达 1.35m 高度时,开始能够持续检测到气味,此时,它利用 OSOI 算法的推理结果不断趋近气味源,最终到达气味源附近并降落。

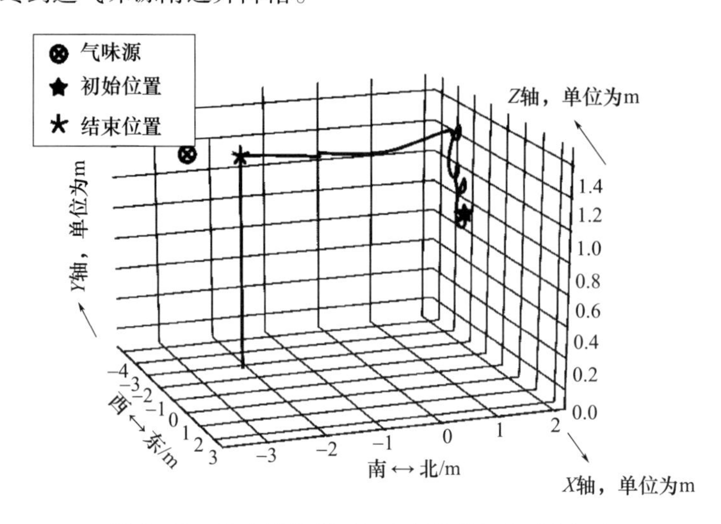

图 6-29　无人机从低于气味源高度起飞时的轨迹

实验结果的统计数据如表 6-2 所列。在总共 60 次飞行中,有 57 次成功,3 次失败,因此总的成功率为 95%,在两次从(-1.2,1.8,0.8)m 起飞的失败搜索中,无人机被困在低于 0.6m 的高度范围内,这是由于窗台离地面 0.9m 高,在地面附近 0.6m 高度内的气流相对比较微弱,气体传感器只能断续地接触到气味,烟羽发现方法每隔几秒钟就重启,无法进入持续接触气味的阶段。从(2.4,1.5,1.8)m 起飞的一次失败搜索是由风向改变造成:无人机刚起飞,风向就转向从北往南且持续到本次实验结束,将气味烟羽直接吹到室外,无人机一直检测不到气味。综合以上分析,实验结果能够证明气味来源方向推理方法配合三维螺旋遍历气味烟羽发现方法可用于时变气流环境下的飞行机器人气味源搜索任务。

表 6-2　室内自然通风环境下的气味源定位实验统计结果

起飞位置/m	实验次数	成功次数	平均搜索时间	成功率/%
(-1.2,1.8,0.8)	20	18	139.2	90
(0,2.0,1.2)	20	20	134.2	100
(2.4,1.5,1.8)	20	19	117.8	95

第7章 气味分布建图技术

7.1 概述

7.1.1 气味分布建图技术简介

气味源的位置并不是主动嗅觉领域的唯一关注点,另一些应用场景中更加关注气味(空气污染物也可认为是一种广义的"气味")在空间中的分布情况,如环境空气污染监测、环境影响评估等。目前,此类应用领域获取气味浓度空间分布的常用手段是部署固定式监测节点,如空气污染监测站等。固定式监测节点灵活性较低,并且随着监测区域面积的增加,建立密集监测网络的成本迅速增高,不易维护,占用空间,也会对监测区域流场和浓度场产生影响,所以通常节点部署密度比较稀疏,但这样就降低了气味采样的空间分辨率。由于气味在湍流主控环境下主要沿着气流方向传播,垂直于流向的扩散速度要低得多,造成气味烟羽空间分布的稀疏性;环境气流速度和方向随时间和空间的动态变化,造成气味烟羽空间分布的蜿蜒和摆动。这就使得气味烟羽"恰好"经过固定式监测节点的概率较低,造成比预期少的气味接触(即气味被传感器检测到),因此,基于这些监测结果构建气味分布地图就可能产生较大的偏差。

对于上述问题,一种解决方案是用移动机器人替代固定式监测节点对气味进行时空采样,并根据采样数据构建气味分布地图,称为移动机器人气味分布建图(Gas Distribution Mapping 或 Gas Distribution Modelling,GDM)技术。移动机器人能够在运动的过程中对气味采样,可以用少量的移动机器人覆盖比较大的区域,从而提高采样的空间分辨率,也减少了传感器校准的工作量。同时,机器人可以根据气味烟羽的空间分布特性和历史采样数据自动规划采样路径,实现环境自适应采样。

7.1.2 国内外气味分布建图现状

移动机器人气味分布建图的概念由瑞典厄勒布鲁大学的 Achim J. Lilienthal 研究团队通过一系列的研究逐步发展并形成[27,31-32,92-98]。实际上,在 Lilienthal 团队提出此概念之前,已有研究者开展了构建气味空间分布图的初步研究。

Ishida 等[5]基于高斯烟羽模型，在机器人搜索气味源过程中利用卡尔曼滤波估计气味源位置等参数，并在此基础上利用烟羽模型估计出二维气味分布图。Hayes 等[2]提出一种气味接触统计方法用于气味分布地图构建，该方法使多台机器人随机行走，当某台机器人的气味传感器输出超过一定阈值时，即产生一次气味接触事件，此时记录该机器人的位置，经过一段时间后统计所有气味接触事件的发生位置，得到气味接触事件的分布地图。此方法的缺点是耗时较长(6 台机器人随机行走 1h 得到较为明显的烟羽地图)，并且从气味接触事件到浓度之间还需要进一步转换，文献中并未对此进行讨论。

2003 年至 2017 年，Lilienthal 研究团队先后尝试了多种气味分布建图方法。在文献[27,92]中提出核外推分布建图(Kernel Extrapolation Distribution Mapping，Kernel DM)算法，将目标区域离散化为栅格，采用一种称为高斯核的径向对称二维高斯密度函数，根据栅格距各个观测点的距离估计每个栅格气体分布的重要性；通过机器人遍历过程中的一系列高斯核的加权和获得二维气味分布栅格地图。在文献[93]中，基于 Kernel DM 算法建立了多种气味的分布地图。在文献[94]中，Lilienthal 团队将 Kernel DM 算法扩展为 Kernel DM + V 算法，除了对气体平均浓度分布进行估计之外，还计算了浓度估计的方差分布。为了反映风场对气味扩散的影响，在文献[31]中进一步提出了 Kernel DM + V/W 算法，通过与风速和风向相关的椭圆形双变量高斯核进行气味分布建图。文献[32]将 Kernel DM + V/W 算法从二维平面扩展到三维空间，提出 Kernel 3D - DM + V/W 算法，根据机器人上搭载的 3 个不同高度的气体传感器的采样数据建立三维气味分布地图。文献[98]进一步提出了与时间相关的 Kernel DM + V (TD Kernel DM + V)算法，该算法在高斯核中加入了时间相关项，提高了气味分布建图的准确性。文献[95]采用卡尔曼滤波方法估计二维气味分布，并给出了卡尔曼滤波的稀疏实现以降低算法的计算复杂度。文献[96]使用了具有远程测量功能的可调谐半导体激光吸收光谱(TDLAS)气体传感器对气味浓度进行采样，并采用最小二乘法处理积分浓度数据建立三维气味分布地图。文献[97]采用回声状态网络将移动机器人采集的数据与传感器网络数据结合，生成粉尘分布图。

除 Lilienthal 研究团队外，Pyk 等[99]根据测量位置是否形成等距栅格，使用双三次或三角形立方滤波在采样点外的位置内插传感器测量值来建立气味分布图。这种方法的缺点是未进行空间平均，因此浓度波动直接反映在气味分布地图中。Marjovi 等[100]提出一种基于时空距离的反距离加权算法用于融合多个机器人采集的气味时空数据序列，从而建立二维气味分布图。罗冰等[101]在室外环境下用四旋翼无人飞行器平台验证了 Kernel DM 和 3D Kernel DM 算法。

Zhang 等[102]提出了一种用于 TDLAS 传感器三维气味建图的反问题求解方法，该方法基于气味源的稀疏特性和自适应有限元方法建立。孙嘉城[103]针对无人机搭载 TDLAS 传感器进行天然气泄漏分布建图的应用场景，提出了自适应截断半径 Kernel DM 算法，能够根据检测气味浓度自适应调节高斯核半径，使气味分布图更加接近真实的气味扩散特性。

7.2　二维气味分布建图

7.2.1　插值法

插值法是一种最简单的二维气味分布地图建立方法。给定一组气味浓度测量数据$\{C_i(x_i,y_i),i=1,2,\cdots,n\}$，可以构造一个函数$f(x,y)$以满足插值条件，即$C_i=f(x_i,y_i),i=1,2,\cdots,n$，点$C_i(x_i,y_i)$表示插值节点，为机器人在第$i$个采样位置$(x_i,y_i)$采集的浓度值$C_i$。二维插值方法有很多种，如线性插值、拉格朗日插值、三次样条插值和反距离加权插值等。下面分别给出室内通风和封闭两种场景下采用二维线性插值建立气味分布图的实例。

1）实验设置

实验场地和机器人平台与 3.4.2 节中的室内实验设置相同，实验场地平面图如图 7-1 所示。机器人为 MrSOS 平台（见 1.3.2 节中图 1-19），气体传感器为 MiCS-5521 型号，一台二维超声风速仪用于检测风速和风向，机器人最大线速度设置为 0.5m/s。使用一个空气加湿器加速无水乙醇挥发作为气味源，释放率为 5.4mg/s。实验中直接采用 MiCS-5521 气体传感器输出电压反映乙醇蒸气浓度，气体浓度越高，则传感器的输出电压值越大。采样区域被分割为 60cm×60cm 大小的正方形栅格，分别将栅格区域的下边界和左边界定义为X轴和Y轴，正方向分别为向右和向上，两坐标轴的交点确定为坐标原点。气味源放置于图 7-1 中黑色圆点位置。机器人按照图中箭头所指的方向从左向右依次遍历所有栅格顶点，并在每个顶点停留 5s 记录风速、风向和气体传感器电压。在每次遍历开始前，提前打开气味源 3min 以形成完整的浓度分布。当机器人遍历所有栅格顶点后，分别对每个栅格顶点采集的气体传感器电压和风速数据计算平均值，并通过线性插值获得时均浓度分布地图。实验在通风和封闭两种条件下实施，分别对应图 7-1 中的门和窗打开和关闭两种状态。除门窗外，室内没有如风扇或空调等附加风源。

2）结果及分析

（1）室内通风条件。室内通风条件加强了室内空气流动，同时也为气味提

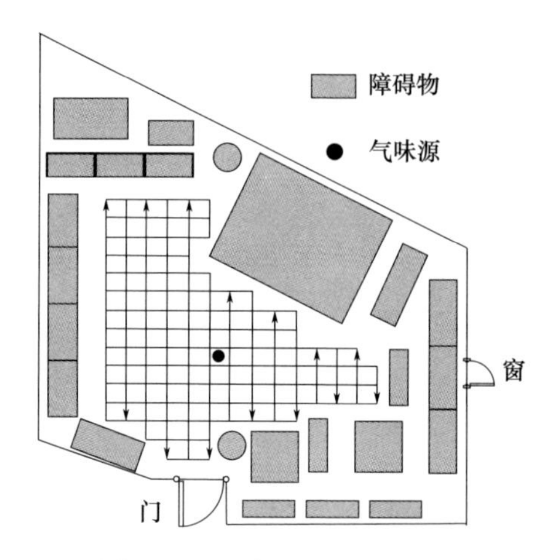

图 7-1 室内实验场景平面图

供了排放的通道。图 7-2 展示了该环境下的时均风场和浓度场，黑色星号标出了气味源的位置。图中用气体传感器电压反映浓度，颜色越浅表示浓度越高，越深表示浓度越低，纯黑色则表示因存在障碍物而未采样的区域。图中的箭头表示平均风场，箭头的方向指示风向，箭头的长度越长则表示风速越大。从图中可以观察到，室内风场由于墙和家具的约束，在入风口（门）和出风口（窗）之间形成了一条主流，在主流上的风速要比其他区域的风速大。在风的输送下，烟羽主

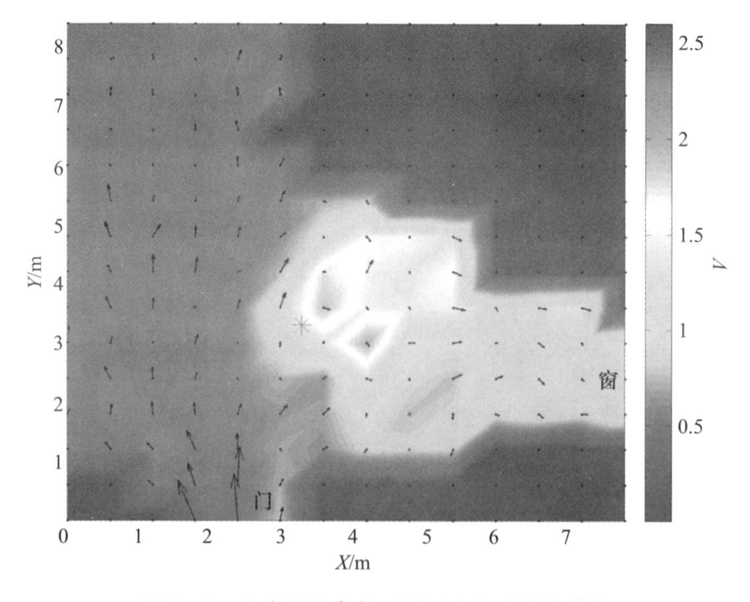

图 7-2 室内通风条件下的风和气味浓度分布

要分布在气味源的下风区域，浓度最大值出现在气味源附近。需要注意的是，图中气味源附近出现了两个高浓度区域，这可能是采样过程中风向改变造成的。在远离气味源的位置存在几个局部浓度极值区域，但相对气味源浓度较低，表明通风条件下的浓度积累相对较弱。

（2）室内封闭条件。室内封闭条件是一种典型的湍流主控微弱流体环境，其风场主要由热对流产生，因此风速非常低，超出了风速仪的测量下限。因此，这里只给出时均浓度分布，如图7－3所示，图中用黑色星号标出了气味源的位置。由于气味无处排放，在封闭条件下的气味分布范围更广，并且浓度值要比通风条件下高出很多。同时，浓度积累效应也形成了许多浓度很高的局部极值区域。

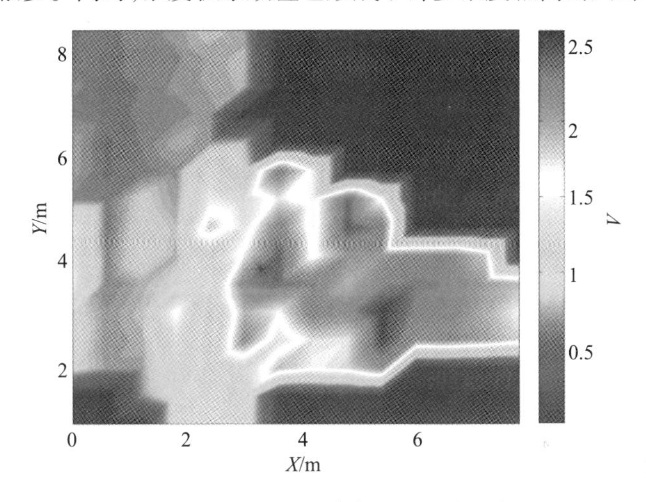

图7－3　室内封闭条件下的浓度分布

从以上实例来看，采用简单的线性插值法虽然能够建立气味分布地图，建立的分布图也能够在一定程度上反映给定气味源作用下的室内气味分布特征，但缺点在于只在气味分布相对稳定的环境下能够获得相对可接受的建图效果，对于气味分布变化强烈的场所（如室外环境）建图效果则可能与真实分布差别较大。

7.2.2　二维 Kernel DM 类算法

Lilienthal 研究团队提出的 Kernel DM 类算法是一类研究较充分的算法，在室内外环境中都经过了仿真或实验的验证。本节对二维 Kernel DM 类算法进行介绍。

1）二维 Kernel DM 算法

Kernel DM 算法是一种栅格化的气味分布建图方法，首先需要用统一尺寸的正方形栅格对地图进行划分。使用单变量二维高斯函数 G 表示在位置 $\boldsymbol{X}_i$ 处

获得的观测 r_i 的重要性,并以此为基础建立任意栅格单元 k 处的气味分布模型。高斯函数 G 即称为高斯核,其表达式为

$$G(\boldsymbol{X},\sigma)=\frac{1}{2\pi\sigma^2}\exp\left(-\frac{|\boldsymbol{X}|^2}{2\sigma^2}\right) \tag{7-1}$$

式中:$\boldsymbol{X}$ 表示位置矢量;σ 表示高斯核的宽度。单变量对称高斯核函数如图 7-4 所示。

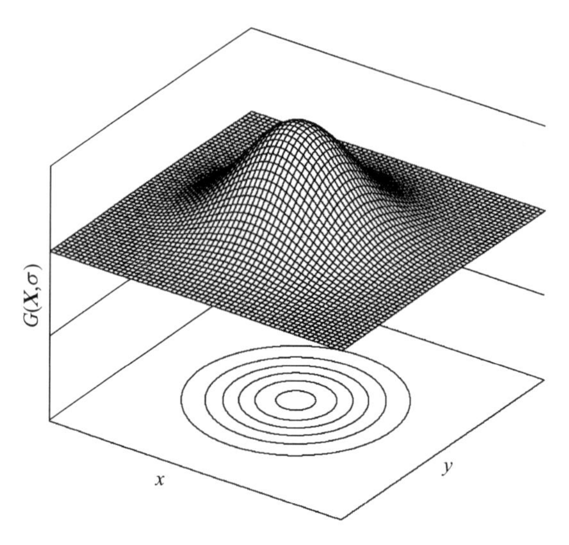

图 7-4　单变量对称高斯核函数分布

设位置 $\boldsymbol{X}_i$ 处获得的观测值为 r_i,则通过高斯核可建立任意栅格 k 在该观测下的权重函数如下:

$$\omega_i^{(k)}(\sigma)=\begin{cases}G(\boldsymbol{X}_i-\boldsymbol{X}^{(k)},\sigma), & \boldsymbol{X}_i-\boldsymbol{X}^{(k)}\leqslant R_{co}\\ 0, & \boldsymbol{X}_i-\boldsymbol{X}^{(k)}>R_{co}\end{cases} \tag{7-2}$$

式中:R_{co} 为截断半径;$\boldsymbol{X}^{(k)}$ 是栅格 k 的中心坐标,因距离观测位置 $\boldsymbol{X}_i$ 大于截断半径的栅格 k 对应的权重值 $\omega_i^{(k)}(\sigma)$ 非常小,故设置截断半径以减小计算量。

将所有观测得到的权重函数相加,可得到权重分布地图 $\Omega^{(k)}$;将观测值通过权重函数加权求和,可得到加权观测分布地图 $R^{(k)}$,表达式分别为

$$\begin{aligned}\Omega^{(k)}&=\sum_{i=1}^{n}G(\boldsymbol{X}_i-\boldsymbol{X}^{(k)},\sigma)\\ R^{(k)}&=\sum_{i=1}^{n}G(\boldsymbol{X}_i-\boldsymbol{X}^{(k)},\sigma)\cdot r_i\end{aligned} \tag{7-3}$$

观测值 r_i 是对原始气体传感器输出 R_i 的归一化：

$$r_i = \frac{R_i - \min(\{R_i\})}{\max(\{R_i\}) - \min(\{R_i\})} \tag{7-4}$$

最终，平均浓度地图表达式如下：

$$r^{(k)} = \frac{R^{(k)}}{\Omega^{(k)}}, \Omega^{(k)} \geqslant \Omega_{\min} \tag{7-5}$$

式中：$\Omega_{\min}$ 为权重阈值。设置阈值的目的在于防止 0 作为除数，以及防止过小的权重作为除数造成计算结果反常增大。

2）二维 Kernel DM + V 算法

实际上，二维 Kernel DM 算法中的权重分布地图 $\Omega^{(k)}$ 还为栅格 k 处的估计提供置信度量：$\Omega^{(k)}$ 高意味着栅格 k 附近有较多的观测事件，栅格 k 附近浓度分布估计结果的置信度较高；$\Omega^{(k)}$ 低则意味着栅格 k 附近的观测事件较少，因此，必须使用较远距离处的观测进行预测，栅格 k 附近浓度分布估计结果的置信度较低。二维 Kernel DM + V 算法在 Kernel DM 算法基础上给出了置信度分布地图 $\alpha^{(k)}$ 的计算方法如下：

$$\alpha^{(k)} = 1 - e^{-(\Omega^{(k)})^2/\sigma_\Omega^2} \tag{7-6}$$

式中：置信度值 $\alpha^{(k)}$ 归一化到区间[0,1)。置信度分布地图 $\alpha^{(k)}$ 取决于机器人的轨迹、栅格大小 c、高斯核宽度 σ 及尺度参数 σ_Ω。σ_Ω 决定了以观测位置为中心外推置信度值的范围，σ_Ω 越大，则外推范围越小。由于浓度分布的估计与置信度相关，二维 Kernel DM + V 算法进一步在平均浓度估计地图 $r^{(k)}$ 的计算中加入了置信度的影响因素：

$$r^{(k)} = \alpha^{(k)} \frac{R^{(k)}}{\Omega^{(k)}} + \{1 - \alpha^{(k)}\} \bar{r} \tag{7-7}$$

式中：$\bar{r}$ 表示附近缺乏足够观测信息的栅格的平均浓度估计值，这里取 $\bar{r}$ 为所有观测的平均值。

由于浓度场是动态变化的，为了估计每个位置观测值的实际变化程度，建立方差分布地图 $v^{(k)}$ 如下：

$$\begin{aligned} v^{(k)} &= \alpha^{(k)} \frac{V^{(k)}}{\Omega^{(k)}} + \{1 - \alpha^{(k)}\} \bar{v} \\ V^{(k)} &= \sum_{i=1}^{n} G(\boldsymbol{X}_i - \boldsymbol{X}^{(k)}, \sigma) \cdot (r_i - r^{(k(i))})^2 \end{aligned} \tag{7-8}$$

式中：$k(i)$ 是最接近观测点 $\boldsymbol{X}_i$ 的栅格，因此 $r^{(k(i))}$ 是栅格 k 的浓度的平均预测。对远离观测点区域的分布方差的估计 $\bar{v}$ 取所有方差的平均值。

除式(7-6)~式(7-8)外,高斯核 G、权重分布地图 $\boldsymbol{\Omega}^{(k)}$ 和加权观测分布地图 $R^{(k)}$ 的计算方法与 Kernel DM 算法相同。

3）二维 Kernel DM + V/W 算法

实际上,环境气流对位置 $\boldsymbol{X}_i$ 处获得的观测 r_i 的重要性分布会产生较大影响。因为气流环境下气味分子顺风传播速度要远大于垂直风向的传播速度,所以可以认为沿着风向会包含更多关于气味的信息。基于这种假设,在 Kernel DM + V 算法基础上采用双变量椭圆形高斯核代替单变量对称高斯核,即为 Kernel DM + V/W算法。

椭圆形高斯核由 2×2 的协方差矩阵 $\boldsymbol{\Sigma}$ 控制,该矩阵是对角矩阵,根据观测点处的局部风速矢量 $\boldsymbol{U}$ 计算,表达式如下所示:

$$\boldsymbol{\Sigma}(\sigma_x,\sigma_y)=\begin{pmatrix}\sigma_x & 0\\ 0 & \sigma_y\end{pmatrix}=\begin{pmatrix}a & 0\\ 0 & b\end{pmatrix} \tag{7-9}$$

式中:矩阵的对角线元素 σ_x 和 σ_y 分别为椭圆高斯核的长半轴长度 a 和短半轴长度 b。根据如下公式约束长半轴和短半轴的长度,以保证椭圆形高斯核与对称高斯核的面积相等:

$$\pi\sigma^2=\pi ab \tag{7-10}$$

$$a=\sigma+\gamma|\boldsymbol{U}| \tag{7-11}$$

式中:γ 为一常数。可以看出,长半轴 a 根据风速拉伸,在无风的情况下,高斯核则退化为与 Kernel DM + V 相同的对称形式。确定长半轴后可根据下式计算短半轴的长度:

$$b=\frac{\sigma}{1+\dfrac{\gamma|\boldsymbol{U}|}{\sigma}} \tag{7-12}$$

为了使高斯核的长轴方向与风向 θ 一致,需旋转协方差矩阵 $\boldsymbol{\Sigma}$,即

$$\boldsymbol{\Sigma}_{\boldsymbol{R}(\theta)}=\boldsymbol{R}(\theta)\boldsymbol{\Sigma}\boldsymbol{R}^{-1}(\theta) \tag{7-13}$$

式中:$\boldsymbol{R}(\theta)$ 为旋转矩阵,即

$$\boldsymbol{R}(\theta)=\begin{pmatrix}\cos\theta & -\sin\theta\\ \sin\theta & \cos\theta\end{pmatrix} \tag{7-14}$$

这样椭圆形高斯核的表达式可写为

$$G(\boldsymbol{X})=\frac{1}{2\pi\,|\boldsymbol{\Sigma}_{\boldsymbol{R}(\theta)}|^{\frac{1}{2}}}\exp\left[-\frac{1}{2}\boldsymbol{X}^{\mathrm{T}}\boldsymbol{\Sigma}_{\boldsymbol{R}(\theta)}^{-1}\boldsymbol{X}\right] \tag{7-15}$$

二维椭圆形高斯核函数如图 7-5 所示。除此之外,权重分布地图 $\boldsymbol{\Omega}^{(k)}$、加权观测分布地图 $R^{(k)}$、置信度分布地图 $\alpha^{(k)}$、平均浓度估计地图 $r^{(k)}$ 和方差分布

地图 $v^{(k)}$ 的计算方法与 Kernel DM + V 算法相同。

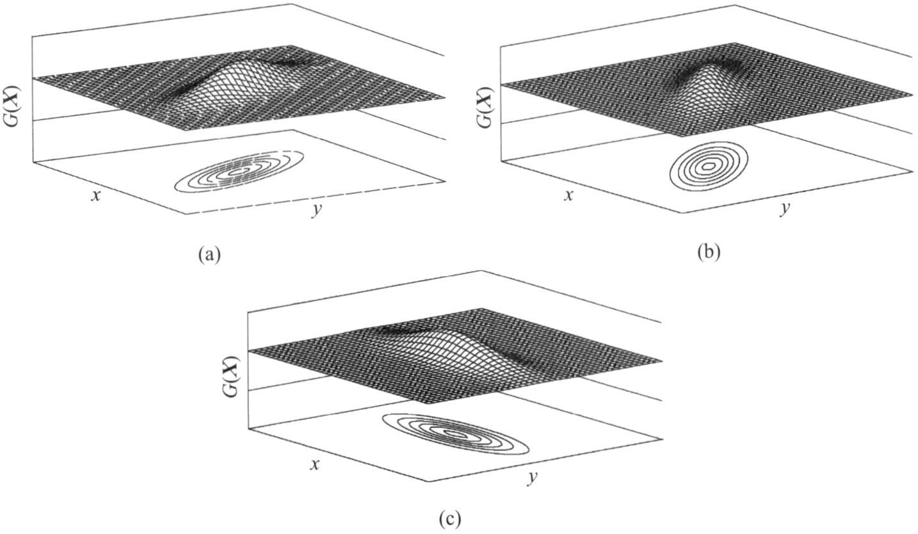

(a)　(b)

(c)

图 7 – 5　双变量椭圆形高斯核函数分布

(a) $\theta = 0°$；(b) $\theta = 45°$；(c) $\theta = 90°$。

7.2.3　基于 TDLAS 的二维气味建图

7.2.3.1　TDLAS 平面扫描方式

1）TDLAS 扫描过程描述

在封闭环境中，使用装载有 TDLAS 传感器的移动机器人对目标区域的二维平面进行扫描，传感器发射的每束激光被边界反射并由传感器再次接收。激光束在传播过程中被待检测气体吸收，光强发生衰减，传感器由此可以获得激光束路径上浓度的积分值，即积分浓度。通过重建算法可将扫描获得的积分浓度数据集合重建为二维气味分布图。图 7 – 6 为载有 TDLAS 传感器的移动机器人对目标区域扫描示意图。如图所示，机器人在行进的过程中，在每个设定位置使用 TDLAS 传感器对前方圆心角为 $\boldsymbol{\Phi}$ 的扇区进行扫描，假设目标区域内气体浓度分布为 $C(\boldsymbol{X})$，则机器人在第 a 个位置的扫描扇区的第 b 条 TDLAS 光路上的测量值可由以下线积分表达：

$$g(\gamma_{a,b}) = \int_{\gamma_{a,b}(\boldsymbol{X}_s,\theta,L)} 2C(\boldsymbol{X})\,\mathrm{d}l \tag{7-16}$$

式中：$\gamma_{a,b}(\boldsymbol{X}_s,\theta,L)$ 为光路；$\boldsymbol{X}_s$ 为该激光束起点位置；θ 为激光束方向角；L 为激光单程光程。

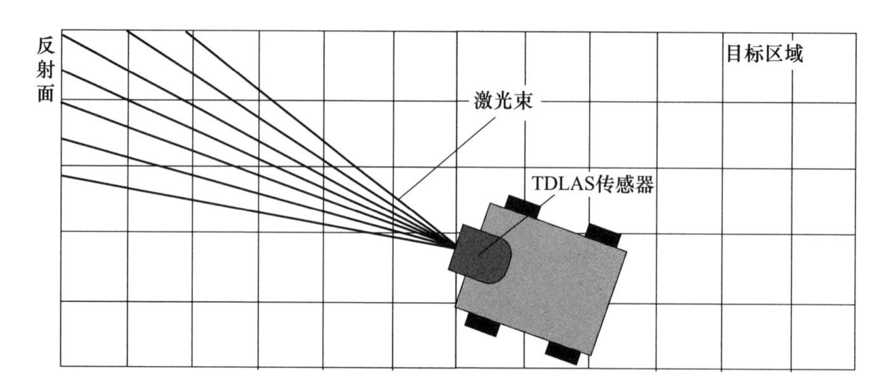

图7－6　载有TDLAS传感器的移动机器人对目标区域扫描示意图

为便于重建浓度分布，常用的方法是将目标区域进行栅格划分（图7－6），并假设每个栅格内浓度均匀分布，这样第 n 个单元格浓度值为 C_n，则光路上的测量值相应离散化为如下求和形式：

$$g_{a,b}=\sum_{k\in\Xi_{a,b}}2C_k l_k \tag{7-17}$$

式中：C_k 为第 k 个单元格的气体浓度；l_k 为在第 k 个单元格内的激光单程光程长度；$\Xi_{a,b}$ 为光路 $\boldsymbol{\gamma}_{a,b}(\boldsymbol{X}_s,\boldsymbol{\theta},L)$ 上单元格序号的集合。

2）扫描数据重建基本理论

对TDLAS扫描数据重建为二维浓度分布的问题可表示为以下方程组的求解：

$$\boldsymbol{G}=f(\boldsymbol{C}) \tag{7-18}$$

式中：$\boldsymbol{G}$ 为各光路上的测量值组成的矩阵，即积分浓度矩阵；$\boldsymbol{C}$ 为浓度分布矩阵。

根据重建算法求解方式不同，重建算法可大致分为两类。

（1）线性求解方法。浓度分布矩阵 $\boldsymbol{C}$ 是算法求解目标，由于待求解未知数与积分浓度数据呈线性关系，因此，式（7－18）可转化为一组线性方程组：

$$2\boldsymbol{LC}=\boldsymbol{G}$$

$$2\begin{bmatrix} l_{1,1} & l_{1,2} & \cdots & l_{1,N} \\ l_{2,1} & l_{2,2} & \cdots & l_{2,N} \\ \vdots & \vdots & & \vdots \\ l_{M,1} & l_{M,2} & \cdots & l_{M,N} \end{bmatrix}\begin{bmatrix} C_1 \\ C_2 \\ \vdots \\ C_N \end{bmatrix}=\begin{bmatrix} g_1 \\ g_2 \\ \vdots \\ g_M \end{bmatrix} \tag{7-19}$$

式中：$\boldsymbol{L}$ 为光程长度矩阵，$l_{m,n}$ 为第 m 条射线穿过第 n 个栅格的单程光程长度，$m\in[1,M]$，$n\in[1,N]$；$\boldsymbol{C}$ 为待求解浓度分布矩阵；C_n 为第 n 个栅格中待求浓度值;N 为目标区域全部栅格数;M 表示建图过程中全部激光束条数。

此时,TDLAS 的二维重建问题转化为线性方程组求解问题。实际中,由于测量位置布置情况或测量噪声干扰,上述线性方程组往往是病态的(根据 Hadamard准则,当方程组出现无解、无唯一解或对小扰动敏感时,即为病态方程组)。根据未知数个数与方程数之间关系,若未知数个数大于方程个数,方程组为欠定方程组,此时方程组无唯一解,求解过程需要迭代进行。由于扫描采样数量有限,将扫描数据重建为二维气味图一般是欠定方程组求解问题。

(2) 最优化求解方法。将待求解问题转化为最优化问题直接迭代求解,可用下式表示:

$$\min D(\boldsymbol{C}) = \sum_{a=1}^{A} \sum_{b=1}^{B} \left[\frac{g_{a,b}^{m} - g_{a,b}^{c}}{g_{a,b}^{m}} \right]^2 \tag{7-20}$$

式中:a 为机器人扫描位置序号;b 为各位置下扫描扇区的采样激光束序号;$g_{a,b}^{m}$ 和 $g_{a,b}^{c}$ 分别为积分浓度的测量值和计算值。最优化求解方法的意义是:当积分浓度的测量值与计算值之间误差最小时,算法收敛到最优解,此时,浓度分布 $\boldsymbol{C}$ 就是待求解。

3) 代数迭代重建算法

代数迭代重建算法(Algebraic Reconstruction Technique,ART)是一种线性求解算法,其求解过程可用下式表示:

$$C_m(k+1) = C_m(k) + \lambda \frac{g_m - \sum_{n=1}^{N} C_n(k) l_{m,n}}{\sum_{n=1}^{N} l_{m,n}^2} \tag{7-21}$$

式中:k 为迭代次数;λ 为松弛因子;g_m 为第 m 条激光束检测到的积分浓度;N 为目标区域全部栅格数。由式(7-21)可知,ART 算法求解过程中所有穿过第 n 个栅格光路的积分浓度数据都会对栅格浓度待求值进行修正,并且迭代过程是逐条光路进行,即 ART 是一种逐线修正算法。ART 算法是一种半收敛算法,在迭代过程中有一个最优迭代次数,在实际算法中需要设计精确的停止准则。

7.2.3.2　无人机携带 TDLAS 竖直采样方式

TDLAS 平面扫描建图方式适合于建图平面与扫描平面重合的情况,若 TDLAS 光路垂直于建图平面(如无人机搭载 TDLAS 传感器进行水平面二维气味建图,一种典型应用场景是户外天然气管线泄漏遥测和定位),得到的数据中含有更多沿高度方向上的分布信息,沿水平面的分布信息较少,因此,前面平面扫描建图方式中介绍的算法并不适用。本节介绍一种针对该应用场景的二维建图方法,该方法建立在以下几个假设和前提之上:第一,无人机搭载的 TDLAS 传感器在云台的控制下,始终保持与地面垂直的状态进行浓度数据采集;第二,无人机上未携带风速传感器,因此无法获知风速风向信息;第三,泄漏源的泄漏流速和浓度稳定;第四,无人机的飞行高度相对于气体扩散高度更高,忽略无人机旋翼气流对气体扩散的影响。

1) 自适应截断半径 Kernel DM 算法

自适应截断半径 Kernel DM 算法是在二维 Kernel DM 算法基础上的一种改进算法,可用于无法获得风速风向信息的场合。其主要计算过程与二维 Kernel DM 算法相似,可参考式(7-1)~式(7-5)。但对于使用 TDLAS 传感器对浓度进行采样的情况,由于 TDLAS 传感器响应恢复速度极快,可以近似认为瞬间完成采样,所以式(7-4)的归一化可以省略。此外,根据 TDLAS 传感器检测特点和气味扩散特性构建了自适应的截断半径。

若泄漏源在一定时间内释放出一定量的气体,形成一个气味包,气味包在空间中扩散时,其体积以 3 次方速度扩大,浓度以 3 次方速度降低。由于 TDLAS 传感器的积分特性,在某个区域 TDLAS 读数较高,则该区域可能存在两种情况:一种是由于这一片区域的气体尚未充分扩散,其浓度值确实较高;另一种可能是由于气体在高度方向上扩散范围比较大,虽然浓度较低,但浓度与距离的乘积(既积分浓度)较高,导致 TDLAS 读数较高。由于假设泄漏量一定,因此,在二维建图当中,高度方向扩散范围大意味着水平方向上扩散范围较小。

针对上述两种情况,在二维 Kernel DM 算法的基础上,将式(7-2)中的截断半径 R_{co} 由固定值改为自适应计算:

$$R_{co} = R_{ref} \cdot \frac{C_{ref}}{g_t} \tag{7-22}$$

式中:g_t 表示 TDLAS 传感器在 t 时刻所在位置的原始读数;C_{ref} 表示预设的标准参考浓度;R_{ref} 表示预设的标准参考截断半径。

在式(7-22)中,截断半径会随着浓度的变化自适应地调整,浓度较高时,截断半径较小,浓度较低时,截断半径较大,此规律符合无人机平台上 TDLAS 传感器的气味采样特点。实际使用时,基于经验设置合理的标准参考浓度 C_{ref} 和标准参考截断半径 R_{ref},可以得到比传统二维 Kernel DM 算法更符合实际情况的建图结果。

2) 算法仿真验证

针对气体分布建图方法的性能评价,目前是该领域中尚未解决的难题,其难点主要是较难通过实验在大范围内获得高空间分辨率的气味浓度测量信息,没有真实实验数据作为参考和对比的标准。计算机仿真可以获得指定环境下高分辨率的气味浓度分布信息,可以为气味分布建图方法提供验证标准。本节借助计算机仿真验证自适应截断半径 Kernel DM 算法性能。

仿真烟羽浓度分布由 Lilienthal 教授团队开发的三维气体扩散仿真软件 GADEN[104]生成,作为气体扩散分布的真实值,将仿真浓度分布导入 MATLAB 进行处理,模拟 TDLAS 传感器进行气体浓度信号采样,并采用自适应截断半径 Kernel DM 算法生成建图结果,最后将建图结果与真实分布进行对比。

仿真区域设定为长 10m、宽 6m、高 2.5m 的空旷房间,房间长、宽、高分别对应 x、y 和 z 坐标,地面高度为 0m,气味源位于(5.5,3,0)m 处。仿真数据导出后,为了模拟 TDLAS 的积分特性,将不同高度的气体分布数据做累加和(离散网格浓度求和模拟 TDLAS 光路上的浓度积分过程),仿真积分浓度的分布结果如图 7-7 所示。图中颜色越深表示气味积分浓度越小,颜色越浅表示气味积分浓度越大。

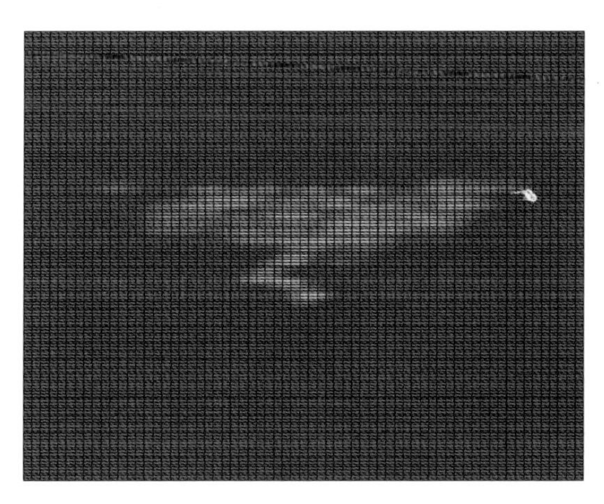

图 7-7　计算机仿真气体扩散积分浓度分布图

在 MATLAB 中模拟无人机气味采样过程。以气体泄漏源附近的随机位置为起点,沿半径逐渐扩大的螺旋线进行气体浓度采样,采样空间间隔为 30 个栅格,以模拟真实环境中无人机沿螺旋线路径进行气味浓度采集的过程。数据抽取结束后,将数据抽取结果利用自适应截断半径 Kernel DM 算法进行建图,其结果如图 7-8 所示。

引入了浓度误差平方和作为建图准确性的评价指标。浓度误差平方和的定义是:两个浓度分布图相同位置上的浓度差的平方和,即将两个浓度分布图逐点求差,然后对所有的差值求平方和。该标准可以衡量两个浓度分布图之间的相似程度,数值越小,相似度越高。根据仿真结果,自适应截断半径 Kernel DM 算

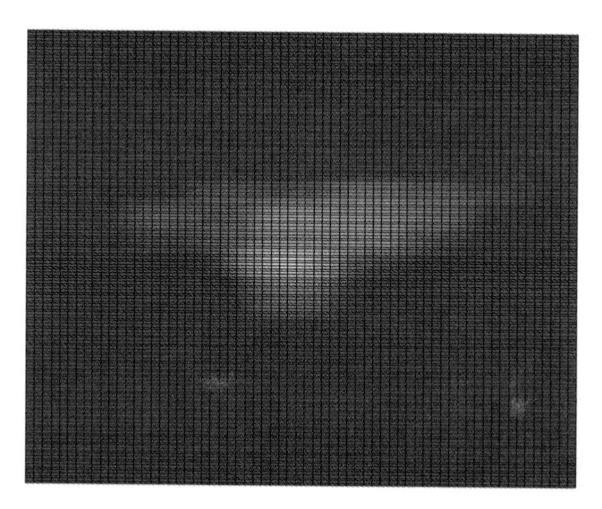

图 7-8　自适应截断半径 Kernel DM 算法建图结果

法的建图结果与仿真原始扩散分布之间的像素误差平方和为 5.66×10^5。作为对比，传统固定截断的二维 Kernel DM 算法在同样条件下的建图结果与仿真原始扩散分布之间的像素误差平方和为 5.71×10^5，表明自适应截断半径 Kernel DM 算法的建图效果要优于传统二维 Kernel DM 算法。

3）实验验证

本节进一步使用真实实验数据进行建图结果对比。虽然真实环境中气体分布无法完全获知，但可以从建图的整体效果上进行不同算法性能的对比。

实验环境选择在远离居民区的市郊一片约 200m×400m 的空地上，使用甲烷储存钢瓶配合恒压减压阀作为泄漏速率恒定的气味源，防爆无人机平台搭载 TDLAS 传感器进行模拟巡检。实验环境地面平坦，并且周围空旷无遮挡物，实验场地有大约 2 级的西偏南风。建图结果如图 7-9 所示，左侧为传统二维 Kernel DM 算法建图结果，右侧为自适应截断半径 Kernel DM 算法建图结果，图中圆圈处为气体泄漏源，箭头为实验场地当天的大致风向。

在实验环境中，由于采样点较少，不能够很好地覆盖气体全部扩散范围，因此，传统二维 Kernel DM 算法若采用较小的截断半径，则会出现建图结果部分缺失，若采用较大的截断半径，又会导致气体分布状况过于粗糙，丢失了分布细节；自适应截断半径 Kernel DM 算法在建图结果上展现出更大的优势，浓度较高的区域采用较小的截断半径，能够更好地还原气体刚刚离开泄漏源，尚未充分扩散时的状态；浓度较低的区域自适应地选择了较大的截断半径，更好地还原了气体经过充分扩散后分布区域更广的状态。

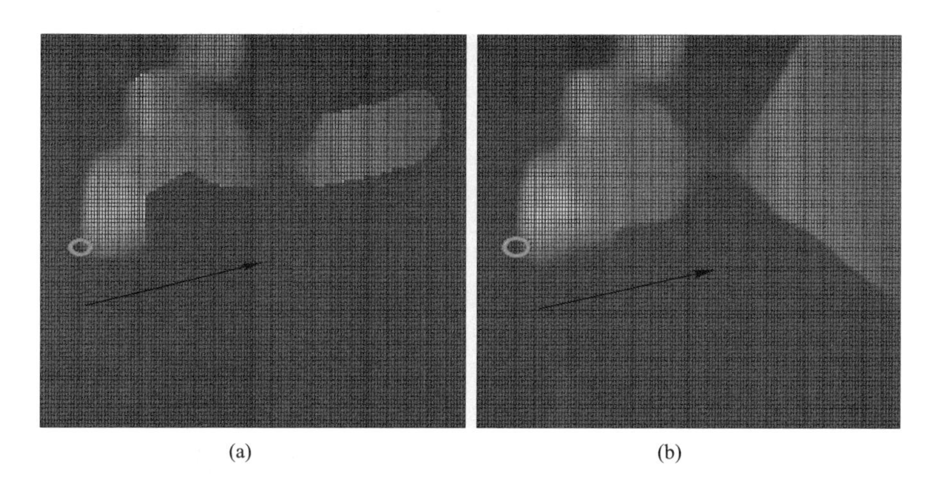

图7-9　真实实验数据在两种建图方法下的效果对比

(a)传统 Kernel DM 算法；(b)自适应截断半径 Kernel DM 算法。

7.3　三维气味分布建图

从现有文献来看，基于移动机器人的三维气味分布建图研究相对较少，从2009年后才有增多的趋势。本节主要介绍由 Kernel DM 类算法向三维扩展得到的三维 Kernel DM(3D Kernel DM)类算法。

7.3.1　三维 Kernel DM 类算法

1）三维 Kernel DM 算法

与二维 Kernel DM 算法类似，三维 Kernel DM 算法需要用固定边长的立方体对空间区域进行分割，同时用三维单变量对称高斯核代替二维高斯核，三维单变量对称高斯核表达式为

$$G(\boldsymbol{X})=\frac{1}{(2\pi)^{\frac{3}{2}}|\boldsymbol{\Sigma}|^{\frac{1}{2}}}\mathrm{e}^{\left[-\frac{1}{2}X^{\mathrm{T}}\boldsymbol{\Sigma}^{-1}X\right]} \tag{7-23}$$

式中：$\boldsymbol{\Sigma}$ 为 3×3 对角协方差矩阵，表示如下：

$$\boldsymbol{\Sigma}=\begin{pmatrix}\sigma & 0 & 0\\ 0 & \sigma & 0\\ 0 & 0 & \sigma\end{pmatrix} \tag{7-24}$$

权重分布地图 $\Omega^{(k)}$、加权观测分布地图 $R^{(k)}$ 和平均浓度地图 $r^{(k)}$ 与上一节的二维 Kernel DM 算法大体相同，这里不再赘述。

2）三维 Kernel DM + V 算法和三维 Kernel DM + V/W 算法

三维 Kernel DM + V 算法采用式(7－23)的单变量对称高斯核，置信度分布地图 $\alpha^{(k)}$ 采用以下形式计算：

$$\alpha^{(k)} = 1 - e^{-\Omega^{(k)}/\sigma_\Omega^2} \tag{7-25}$$

除此之外，权重分布地图 $\Omega^{(k)}$、加权观测分布地图 $R^{(k)}$、平均浓度估计地图 $r^{(k)}$ 和方差分布地图 $v^{(k)}$ 的计算方法与二维 Kernel DM + V 算法相同。

三维 Kernel DM + V/W 算法与二维算法的最主要区别在于高斯核为三维椭球，由 3×3 对角协方差矩阵 $\boldsymbol{\Sigma}$ 控制：

$$\boldsymbol{\Sigma}(\sigma_x, \sigma_y, \sigma_z) = \begin{pmatrix} \sigma_x & 0 & 0 \\ 0 & \sigma_y & 0 \\ 0 & 0 & \sigma_z \end{pmatrix} = \begin{pmatrix} a & 0 & 0 \\ 0 & b & 0 \\ 0 & 0 & c \end{pmatrix} \tag{7-26}$$

式中：矩阵的对角线元素 σ_x、σ_y 和 σ_z 分别为椭球高斯核的长半轴长度 a 与短半轴长度 b 和 c。根据如下公式约束 a、b 和 c：

$$\frac{4}{3}\pi\sigma^3 = \frac{4}{3}\pi abc \tag{7-27}$$

$$a = \sigma + \gamma|\boldsymbol{U}| \tag{7-28}$$

$$b = c = \frac{\sigma}{\sqrt{1 + \frac{\gamma|\boldsymbol{U}|}{\sigma}}} \tag{7-29}$$

式中：γ 为一常数。如图 7－10 所示，设三维风矢量 $\boldsymbol{U}$ 在全局坐标系 $x-y$ 平面投影的角度为 θ，与 $x-y$ 平面的夹角为 φ，为使高斯核的长轴与风矢量 $\boldsymbol{U}$ 平行，按下式旋转协方差矩阵 $\boldsymbol{\Sigma}$：

$$\boldsymbol{\Sigma}_U = \boldsymbol{R}(\varphi)\boldsymbol{R}(\theta)\boldsymbol{\Sigma}\boldsymbol{R}^{-1}(\theta)\boldsymbol{R}^{-1}(\varphi) \tag{7-30}$$

$$\boldsymbol{R}(\theta) = \begin{pmatrix} \cos\theta & -\sin\theta & 0 \\ \sin\theta & \cos\theta & 0 \\ 0 & 0 & 1 \end{pmatrix} \tag{7-31}$$

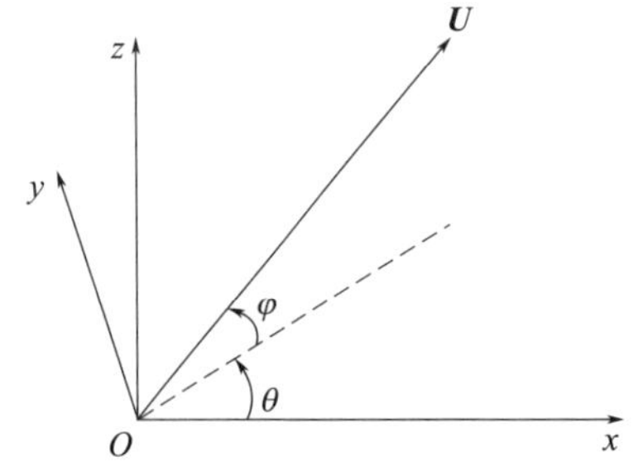

图 7－10　三维风矢量旋转角度示意图

$$\boldsymbol{R}(\varphi)=\begin{pmatrix}\cos\varphi & 0 & -\sin\varphi\\ 0 & 1 & 0\\ \sin\varphi & 0 & \cos\varphi\end{pmatrix} \tag{7-32}$$

三维椭球高斯核表达式为

$$G(\boldsymbol{x})=\frac{1}{(2\pi)^{\frac{3}{2}}\left|\boldsymbol{\Sigma}_U\right|^{\frac{1}{2}}}\mathrm{e}^{\left[-\frac{1}{2}X^{\mathrm{T}}\boldsymbol{\Sigma}_U^{-1}X\right]} \tag{7-33}$$

三维椭球高斯核函数如图7-11所示，此时，$\theta=45°$，$\varphi=30°$，图中点的大小只定性表示该位置核函数值的大小，不代表实际值。除此之外，权重分布地图$\Omega^{(k)}$、加权观测分布地图$R^{(k)}$、平均浓度估计地图$r^{(k)}$和方差分布地图$v^{(k)}$的计算方法与三维Kernel DM+V算法相同。

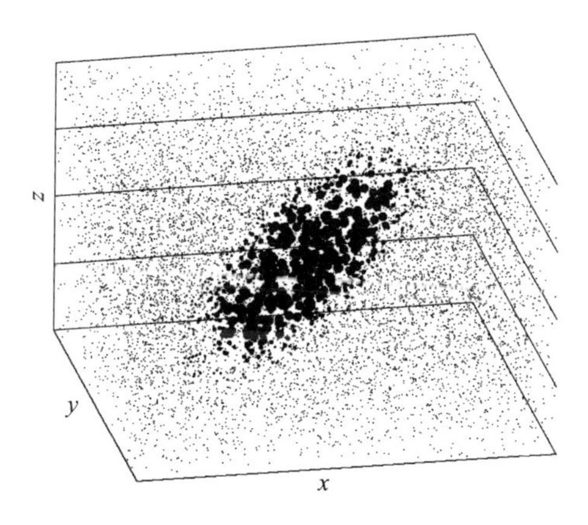

图7-11　三维椭球高斯核示意图

7.3.2　三维气味分布建图实例

1）三维Kernel DM算法实验

（1）实验设置。三维Kernel DM验证实验使用“微蜂”无人机平台，如图7-12所示。无人机直径为0.5m，配备1个金属氧化物半导体气体传感器（MiCS-5521，e2v），最大飞行时间约为10min，总质量约为800g，并安装了差分GNSS（全球卫星导航系统）单元，WLAN（无线局域网）适配器和3G模块。无人机通过WLAN建立与地面站的通信，并且使用MAVLINK（微型飞行器链路）协议发送包括气体传感器测量的数据包。无人机可沿预编程路径或以导航模式飞行，例如，无人机可遵循地面站计算机自主实时更新的航路点执行路径点飞行。

实验在16×10m^{2}的室外环境中进行。实验场地为一废弃道路（图7-12背景道路），东西方向开放，南面是高墙，北面是低矮的房屋，实验过程中风向在短时间内相对稳定。为了建立气体分布图，传感器的采样轨迹必须大致覆盖目标

图 7－12　三维气味分布建图实验所用无人机

空间。实验中，无人机飞行路径设计为扫掠运动，运动轨迹如图 7－13 所示，直线飞行速度约为 1.2m/s，扫描高度分别为 0.3m 和 1m，即在 0.3m 的高度从该区域的东边缘向西边缘扫掠，然后在 1m 的高度沿相反路径扫掠。扫掠过程中，气体传感器采样频率设置为 1Hz。气味源为燃烧的烟饼，其主要成分为硫和锯末，燃烧过程中会释放 SO_2、CO_2、CO 和水蒸气。

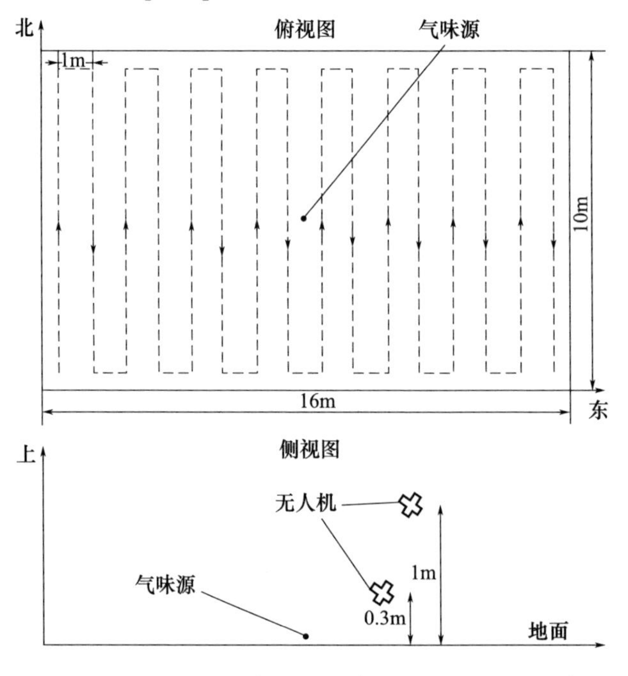

图 7－13　无人机飞行路径、飞行高度和气味源设置示意图

（2）气体传感器标定。MiCS－5521气体传感器对CO和乙醇蒸汽具有较高的灵敏度。由于传感器响应与气体浓度之间的关系是非线性的，因此需要进行传感器标定。标定装置如图7－14所示，主要由密闭气室和质量流量控制器组成，待标定气体传感器放置于气室中。通过改变气室中的气体浓度并记录传感器输出，最终将传感器输出进行曲线拟合获得如下式的标定方程。图7－15中的“＊”号为不同浓度下的传感器输出，实线为根据传感器输出拟合的标定曲线，即

图7－14　气体传感器标定装置

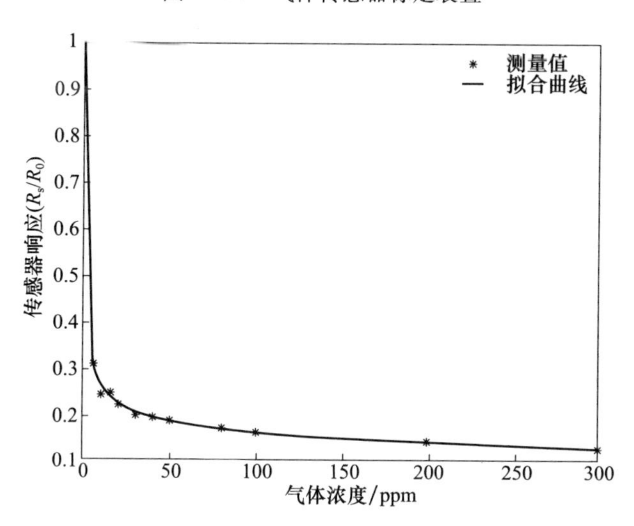

图7－15　气体传感器稳态响应标定曲线

$$\frac{R_s}{R_0}=(1+0.2758\times C)^{-0.4451} \tag{7-34}$$

式中：R_s和R_0分别是在目标气体和洁净空气中的传感器电阻值；$\frac{R_s}{R_0}$表示传感器

响应;C 是气体浓度。

(3) 实验结果。无人机对实验区域扫掠采样过程持续了 515s,此过程中风向为从西向东,变化较小。图 7 – 16 和图 7 – 17 分别为无人机扫掠轨迹的俯视图和三维图。图中“ * ”号表示飞行期间检测到气味的位置。图 7 – 18 为扫掠过程中气体传感器的响应曲线,可以看到,气味烟羽的空间分布非常稀疏,扫掠路径上只有几个位置能够检测到气味。

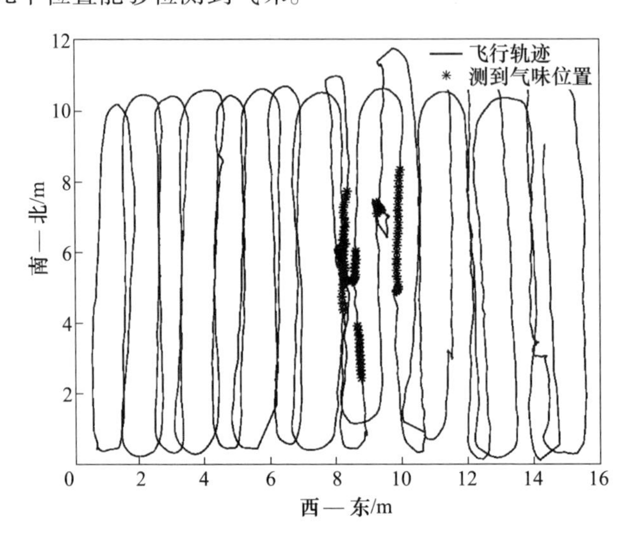

图 7 – 16　无人机扫掠轨迹俯视图

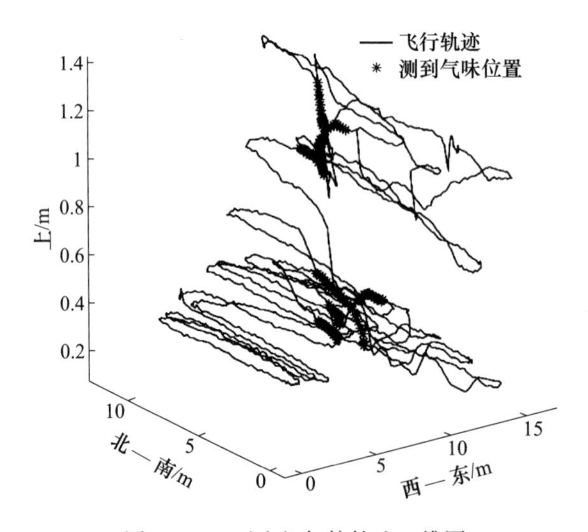

图 7 – 17　无人机扫掠轨迹三维图

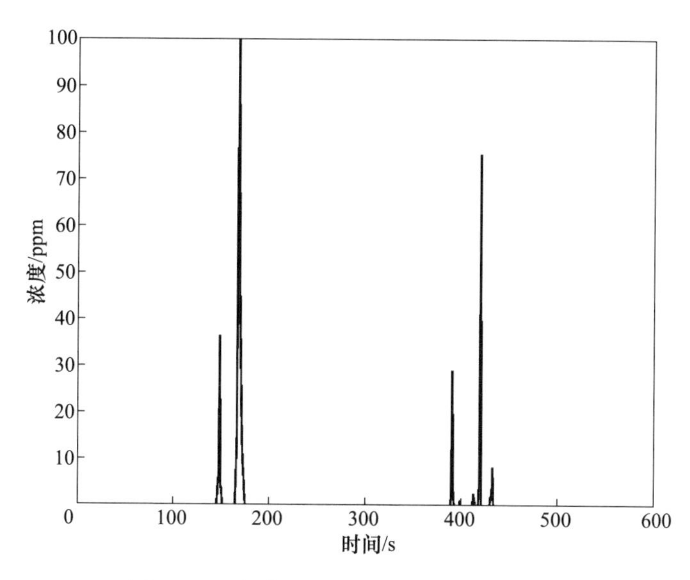

图7-18　扫掠过程中气体传感器响应曲线

基于同一高度的扫掠采样数据，使用二维 Kernel DM 算法建立的平面气体分布如图7-19所示，图中用深蓝色到深红色的色阶表示气味浓度，越接近深蓝色表示气味浓度越低，越接近深红色气味浓度越高。表7-1给出了算法参数。从图7-19的气味分布栅格图中可以识别可疑的气味源（浓度最高的栅格）。基于全部扫掠采样数据，使用三维 Kernel DM 算法构建的三维气体分布如图7-20所示，图中色阶的含义与图7-19相同。

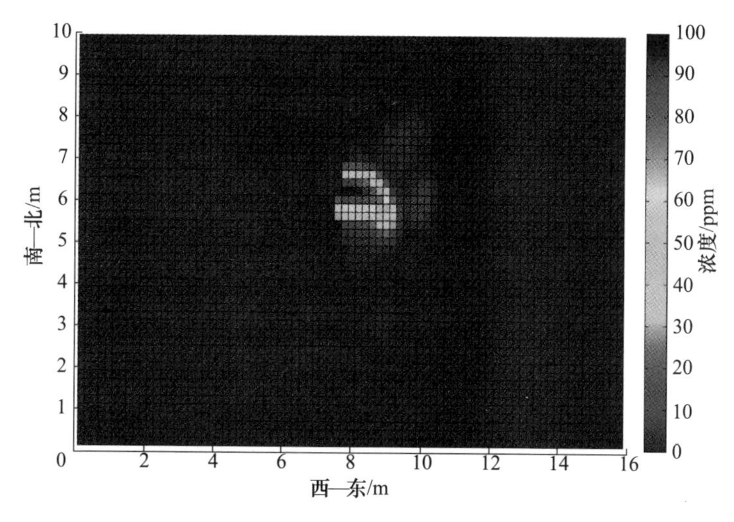

图7-19　二维 Kernel DM 算法建立的平面气味分布图（见彩插）

表 7 - 1 二维和三维 Kernel DM 算法参数

高斯核宽度 σ	截断半径 R_{co}	栅格边长
0.3m	3σ	0.2m

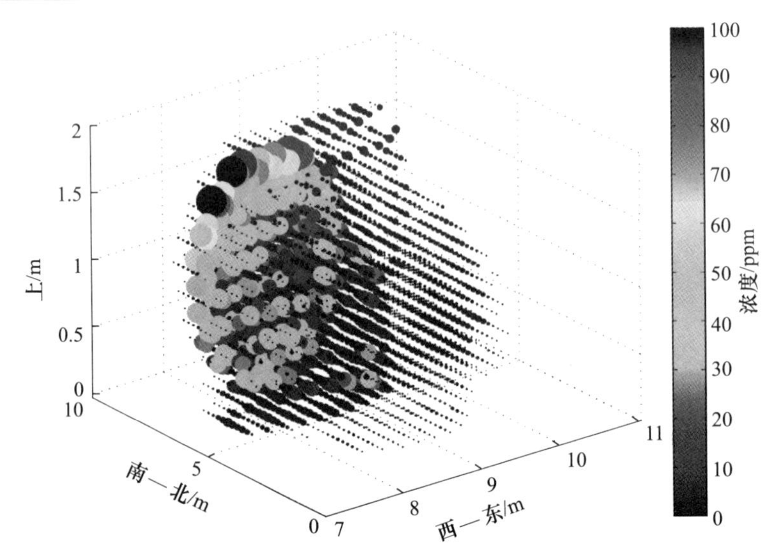

图 7 - 20 三维 Kernel DM 算法建立的三维气味分布图(见彩插)

2) 三维 Kernel DM + V/W 算法仿真

(1) 仿真设置。采用 RAOS 软件(Robot Active Olfaction Simulator,机器人主动嗅觉仿真软件,详见 8.2.1.3 节)对三维 Kernel DM + V/W 算法进行仿真。如图 7 - 21 所示,仿真区域设为 $10 \times 10\text{m}^2$,气味源位于(-1,0,2.2)m 处,四旋翼无人机的预设飞行轨迹为扫掠式路径。机器人在 5 个不同高度上进行扫掠采样,分别为 1.8m、2.0m、2.2m、2.4m 和 2.6m。每个高度包含两个仿真:无气动嗅觉效应仿真和有气动嗅觉效应仿真。无人机装载一个气体传感器,位于四旋翼的中心,即气体传感器和机器人中心的移动轨迹重叠。为了更清楚地观察气体传感器所在位置的气味浓度,仿真中没有使用气体传感器响应模型,即认为气体传感器响应和恢复是瞬时完成的。

仿真中,风速设置为 $\boldsymbol{U}_{en}$ = (0.5,0,0) m/s,四旋翼无人机的飞行速度为 1m/s。气味源的释放率为 2.355×10^{20} molecules/s(molecules/s 表示分子数/s),每秒释放 100 个烟团,因此,每个烟团携带的气味分子数为 2.355×10^{18}(烟羽仿真详见 8.2.2.2 节)。

(2) 气动嗅觉效应对浓度采样的影响。图 7 - 22 为当无人机在 2.2m 高度

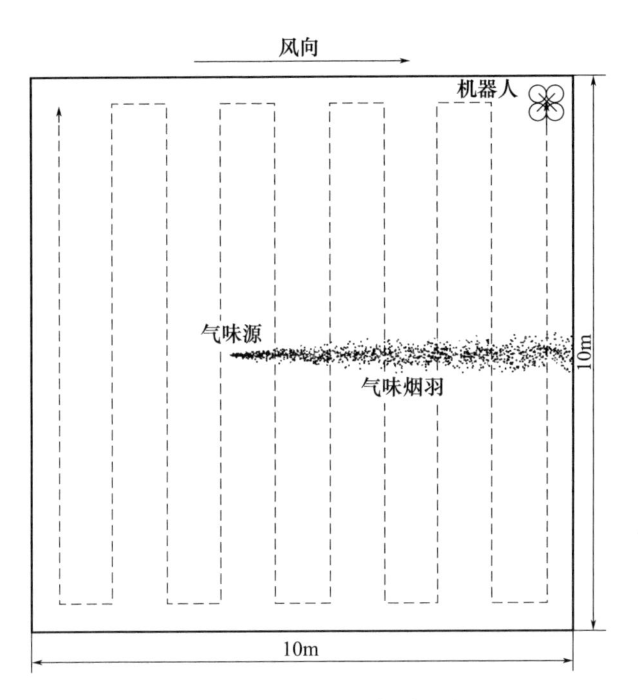

图7-21　无人机飞行路径和气味源位置示意图

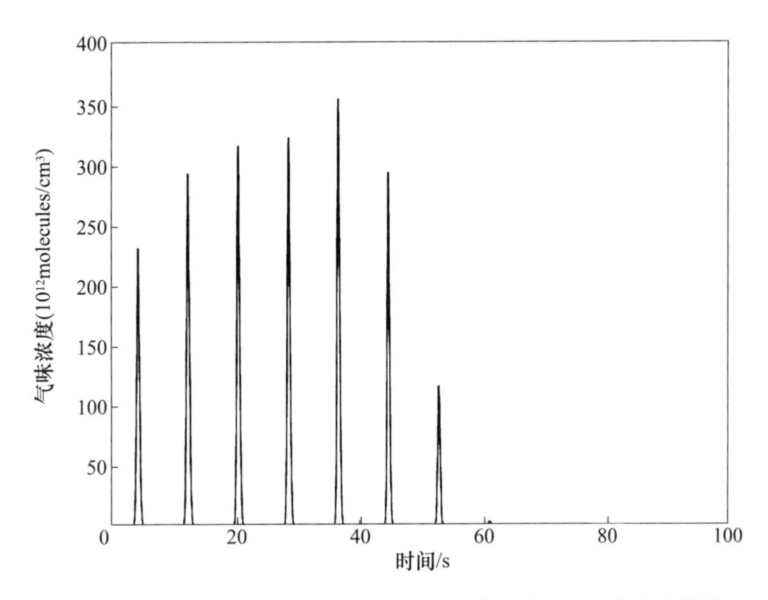

图7-22　无人机在2.2m高度扫掠时,在气动嗅觉效应影响下气体传感器的响应曲线

扫掠时，在气动嗅觉效应影响下气体传感器的响应曲线，图中单位molecules/cm^3表示分子数/cm^3。其余组的仿真结果与该图类似，只是气味浓度幅度不同。

图7－23从气味浓度值的角度展示了考虑和不考虑气动嗅觉效应情况下5组仿真结果的差异，为了更清楚地显示差异，图中只绘制了无人机横越气味烟羽的2.5s内的气味浓度曲线。从图中可观察到，若不存在气动嗅觉效应（无旋翼气流扰动），当无人机与气味源处于同一高度时，气体传感器捕获的气味浓度最高（红色虚线）；而且无人机分别在气味源上、下相同垂直距离时捕获的气味浓度也几乎相同（绿色和黄色虚线、蓝色和黑色虚线）。在气动嗅觉效应影响下，气体传感器捕获的浓度值显现出完全不同的模式。无人机在2.0m高度（比气味源高度低0.2m）飞行时气体传感器捕获的气味浓度最高（绿色实线）。另外，无人机分别在气味源上、下相同垂直距离时采集的气味浓度差别很大（绿色和黄色实线），而且此差别随着无人机与气味源垂直距离的增大而增大（蓝色和黑色实线）。除此之外，存在气动嗅觉效应时传感器捕获最高浓度的时刻比不存在气动嗅觉效应时要早，这是因为当无人机趋近烟羽时，涡丝向无人机方向倾斜，烟团被涡丝诱导流场裹挟，朝向旋翼运动，如图7－24所示（图中绿色大小不同的点为烟羽内部的烟团）。当无人机离开烟羽时，在涡丝诱导流场影响下，烟团远离旋翼运动。降低飞行速度会减弱此现象，图7－25展示了无人机飞行速度降为0.1m/s时的气味采样结果。

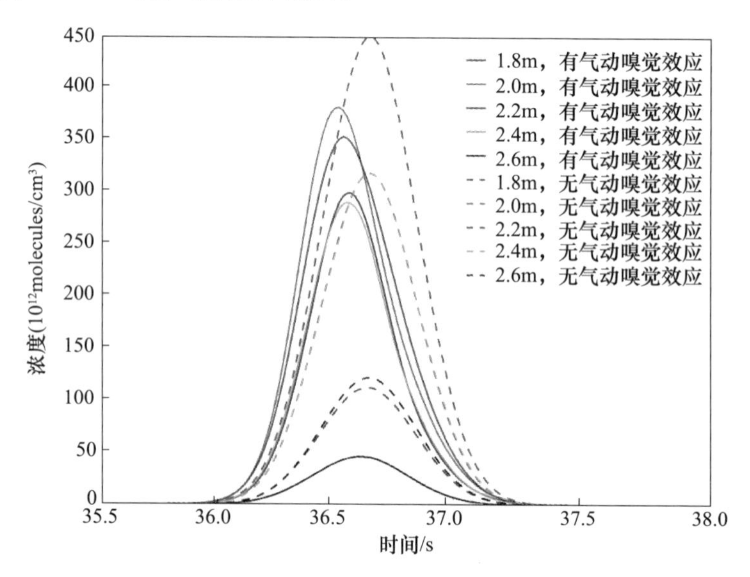

图7－23　所有5组仿真中无人机以1m/s速度横越烟羽时气体传感器采集的浓度值（见彩插）

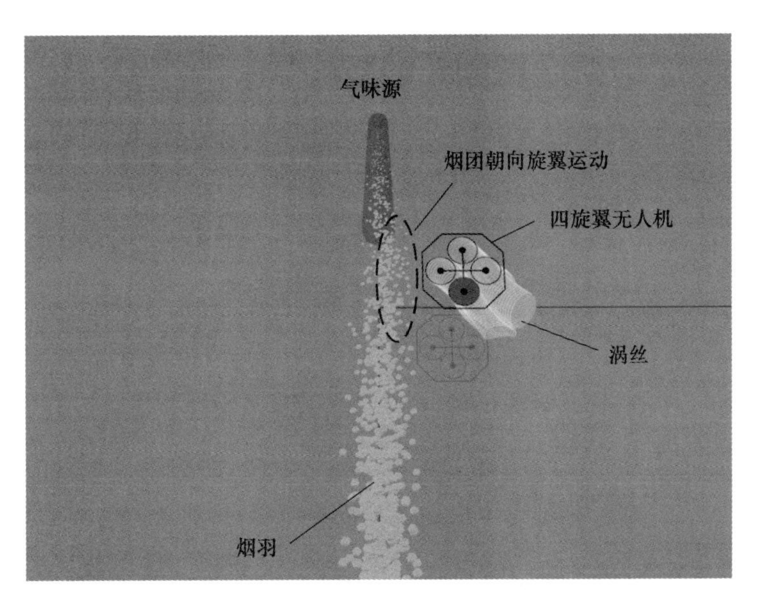

图7-24　当无人机向左飞行时的涡丝倾斜(见彩插)

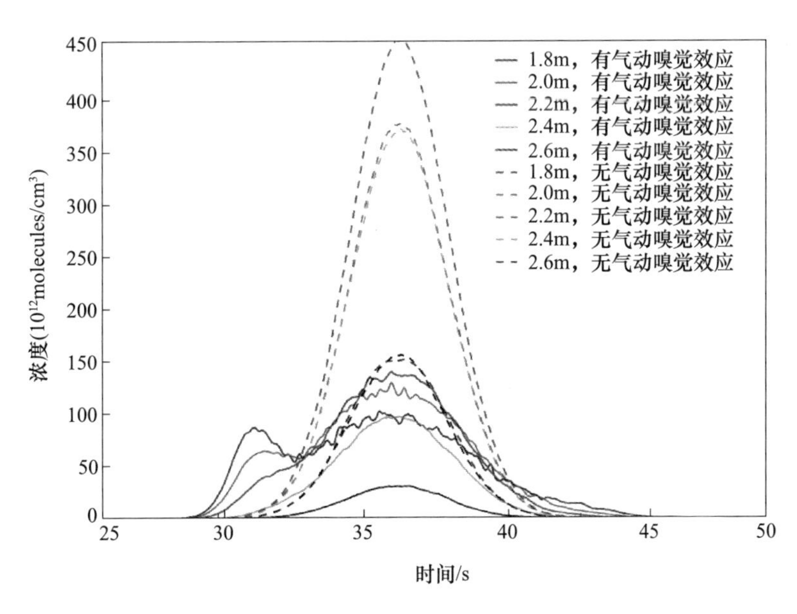

图7-25　所有5组仿真中无人机以0.1m/s速度横越烟羽时
气体传感器采集的浓度值(见彩插)

从图7-25中很难观察到像图7-23中一样的实线偏移,但可看到当无人机以低于气味源的高度飞行并接近烟羽时,传感器接触到相对较高浓度的气味,导致蓝色、绿色和红色实线在 28 ~ 34s 有相对较小的波峰。这个现象是由气味浓度的聚集引起的，图 7 – 26 清楚地解释了这一点。图中，无人机在 1. 8m 高度（比气味源低 0. 4m）飞行，在 28s 时快要接触烟羽，在 30. 5s 时接触烟羽，在 46. 2s 时离开烟羽。当无人机快要接触烟羽时（28s），因为旋翼尾流速度比风速高得多，无人机附近的烟团开始加速往旋翼运动，气味传感器开始捕获浓度越来越大的气味（图 7 – 25 中 28 ~ 32s 蓝色、绿色和红色实线开始上升）。当无人机接触烟羽时（30. 5s），可看到以无人机为分界点，烟羽上游的烟团由于涡丝诱导速度场的影响开始变得稀疏，烟羽下游的烟团开始聚集；在 32s 时烟羽下游的烟团聚集现象更加明显，之后烟羽下游的烟团又逐渐变得稀疏，气味传感器捕获的气味浓度开始下降（图 7 – 25 中 32 ~ 34s 蓝色、绿色和红色实线短暂下降）。然后无人机继续移动，气味烟羽开始逐渐接近气味传感器所在位置（无人机中心），这时气味传感器捕获的气味浓度开始上升（图 7 – 25 中 34 ~ 38s 蓝色、绿色和红色实线上升）。当无人机飞过烟羽中心线时，烟羽内的烟团已分布均匀（比 28s 时更稀疏），此时，气味传感器捕获的气味浓度开始呈现与图 7 – 23 类似的下降模式。

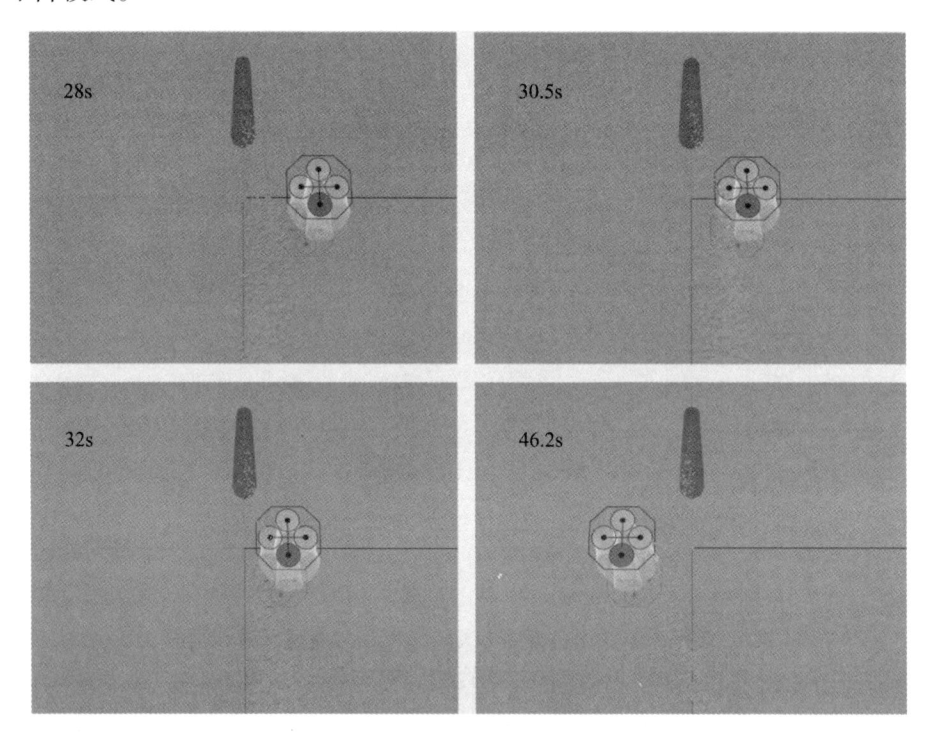

图 7 – 26　当四旋翼无人机横越烟羽时烟羽分布变化过程（见彩插）

(3) 仿真结果。采用三维 kernel DM + V/W 算法的气味分布建图结果如图 7-27 所示,可观察到存在气动嗅觉效应时,无人机在气味源下方(如 1.8m 高度)飞行的建图结果比不存在气动嗅觉效应时浓度值要高。另外,无人机在气味源下方飞行时,气味分布建图结果呈现蜿蜒形状,这是因为图 7-25 中红色、绿色和蓝色实线向左偏移(逆着无人机飞行方向),并且无人机以 Z 字形来回扫掠移动。无人机以较低飞行速度进行气味分布建图的结果与图 7-27 类似,但是此时测绘结果蜿蜒的原因变为图 7-25 左部分红色、绿色和蓝色实线的短暂波峰,产生原因前面已解释,不再赘述。

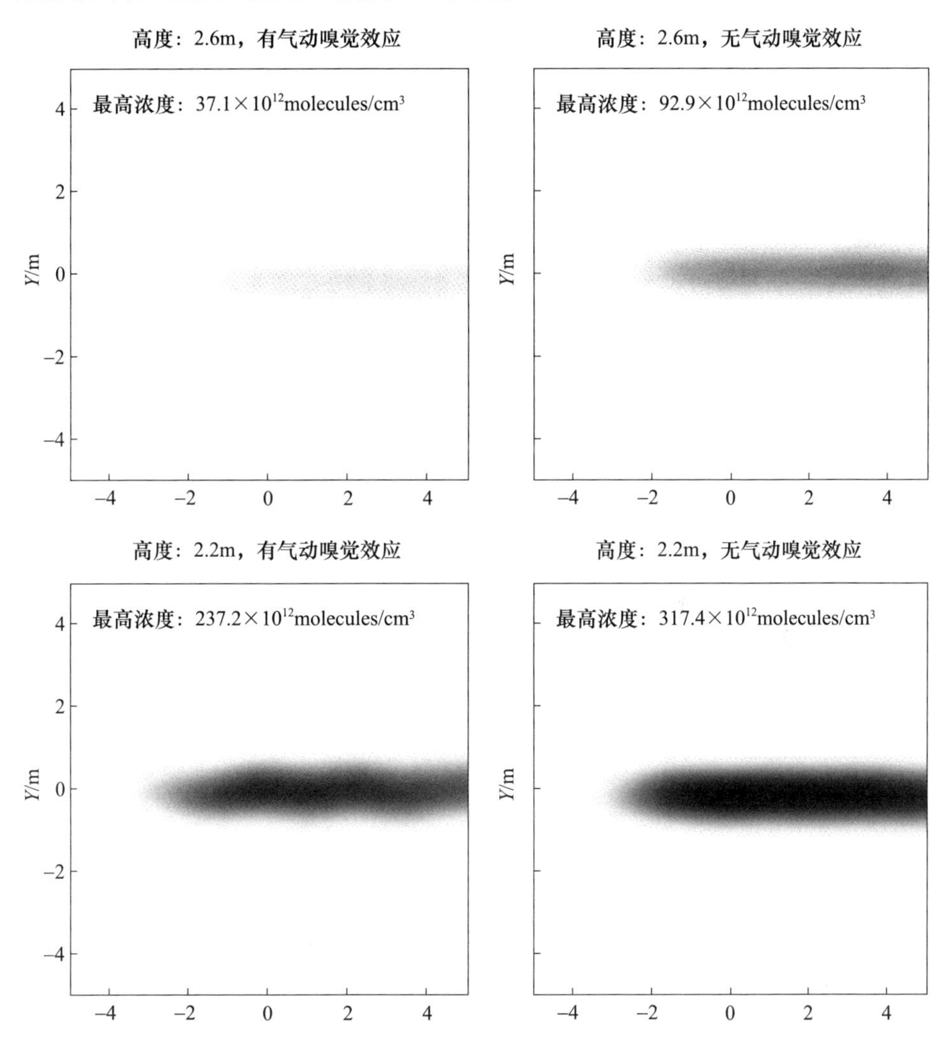

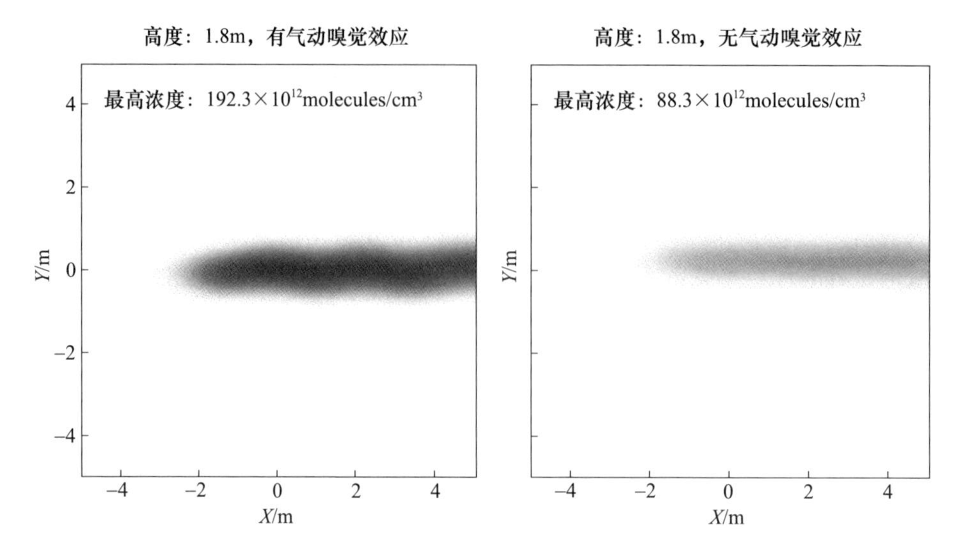

图 7-27　无人机以 1m/s 速度飞行时的气味分布建图仿真结果

第 8 章　主动嗅觉仿真技术

8.1　概述

8.1.1　主动嗅觉仿真技术简介

目前,机器人主动嗅觉研究主要通过计算机仿真、风洞实验和现实场景实验三种方式对算法进行验证。计算机仿真方式通过构建数值化的虚拟场景、仿真流场和气体浓度场,并在该虚拟环境中模拟机器人的运动和控制,以及气体检测等嗅觉搜索过程。风洞实验是将机器人置于人工风洞中进行主动嗅觉实验,该方式可认为是对主动嗅觉实际应用场景的一种实物仿真方法,风洞中流场和气体浓度场一般是可控的。由于常见的用于主动嗅觉研究的风洞规模较小,所以难以设置相对复杂的实验场景。现实场景实验是将机器人置于实际的室内或室外环境下进行实验,实验场景以及其中分布的流场和气体浓度场可以根据需要设置为更加接近工程应用的环境,或直接在工程应用环境下进行实验。若是在自然风条件下进行实验,流场和浓度场是不可控的。

在以上 3 种方式中,现实场景实验无论从场景设置还是流场和浓度场特征来看都最为接近工程应用环境,但通常实验准备和实施周期较长。如果是自然风环境,由于流场不可控,各次实验的流场和浓度场的可重复性较差,不利于对主动嗅觉算法性能的定量评估。计算机仿真和风洞实验的环境参数由于具有较高的可控性,生成的流场和浓度场可重复性较强,便于研究者在受控环境变量下进行重复性实验来考察算法性能,或者在相同环境条件下对不同算法进行横向对比,进而能够更加细致地分析机器人的主动嗅觉行为。对于计算机仿真,场景设置、流场和浓度场参数等的调整更加灵活,可以作为主动嗅觉算法前期设计和论证阶段有效的测试手段,有助于缩短算法设计和参数整定周期,降低实验成本。本章分别对主动嗅觉计算机仿真和实物仿真技术进行介绍。

8.1.2　国内外主动嗅觉仿真技术现状

8.1.2.1　计算机仿真技术

计算机仿真技术的国内外研究现状主要从烟羽模型和仿真环境两个方面

介绍。

1）烟羽模型

烟羽在一些文献中被形象化为许多烟丝（Filament）的集合；空间位置相对集中且在烟羽中相对独立的一些烟丝则被形象化为所谓的烟团（Puff）。

气味的传播通常包含两个物理过程：对流和扩散。对流在宏观上使气味或化学物质随环境平均流做整体平移运动；扩散则是湍流扩散（由环境流体微团的湍动而引起的搅拌掺混）和分子扩散（由气味分子的布朗运动引起的气味分子与环境流体的混合）共同作用的结果。湍流扩散由尺度范围非常宽的涡运动完成。尺寸大于烟团尺度的涡将烟团进行整体输运，造成烟羽（即所有烟团的集合）的蜿蜒曲折；尺寸小于烟团尺度的涡在烟团内部使烟丝和环境流体进行混合，从而使烟团发生小幅运动或增长；尺寸和烟团尺度相当的涡则会使烟团相对瞬时的烟羽中心线发生显著运动，并使烟团发生明显的增大或变形。在湍流扩散过程中，环境流体的脉动速度梯度场将气味烟团拆分并变形为由许多细烟丝组成的复杂形态。这一过程并不直接使气味稀释，但会增大气味烟团与环境流体的接触面积，从而提高分子扩散的速度。实际上，湍流扩散是大尺度上气味的再分布过程，而分子扩散则是在小尺度上气味浓度梯度的模糊化过程。湍流扩散连同伴随发生的分子扩散一起通常称为湍流混合（Turbulent Mixing）。

在湍流环境下，湍流扩散主导着气味传播，分子扩散作用可以忽略，这是我们生产和生活中比较常见的一种污染物扩散介质状态，在这种环境中搜索和定位气味源具有较大的挑战性，故本节主要介绍针对湍流环境的仿真技术。

目前，主动嗅觉相关文献中所采用的烟羽模型主要可分两类：解析模型和基于数据的模型。解析模型具有明确的数学表达式，其优点在于可以灵活地设置模型参数，但其模拟浓度场的拟真度还有提高空间。基于数据的模型是将传感器采集到的实际风场和浓度场数据在计算机中回放，仿真机器人在数据流中进行搜索。仿真风场和浓度场的拟真度取决于数据采集方式，合适的数据采集方式能够更准确地还原真实风场和浓度场，但是数据采集后无法改变，不够灵活。从文献来看，主动嗅觉仿真研究中烟羽解析模型占大多数，包括高斯烟羽模型、Balkovsky 等[105]提出的格构（Lattice）烟羽模型、Farrell 等[16]提出的基于细丝的大气扩散模型、对 Farrell 模型扩展得到的三维烟羽模型[106-107]、Marques 等[108]基于 CofinBox 软件包[109]的烟羽模型和基于计算流体力学（CFD）的烟羽模型等。基于实测浓度数据的烟羽模型相对较少，主要包括 Wada[110]、Lilienthal[92]、李慧霞和 Vergassola[4]的研究工作。

（1）高斯烟羽模型。高斯烟羽模型是一种静态模型，是对源强均匀的点源长时间扩散形成浓度场的长时间平均，其表达式为

$$c(x,y,z,H)=\frac{Q}{2\pi\sigma_y\sigma_z U}\exp\left(-\frac{y^2}{\sigma_y^2}\right)\cdot\left\{\exp\left[-\frac{(z-H)^2}{2\sigma_z^2}\right]+\exp\left[-\frac{(z+H)^2}{2\sigma_z^2}\right]\right\} \quad (8-1)$$

式中：Q 为气味释放率；H 为气味源高度；σ_y 和 σ_z 分别为 y 与 z 方向的湍流扩散系数；U 为风速。高斯烟羽模型建立的浓度场如图 8－1 所示。显然，高斯烟羽模型的浓度场是光滑的，并且不能体现烟羽的动态演化过程，与实际的动态烟羽相差较大。

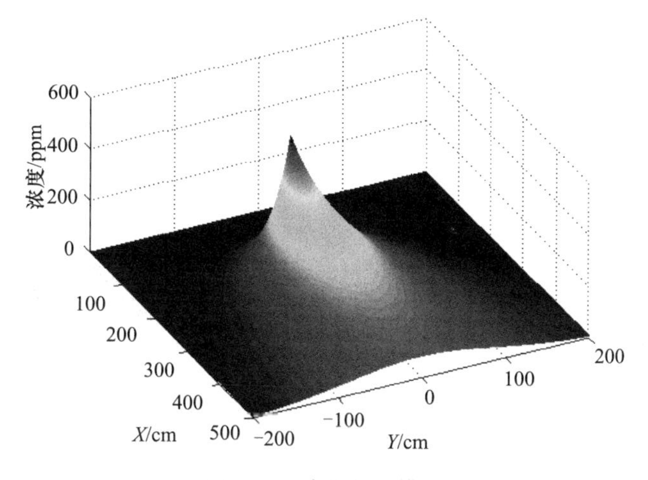

图 8－1　高斯烟羽模型

（2）格构烟羽模型。Balkovsky 等[105]假设气味包（Odor Patch）作为组成烟羽的基本单位（格构烟羽模型中气味包的概念与烟团具有相似性），在格构烟羽模型中，搜索区域被离散化成边长为 1 的正方形栅格。每个时间步气味源释放一个气味包，气味包在流场中的运动速度与风速相同，但是风速在 x 和 y 方向只能取（－1，1）、（0，1）和（1，1）3 个离散值。在每一时间步，气味包等概率选择一个风速值，并在 x 和 y 方向移动相应的距离。该模型虽然能够模拟烟羽内部浓度间歇的特征，但是风场和气味包运动模型与实际情况有较大差距。

长时间烟羽概率分布可由下式表示：

$$p(\boldsymbol{r})=\frac{1}{\sqrt{4\pi D_e y}}\exp\left[-\frac{x^2}{4D_e y}\right] \quad (8-2)$$

式中：$\boldsymbol{r}=(x,y)$ 表示位置；D_e 表示漩涡扩散率。

（3）基于细丝的大气扩散模型。Farrell 等[16]提出的基于细丝的大气扩散模型同样假设烟团作为组成烟羽的基本单位。烟团连续地从气味源释放，每个烟团包含大量的气味分子，并通过烟团体积的增长模拟湍流扩散过程。根据不同尺度湍涡对烟团运动的影响,每个烟团的速度可以分解为两部分:一个是在大尺度湍涡的整体输送作用下产生的对流速度 v_a,使烟团沿着烟羽中心线的运动;另一个是在中小尺度湍涡作用下形成的垂直于烟羽中心线的运动速度 v_m,造成烟羽宽度逐渐增加的效果。对流速度 v_a 由环境流速决定,为了提高模型的计算效率,Farrell 等加大了计算网格的尺寸,并将时均的 N-S 方程简化为

$$\frac{\partial \bar{u}}{\partial t} = -\bar{u}\frac{\partial \bar{u}}{\partial x} - \bar{v}\frac{\partial \bar{u}}{\partial y} + \frac{1}{2}K_x\frac{\partial^2 \bar{u}}{\partial x^2} + \frac{1}{2}K_x\frac{\partial^2 \bar{u}}{\partial y^2} \tag{8-3}$$

$$\frac{\partial \bar{v}}{\partial t} = -\bar{u}\frac{\partial \bar{v}}{\partial x} - \bar{v}\frac{\partial \bar{v}}{\partial y} + \frac{1}{2}K_y\frac{\partial^2 \bar{v}}{\partial x^2} + \frac{1}{2}K_y\frac{\partial^2 \bar{v}}{\partial y^2} \tag{8-4}$$

式中:$v_a=(\bar{u},\bar{v})$,$\bar{u}$ 和 $\bar{v}$ 分别为平均流速在 x 和 y 方向的分量;K_x 和 K_y 分别为 x 和 y 方向的扩散率。仿真流场和烟羽如图 8-2 所示,图中箭头表示其所在位置的风矢量,箭头方向表示风向,箭头长度表示风速,风速越大则箭头越长。不同灰度和大小的点表示烟团,点的灰度表示烟团的浓度,颜色越深则烟团浓度越大,反之则浓度越小。烟团从气味源释放后,在湍流扩散作用下,烟团半径随时间增大,浓度随时间降低。四角的数字为搜索区域4个顶点的坐标,单位为 m。Farrell 等通过对比相同风洞条件下仿真烟羽数据与真实烟羽数据对模型的有效性进行了验证。但是由于采用了时均流场控制方程,该烟羽模型在用于室外大气环境中的主动嗅觉研究时,仿真流场的波动性要比实际风场弱。

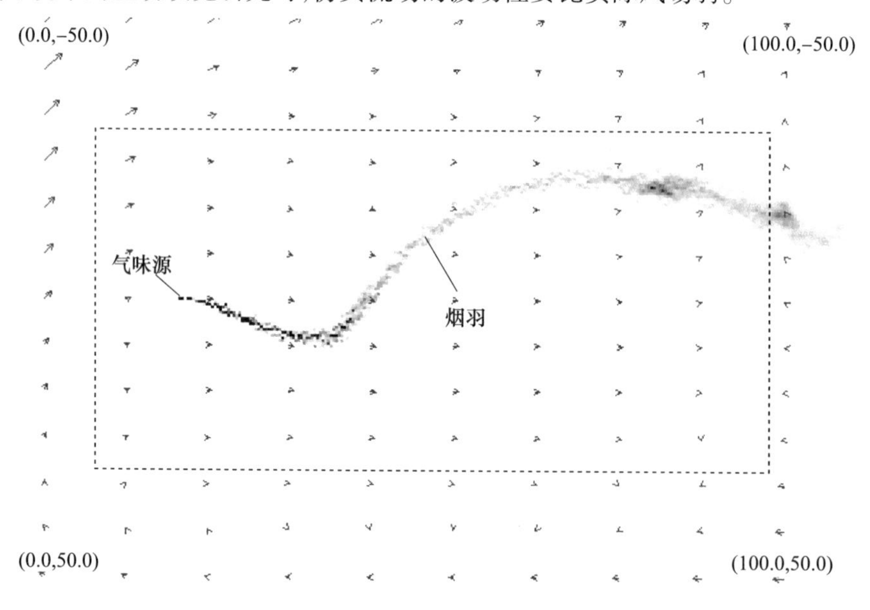

图 8-2　基于细丝的大气扩散模型

(4) 三维烟羽模型。在 Farrell 烟羽模型的基础上,Sutton 等[106]在 2008 年将模型的维度从二维扩展到三维,开发出 CPT_M3D 三维主动嗅觉仿真环境,仿真机器人可以在三维空间内进行气味源定位。Tian 等[107]在 2010 年也在 Farrell 烟羽模型的基础上提出了一个三维烟羽模型,该模型假设在所有二维平面内的流场都是相同的,并同样由式(8-3)和式(8-4)控制。特别地,该模型定义烟团浮升的控制方程为

$$H(U,s,t)=2.6\left(\frac{Ft^2}{U}\right)^{1/3}(t^2s+4.3)^{-1/3} \tag{8-5}$$

式中:$H(U,s,t)$为烟团浮升高度;U 为烟团所在平面流速;F 为浮升通量参数;s 为稳定性参数;t 为时间。

(5) 基于 CofinBox 软件包的烟羽模型。Marques 等基于 CofinBox 软件包[109]建立了一个二维烟羽模型。该模型利用 CofinBox 软件包生成烟羽中心线、宽度和高度关于时间和顺风向距离的函数,烟羽内部浓度场则采用如下的高斯模型:

$$c(x,y,t)=\frac{Q}{2\pi\sigma_y(x,t)\sigma_z(x)}\exp\left\{-\frac{(y(t)-y_0(x,t))^2}{2\sigma_y^2(x,t)}\right\} \tag{8-6}$$

式中:Q 为气味释放率;$\sigma_y(x,t)$ 和 $\sigma_z(x)$ 分别为 y 和 z 方向的湍流扩散系数;$y_0(x,t)$ 为烟羽中心线的纵坐标。对于烟羽内部的间歇性,则采用马尔可夫调制的泊松过程(MMPP)对烟羽中高浓度出现的概率进行建模,表达式如下:

$$\lambda_k=P_h\cdot\exp\left\{-\frac{r_k^2}{2D_y^2}\right\} \tag{8-7}$$

式中:D_y 表示瞬时烟羽宽度;P_h 表示高浓度在烟羽中心线的出现概率;r_k 表示观测点 k 与烟羽中心线的距离。

(6) 基于 CFD 的烟羽模型。计算流体力学(CFD)软件(如 ANSYS FLUENT、OpenFOAM 等)也在一些研究中被用于生成仿真烟羽和流场[111]。由于 CFD 软件中通常无法对机器人和传感器进行仿真,一般需要在 CFD 软件中对流场和浓度场进行离线仿真,再将仿真数据从 CFD 软件中导出,并导入到其他包含机器人和传感器模型的仿真程序中。基于 CFD 的烟羽模型的优点是可以灵活设置不同的边界条件和障碍物环境等,但生成较大空间尺度且具有足够间歇性的浓度场需要非常巨大的计算资源。图 8-3 给出了基于 CFD 软件生成的连续烟羽浓度场。图中,3 个实心多边形为障碍物,箭头表示其所在位置的风矢量,箭头方向表示风向,箭头长度表示风速,风速越大则箭头越长。用等值线表示烟羽内部的浓度场,等值线对应的浓度值用灰度表示,右边的灰度条给出了不同灰度对应的浓度值。

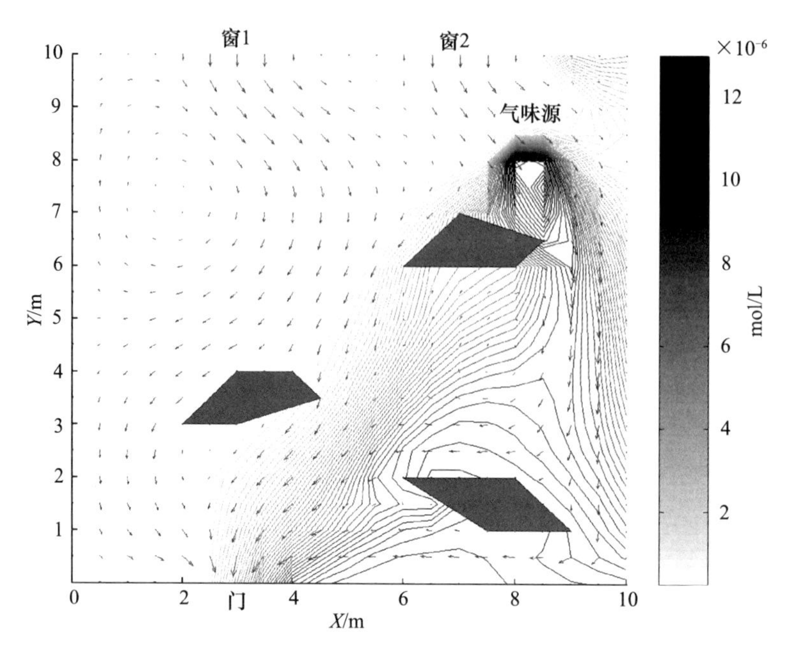

图 8 - 3　基于 CFD 软件的连续烟羽模型

(7) 基于实测浓度数据的烟羽模型。Wada 等[110]和 Lilienthal 等[92]使用一个机器人通过遍历的方式采集环境气味浓度和风速数据。李慧霞则采用固定的风速仪和气体传感器阵列采集环境风速与气味浓度数据,经过插值处理后建立烟羽模型,如图 8 - 4 所示。图中的箭头表示其所在位置的风矢量,箭头方向表示风向,箭头长度表示风速,风速越大则箭头越长。其中,黑色箭头为风速仪直接采样数据,红色箭头为根据直接采样数据的插值计算结果。用色阶表示区域

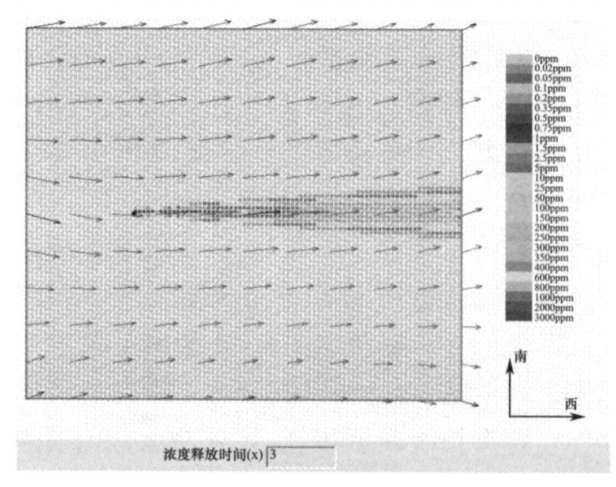

图 8 - 4　基于实测数据重建的风场和烟羽模型(见彩插)

内的浓度分布，各颜色对应浓度值如右侧的色阶带所示。李慧霞的数据采样方法由于受到气体传感器响应和恢复特性以及空间采样分辨率的制约，建立的烟羽模型无法反映烟羽内部的浓度高频脉动，而是更加接近平均浓度分布情况。Vergassola 等[4]将拍摄的染料在流体中扩散的图像经过处理后作为仿真环境，能够很好地反映出烟羽的精细结构，但空间尺度有限。

2）计算机仿真环境

机器人主动嗅觉计算机仿真环境通常指集成了环境流场模型、烟羽模型、机器人模型、传感器模型以及环境障碍物模型等，能够模拟机器人主动嗅觉过程的一套软件系统。目前，文献中所使用的计算机仿真环境主要有以下几种。

（1）Farrell 等[16]采用 C++语言设计的二维烟羽仿真环境，该环境最早提出并使用了基于细丝的大气扩散烟羽模型，并集成了基于简化 Navier－Stocks 方程的在线风场生成算法。但是，该仿真环境只能对无边界环境下的烟羽扩散进行模拟，无法对含有障碍物和边界的环境进行模拟。在 Farrell 仿真环境基础上，Sutton 等[106]和 Tian 等[107]分别将其扩展到了三维环境。

（2）Cabrita 等[112]基于 Player/Stage 框架开发了一套主动嗅觉仿真环境，该仿真环境通过 PlumeSim 插件获得仿真烟羽，仿真烟羽的数据来源可以是内置的数学模型、CFD 软件仿真数据以及真实环境下采集的浓度数据。

（3）Monroy 等[113]基于移动机器人编程工具包（Mobile Robot Programming Toolkit，MRPT）和 OpenMora（Open Mobile Robotics Arquitecture），利用 C++语言设计了一个移动机器人主动嗅觉仿真环境。

（4）孟庆浩团队分别针对不同环境和研究目的，开发了3个主动嗅觉仿真环境。第一个针对二维室内仿真环境，采用 Visual C++环境开发。其中，仿真风场通过计算流体力学软件 ANSYS FLUENT 生成，并将保存的风场数据导入仿真环境中，浓度场采用基于细丝的大气扩散烟羽模型生成。仿真环境还包含差动轮式机器人模型和金属氧化物半导体传感器（Metal Oxide Semiconductor Sensor，MOS）模型。第二个针对二维室外仿真环境，同样采用 Visual C++环境开发。其中，通过风速仪阵列在真实的室外环境下长时间采样建立风场数据库，并在仿真环境下回放作为仿真风场，浓度场采用基于细丝的大气扩散烟羽模型生成。仿真环境同样包含差动轮式机器人模型和金属氧化物半导体传感器模型。第三个是名为 RAOS（Robot Active Olfaction Simulator）的三维仿真环境，采用 FLTK 跨平台用户界面工具箱和 OpenGL 图形库开发。该仿真环境采用基于细丝的大气扩散模型产生三维浓度场，并可对旋翼机器人和旋翼气动嗅觉效应进行仿真。

（5）Eu 等[114]开发的移动机器人嗅觉模拟器（Mobile Robots Olfaction Simulator)中,烟羽模型采用了基于细丝的大气扩散模型,并将其扩展到三维,实现了对烟羽三维蜿蜒特性的模拟。三维流场通过开源流体力学软件 TYCHO 生成并导入到模拟器。同时,模拟器中还加入了四旋翼无人机旋翼尾迹对环境气流的影响。

(6) Lilienthal 团队[104]基于开源架构机器人操作系统(Robot Operating System,ROS)开发了一个名为 GADEN 的三维仿真环境。该仿真环境包括离线仿真和在线仿真两部分,通过离线方式生成环境三维模型、环境风场和浓度场。其中,环境三维模型通过 CAD 建模;环境风场采用开源流体力学软件 OpenFOAM 生成;浓度场由基于细丝的大气扩散烟羽模型产生。在线过程包括对环境三维模型、环境风场和浓度场进行可视化,以及对气体与风速传感器的模拟。

8.1.2.2 风洞气流模拟技术

研究人员在主动嗅觉研究的过程中发现,现实工程场景的气流环境具有复杂性与不可重复性,使机器人主动嗅觉行为和算法难以在同一条件下进行分析与验证,这在室外自然风环境下尤为突出。虽然计算机仿真技术可以生成具有较好可重复性的流场环境,但由于对复杂环境下流体的计算机仿真仍然存在待解决的问题,想要利用有限的计算资源实时或准实时地模拟出高拟真度的流场环境仍具有相当大的挑战性。为此,一些研究者采用了搭建实物场景模型,并利用真实的机器人进行主动嗅觉实验的实物模拟方法。实物模拟的关键问题之一就是如何获得与被模拟场景具有高相似度和可重复性的人工流场。

人工风洞是一种常用的人工流场生成设备,它利用动力设备驱动可控气流,从而实现对所研究模型的空气动力实验。人工风洞最早在航空航天领域被用于对飞行器、导弹等的空气动力学研究,随后也越来越多地被用于大气边界层研究、大气污染扩散与质量迁移研究、建筑结构评估和车辆工程等领域。对于机器人主动嗅觉研究,利用人工风洞在实验室中模拟各种不同条件下的气体流动和气味传播过程,测量气流对气味传播的影响以及观察、分析机器人的主动嗅觉行为,相对实际工程场景实验具有重复性好、流场参数相对容易控制等优点。

湍流环境下的气流十分复杂,目前仍未找到其变化的特定规律,所以在风洞中模拟真实环境气流同样有较大难度。主动嗅觉研究更加关注气流场在时间上的时变性和空间上的非均匀性,所以通常采用人工形成法生成所需风场。按有无控制部件,人工形成法分为被动模拟和主动模拟两类。其中被动模拟方法利用格栅、尖劈、粗糙元等装置形成一定厚度的湍流边界层,模拟装置没有能量输入;主动模拟方法使用可控制运动机构,如振动翼栅、可控风机阵列等将机械能主动注入流场而产生特定环境气流。

被动模拟和主动模拟风洞在主动嗅觉文献中均有应用,并且有些风洞的空间结构比较接近实际的应用场景(以室内为主)。2006年,Pyk等[99]在人工风洞中进行了机器人气味源定位实验。该人工风洞使用透明的聚乙烯板和木板制作,长×宽×高的尺寸约为4.0m×3.0m×0.54m,在风洞的出气口处放置一个用来产生负压的可控离心风扇,控制风洞内气体流速在1.0m/s左右。在离心风扇前安装了五个轴流式风扇,用来产生一致对称的速度变化,并且在风洞的入风口采用赫氏材料,用来消除气流中大尺度的漩涡。2011年,López[115]在其实验中也使用了相同的风洞。

2008年,Lochmatter等[28]在机器人气味源定位实验中采用了一个长×宽为14m×3m的无顶风洞。在忽略表面障碍物的情况下,可将该风洞内的气流近似看作层流,风洞内风速大约1.0m/s。之后他们改进了该风洞,将风洞的尺寸加大到16m×3.5m,并且在风洞内放置了障碍物[116],进而改变了风场的层流特性,为机器人气味源定位实验提供更复杂的实物模拟环境。

2012年,Turduev等[117]搭建了长×宽×高约为2.4m×3.4m×1.35m的风洞,内部无障碍物,风洞四周由透明的乙烯基材料密封。在实验过程中将风洞右前方的密封材料掀开一个小角,让风洞外界的空气流入,从而在风洞内形成了类似于自然通风条件下的室内气流场。

2014年,孟庆浩团队设计了一种多风扇主动控制风洞,长×宽×高尺寸为4m×3m×1m,整体为长方体状,可以配装成闭口式风洞或开口式风洞结构,分别用于模拟室内通风环境或室外近地表环境的气流场,并进一步研究了风洞采用不同的风扇控制策略时对室外近地表气流场的模拟效果。

8.2　主动嗅觉计算机仿真

主动嗅觉计算机仿真主要包括5个部分:①流场模拟;②气体浓度场模拟;③机器人本体及导航控制模拟;④传感器模拟;⑤任务场景模拟。自然界中的气流运动是非平稳过程,包含频率范围非常宽的脉动成分,这些脉动成分造成了烟羽蜿蜒和浓度间歇的特性,而烟羽的这些特性是造成机器人主动嗅觉困难的根源。因此,对风场的波动性以及烟羽的蜿蜒和间歇性的模拟也是仿真环境的关键和难点所在。目前,流体力学领域对流场和浓度场的数值仿真技术发展较为成熟,如ANSYS FLUENT、Comsol、OpenFOAM等计算流体力学软件被广泛用于流体力学相关研究和分析。同时,新的流体力学数值模拟算法也在不断地提出。然而,这些软件或算法存在的一个普遍问题是计算量会随有限元网格精细程度、目标空间尺度和维度的增加而急剧增加,运算时间往往远大于所模拟的流场和浓度场实际演化时间。一方面,对于机器人主动嗅觉研究来说,气味源搜索时间通常为若干分钟,并且搜索时间随搜索区域的增加而增长,若完全采用上述计算流体力学方式建立仿真环境,则计算量过大,仿真时间远大于实际搜索时间,仿真实时性无从谈起。另一方面,对于主动嗅觉研究,浓度分布受到风速和风向波动的影响而呈现的间歇、蜿蜒和摇摆等非线性特征,正是气味源搜索算法研究所面临的主要困难。目前的计算流体力学软件想要对上述特征进行模拟则需要相当大量的计算资源和时间成本,因此,机器人主动嗅觉领域有必要研究和开发适于自身领域需求的仿真技术。

一个好的机器人主动嗅觉仿真环境需要具有以下特征:①仿真环境能够实时或近似实时地模拟流场和浓度场演化过程;②能够模拟风场中风速和风向的动态变化和脉动情况;③能够模拟烟羽间歇、蜿蜒和摆动等非线性动态特性。本节重点对主动嗅觉计算机仿真环境的构建进行阐述,主要包括空气流场模拟、气体浓度场模拟、机器人本体的运动模拟和传感器模拟,机器人主动嗅觉过程中涉及的导航和控制算法见第3章~第6章的相关内容。

8.2.1 流场模拟

气味分子的布朗运动引起的扩散速度非常低(在25°C、一个标准大气压下扩散系数为0.119cm^2/s,折算为扩散速度为20.7cm/h[118]),因此,在湍流环境中,气味分子的远距离输运过程主要受气流控制。本节首先介绍两种自由来流场的模拟方法,分别是:基于计算流体力学软件的自由来流场仿真和基于实测数据的自由来流场重构。在这里,自由来流场主要指室外自然风,室内自然通风、对流或送风设备(如空调、风扇等),以及风洞产生的未受机器人扰动的流场。机器人的存在和运动会对自由来流场产生不同程度的扰动,进而影响机器人附近及其下游的气味烟羽的传播和分布。地面机器人由于运动速度较慢,对自由来流场和气味烟羽的扰动相对较弱,在相关研究中一般不考虑这些扰动对气味分布和测量的影响。但在使用旋翼无人机进行气味烟羽跟踪时,旋翼旋转产生的尾迹会对环境流场造成显著的扰动,从而影响气味烟羽在机器人附近和下游的分布和传播。故本节最后一部分对旋翼飞行器尾迹的建模和仿真进行介绍。

8.2.1.1 基于计算流体力学软件的自由来流场仿真

基于计算流体力学软件的自由来流场仿真方法通过数值求解流体流动的控制方程组生成环境流场,其理论和实现在很多相关出版物中已有详细论述,因而在本书中不再赘述,感兴趣的读者可以自行查阅相关书籍。

在湍流主控环境中,流场具有一系列不同尺度的湍涡结构,是风速变化的内在原因,湍涡尺度越大,造成的风速波动幅度越大、持续时间越长。风速变化造成了气味烟羽的蜿蜒和间歇,是主动嗅觉面临的主要困难之一。从宏观上看,风速可以认为由平均值与脉动值两个部分组成，平均值可认为由较大尺度湍涡支配，脉动值则由较小尺度湍涡支配。风速的脉动值可表示为瞬时风速与平均风速之差：

$$\tilde{u} = u - \langle u \rangle,\ \tilde{v} = v - \langle v \rangle \tag{8-8}$$

式中：u 和 v 别为 x、y 方向上的风速分量；$\langle \cdot \rangle$ 表示在一定时长内求平均值；$\tilde{u}$、$\tilde{v}$ 分别表示 x、y 方向风速的脉动值，其中脉动值的平均值等于零。对于主动嗅觉领域，希望仿真自由来流场的脉动值能够与真实流场相近。

本节通过实例介绍一种基于 FLUENT 软件建立与真实流场具有相近脉动特性的流场仿真方法。该方法首先基于 FLUENT 软件，采用雷诺平均法的标准 $k-\varepsilon$ 模型建立室内通风环境下的平均风场。由于基于计算流体力学软件仿真的风场的波动性要比真实风场弱，为了改善此问题，采取两个措施：①将实测三维风速作为仿真环境入口参数，获得与真实风场大尺度脉动性相近的平均风场；②在平均风场中加入与真实风场小尺度脉动量具有相同分布的随机量，模拟风场小尺度脉动。然后，将仿真风场与被模拟的真实场景的实测风场进行对比。

1）模拟场景与风速采集

本实例模拟的场景如图 8-5 所示，实验区域的长 × 宽 × 高尺寸为 6.9m × 5.5m × 3m，将门以及对角方向的一扇窗打开，形成通风环境。门宽 1.3m、高 2m，门的中心距离右侧墙壁 1.25m；窗宽 0.5m、高 1.1m，底端离地高度为 0.95m，右窗框距离右侧墙壁 4m；窗下侧靠墙的桌子高度为 0.75m。在门中心位置使用一个三维超声风速仪（R3-50，Gill Instruments Ltd.）测量入口风速，并作为仿真的进口边界条件，采样频率为 50Hz。同时，采用 7 个二维超声风速仪（Windsonic，Gill Instruments Ltd.）采集室内风场数据，用于仿真风场与真实风场的同步对比，采样频率为 4Hz。8 个风速仪同时采集，探头均在高度为 1m 的水

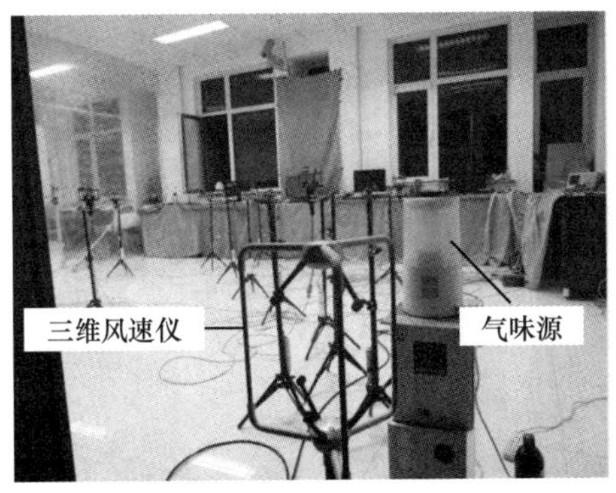

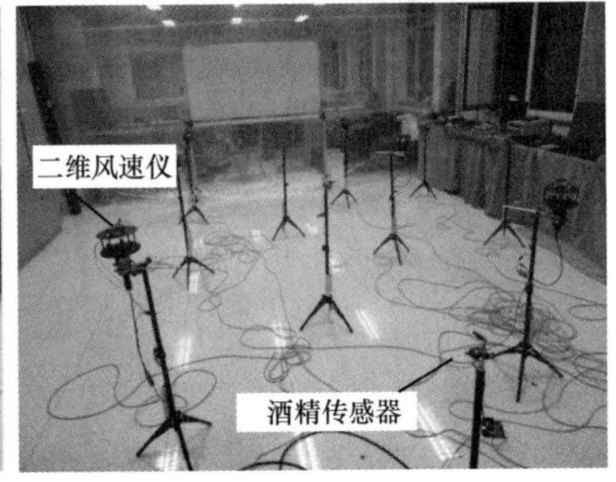

图 8-5　实验环境（左侧图片从门口拍摄，右侧图片从室内拍摄）

平面,测量时长 15min。风速仪布局平面分布示意图如图 8-6 所示,图中圆点表示风速仪,1 ~7 为二维风速仪,8 为三维风速仪。

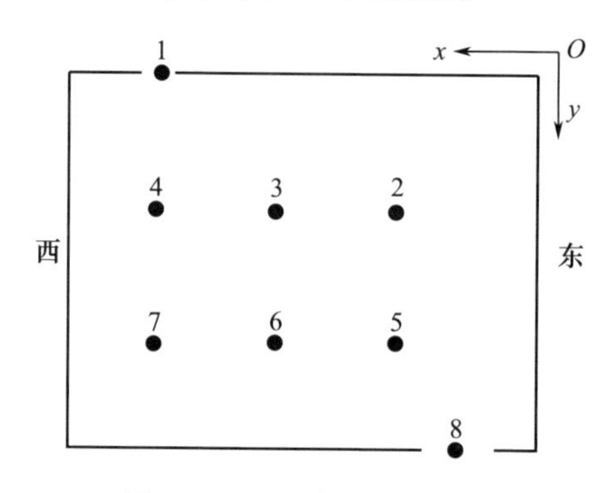

图 8-6　风速仪平面分布图

2）平均风场的建立

使用 FLUENT 软件建立室内平均风场的过程如下(各步骤详细操作方法可参考 FLUENT 相关书籍)：

（1）建立空间模型。用 GAMBIT 软件建立实验场景的三维空间模型,对空间模型进行计算网格划分,并将划分好的网格导入 FLUENT 软件。图 8-7 为用 GAMBIT 软件构建的实验场地三维空间模型和划分的计算网格,图中:灰色的立方体为简化的桌椅;网格大小为 0.1m ×0.1m ×0.1m;指定门为进口边界,窗为出口边界,其他边界面都为墙。

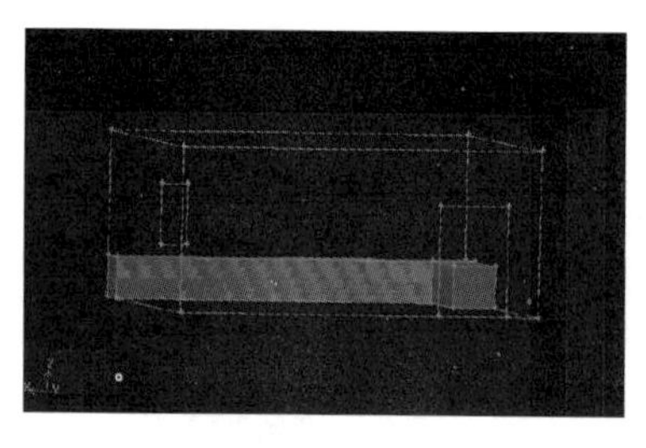
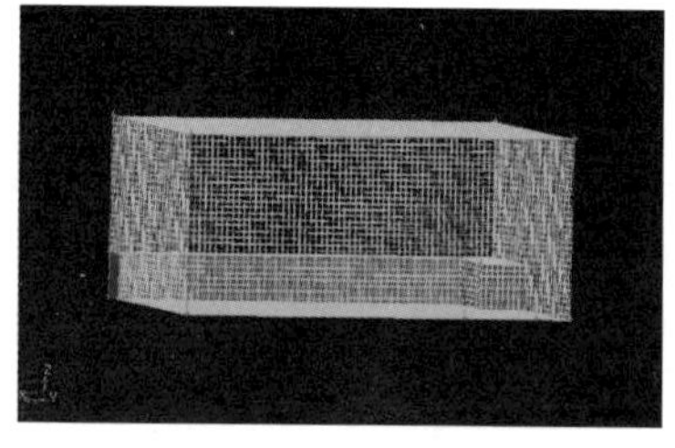

图 8-7　实验环境的三维空间模型及计算网格划分

（2）选择求解器及运行环境。由于不考虑流体热交换,所以这里选用分离求解器来求解。在运行模式中选择非稳态,空间模式选择 3D;在运行环境设置中,设置运行参考压力为标准大气压,参考压力位置选为原点,不考虑重力的影响。

（3）选择计算模型和设置材料特性。选择标准 $k-\varepsilon$ 双方程模型作为计算模型,选择流场区域为空气。

(4) 设置边界条件。为了增强仿真风场的动态性，将上述三维超声风速仪实测风速作为进口风速。

(5) 流场迭代求解。设置时间步长为0.25s、总时间步长数为3600，在每一个要求解的时间步长内都输出一个文件，该文件包含了仿真流场中各网格节点的位置信息以及网格节点处的仿真风速信息。

图8-8为从三维风场仿真空间中取出的高度为1m(即$z=1$m)处的一个二维平面风场矢量图。图中箭头长度表示风速大小，箭头的方向表示风向。同时箭头的长短和箭头颜色的亮度相对应，都表示风速大小，亮度越高，箭头长度越长，表示风速越大，反之则越小。

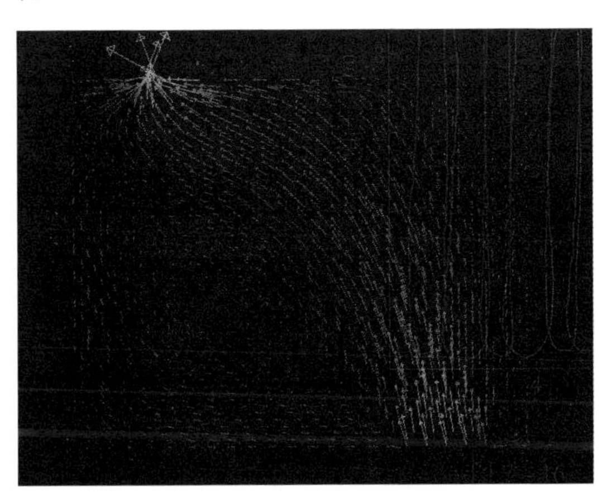

图8-8　雷诺平均法仿真$t=450$s、$z=1$m平面内风场矢量图(见彩插)

3) 实测风场与仿真平均风场对比

图8-9为以测量节点4为例的实测与仿真风速x、y方向分量的对比图，实

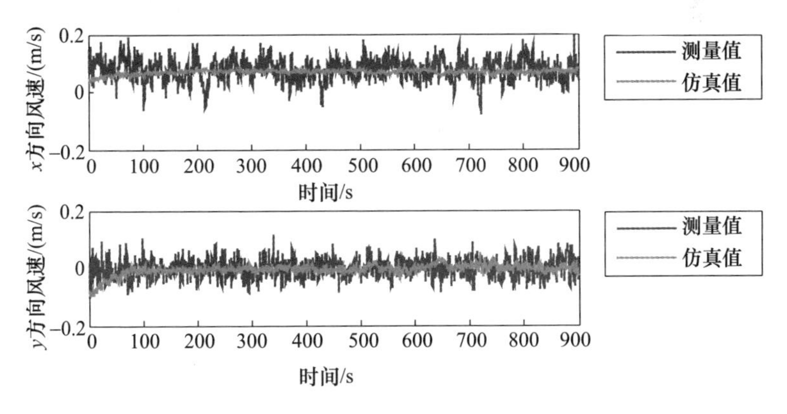

图8-9　测量节点4实测与仿真风速x/y方向分量对比图

测风速呈现出较大的脉动特性，而仿真风速只能给出较平稳的时均风速值。在曲线起始位置的测量值和仿真值相差较大，这是由于在仿真初始阶段，仿真风速还没有收敛所致。由以上分析可知，用雷诺平均法仿真并采用实测风速作为入口边界条件得到的室内平均风场与真实风场具有相近的变化趋势，但波动幅度仍与真实风场有一定的差距。

4）风速脉动量的模拟

真实风速呈现出不规则的小尺度脉动特性，可表示为式（8－8）的风速脉动量。将室内各测量点（即节点2～7）实测风场信息分解到x、y两个方向，并将x、y方向的风速按式（8－8）计算出风速脉动值，各点x、y方向速度脉动值的概率密度如图8－10所示，都近似服从均值为0的正态分布。表8－1分别为各测量点实测风场数据x、y方向风速脉动值的标准差和标准差平均值。从表中可以看出，各点x、y方向风速脉动值的标准差相当。因此，本节用服从正态分布$N(0, 0.0376^2)$和$N(0, 0.0429^2)$的时间序列分别作为仿真风场x和y方向的脉动风速。图8－11为仿真风场x、y方向风速脉动值的概率密度。将符合上述概率分布的脉动风速与FLUENT软件生成的时均风速叠加即可得到具有与真实风场时均分量和脉动分量相近的仿真风场。

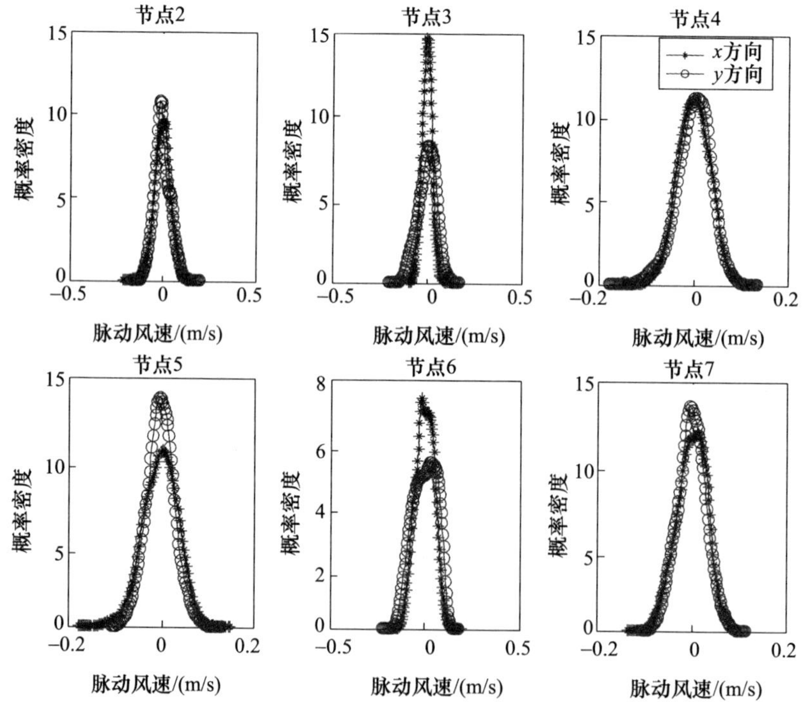

图8－10　室内各测量节点x、y方向风速脉动值的概率密度图

表 8-1　室内各风速测量节点及 6 个节点总体 x、y 方向风速脉动值的标准差

测量节点	2	3	4	5	6	7	总体/平均
x 方向标准差/(m/s)	0.0432	0.0272	0.0336	0.0376	0.0486	0.0315	0.0376
y 方向标准差/(m/s)	0.0419	0.0490	0.0364	0.0298	0.0615	0.0297	0.0429

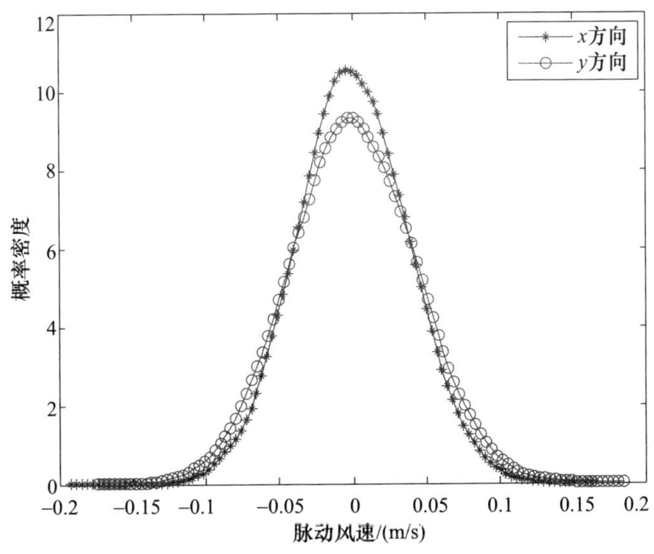

图 8-11　仿真风场 x、y 方向风速脉动值的概率密度图

8.2.1.2　基于实测数据的自由来流场重构

本节讨论一种将实测流场数据重构为仿真流场的方法，即使用风速仪阵列对风场进行采样，建立风场数据库。由于风速仪阵列的空间和时间分辨率的限制，经采样的风场会丢失一些高频信息，因此需要在仿真的过程中对风场加以恢复，在这里将其视为时间与空间的插值问题予以解决。

1）风场数据库建立

本节的风场数据库来自室外环境。使用 9 个二维超声风速仪（WindSonic，Gill Instruments Ltd.）组成 3×3 的风速仪阵列采集多点风速，阵列大小分别为 10m×10m 和 20m×18m，实验场景及阵列平面如图 8-12 所示。风速仪的最大采样频率为 4Hz，风速测量范围为 0~60m/s，风速分辨率为 0.01m/s，测量精度为 ±2%，测量探头到地面高度统一调整为 0.6m。从 2011 年 5 月至 2012 年 1 月的不同时间段分别用风速仪阵列采集了多组时长为 20min 的风场数据，这些风场数据经过插值后用于构建风场数据库。每组数据时长是考虑到机器人在阵列大小的区域内进行气味源搜索一般不会超过 20min 的实际情况而设置的。

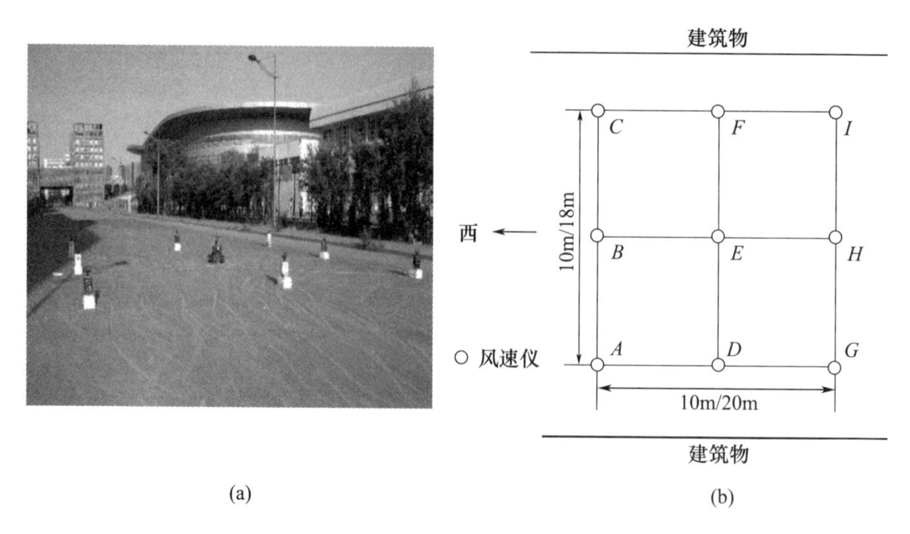

(a) (b)

图 8－12 风速采集现场及风速仪阵列示意图

(a)现场照片;(b)风速仪阵列示意图。

2）风速序列时间插值

由于风速仪采样周期(0.25s)远大于仿真环境迭代步长(0.01s),所以需要对风场数据进行时间插值,也就是对每个节点的风速序列进行时间插值,这种插值属于一维插值。目前,已经有很多成熟的一维插值方法和理论,如线性插值、拉格朗日插值、三次样条插值和反距离加权插值等。但由于风速时间序列具有脉动性和无规则性,现有的插值方法无法满足对风速这种特征的还原。因此,采用在线性插值的基础上加入符合脉动量概率分布的随机噪声的方法恢复风速的高频脉动成分。为此,首先需对室外风速脉动量的概率分布进行分析。

(1) 风速脉动量的统计分布。风速在小时间尺度上的不规则性使其很难通过解析函数表达。但是由于风速序列属于随机过程,可以从统计的角度找出其概率分布的规律。由于室外风速在大时间尺度上是非平稳的,这里将风速分解为趋势量和脉动量。趋势量体现风速大时间尺度成分,通过对低频数据进行线性插值得到;脉动量则为风速与趋势量之差,通常假设脉动量是平稳随机过程。经过风速分解,计算重点转化为计算风速脉动量。假设脉动量服从正态分布,并对该假设进行检验。这里采用 Kolmogorov－Smirnov(KS)假设检验对风速脉动量是否服从正态分布进行验证。相对于其他检验方法,KS 法可用于小样本的检验。

由于前面所述的风场数据库是以 4Hz 的频率采样获得的,若线性插值为更高频率,则插值节点即为采样数据,而风速脉动量要加入到插值节点之间。因此,需要通过更高采样频率的风速仪采集风速数据并对风速脉动量进行分析。这里使用R3-50(Gill Instruments Ltd.)三维超声风速仪在最大采样频率50Hz下采集的风速序列作为研究样本。风速序列记为 $W_H = <w_1^H, w_2^H, \cdots, w_{N_H}^H>$,其中 N_H 表示数据点个数,对于一个2h的序列 $N_H = 360000$。将 W_H 每隔13个数据(时间长度约0.25s)分割为多个子序列 $W_k^H = <w_1^{H_k}, w_2^{H_k}, \cdots, w_{13}^{H_k}>, k = 1, 2, \cdots, N_S$(图8-13),其中 N_S 为子序列个数,对于2h的风速数据 $N_S = 27692$(末尾不足13个的数据舍去)。接着将每个子序列 W_k^H 的第一个数据 $w_1^{H_k}$ 和最后一个数据 $w_{13}^{H_k}$ 作为插值节点进行线性插值,得到趋势量。所有插值节点组成的时间序列记为 $W_I^H = <w_{1+12i}^H>_{i=0}^{N_s}$,该时间序列的频率约等于4Hz。将 W_k^H 与趋势量相减得到脉动量,并对每个子序列的脉动量分别进行KS检验。假设检验成立的组数占总数据段数的96.91%,则说明脉动量在0.25s的时间范围内基本都服从正态分布。因此,可以把服从正态分布的序列作为风速脉动量叠加在风速趋势量上,逼近真实风速。

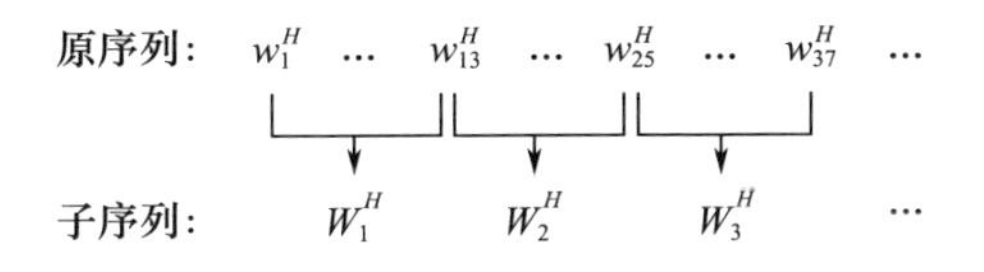

图8-13 插值节点间子序列分割示意图

正态分布函数的参数有两个,即平均值和标准差。经分析,脉动量的平均值、标准差与插值节点风速相关度很低,无法根据插值节点风速值直接估计这两个参数。在经典插值算法中,三次样条插值得到的函数曲线最接近真实值,因此,本节首先对插值节点序列 W_I^H 进行三次样条插值得到50Hz风速计算值 $\hat{W}_H$,再将其与趋势量相减得到风速计算值的脉动量,用风速计算值脉动量的均值和标准差作为正态分布的参数。

为了确保正态分布参数的可靠性,实验中利用Spearman相关系数对两种脉动量(实际风速的脉动量和利用三次样条算法求得的计算风速值的脉动量)的平均值与标准差做相关性分析。通过计算,风速计算值和实际风速脉动量的均值与标准差的相关度都达到0.6,属于显性相关。

(2)风速序列时间插值步骤。通过以上分析可知,实际风速的脉动量服从正态分布,并且可以通过计算风速脉动量来估计实际风速的均值与标准差。对风速序列插值的具体实现步骤如下。

① 对低频风速序列 W_L 分别采用线性插值和三次样条插值得到两个风速序列 A_l 和 A_t,其中 A_l 为风速的趋势量。

② 计算 A_t 的脉动量 $E_1 = A_t - A_l$（简称计算脉动量）；易知，在插值节点处的计算脉动量等于0。

③ 将相邻两插值节点间的计算脉动量组成一个子序列（不含插值点处的值），记为 $E_s^i, i=1,2,\cdots,n$，n 为子序列数量。

④ 求出每个子序列 E_s^i 的均值和标准差(μ_i,σ_i)，并将其作为实际脉动量的均值和标准差的估计值。

⑤ 生成与 E_s^i 等长度的新的正态分布序列 $N_i(i=1,2,\cdots,n)$，并在 N_1 的首尾各增加一个0，得到序列 N_1'，在其余序列 $N_i(i=2,3,\cdots,n)$ 的末尾增加一个0（插值节点处脉动量等于0）得到序列 $N_i'(i=2,3,\cdots,n)$。实际脉动量的估计序列由 $N_i'(i=1,2,\cdots,n)$ 按下标顺序依次连接获得，即 $E_2=\{N_1',N_2',\cdots,N_n'\}$。

⑥ 将风速趋势量 A_l 与脉动量估计值 E_2 叠加得到最终的风速值。

（3）结果与分析。在插值之前，首先将风速正交分解为平行于风速仪正方向的 u_{sens} 分量和垂直于正方向的 v_{sens} 分量。以风速的 u_{sens} 分量为例（v_{sens} 分量的结果相同），图8－14为插值得到的序列与原序列的对比结果。为突出细节，本节截取时间段为100～103s，在每个子图中，实线代表50Hz实际风速，虚线为不同插值算法得到的插值风速。

从图中可以看出，线性插值、三次样条插值、反距离加权插值和分形插值方法都无法得到满意的插值结果：线性插值方法只能获得风速变化趋势，无法恢复高频脉动，而且误差很大；三次样条插值和反距离加权插值用连续光滑的曲线将各个插值节点相连，相对线性插值能够还原部分高频脉动成分，但是与原序列相比误差仍然很大；分形插值总体上能够表现出风速的脉动性，但是无法获得任意所需点的风速值，而且，当迭代次数较低时，只能在较大的时间尺度上逼近原序列，在小尺度上精确度无法满足要求，而迭代次数较高时则会使计算量大幅增加。使用本节所述的插值算法将频率约等于4Hz的风速序列插值为50Hz能够比较好地还原出风速的高频脉动成分。在仿真环境中，需要将4Hz的风场数据插值为100Hz，这里假设在100Hz采样频率下的风速脉动量的概率分布与50Hz采样频率下相同，即两者属于在同一个样本总体中的抽样。在此前提下，直接采用本节的插值方法即可得到100Hz的插值风速序列。

3）风场空间插值

由于风速仪数量有限，采集风场数据的空间分辨率比较低，因此，需要在空间上进行插值得到非采样位置的风速，即风场空间插值。

（1）空间反距离加权插值。两点间距离越近则风速的相关性越高，因此采用反距离加权插值法对风场进行空间插值，待插值点的函数值为每个采样点的加权平均，数学表达式为

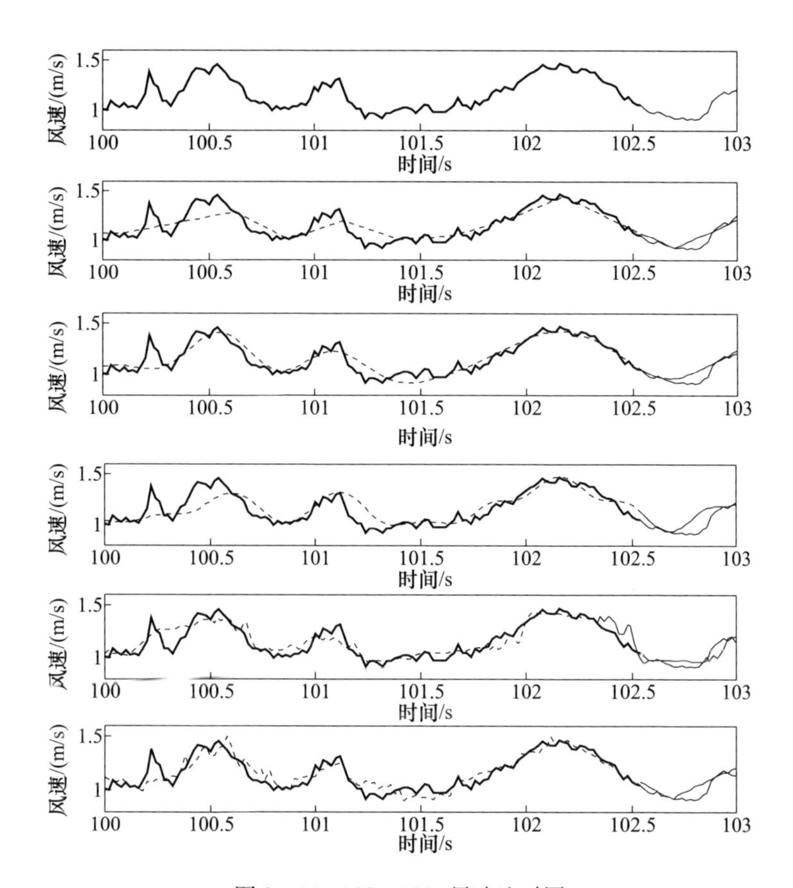

图 8-14　100~103s 风速比对图

（实线为实际风速，第 2 幅子图的虚线为线性插值风速，第 3 幅子图的虚线为三次样条插值风速，第 4 幅子图的虚线为反距离加权插值风速，第 5 幅子图的虚线为分形插值风速，第 6 幅子图的虚线为本小节所述方法的插值风速）

$$f(x,y) = \sum_{i=1}^{m_1} \sum_{j=1}^{n_1} w_{ij} f(x_i, y_j) \tag{8-9}$$

$$w_{ij} = \frac{\dfrac{1}{d_{ij}^{p}(x,y)}}{\sum_{i=1}^{m_1} \sum_{j=1}^{n_1} d_{ij}^{p}(x,y)} \tag{8-10}$$

$$d_{ij}(x,y) = \sqrt{(x-x_i)^2 + (y-y_j)^2} \tag{8-11}$$

式中：m_1 和 n_1 分别为采样点的列数和行数；$f(x_i, y_j)$ 为采样点 (x_i, y_j) 的函数值；w_{ij} 是权重系数；$d_{ij}(x,y)$ 是待插值点到采样点 (x_i, y_j) 的距离；$p>0$ 为加权幂指数，在这里取 $p=1$。

（2）空间插值效果分析。为了验证空间插值效果，本节在前面所述的风速仪阵列基础上增加了一个测试点，风速仪阵列大小分别考虑 10m × 10m 和 20m × 18m 两种情况，测试点的位置如图 8 – 15 所示。测试点同样放置一个二维超声风速仪与风速仪矩阵同步采集风速。

选取包围测试点的 4 个风速仪作为插值采样点（图 8 – 15(a) 的节点 D、E、G 和 H，图 8 – 15(b) 的节点 A、B、D、E）。在插值之前首先将插值采样点的风速正交分解两个分量：平行于风速仪正方向的 u_{sens} 分量和垂直于正方向的 v_{sens} 分量。接着对每个分量分别进行空间插值，最后再合成为风矢量与测试点风矢量进行对比。

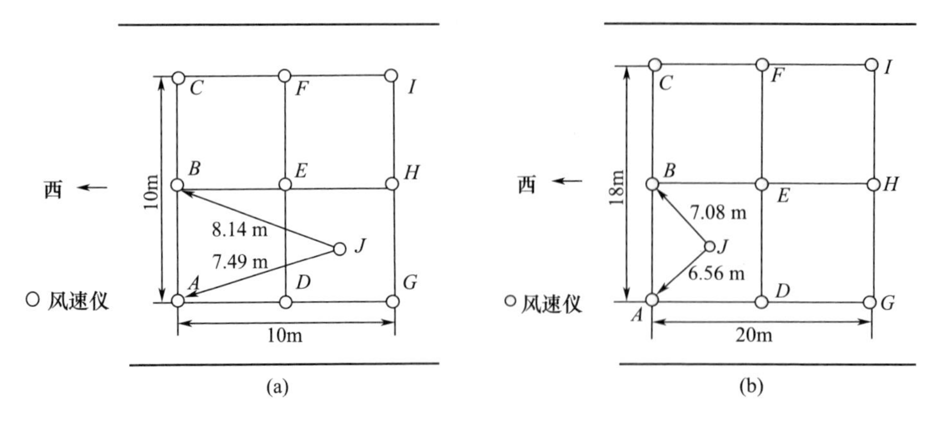

图 8 – 15　测试点位置示意图

（a）10m × 10m 风速仪阵列；（b）20m × 18m 风速仪阵列。

图 8 – 16 为 10m × 10m 空间尺度下进行反距离加权插值的结果和误差曲线。误差曲线中的红色线为误差均值，绿色线为误差标准差。可以看到，在 10m × 10m 空间尺度下采用 4 个采样点的反距离加权插值能够比较好地获得测试点处的风速和风向，风速和风向的插值误差的平均值接近于 0，误差的标准差较小。

图 8 – 17 为 20m × 18m 空间尺度下采用 4 个采样点进行反距离加权插值的结果和误差曲线。可以看到，随着空间尺度的增加，由于高频脉动成分的相关性随距离的增加而减弱，因此，风速和风向的高频脉动成分丢失更多，但是仍能保留部分中频脉动成分，这些中频脉动成分是造成烟羽摆动和蜿蜒的主要因素。因此，在该空间尺度下通过插值获得的风场仍然可用于主动嗅觉的仿真研究。综上所述，采用 4 个采样点的反距离加权插值方法的插值准确度较高，同时，该算法的计算量比较小，因此在流场仿真中可采用该方法计算任意位置的风速和风向。

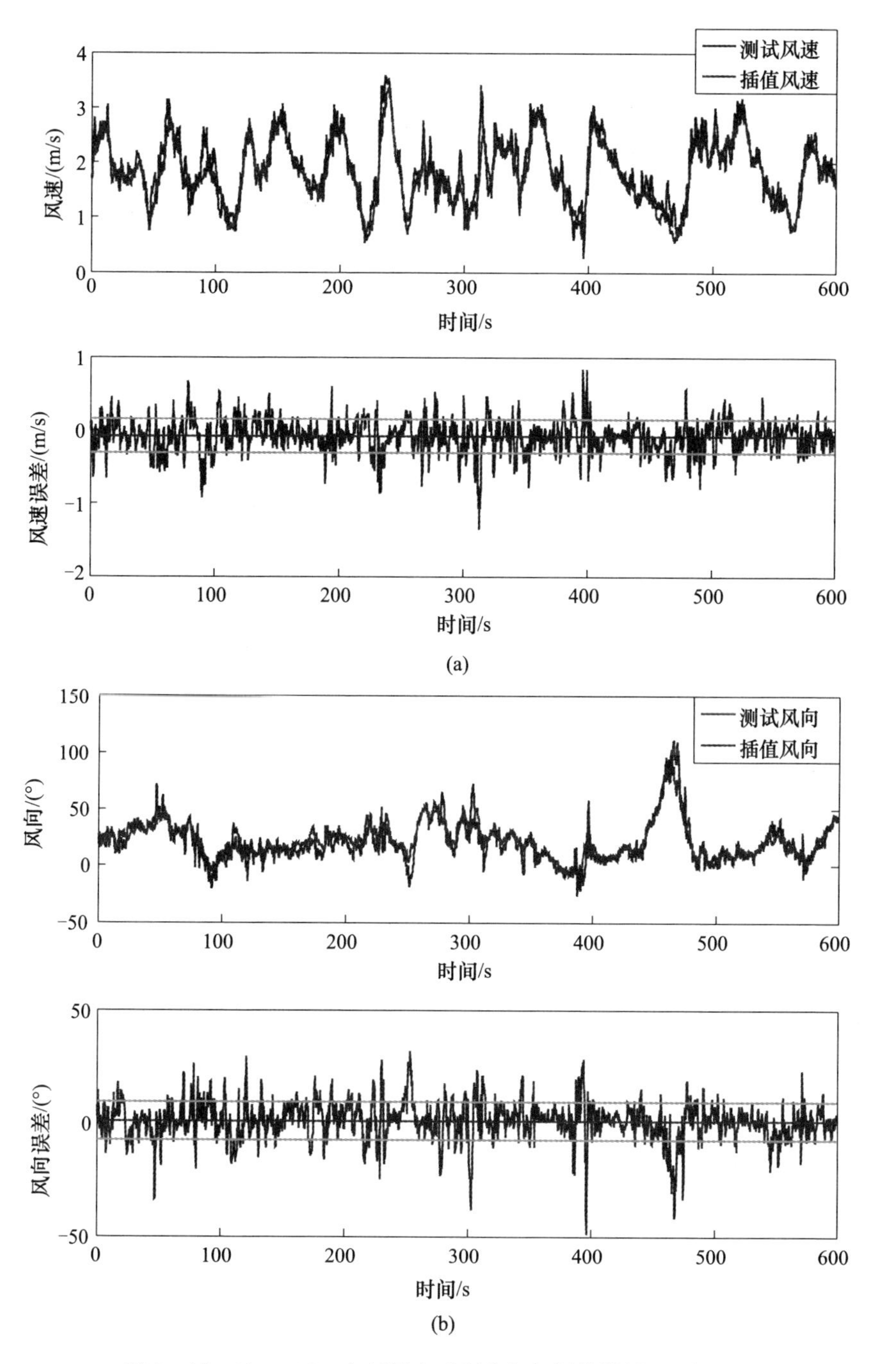

图 8－16　10m×10m 空间尺度反距离加权插值效果(见彩插)
(a)风速；(b)风向。

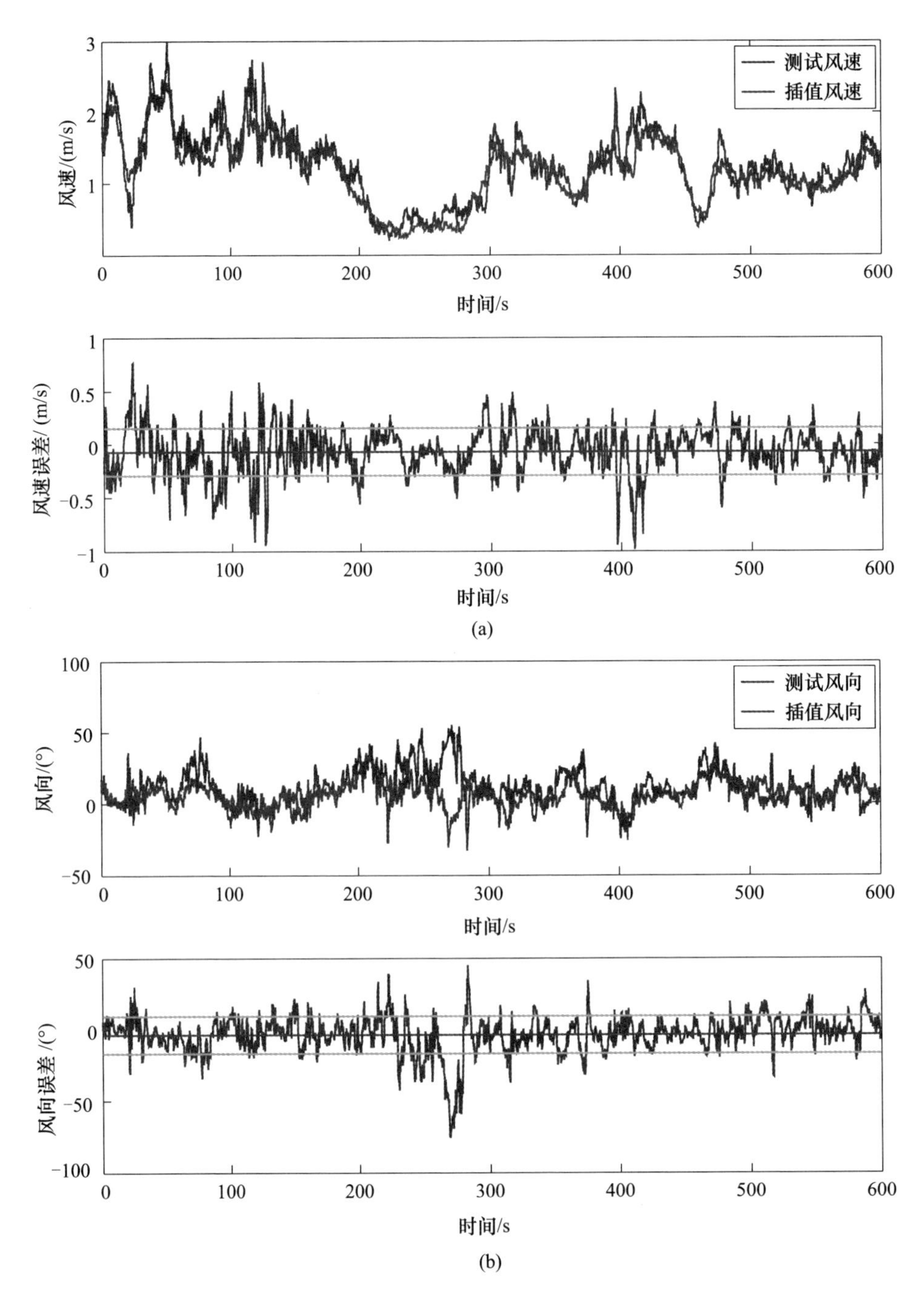

图 8－17　20m×18m 空间尺度反距离加权插值效果(见彩插)
(a)风速;(b)风向。

4）仿真结果

图8－18为基于室外10m×10m区域采集的风速数据重建后的仿真风场，两个子图分别为风场在不同时刻的情况。图中箭头方向表示该位置的风向，箭头长度表示风速大小，长度越长则风速越大。从图中可以明显观察到风场分布的不均匀性。

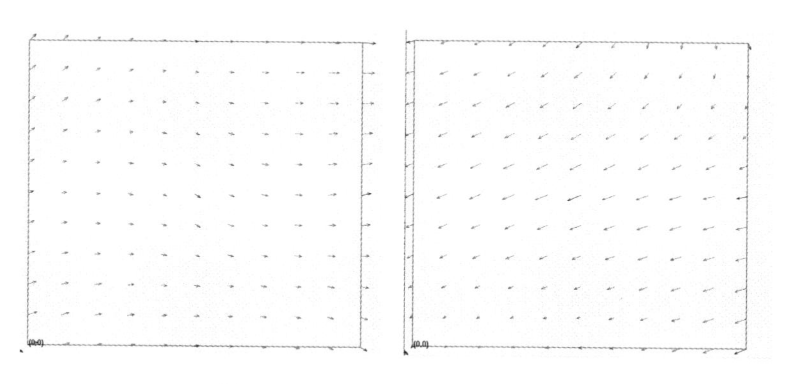

图8－18 10m×10m尺度仿真风场

8.2.1.3 旋翼无人机尾迹仿真

旋翼无人机尾迹产生的气动嗅觉效应会扰乱无人机周围的流场，进而显著影响气味烟羽的扩散和分布。6.2节介绍了旋翼无人机尾迹的数学模型，并给出了求解尾迹的时间步进方法。

1）边界条件

使用时间步进方法求解时，需要添加3个边界条件。

（1）初始条件。涡丝在寿命角$\zeta=0$时接触旋翼叶尖。

（2）远场条件。用于补偿由于涡丝截断造成的诱导速度场失真。为了控制计算复杂度，通常人为设定一个最大寿命角$\zeta_{\max}$，大于此寿命角的涡丝部分（螺旋形涡丝的尾部）会被截断，以简化计算。对于足够长的涡丝（也即足够大的$\zeta_{\max}$）来说，可以做一个合理的假设，即被截断的涡丝部分对最大寿命角$\zeta_{\max}$附近标识点原本应该产生的影响可以使用一个具有合适参数（位置、半径、涡强）的涡环来补偿。这个涡环的位置$\boldsymbol{r}_{\text{ring}}$和半径$R_{\text{ring}}$可以设定为

$$\boldsymbol{r}_{\text{ring}}(\psi)=\frac{\Delta\zeta}{2\pi}\sum_{\zeta_{\max}-2\pi}^{\zeta_{\max}}\boldsymbol{r}(\psi,\zeta)+\boldsymbol{r}(\psi,\zeta_{\max})-\boldsymbol{r}(\psi,\zeta_{\max}-2\pi) \quad (8-12)$$

$$R_{\text{ring}}(\psi)=\frac{\Delta\zeta}{2\pi}\sum_{\zeta_{\max}-2\pi}^{\zeta_{\max}}\left|\boldsymbol{r}_{\text{ring}}(\psi)-\boldsymbol{r}(\psi,\zeta)\right| \quad (8-13)$$

即定义了一个紧跟着涡丝尾部的涡环，这个涡环的强度与涡丝强度相同，涡环核

半径与涡丝尾部涡段核半径相同。式中各符号含义与6.2节相同:ψ 表示旋翼叶片方位角;$\boldsymbol{r}(\psi,\zeta)$表示螺旋桨叶片旋转的方位角为 ψ 时,涡丝上寿命角 ζ 对应点的位置;$\Delta\zeta$ 表示相邻涡丝标识点之间的寿命角度差。

(3) 初始涡丝。通常是尾迹结构的经验近似。本节使用 Landgrebe 预设尾迹模型,在计算开始前对涡丝进行初始化。基于此模型,某旋翼的初始叶尖涡丝 $\boldsymbol{r}(0,\zeta)$被描述为

$$
\begin{aligned}
&\frac{r_x(0,\zeta)}{R}=(0.78+0.22\mathrm{e}^{-k_1\zeta})\cos\zeta\\
&\frac{r_y(0,\zeta)}{R}=(0.78+0.22\mathrm{e}^{-k_1\zeta})\sin\zeta\\
&\frac{r_z(0,\zeta)}{R}=\begin{cases}-k_2\zeta, & 0\leqslant\zeta\leqslant\dfrac{2\pi}{N_\mathrm{b}}\\ -k_2\dfrac{2\pi}{N_\mathrm{b}}-k_3\left(\zeta-\dfrac{2\pi}{N_\mathrm{b}}\right), & \zeta>\dfrac{2\pi}{N_\mathrm{b}}\end{cases}
\end{aligned}
\tag{8-14}
$$

式中:R 表示旋翼的半径;N_b 是旋翼螺旋桨叶的个数;$k_1=0.145+27C_T$,$k_2=0.25\dfrac{C_T}{\sigma_R}$,$k_3=1.41\sqrt{\dfrac{C_T}{2}}$,其中 C_T是旋翼升力系数,$C_T=\dfrac{T}{\rho\pi R^2\,(\Omega R)^2}$,$T$ 是整个旋翼桨翼型相关的升力系数,ρ 为流体的密度,Ω 是旋翼旋转的角速度;σ_R是旋翼强度,$\sigma_\mathrm{R}=\dfrac{N_\mathrm{b}c_\mathrm{a}}{\pi R}$,$c_\mathrm{a}$是叶尖弦长。

2) 计算步骤

表8-2提供了旋翼尾迹仿真计算步骤的粗略描述(表中公式已在6.2节介绍),在每一时间步,按以下步骤顺序执行。

(1) 更新诱导速度场。首先计算每个标识点(标识点最大数量为 N_markers,对应最大寿命角 ζ_max)处的诱导速度 $\boldsymbol{u}_\mathrm{ind}(\boldsymbol{r}_t)$(第3行~第8行),然后更新每个标识点的位置 $\boldsymbol{r}_{t+\Delta t}$(第9行和第10行),接着更新此时刻 $t+\Delta t$ 每个涡段的核半径 R_{c_j}(第11行~第13行)。为了使计算步骤简洁易懂,第9行隐藏了一些繁琐的计算步骤,即对于时间步进预测-校正来说,首先计算每个标识点的预测位置 $\hat{\boldsymbol{r}}_{t+\Delta t}$,接着重复第3行~第8行以得到标识点预测位置$\hat{\boldsymbol{r}}_{t+\Delta t}$处的预测速度 $\boldsymbol{u}(\hat{\boldsymbol{r}}_{t+\Delta t})$,最后根据预测位置计算标识点的校正位置 $\boldsymbol{r}_{t+\Delta t}$。

(2) 维护标识点。在每个时间步的计算结束前,倾泻/释放新的标识点,并删除涡丝尾部最旧的标识点(涡丝截断)(第14行)。实际上涡丝截断阈值一般设为20~30圈寿命角。

表 8 - 2　旋翼尾迹仿真计算步骤

输入:自由来流速度场$\{\boldsymbol{u}_\infty\}$,时间步长 Δt,终止时间 t_{end}	
输出:涡丝标识点位置$\{\boldsymbol{r}_i: 1\leqslant i\leqslant N_{markers}\}$,涡核半径$\{R_{c_j}: 1\leqslant j\leqslant N_{segments}\}$	
1: $t=0$	
2: **while** $t<t_{end}$ **do**	
3: **for** $i=1\rightarrow N_{markers}$ **do**	更新诱导速度场
4: $\mathbf{u}_{ind}(\boldsymbol{r}_i)\leftarrow 0$	
5: **for** $j=1\rightarrow N_{segments}$ **do**	
6: 计算诱导速度公式$\boldsymbol{u}_j(\boldsymbol{r}_i)=\dfrac{\Gamma_j h^2}{4\pi(R_{c_j}^{2n}+h^{2n})^{\frac{1}{n}}}(\cos\alpha+\cos\beta)\boldsymbol{e}$	
7: $\boldsymbol{u}_{ind}(\boldsymbol{r}_i)=\boldsymbol{u}_{ind}(\boldsymbol{r}_i)+\boldsymbol{u}_j(\boldsymbol{r}_i)$	
8: **end for**	
9: 更新$\boldsymbol{r}_i$: $\boldsymbol{u}(\boldsymbol{r}_i)=\boldsymbol{u}_\infty(\boldsymbol{r}_i)+\boldsymbol{u}_{ind}(\boldsymbol{r}_i)$ $\hat{\boldsymbol{r}}_{i,t+\Delta t}=\hat{\boldsymbol{r}}_{i,t}+\boldsymbol{u}(\boldsymbol{r}_{i,t})\Delta t$ $\boldsymbol{r}_{i,t+\Delta t}=\boldsymbol{r}_{i,t}+\dfrac{1}{2}[\boldsymbol{u}(\boldsymbol{r}_{i,t})+\boldsymbol{u}(\hat{\boldsymbol{r}}_{i,t+\Delta t})]\Delta t$	
10: **end for**	
11: **for** $j=1\rightarrow N_{segments}$ **do**	
12: 更新涡核半径 $R_{c_j}=\sqrt{R_0^2+\dfrac{4\alpha\delta\nu\zeta_j}{\Omega}}$	
13: **end for**	
14: 倾泻新的标识点并删除涡丝尾部最旧的标识点	维护标识点
15: $t=t+\Delta t$	时间步进
16: **end while**	

从表 8 - 2 可以看到,一个时间步长内需要对诱导速度公式(6 - 15)计算 $N_{markers}(N_{markers}-N_b)$次(注意:旋翼叶片数量 N_b等于叶尖涡丝数量),串行计算时间较长。为加快运算速度,可对表 8 - 2 第 3 行 ~ 第 10 行实施并行计算。同样,表 8 - 2 第 11 行 ~ 第 13 行也可进行并行计算,只不过其计算复杂度只有$O(N)$,实现更为简单。

3) 仿真效果

机器人主动嗅觉仿真器(Robot Active Olfaction Simulator,RAOS)是为机器人主动嗅觉任务的高逼真度仿真而设计的开源框架,此软件的操作界面如图 8 - 19 所示。RAOS 的图形界面采用 FLTK 跨平台用户界面工具箱和 OpenGL 图形库开发,并且实现了旋翼无人机尾迹模型的并行计算,可以实时仿真旋翼尾流对气味分布的影响。除了旋翼无人机外,RAOS 软件还支持地面轮式机器人的主动嗅觉仿真。

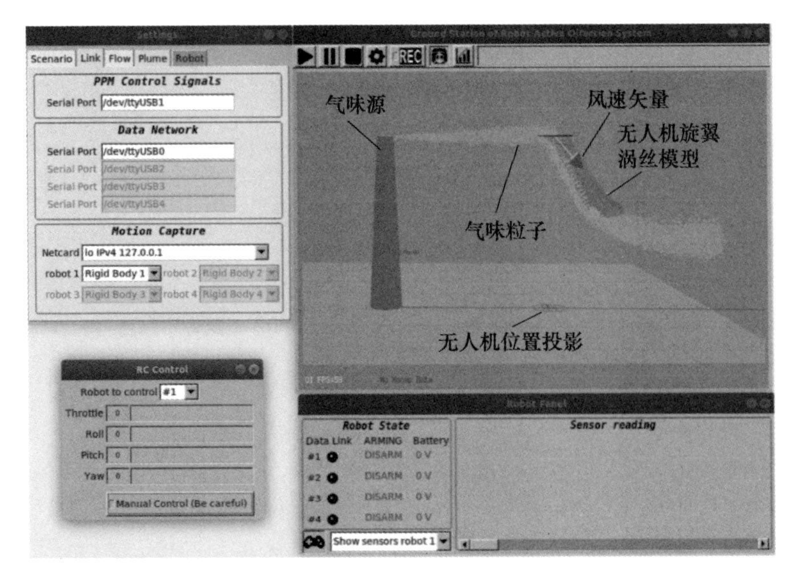

图 8－19　RAOS 软件界面

（1）单旋翼尾迹仿真效果。对于一个旋翼产生的尾迹，模拟旋翼为悬停（俯仰、横滚角为零）于（0，0，2）m 处的双叶螺旋桨，半径为 0.1m，桨尖弦长为 0.01m。旋翼以 3000r/min 的速度旋转，载重 0.2kg。方位角步进 $\Delta\psi$ 和寿命角步进 $\Delta\zeta$ 均设为 10°，涡丝截断阈值设为 20 圈，这样总共有 1440 个标识点（每条叶尖涡丝被离散化为 720 个标识点）。

图 8－20 展示了当自由流场速度为零时此旋翼的涡丝结构，从图中可以看到，螺旋形涡丝在靠近旋翼时（螺旋涡丝上部）有轻微的收缩，然后往下逐渐扩张，这与一维滑流分析和数字粒子图像测速（Digital Particle Image Velocimetry，DPIV）的结果一致。螺旋形涡丝产生的诱导速度场被以流线的形式绘制于图 8－21 中，由于涡丝绕旋翼轴心对称，图中左部绘制了 $y=0\text{m}$ 的剖面以展示空气的竖直流动，图中右部绘制了 $z=2.05\text{m}$ 的剖面以展示空气的水平流动。

当自由流场速度不为零时，涡丝将会扭曲，致使诱导速度场改变。图 8－22 展示了悬停单旋翼气动嗅觉效应的算例，图中可以看到，旋翼叶尖涡丝（灰色曲线）在自由流场的影响下产生扭曲，在诱导速度场作用下的烟团（绿色圆点）和无气动嗅觉效应时的烟团（红色圆点）具有不同的扩散模式（烟羽和烟团模型见 8.2.2 节）。另外，从图 8－22 中可观察到烟团不是从涡丝尾部离开，而是穿过了滑流边界，原因是涡核的增长削弱了涡丝尾部的诱导速度。

当旋翼在地面附近悬停时，地面效应对诱导速度及气味扩散的影响就变得

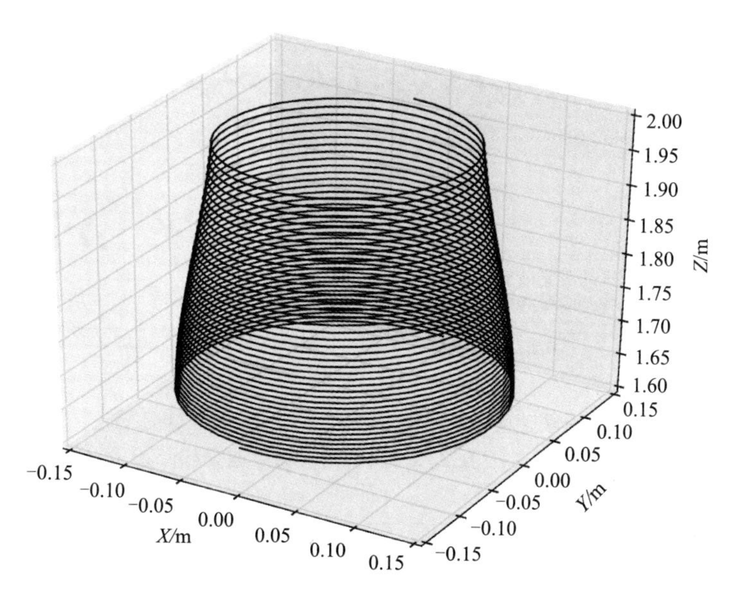

图 8-20　自由流场速度为零时悬停旋翼两相绞合的叶尖涡丝

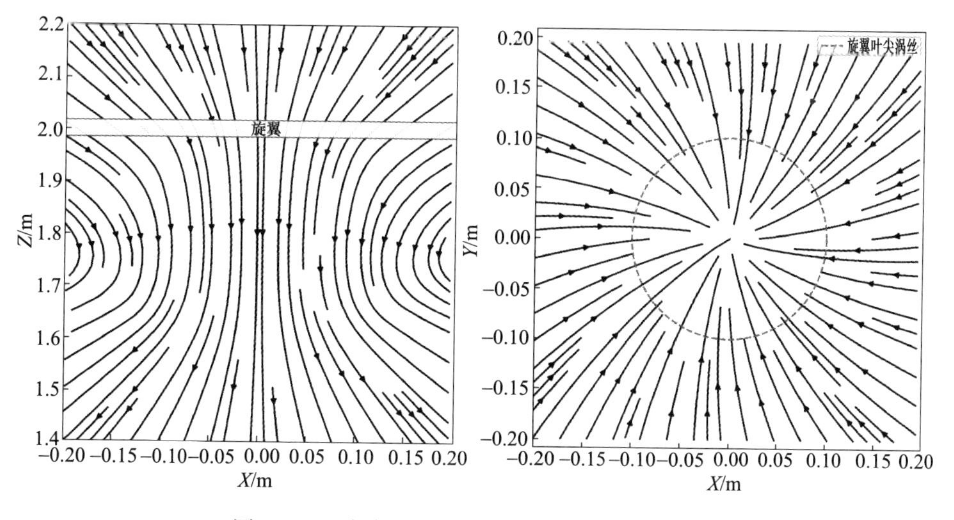

图 8-21　自由流场速度为零时旋翼周围的流线

比较明显。图 8-23 展示了旋翼在近地面悬停时，涡丝由于地面效应而扭曲的算例。地面效应的计算采用了镜像法：以地面（$z=0$ 平面）为"镜"（对称面），在地下加入一个旋翼的虚拟镜像，虚拟旋翼各属性与真实旋翼相同，虚拟涡丝与真实涡丝关于地面对称。

（2）四旋翼的尾迹仿真效果。对于四旋翼无人机造成的尾迹，模拟四旋翼

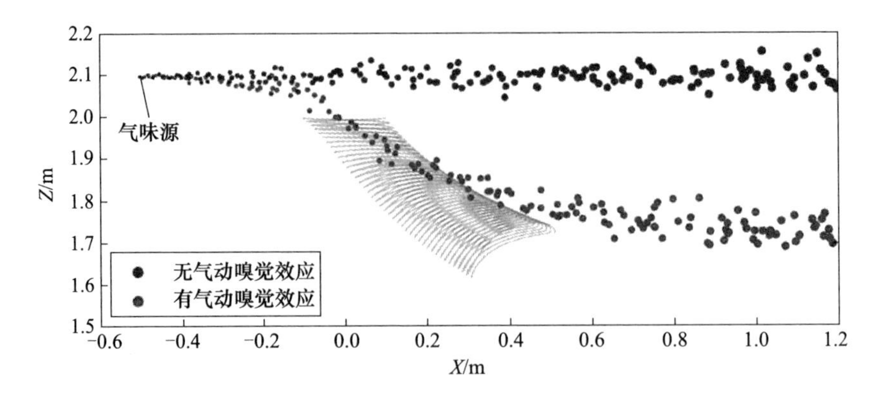

图 8-22 自由流场速度不为零时，旋翼气流扰动下的气味扩散（气味源在（-0.5,0,2.1）m 处，旋翼在（0,0,2）m 处，自由流场风速为（0.5,0,0）m/s）（见彩插）

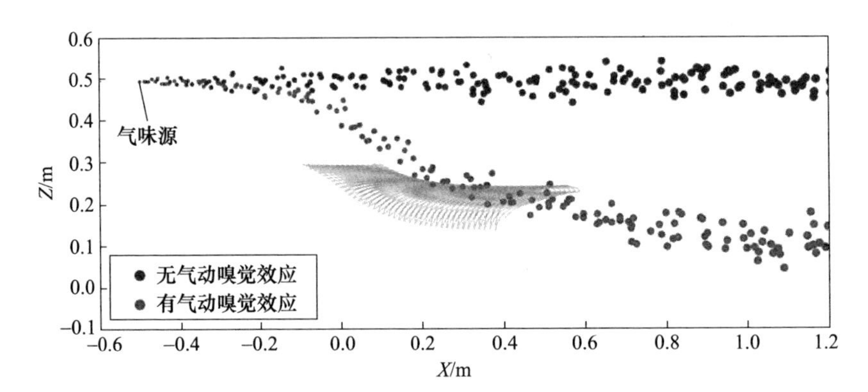

图 8-23 考虑地面效应的旋翼气流扰动下的气味扩散（气味源在（-0.5,0,0.5）m 处，旋翼在（0,0,0.3）m 处，其他参数与图 8-22 相同）（见彩插）

悬停（俯仰、横滚角为零）于（0,0,2）m 处。4 个双叶旋翼以 3000r/min 的速度旋转，共载重 0.8kg。方位角步进 $\Delta\psi$、寿命角步进 $\Delta\zeta$ 及涡丝截断阈值均与前面单旋翼算例相同，这样总共有 5760 个标识点。图 8-24 展示了此四旋翼的涡丝结构。由于两个相对旋翼之间距离为 0.45m（相邻旋翼之间距离为 0.32m）、旋翼半径为 0.15m，相邻旋翼的叶尖距离很近，导致叶尖涡丝相互影响。

图 8-25 展示了悬停四旋翼气动嗅觉效应的算例，结果与图 8-26 所示的悬停四旋翼对可视化烟羽的影响相似。从图 8-25 中可观察到四旋翼的气流扰动强度比图 8-22 单旋翼要高（图 8-25 中烟团被气流裹挟往下约 1.2m，而图 8-22 中为 0.35m），尽管此算例中旋翼半径比图 8-22 单旋翼要大。

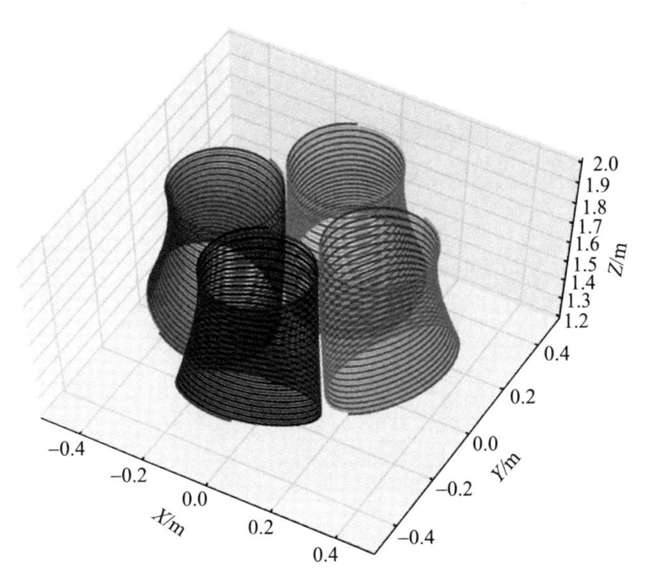

图 8－24　悬停四旋翼的叶尖涡丝(4 个旋翼分别处于(0.159,0.159,2)m、(－0.159,0.159,2)m、(－0.159,－0.159,2)m 和(0.159,－0.159,2)m 处)

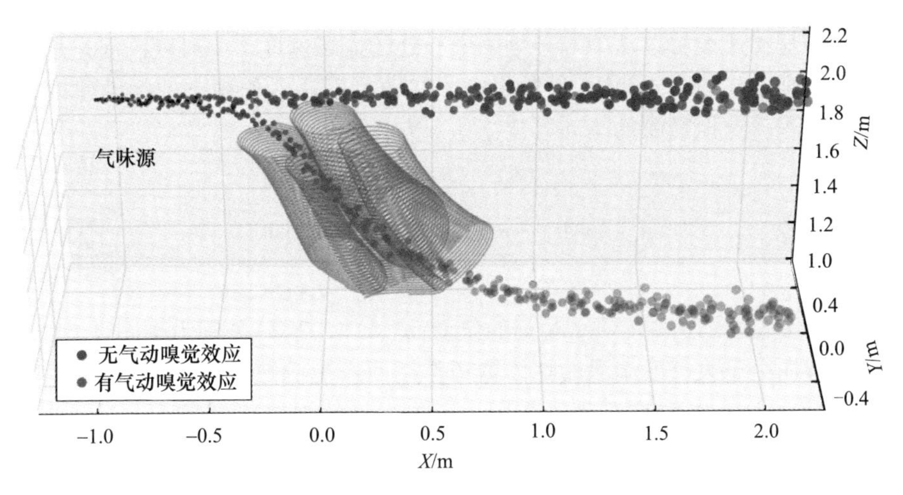

图 8－25　四旋翼气流扰动下的气味扩散(见彩插)
(气味源在(－1,0,2.2)m 处,风速为(0.5,0,0)m/s)

8.2.2　烟羽模拟

本节的烟羽模型基于 Farrell 等[16]提出的大气扩散模型思路,将烟丝抽象为具有一定形状的烟团,烟团是气味分子的集合。不同尺度的湍涡对烟丝的作用

图 8-26　四旋翼无人机尾迹对可视化烟羽的扭曲

相应地建模为烟团在环境流场作用下的一系列动态过程。

8.2.2.1　烟团运动模型

大尺度湍涡主要对烟团产生整体输运作用,若忽略气体分子质量,整体输运作用下的烟团速度可以认为等于烟团中心处的流场速度。中尺度湍涡是烟羽宽度顺流逐渐增加的主要原因,通常将烟团在中尺度湍涡作用下的运动建模为一个随机过程。这样烟团的运动可建立如下方程:

$$\boldsymbol{p}_{\mathrm{p}}(t+\mathrm{d}t)=\boldsymbol{p}_{\mathrm{p}}(t)+\begin{bmatrix}(u_{t1}+u_{a1})\mathrm{d}t\\(u_{t2}+u_{a2})\mathrm{d}t\\(u_{t3}+u_{a3})\mathrm{d}t\end{bmatrix}\tag{8-15}$$

式中:$\boldsymbol{p}_{\mathrm{p}}(t)$表示烟团中心在$t$时刻的位置;$u_{ti}(i=1,2,3)$分别为烟团在$x$、$y$和$z$这3个方向由于大尺度湍涡的整体输送作用而产生的速度,也就是这3个方向的风速;$u_{ai}(i=1,2,3)$则分别为烟团由于中尺度湍涡作用下在x、y、z这3个方向的脉动速度。

烟团的脉动速度可以建模为以下随机过程:

$$\mathrm{d}u_{ai}=-b_i u_{ai}\mathrm{d}t+W_i,\quad i=1,2,3\tag{8-16}$$

式中:b_i 控制烟团的扩散速度;W_i 为一个高斯白噪声过程,与其他分量和时间均不相关,即

$$\langle W_i(t)W_j(t+\tau)\rangle=\delta_{ij}\delta(\tau)\sigma_{W_i}^2\tag{8-17}$$

式中:δ_{ij}和$\delta(\tau)$为狄拉克函数;$\sigma_{W_i}^2$为白噪声过程的功率谱密度。此处假设烟团

的脉动是各向同性的。

图 8－27 为在只考虑脉动速度的情况下，在 $t=0$ 时刻从同一位置释放的 100 个烟团在 x 方向的位移随时间发展情况，其中取 $b_i=1$，$\sigma_{W_i}^2=4\times10^{-4}$（$i=1,2,3$）。可以看到，随着时间的增加烟团逐渐分散，但是在每一时刻多数烟团集中在中心区域。图 8－28 为不同时刻烟团位移的概率分布，可以看到，随着时间的增加，烟团位移的概率分布逐渐趋于平坦，烟团分布范围逐渐扩大，仿真烟羽宽度便随之逐渐增加。

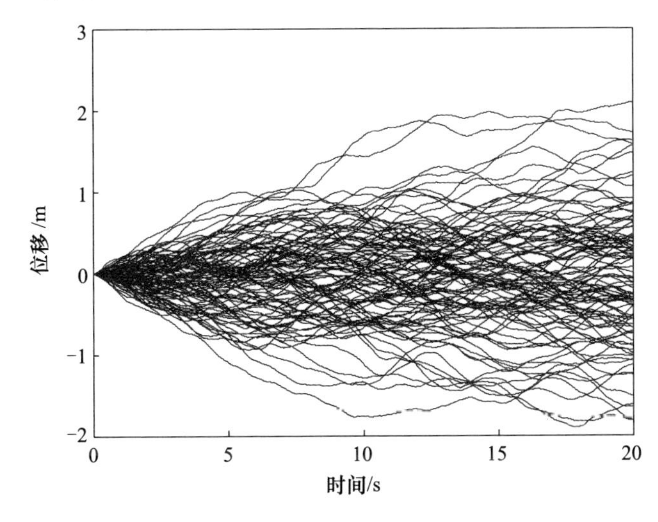

图 8－27　只考虑脉动速度情况下 100 个烟团的位移随时间发展情况

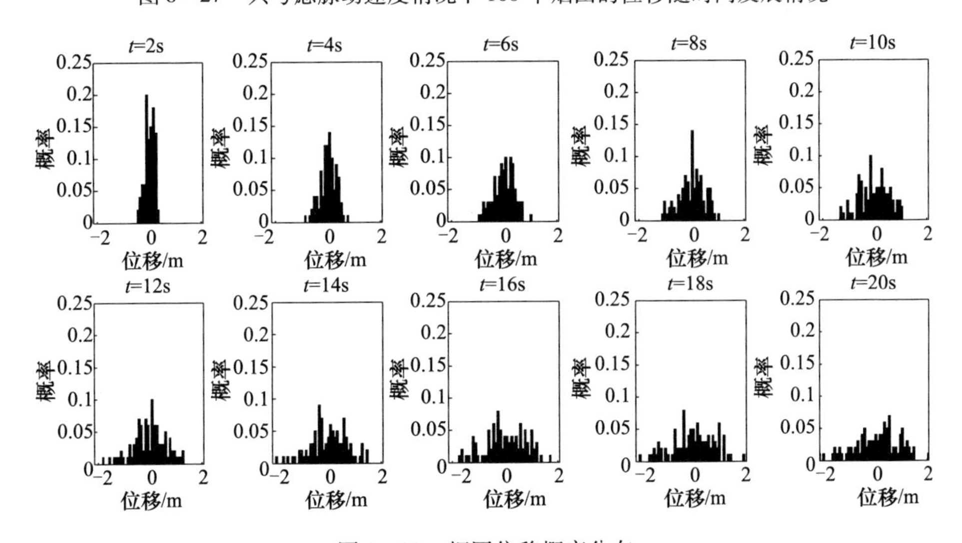

图 8－28　烟团位移概率分布

8.2.2.2 浓度模型

小尺度湍涡将空气与烟团混合,造成烟团体积增长、形状变化和浓度稀释。

1) 不考虑烟团形变

若将问题进一步简化,不考虑烟团的形状变化,则可将烟团建模为一球体,每个烟团包含一部分从气味源释放的分子。对于第 i 个烟团,其浓度分布可由以下公式表达[16]:

$$C_i(\boldsymbol{p},t)=\frac{Q}{\sqrt{8\pi^3}R_{pi}^3(t)}\exp\left(\frac{-r_i^2(t)}{R_{pi}^2(t)}\right) \tag{8-18}$$

$$r_i(t)=\|\boldsymbol{p}-\boldsymbol{p}_{pi}(t)\| \tag{8-19}$$

$$Q=\frac{M_Q N_{\mathrm{A}}}{M_{\mathrm{g}} N_{\mathrm{puff}}} \tag{8-20}$$

式中:Q 为每个烟团所包含的气味分子数;R_{pi} 和 $\boldsymbol{p}_{pi}(t)$ 分别为第 i 个烟团的半径和中心坐标;$\boldsymbol{p}$ 表示搜索区域中的任意位置;M_Q 为气味源释放率,单位为 mg/s;M_{g} 为每摩尔气味分子质量;$N_{\mathrm{A}}=6.02\times10^{23}$ 为阿伏加得罗常数;N_{puff} 为每秒释放烟团数量。

在小尺度湍涡作用下,烟团不断和周围的空气混合、稀释,其体积随时间不断扩大,烟团半径增长方程为[16]

$$R_p(t)=[R_p^2(0)+\gamma t]^{1/2} \tag{8-21}$$

则烟团半径增长率为[16]

$$\frac{\mathrm{d}R_p}{\mathrm{d}t}=\frac{\gamma}{2R_p} \tag{8-22}$$

式中:$R_p(0)$ 为烟团刚从气味源释放时的初始半径;γ 为烟团的增长系数,可以取 $\gamma=0.001\mathrm{m}^2/\mathrm{s}$。

在搜索区域中的任意位置 $\boldsymbol{p}$ 的浓度值为各烟团浓度的代数和[16]:

$$C(\boldsymbol{p},t)=\sum_{\|\boldsymbol{p}-\boldsymbol{p}_{pi}\|\leq\delta_a}C_i(\boldsymbol{p},t) \tag{8-23}$$

由于远离 $\boldsymbol{p}$ 位置的烟团对此处浓度值的影响非常微小,因此只需计算与 $\boldsymbol{p}$ 位置的距离小于 δ_a 的烟团的浓度,可以取 $\delta_a=25R_{pi}(t)$,$R_{pi}(t)$ 为第 i 个烟团的半径。

不考虑烟团变形的情况下,模拟室外环境中的仿真烟羽如图 8-29 所示,流场通过 8.2.1.2 节所述的方法由实测流场数据库重构获得。气味源每秒释放烟团数 $N_{\mathrm{puff}}=100$。图 8-29(a)~(d)显示了在不同风场情况下形成的仿真烟羽,图中的箭头指示了风向,箭头长度越长表示该处风速越大。图中的灰色圆为烟团,用灰度表示烟团的浓度大小,烟团的颜色越深,则表示浓度越大。从图中可以看到，由烟团组成的仿真烟羽内部具有同真实烟羽相似的间歇性浓度场。图 8－29(a) 为低风速情况下的仿真烟羽，此刻风速约为 0.5m/s。在低风速情况下烟羽的宽度比较宽，分布范围比较大。同时，由于风场的不均匀，烟羽发生弯曲，即蜿蜒现象。图 8－29(b) 为中等风速情况下的仿真烟羽，风速约为 1m/s。可以看到，随着风速的增加，烟羽宽度变窄，分布范围变小。同时，由于风向的波动和分布不均，同样造成了烟羽的摆动和蜿蜒。图 8－29(c) 为较高风速下的仿真烟羽，风速约为 1.8m/s。此时的烟羽宽度更窄，同时在高风速下风场趋于均匀，烟羽的蜿蜒性减弱。图 8－29(d) 为风向发生大范围改变时的仿真烟羽，风速约为 0.8m/s。可以看到，在此情况下的烟羽蜿蜒程度很大。

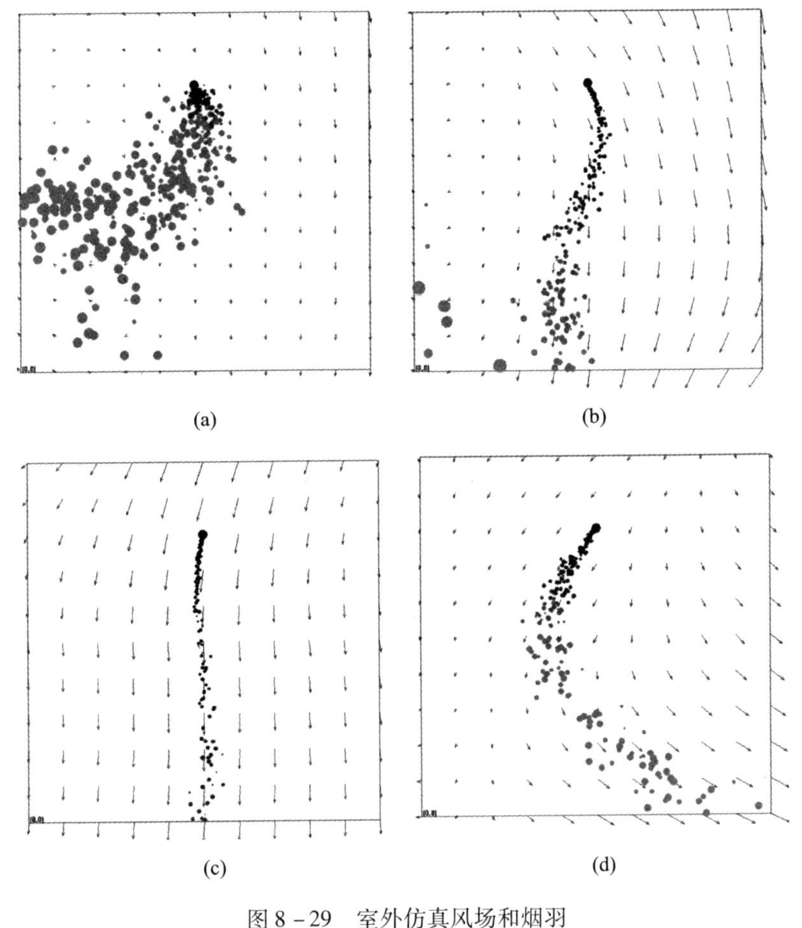

图 8－29　室外仿真风场和烟羽

(a) 低风速情况（风速约等于 0.5m/s）；(b) 中等风速情况（风速约等于 1m/s）；(c) 较高风速情况（风速约等于 1.8m/s）；(d) 风向变化情况（风速约等于 0.8m/s）。

不考虑烟团变形的情况下，模拟室内通风环境中的仿真烟羽如图 8－30 所示。流场通过 8.2.1.1 节所述的计算流体力学方法建立，为解决 FLUENT 软件仿真的实时性问题，使用 Visual C++ 建立的动态可视化仿真环境按照时间顺序依次导入 FLUENT 生成流场文件，流场输出网格节点以外的风速通过插值获得。图中的不同大小的圆形为烟团，同样用灰度表示烟团的浓度大小，烟团的颜色越深则表示浓度越大。

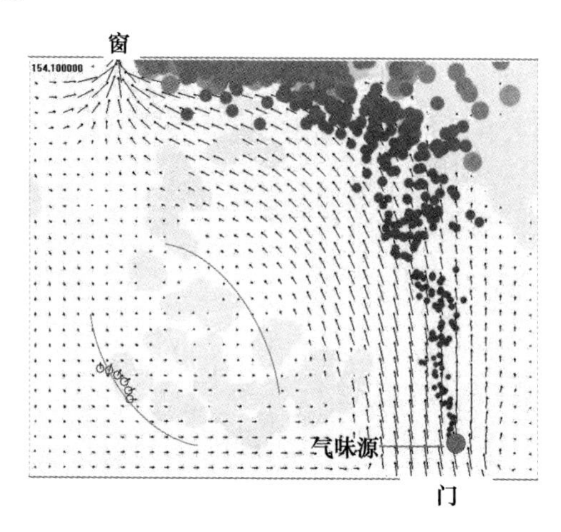

图 8－30　室内通风环境下的仿真风场和烟羽

2）考虑烟团形变

真实烟羽中的烟丝在小尺度湍涡掺混作用下会发生变形，若要进一步对这种现象进行模拟，可以引入变形矩阵 $\boldsymbol{\Sigma}$ 实现烟团在传播过程中的拉伸。这样，第 i 个烟团浓度分布相应调整为

$$C_i(\boldsymbol{p}) = \frac{Q}{(2\pi)^{\frac{3}{2}}\,|\boldsymbol{\Sigma}_i|^{\frac{1}{2}}}\exp(\boldsymbol{\delta}_i^{\mathrm{T}}\boldsymbol{\Sigma}_i^{-1}\boldsymbol{\delta}_i) \tag{8-24}$$

$$\boldsymbol{\delta}_i = \boldsymbol{p} - \boldsymbol{p}_{pi}$$

式中：$\boldsymbol{\Sigma}_i$是第 i 个烟团的变形矩阵，是流场三维流速和时间的函数。这里采用的变形矩阵 $\boldsymbol{\Sigma}_i$与 3D－kernel DM＋V/W 算法[32]的协方差矩阵相似（见 7.3.1 节），不同的是，这里的变形矩阵 $\boldsymbol{\Sigma}_i$内的核尺寸 σ 随时间变化：

$$\sigma = \sigma_0 + \gamma_{\Sigma} t \tag{8-25}$$

即烟团的尺寸随时间线性增长。式中，γ_{Σ}为烟团增长系数。

8.2.2.3　烟羽仿真效果验证

1）浓度和风场数据采集

通过比较仿真烟羽浓度与实测烟羽浓度检验仿真烟羽的拟真度。在采集真实烟羽浓度过程中同时用 3×3 的风速仪阵列记录风场信息。实验场地的空间尺度为 20m×18m，如图 8－31(a)所示。图中 $A\sim I$ 为风速仪，气味源放置于风速仪 H 和 E 的中点。9 个气体传感器(记为 1～9)放置于气味源的下风向(平均风向为自东向西)，高度与风速仪相同，均距地面 0.6m，其中 8 号和 9 号气体传感器与风速仪 E 和 B 位于同一位置，气体传感器与气味源的具体位置关系如图 8－31(b)所示。气体传感器的采样频率设置为 1Hz，只记录传感器的输出电压。

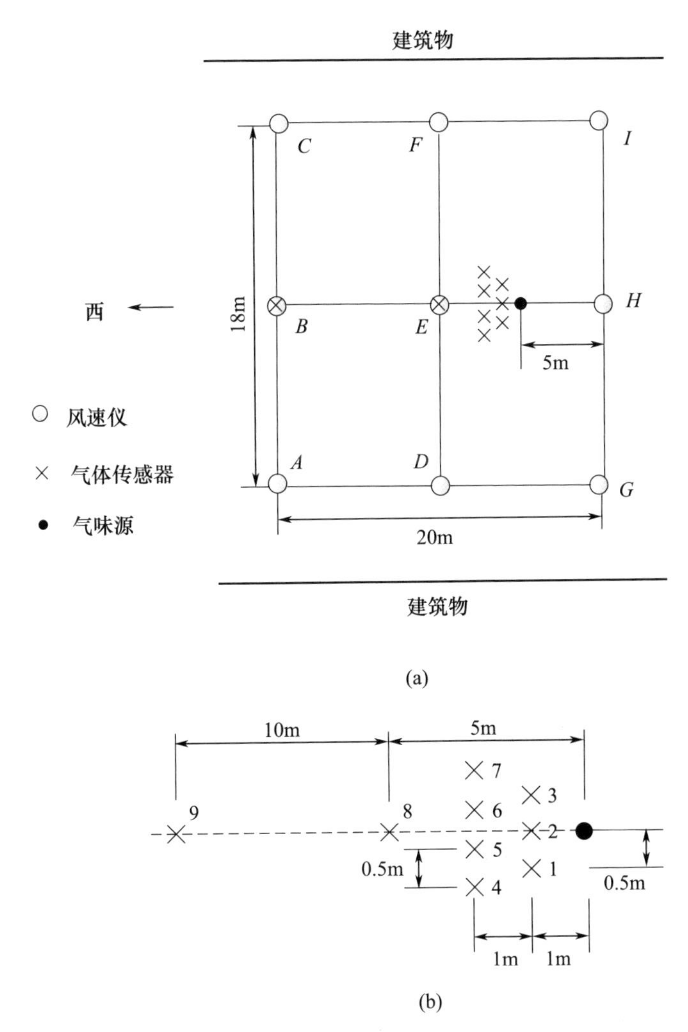

图 8－31　气味源、风速仪及气体传感器位置示意图

(a)气味源及气体传感器在风速仪阵列中的位置；(b)气味源与气体传感器之间的距离关系。

仿真风场通过 8.2.1.2 节所述的方法建立,仿真烟羽由 8.2.2 节所述的方法建立,并且采用不考虑烟团变形的浓度模型。这样真实烟羽和仿真烟羽便可在近似的风场条件下进行对比。

2）仿真浓度与真实浓度对比与分析

图 8-32 给出了真实和仿真烟羽中 2、5、7、9 号气体传感器输出信号,仿真的气体传感器模型见 8.2.4 节。为清晰起见,图中只给出了其中 600s 的数据。由图可见,在仿真烟羽中的气体传感器输出和真实烟羽的气体传感器输出具有非常相似的特征,均表现出很强的间歇性。同时,检测到的浓度脉冲随着与气味源之间距离的增加而衰减,在距离气味源 15m 的位置(9 号传感器)检测到的浓度非常低。靠近烟羽中心线区域(2 号和 5 号传感器)浓度脉冲的密度要大于远离烟羽中心线区域(7 号传感器)。需要指出的是,虽然仿真和真实烟羽在非常

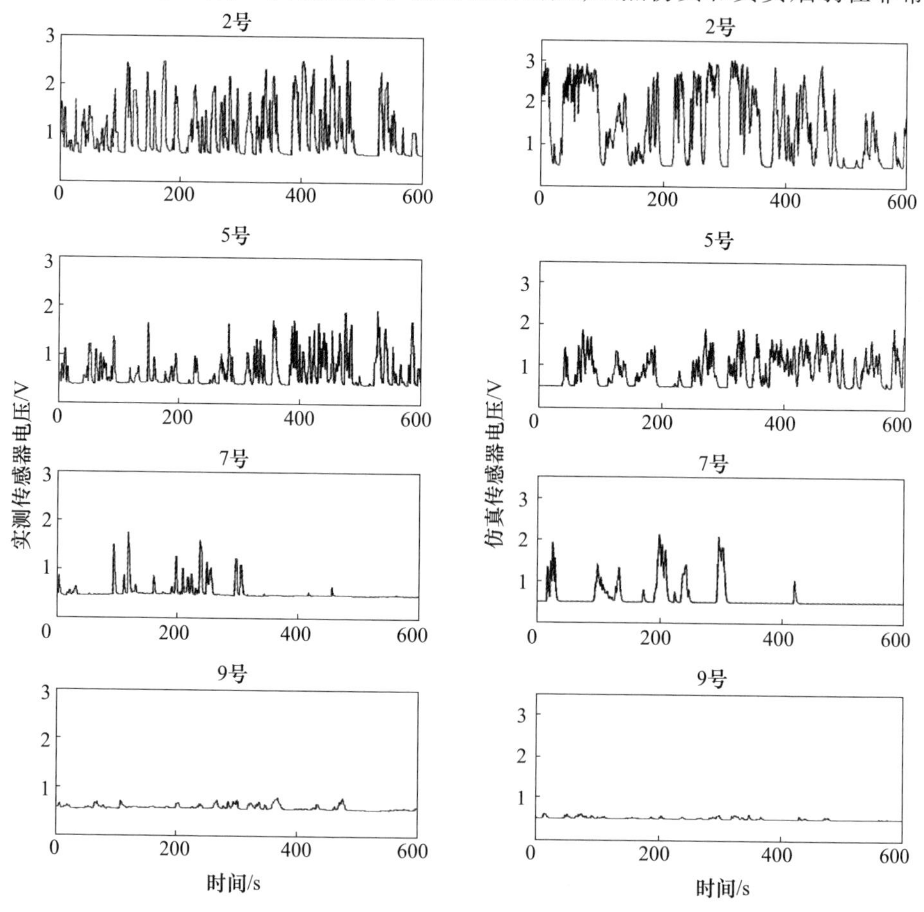

图 8-32 真实和仿真烟羽中部分气体传感器信号对比

近似的风场条件下产生，但由于烟羽的混沌特性且烟羽释放时间无法做到完全一致，所以实测传感器信号和仿真传感器信号并不能一一对应。

进一步，计算真实和仿真烟羽中各气体传感器信号的几种典型统计量，包括均值、标准差、强度、峰度、偏度和峰均比。其中，峰均比定义如下：

$$\Gamma_{pa}=\frac{|V_{peak}|}{\overline{V}} \tag{8-26}$$

式中：V_{peak}为信号中的峰值电压；$\overline{V}$ 为平均电压。

图8-33~图8-38分别给出了统计量随位置变化的趋势。其中1、2和3号传感器是垂直于平均风向排列的，其输出信号能够反映浓度信号统计量在烟羽横截面的变化趋势；2、5、8和9号传感器大体上是在烟羽中心沿平均风向排列，其输出信号能够反映浓度信号在烟羽纵截面变化的趋势。每幅图中的实测信号与仿真信号的统计量均具有相同的趋势，表明本节所述的仿真烟羽能够较好地模拟真实烟羽。在这些统计量中，均值和方差属于绝对量，由于真实传感器和仿真环境中的传感器模型具有近似的电压范围和动态响应，所以真实信号和仿真信号的均值和方差比较接近。这也从侧面验证了8.2.4节的气体传感器模型的准确性。强度、峰度、偏度和峰均比属于相对量，因此，在不同数据之间有较强的可比性。从结果上看，真实信号和仿真信号的强度和峰均比最为接近，说明仿真烟羽具有和真实烟羽相近的浓度脉动特征。而仿真信号的峰度和偏度总体上比真实信号偏低，说明仿真烟羽的浓度概率分布比真实烟羽的浓度概率分布更集中，并且较为对称。

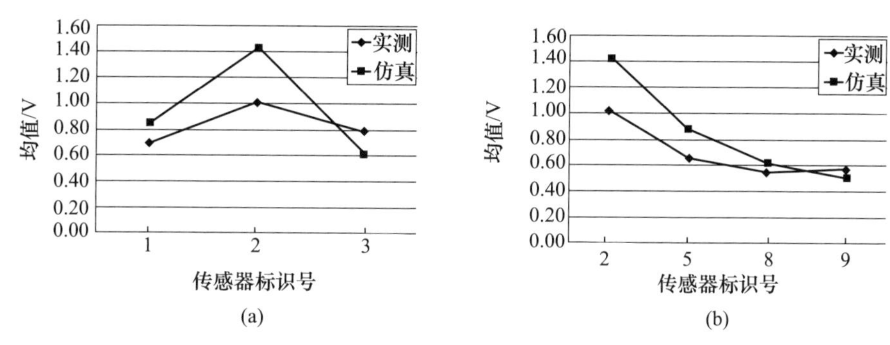

图8-33 均值随传感器位置变化的趋势

(a)横截面趋势；(b)纵截面趋势。

从统计量的变化趋势来看，烟羽中心的平均浓度要高于两侧，并且烟羽中心的平均浓度随传感器与气味源间距离的增加而降低。传感器信号的标准差也具有相同的趋势，说明浓度的波动在烟羽的中心和靠近气味源的区域更为剧烈，并

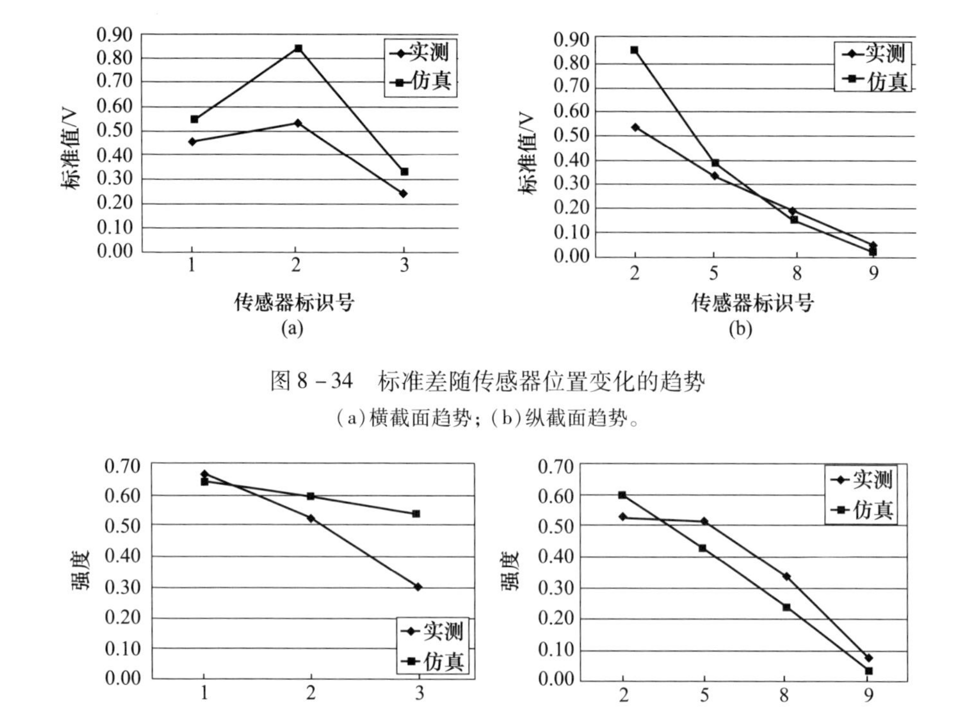

图 8－34　标准差随传感器位置变化的趋势

(a)横截面趋势；(b)纵截面趋势。

图 8－35　强度随传感器位置变化的趋势

(a)横截面趋势；(b)纵截面趋势。

随与气味源间距离的增加而不断减弱；从气味扩散原理上看，远离气味源区域的气味与空气混合得更加充分，导致浓度峰值降低。同理，强度在纵截面的变化趋势也是随着与气味源间距离的增加而减小。

峰度和偏度的趋势则相反，在烟羽中心和距离气味源近的位置较小，而在烟羽中心线两侧和远离气味源的位置较大。由于峰度越大信号中大值出现的概率越大，说明在烟羽中心线及接近气味源位置的浓度脉动幅值较大且幅值比较接近，因此峰度较小；在烟羽中心线两侧和远离气味源的位置，大部分时间都检测不到浓度，虽然浓度脉动幅值减弱，但其信号强度相对于无浓度时仍然很高，造成了峰度的升高。偏度则表明距离气味源较近的区域浓度脉冲的概率密度更接近对称。

烟羽中心的峰均比要稍低于两侧，这可能是由于在同一个横截面上浓度脉动的峰值比较接近，而靠近中心的区域由于脉冲密度更大，因而均值更高。随着与气味源距离的增加，峰均比逐渐降低，这是因为烟羽逐渐稀释，浓度脉冲越来越趋于平缓。

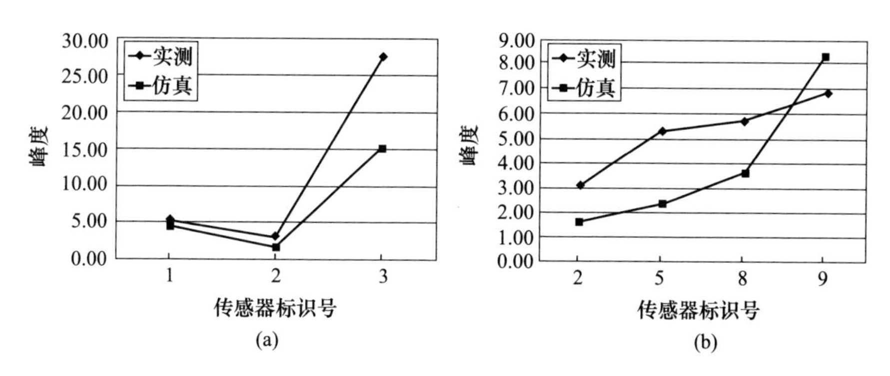

图 8－36　峰度随传感器位置变化的趋势

(a)横截面趋势；(b)纵截面趋势。

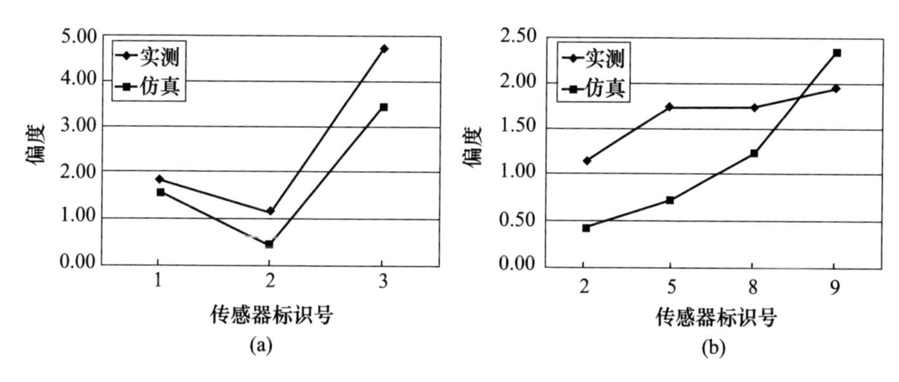

图 8－37　偏度随传感器位置变化的趋势

(a)横截面趋势；(b)纵截面趋势。

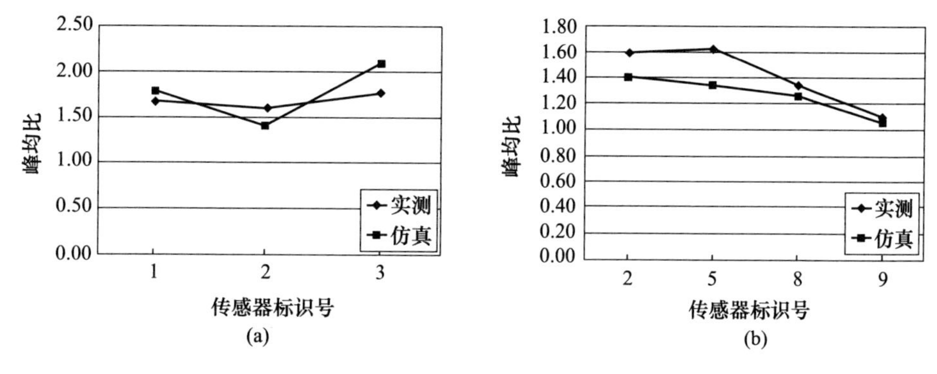

图 8－38　峰均比随传感器位置变化的趋势

(a)横截面趋势；(b)纵截面趋势。

综合瞬时传感器输出信号和统计量的变化趋势不难看出，在同一横截面内，烟羽内部浓度的大小更多地取决于浓度脉冲的密度。从原理上看,这是由于气味分子团到达同一横截面的时间相近,因此扩散程度比较一致;在烟羽的边缘区域由于和空气混合的机会更多,因此烟羽丝絮状结构间的空隙更大,造成了单位时间内浓度脉冲数量的减少;由于烟羽的蜿蜒和摆动,靠近边缘的传感器更容易暂时脱离烟羽,这是造成浓度脉冲密度降低的另一个原因。随着与气味源间距离的增加,气味分子团逐渐稀释,因此浓度脉冲的幅值也随之降低;同时,在与空气的混合与搅拌过程中,烟羽丝絮状结构间的空隙也逐渐增加;在远离气味源的位置,烟羽的摆动幅度也更大,因此,固定传感器检测到的浓度脉冲密度也会降低。

8.2.3 机器人本体仿真

为了实现机器人主动嗅觉仿真,需要在仿真环境中加入机器人运动模型。本节介绍主动嗅觉实验中两种常用的机器人,分别是差动轮式机器人和四旋翼无人机。

8.2.3.1 差动轮式机器人

差动轮式机器人因其稳定性好、控制相对简单等优点,常被用于各种地面实验。一个典型的差动轮式机器人如图 8-39 所示,图中黑色矩形代表机器人车轮,两个大轮为驱动轮,左右各一个;两个小轮为导向轮,用于保持机器人平衡。机器人的中心为 C,两个驱动轮之间的距离为 D,机器人正方向与 x 轴的夹角为 α,称为机器人朝向角,左轮和右轮的线速度分别为 v_1 和 v_2;v_x、v_y 和 ω 分别为机器人在 x 和 y 方向的线速度以及角速度,机器人运动学方程为

$$\begin{pmatrix} \dot{x} \\ \dot{y} \\ \dot{\alpha} \end{pmatrix} = \begin{pmatrix} v_x \\ v_y \\ \omega \end{pmatrix} = \begin{pmatrix} \dfrac{\cos\alpha}{2} & \dfrac{\cos\alpha}{2} \\ \dfrac{\sin\alpha}{2} & \dfrac{\sin\alpha}{2} \\ \dfrac{1}{D} & -\dfrac{1}{D} \end{pmatrix} \begin{pmatrix} v_1 \\ v_2 \end{pmatrix} \tag{8-27}$$

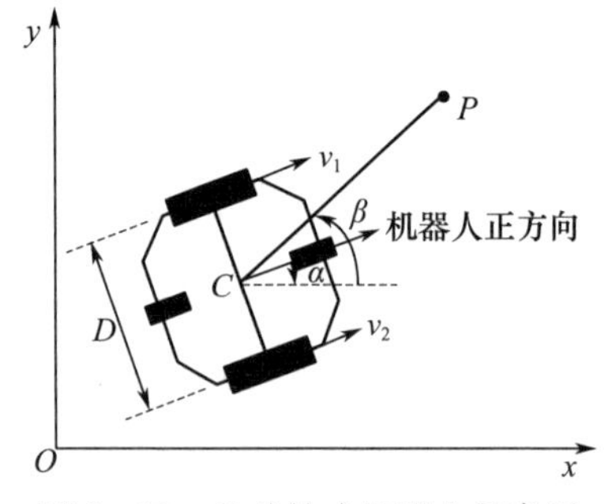

图 8-39 差动轮式机器人示意图

在主动嗅觉任务中，机器人往往需要不断根据检测到的气味浓度和风速/风向等信息计算下一步的目标位置，不同的研究者所采取的机器人运动控制策略也不尽相同。这里介绍其中一种运动控制策略，如图 8－39 所示，P 为目标点，β 为机器人中心 C 和目标点 P 连线与 x 轴的夹角，称为目标角。机器人要到达目标点，则需要不断地调节自身的朝向角和线速度。差动轮式移动机器人的运动控制方法有很多（读者可自行参阅相关文献），如广泛使用的 PID 类算法，其中常使用两个误差：机器人当前位置与目标点间的距离误差，以及机器人当前的朝向角与目标角之间的角度误差（甚至还可以考虑机器人在到达目标位置时的朝向角度要求），分别可被用来计算机器人的线速度和角速度。然后，通过计算得到的线速度和角速度就可以使用机器人运动学方程推算出需要给定的左轮和右轮的线速度 v_1 和 v_2，进而驱动左轮和右轮转动，使机器人朝目标点运动。运动期间机器人还需要通过航位推算或借助外部定位系统（如室外可用差分 GPS）进行自定位，实时更新机器人当前位置与目标点间的距离误差，判断机器人是否到达目标点，若到达，此次移动任务结束，若未到达，则开始下一个控制周期的上述运算。

8.2.3.2　四旋翼无人机

近年来，旋翼无人机被越来越多地用于三维主动嗅觉实验。常用的无人机位姿坐标系包括惯性坐标系和机体坐标系。无人机的位置 $\boldsymbol{\xi}=(x,y,z)^{\mathrm{T}}$ 在惯性坐标系 I 下可表示为 $(x_{\mathrm{I}},y_{\mathrm{I}},z_{\mathrm{I}})^{\mathrm{T}}$，在机体坐标系 B 下可表示为 $(x_{\mathrm{B}},y_{\mathrm{B}},z_{\mathrm{B}})^{\mathrm{T}}$，如图 8－40 所示，本书采用东北天惯性坐标系。无人机的姿态可用欧拉角矢量表示为 $\boldsymbol{\eta}=(\phi,\theta,\psi)^{\mathrm{T}}$，其中 φ、θ、ψ 分别是无人机的俯仰角、翻滚角、偏航角。定义机头方向朝 Y 轴，机头方向朝北时偏航角为零，如图 8－40 所示。据此定义，惯性坐标系 I 到机体坐标系 B 的旋转矩阵为

$$\boldsymbol{R}_{\mathrm{I}}^{\mathrm{B}}=\begin{pmatrix}\cos\psi\cos\theta & \sin\psi\cos\theta & -\sin\theta\\ \sin\phi\cos\psi\sin\theta-\cos\phi\sin\psi & \sin\phi\sin\psi\sin\theta+\cos\phi\cos\psi & \sin\phi\cos\theta\\ \cos\phi\cos\psi\sin\theta+\sin\phi\sin\psi & \cos\phi\sin\psi\sin\theta-\sin\phi\cos\psi & \cos\phi\cos\theta\end{pmatrix} \tag{8-28}$$

反之，机体坐标系 B 到惯性坐标系 I 的旋转矩阵为

$$\boldsymbol{R}_{\mathrm{B}}^{\mathrm{I}}=\begin{pmatrix}\cos\psi\cos\theta & \sin\phi\cos\psi\sin\theta-\cos\phi\sin\psi & \cos\phi\cos\psi\sin\theta+\sin\phi\sin\psi\\ \sin\psi\cos\theta & \sin\phi\sin\psi\sin\theta+\cos\phi\cos\psi & \cos\phi\sin\psi\sin\theta-\sin\phi\cos\psi\\ -\sin\theta & \sin\phi\cos\theta & \cos\phi\cos\theta\end{pmatrix} \tag{8-29}$$

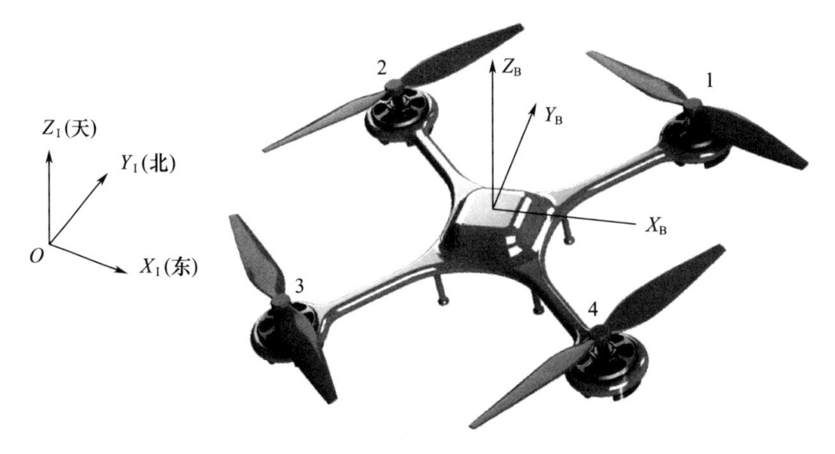

图 8-40 四旋翼无人机位姿坐标系及旋翼序号示意图

1）位置

设 4 个旋翼的转速分别为 $\omega_{ri}(i=1,2,3,4)$，当无人机悬停时，由动量理论和能量守恒定律可以推导出旋翼推力与旋翼转速的平方成正比，即 4 个旋翼的总推力矢量 $\boldsymbol{T}$ 可在机体坐标系下表示为

$$\boldsymbol{T}_{\mathrm{B}} = \left(0,0,k\sum_{i=1}^{4}\omega_{ri}^{2}\right)^{\mathrm{T}} \tag{8-30}$$

式中：k 为推力系数。

由于旋翼无人机的飞行速度有限，无人机飞行时的空气阻力 $\boldsymbol{F}$ 可近似建模为

$$\boldsymbol{F}_{\mathrm{B}} = \begin{bmatrix} c_x & & \\ & c_y & \\ & & c_z \end{bmatrix}\begin{bmatrix} v_{x\mathbf{B}} \\ v_{y\mathbf{B}} \\ v_{z\mathbf{B}} \end{bmatrix} \tag{8-31}$$

式中：c_x、c_y 和 c_z 为空阻系数；$\boldsymbol{v}=(v_x,v_y,v_z)^{\mathrm{T}}$ 为无人机空速矢量，它与无人机地速矢量 $\dot{\boldsymbol{\xi}}$ 和风速 $\boldsymbol{U}$ 的关系为

$$\boldsymbol{v} = \dot{\boldsymbol{\xi}} - \boldsymbol{U} \tag{8-32}$$

在惯性坐标系下无人机的加速度可写为

$$\ddot{\boldsymbol{\xi}} = \begin{bmatrix} 0 \\ 0 \\ -g \end{bmatrix} + \frac{1}{m}(\boldsymbol{R}_{\mathrm{B}}^{\mathrm{I}}\boldsymbol{T}_{\mathrm{B}} + \boldsymbol{R}_{\mathrm{B}}^{\mathrm{I}}\boldsymbol{F}_{\mathrm{B}}) \tag{8-33}$$

式中：g 为重力加速度常数；m 为无人机质量。

2）姿态

当4个旋翼转速不一致时，推力差异会使无人机的姿态发生变化。无人机的力矩 $\boldsymbol{\tau}=(\tau_{\phi},\tau_{\theta},\tau_{\psi})^{\mathrm{T}}$ 可在机体坐标系下表示为

$$\boldsymbol{\tau}_{\mathrm{B}}=\begin{bmatrix} Lk(\omega_{r1}^2+\omega_{r2}^2-\omega_{r3}^2-\omega_{r4}^2) \\ Lk(\omega_{r2}^2+\omega_{r3}^2-\omega_{r1}^2-\omega_{r4}^2) \\ b(\omega_{r1}^2-\omega_{r2}^2+\omega_{r3}^2-\omega_{r4}^2) \end{bmatrix} \tag{8-34}$$

式中：L 为旋翼电机到无人机重心的距离；b 为扭矩系数，旋翼序号如图8－40所示。

机体坐标系下的角速度矢量 $\boldsymbol{\omega}$ 与惯性坐标系下的欧拉角矢量之间的关系为

$$\boldsymbol{\omega}=\boldsymbol{W}_{\mathrm{I}}^{\mathrm{B}}\dot{\boldsymbol{\eta}} \tag{8-35}$$

式中：$\boldsymbol{W}$ 为角速度矢量与欧拉角矢量一阶时间导数之间的转换矩阵：

$$\boldsymbol{W}_{\mathrm{I}}^{\mathrm{B}}=\begin{pmatrix} 1 & 0 & -\sin\theta \\ 0 & \cos\phi & \cos\theta\sin\phi \\ 0 & -\sin\phi & \cos\theta\cos\phi \end{pmatrix}$$
$$\boldsymbol{W}_{\mathrm{B}}^{\mathrm{I}}=\begin{pmatrix} 1 & \sin\phi\tan\theta & \cos\phi\tan\theta \\ 0 & \cos\phi & -\sin\phi \\ 0 & \sin\phi/\cos\theta & \cos\phi/\cos\theta \end{pmatrix} \tag{8-36}$$

在机体坐标系下无人机的姿态动力学方程（欧拉方程）为

$$\boldsymbol{J}\dot{\boldsymbol{\omega}}+\boldsymbol{\omega}\times(\boldsymbol{J}\boldsymbol{\omega})=\boldsymbol{\tau}_{\mathrm{B}} \tag{8-37}$$

式中：$\boldsymbol{J}$ 为无人机的转动惯量。

8.2.4 嗅觉传感仿真

嗅觉传感仿真是指模拟机器人检测气体的过程。本节分别介绍MOS气体传感器和可谐调半导体激光吸收光谱（TDLAS）气体传感器的仿真模型。

1）MOS气体传感器

MOS气体传感器具有不对称的响应恢复特性，本节即以MiCS－5521（e2v Technologies（UK）Ltd.）气体传感器作为对象建立MOS气体传感器模型。与同类传感器相比，MiCS－5521具有较快的响应和恢复时间。使用乙醇蒸气作为目标气体，在给定阶跃浓度信号时的传感器输出如图8－41所示，浓度阶跃开始于1.68s，结束于5.49s。给定阶跃响应的方式是：首先在容量瓶中调配出体积分数为 200×10^{-6} 的乙醇蒸气并密封；接着将传感器快速放入容量瓶并重新密封；待

传感器输出稳定后将传感器快速取出置于洁净的空气中；在此过程中记录时间和传感器输出，并将传感器输出电压转换为浓度值。

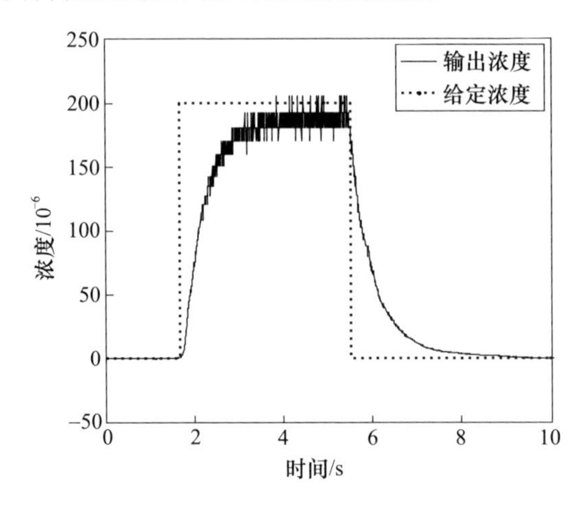

图 8－41　MiCS－5521 气体传感器响应－恢复曲线

采用两个一阶惯性环节分别对传感器的响应和恢复过程建模，传递函数如下：

$$G_V(s)=\begin{cases}\dfrac{K}{T_{\mathrm{res}}s+1}, \text{响应阶段}\\[2ex]\dfrac{K}{T_{\mathrm{rec}}s+1}, \text{恢复阶段}\end{cases} \tag{8-38}$$

式中：$G_V(s)$表示气体传感器检测气体浓度与输出电压 $V(t)$间的传递函数；K 为比例系数；T_{res}和 T_{rec}分别为响应和恢复阶段的时间常数，经实验确定 $T_{\mathrm{res}}=0.25$，$T_{\mathrm{rec}}=1.4$。最后将服从高斯分布的随机噪声 $n_{\mathrm{g}}\sim(0,\sigma_{\mathrm{g}}^2(t))$加入传感器电压 $V(t)$，其中 $\sigma_{\mathrm{g}}(t)=0.001V(t)$。

气体传感器模型与真实气体传感器的响应恢复曲线如图 8－42 所示。可以看到，传感器模型能够较好地模拟 MOS 气体传感器的响应恢复特性。

2）TDLAS 传感器

TDLAS 采用开放光路时，可检测激光束路径上气体的积分浓度（即激光束路径上浓度的积分值）。假设目标区域内气体浓度分布为 $C(\boldsymbol{p})$，则在任意 TDLAS 光路上的测量值可由以下线积分表达：

$$g_t(\gamma_t)=\int_{\gamma_t(\boldsymbol{p}_s,\theta_t,L_t)}2C(\boldsymbol{p})\mathrm{d}l \tag{8-39}$$

式中：$\gamma_t(\boldsymbol{p}_s,\theta_t,L_t)$为光路，$\boldsymbol{p}_s$为激光束起点位置，$\theta_t$为激光束方向角；$L_t$为单程激光光程；$\mathrm{d}l$ 为长度微元。

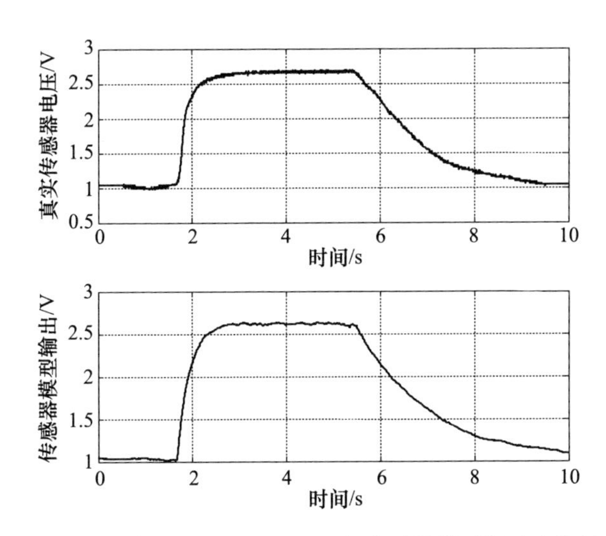

图 8-42　真实气体传感器(MiCS-5521)与传感器模型的响应恢复曲线对比

在计算机仿真中通常将目标区域离散化,并假设在每个离散化单元格内气体浓度均匀分布,第 j 个单元格浓度值为 C_j,则光路上的测量值相应离散化为如下求和形式:

$$g_t = \sum_{j \in \Xi} 2C_j l_j \tag{8-40}$$

式中:l_j为在第 j 个单元格内的单程光程;Ξ 为光路上单元格序号的集合。

图 8-43 为离散化的 TDLAS 检测过程示意图。假设由 TDLAS 激光器发出的激光束经反射面反射后被接收器接收,激光束路径上的各单元格气体浓度为 $C_j, j=1,2,\cdots,8$,各单元格内激光单程光程为 $l_j, j=1,2,\cdots,8$,则该激光束检测的积分浓度值为 $g_t = \sum_{j=1}^{8} 2C_j l_j$。

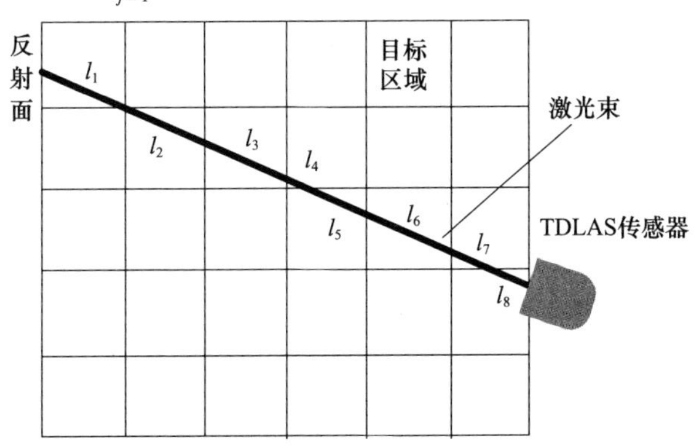

图 8-43　离散化的 TDLAS 检测过程示意图

8.3 主动嗅觉实物仿真

8.3.1 多风扇主动控制风洞

主动嗅觉实物仿真的关键问题之一是生成与现实应用场景相似且可重复的流场。自然场景下的风速和风向经常会发生强烈的动态变化，采用被动模拟风洞往往难以复现自然风的这一特性。一种可行的方法是采用具有可控运动机构的主动控制风洞，通过控制策略操纵运动机构模拟自然风速和风向的动态过程。这里介绍一种用于实现自然风场模拟的多风扇主动控制风洞。

8.3.1.1 风洞系统结构

本节介绍的多风扇主动控制风洞是矩形截面的直流式低速微风风洞，其尺寸为（长×宽×高）4m×3m×1m；整体为横向设置的长方体状，可以配装成闭口式风洞或开口式风洞结构，分别用以模拟室内通风环境或室外的地表气流场。该风洞为开口式结构或闭口式结构时，其内部的气流流场由多个风扇产生，每个风扇的转速和每个转板的转速/转向均可由计算机控制。如图 8－44 和图 8－45 所示，该风洞的主体结构为风洞箱体，为长方体结构，包括风洞顶板、风洞底板和风洞两个侧板，其中一个侧板开有两扇风窗，另一个侧板上开有风门，在组装成闭口式结构时用于模拟门和窗。为了方便其他实验设备（如机器人等）在风洞内正常活动，风洞底板由木板上覆盖表面光滑的薄钢板构成。为方便观测风洞内的实验情况，风洞顶板与侧板由透明的有机玻璃构成。

风洞开/闭口式结构可通过更换配件相互转换。

（1）闭口式结构风洞（图 8－44）在箱体上安装前板和后板，使风洞箱体形成封闭结构，以模拟室内环境。同时，在风窗处安装小转板，每个小转板上装有 2 个开口风扇，用于模拟从窗吹进室内的自然风。风门可根据需要打开或关闭，用于模拟室内门开启或关闭状态。小转板上的风扇转速由计算机控制，可产生的风速范围为 0～1.2m/s，并由步进电机分别控制小转板的转速与转向，使小转板可绕其转轴作 ±90°角旋转，以模拟室外吹进室内的自然风的方向和速度变化。

（2）开口式风洞结构（如图 8－45 所示，图 8－46 为其实物照片）只在风洞箱体上安装风洞前板，且该前板上排垂直安装 6 个大转板，每个大转板上安装 8 个（双列，每列 4 个）开口风扇，箱体的后侧保持打开，风窗和风门被透明的有机玻璃板封闭。开口风扇转速由计算机控制，每个风扇均可独立产生 0～1.2m/s 的可控风速，每个大转板由步进电机独立控制转速与转向，使其可绕转轴在 ±90°角范围内旋转，以模拟室外自然风场景。

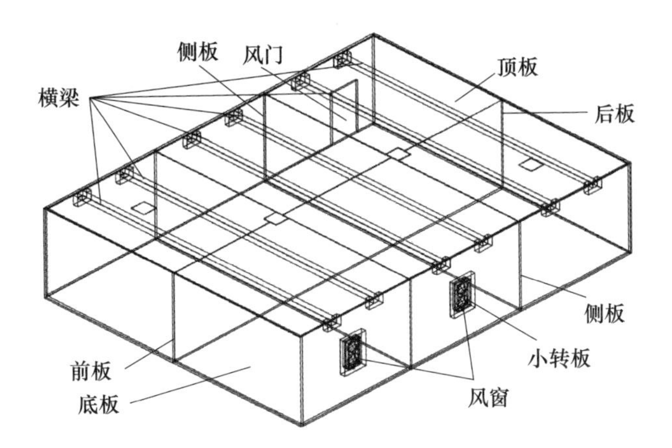

图 8－44　风洞装配为闭口工作方式的结构示意图

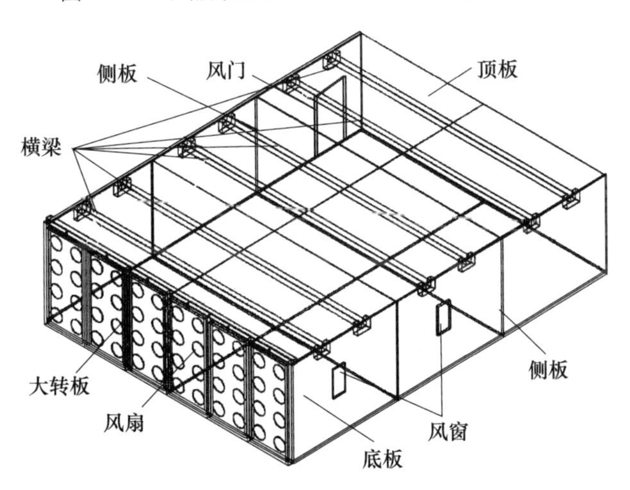

图 8－45　风洞装配为开口工作方式的结构示意图

图 8－46　风洞装配为开口工作方式的实物图

8.3.1.2　风洞系统的控制策略与模拟效果

1）控制策略

开口式结构的风洞模拟室外近地表风场需要对转板和风扇进行适当的控制，这里介绍一种随机转速和转向的风扇控制策略（以下简称随机控制策略）。该方法使同一时刻所有风扇转速相同，6 个步进电机同步转动相同的角度从而拖动各个大转板转动相同的角度。在第 i 个控制周期中，风扇的电压 V_{f_i} 从 0 到 12V 随机选择，目标角 θ_{p_i} 从 −90°到 +90°随机选择。旋转板以角速度 ω_p 旋转至目标角 θ_{p_i}，到达后停留 5s。在下一个（第 $i+1$ 个）控制周期中，再次选择 $V_{f_{i+1}}$ 和 $\theta_{p_{i+1}}$，循环重复上述过程。

2）风速采集

为比较风洞生成的风场与真实室外近地面自然风场，分别使用风速仪阵列对两种环境下的风场进行采集。

室外近地面自然风采集时的风速仪位置如图 8－47 所示，采集场地地面平整，无明显空间特征。风速仪为二维超声风速仪（WindSonic，Gill Instruments Ltd.），采样频率设置为 4Hz。4 个风速仪放置在边长为 1m 的正方形的四角，距离地表约 0.5m。

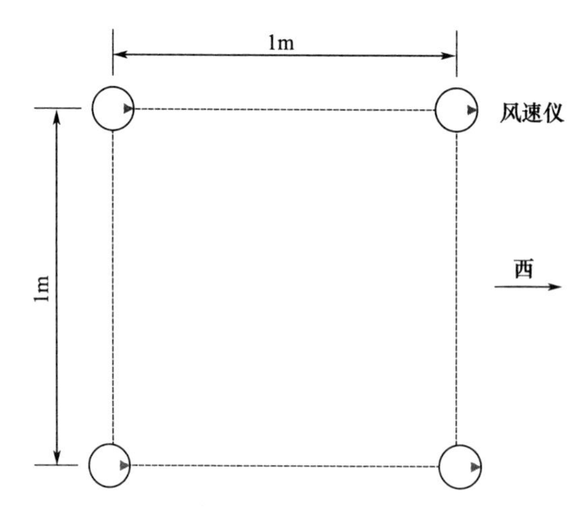

图 8－47　室外近地表气流数据采集时的风速仪分布示意图

由于室外通常为无边界气流环境，而开口式结构风洞存在边界。通过选定开口式结构风洞的其中一个转板，在距转板 0.05～1m 不同高度与水平位置处采集一定时间长度的风速数据，并对相同时间长度内的平均风速与风向进行分析之后发现，距转板小于 1m 处的风速受其他转板风扇影响很大，导致小区域气流突变较大，而在距离转板至少 1m 处的气流突变才减弱到合理的程度，这表明距开口式结构风洞前板 0.05 ~ 1m 的区域并不适合模拟室外近地表气流。因此，在风洞中进行气流数据采集时，将二维超声风速仪放置于风洞的中间部位，如图 8 – 48 所示。4 个风速仪以边长为 1m 的正方形状放置，距离风洞底板高度约 0.5m，风速仪阵列距离大转板 1m，距风洞的侧板 1m。

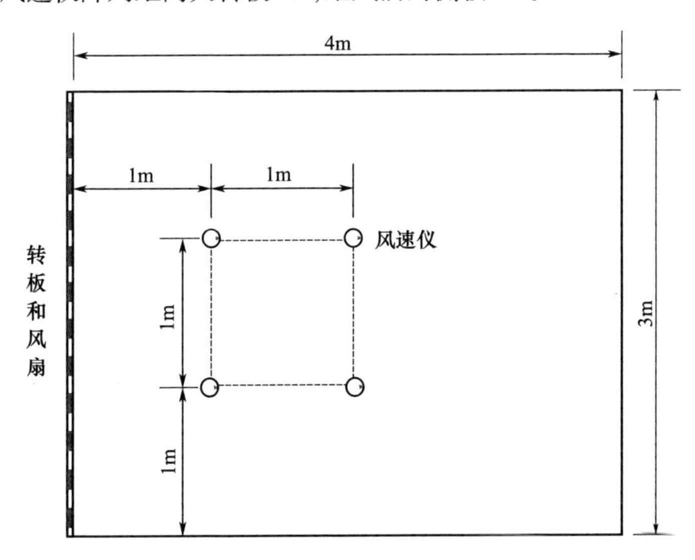

图 8 – 48　开口式结构风洞内气流数据采集时的风速仪分布示意图

3）模拟效果

在分析风速数据之前，将每个风速时间序列的平均风向定义为 0°，并令平面直角坐标系 x 轴正方向与其相同，为顺风方向，相应地，y 轴为横风方向。然后，将原始风矢量 $\hat{\boldsymbol{U}}$ 按上述直角坐标分解为 $\boldsymbol{U}=(u,v)$，其中，$\boldsymbol{U}$ 为 $x-y$ 坐标系下的风矢量，u 是其顺风分量，v 是其横风分量。

为验证随机控制策略生成风场与室外风场的近似程度，分别在 3 种环境下对风场进行采样，即室外环境、采用随机控制策略的风洞环境、采用固定风扇输入电压和转板转角的风洞环境。其中，采用固定风扇输入电压和转板转角的风洞环境中，风扇输入电压稳定在 10V，此时风扇的转速也基本是恒定的，转板转角固定为 0°，所以风洞中的风场比较稳定，因此以下简称该环境为恒定风场环境。

图 8 – 49 给出了在 3 种环境下其中一个风速仪记录的风速和风向时间序列。图 8 – 49(a) ~ (f) 为室外环境的风速和风向曲线；图 8 – 49(g)、(h) 为采用随机控制策略的风洞环境下的风速和风向曲线；图 8 – 49(i)、(j) 为恒定风场的风洞环境下的风速和风向曲线。由图可见，室外环境和采用随机控制策略的风

洞环境中的风速和风向波动较明显,而恒定风场的风洞环境中的风速和风向只有小尺度波动,缺乏大尺度波动。

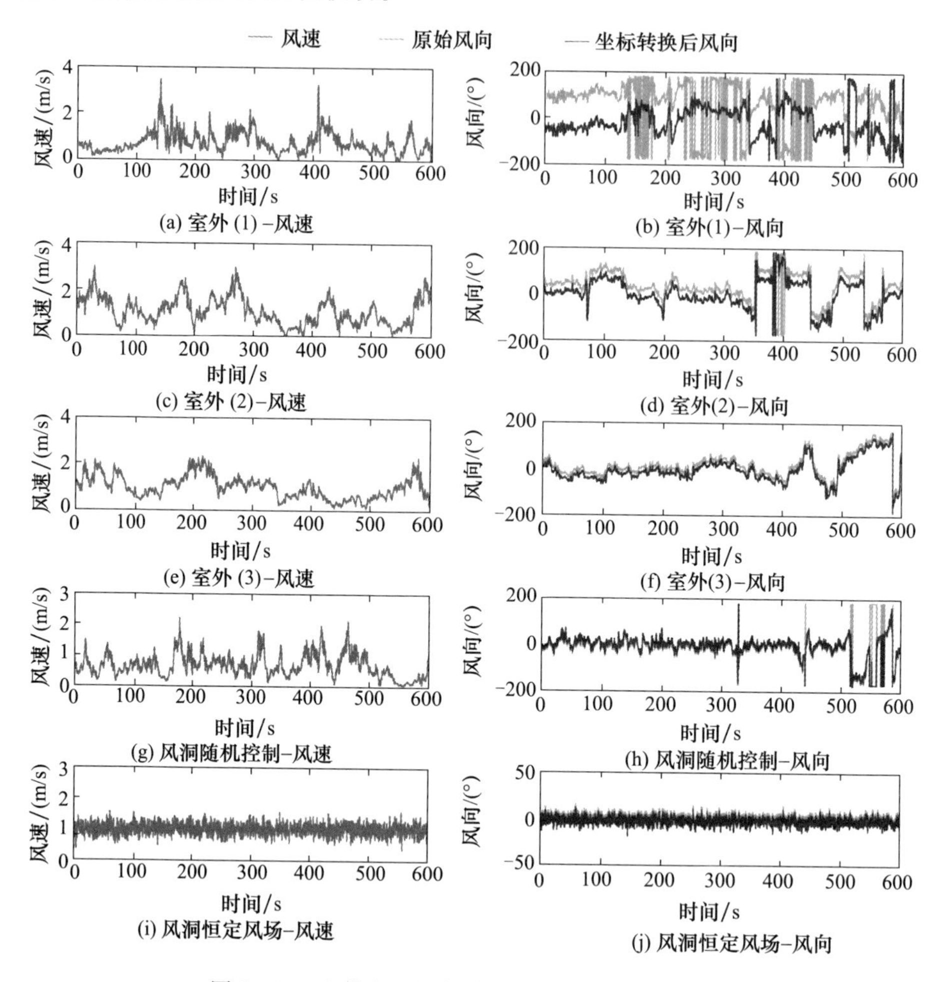

图 8-49　室外和风洞中采集的风速、风向序列对比

8.3.2　四旋翼无人机半实物仿真

对于以旋翼无人机为载体的三维主动嗅觉研究:一方面,无人机的位姿和运动控制较为复杂,在实验初期控制算法不成熟的阶段容易发生事故造成无人机损坏,进而影响后续实验的开展;另一方面,通常无人机运动半径较大,在空间有限的风洞中进行实物实验比较困难。针对上述两方面问题,可采用硬件在环半实物仿真方法模拟四旋翼无人机的运动情况。

半实物仿真系统的各部分组成如图8－50所示，主要由四旋翼无人机、三维力传感器、球窝关节、底座、运动捕捉系统和主机组成。在无人机的底部与球窝关节之间安装一个三维力传感器，可同时测量拉力与压力，它的作用是测量无人机与球窝关节之间的三维力。球窝关节中的球窝直径为3cm，最大运动幅度为40°，给予无人机3个运动自由度。无人机的姿态信息由运动捕捉系统OptiTrack采集(Natural Point Co.,Ltd)。无人机机身正面附着了4个反光球，运动捕捉系统根据反光球的信息确定无人机的姿态。由运动捕捉系统采集的无人机姿态信息通过网线传输给主机。主机根据三维力传感器与无人机姿态数据进行运算生成控制信号，并将控制信号通过无线串口发送给无人机，无人机上的单片机系统根据控制信号对螺旋桨电机进行转速控制。

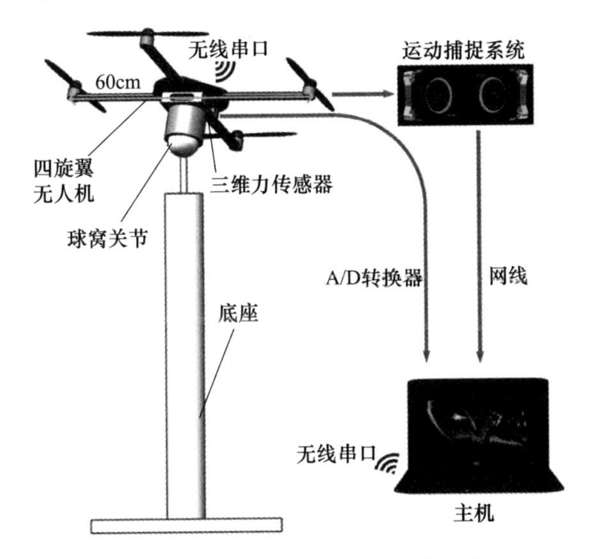

图8－50　无人机半实物仿真系统组成图

半实物仿真系统中的无人机与可自由运动的无人机在动力学模型上有一些不同，其受力分析如图8－51所示。图中圆点为无人机质心，星形为无人机旋转中心。图中的受力分析可由下式描述：

$$m\boldsymbol{a}_{\mathrm{C}} - \boldsymbol{F}_{\mathrm{D}} = mg + \boldsymbol{T}_{\mathrm{t}} + \boldsymbol{F}_{\mathrm{W}} \tag{8-41}$$

式中：$\boldsymbol{a}_{\mathrm{C}}$为无人机受到的向心加速度矢量；$\boldsymbol{F}_{\mathrm{D}}$为三维力传感器测得的三维力矢量；$\boldsymbol{F}_{\mathrm{W}}$为无人机机架受到的风阻力矢量；$\boldsymbol{T}_{\mathrm{t}}$为无人机4个旋翼总升力的矢量。在半实物仿真系统中，无人机的旋转角速度值较小，并且无人机旋转半径(即图8－51中质心与旋转中心的距离d_r)也很小(7cm)。因此，式(8－41)中$m\boldsymbol{a}_{\mathrm{C}}$很小，可以忽略，即可得

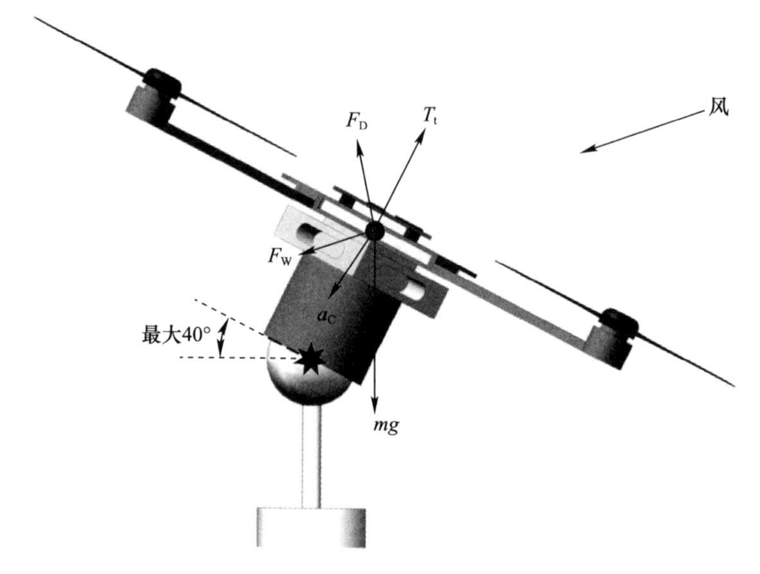

图 8-51　半实物仿真系统中的无人机受力分析图

$$-\boldsymbol{F}_{\mathrm{D}}=m\boldsymbol{a}_{\mathrm{vt}}=mg+\boldsymbol{T}_{\mathrm{t}}+\boldsymbol{F}_{\mathrm{W}} \tag{8-42}$$

式中:$\boldsymbol{a}_{\mathrm{vt}}$为$-\boldsymbol{F}_{\mathrm{D}}$除以$m$得到的一个虚拟矢量,可将$\boldsymbol{a}_{\mathrm{vt}}$视为半实物仿真系统中无人机的虚拟平动加速度。虚拟平动加速度经过积分可得虚拟仿真系统中无人机的位置:

$$(x,y,z)=\iint \boldsymbol{R}_{\mathrm{B}}^{\mathrm{I}}\boldsymbol{a}_{\mathrm{vt}}\mathrm{d}t\mathrm{d}t \tag{8-43}$$

综上所述,无人机半实物仿真系统的工作方式是:动作捕捉为主机提供了3个姿态角,由此计算得到式(8-43)中的$\boldsymbol{R}_{\mathrm{B}}^{\mathrm{I}}$。同时,主机收集无人机底部的三维力传感器的测力数据,即为式(8-42)中的$\boldsymbol{F}_{\mathrm{D}}$。测力计数据用来计算无人机虚拟平动加速度$\boldsymbol{a}_{\mathrm{vt}}$,经过式(8-43)的运算最终得到虚拟仿真系统中无人机的位置信息。通过无人机半实物仿真系统,可在风洞或其他人工风场下进行虚拟的三维主动嗅觉实验。

半实物仿真系统的各部分组成如图8－50所示，主要由四旋翼无人机、三维力传感器、球窝关节、底座、运动捕捉系统和主机组成。在无人机的底部与球窝关节之间安装一个三维力传感器，可同时测量拉力与压力，它的作用是测量无人机与球窝关节之间的三维力。球窝关节中的球窝直径为3cm，最大运动幅度为40°，给予无人机3个运动自由度。无人机的姿态信息由运动捕捉系统OptiTrack采集（Natural Point Co.，Ltd）。无人机机身正面附着了4个反光球，运动捕捉系统根据反光球的信息确定无人机的姿态。由运动捕捉系统采集的无人机姿态信息通过网线传输给主机。主机根据三维力传感器与无人机姿态数据进行运算生成控制信号，并将控制信号通过无线串口发送给无人机，无人机上的单片机系统根据控制信号对螺旋桨电机进行转速控制。

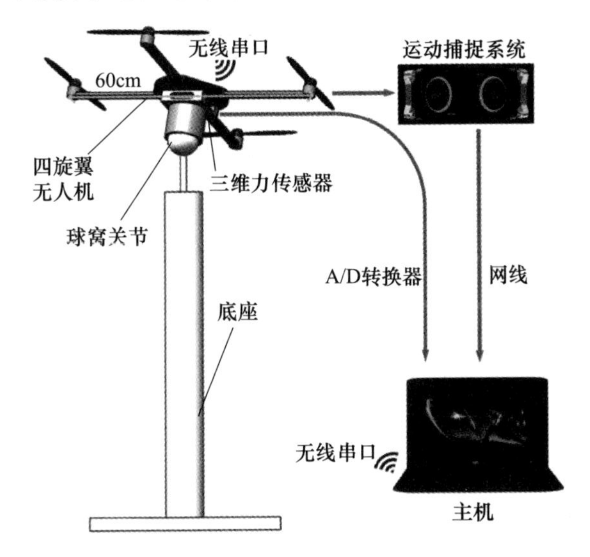

图8－50　无人机半实物仿真系统组成图

半实物仿真系统中的无人机与可自由运动的无人机在动力学模型上有一些不同，其受力分析如图8－51所示。图中圆点为无人机质心，星形为无人机旋转中心。图中的受力分析可由下式描述：

$$m\boldsymbol{a}_{\mathrm{C}}-\boldsymbol{F}_{\mathrm{D}}=mg+\boldsymbol{T}_{\mathrm{t}}+\boldsymbol{F}_{\mathrm{W}} \tag{8-41}$$

式中：$\boldsymbol{a}_{\mathrm{C}}$为无人机受到的向心加速度矢量；$\boldsymbol{F}_{\mathrm{D}}$为三维力传感器测得的三维力矢量；$\boldsymbol{F}_{\mathrm{W}}$为无人机机架受到的风阻力矢量；$\boldsymbol{T}_{\mathrm{t}}$为无人机4个旋翼总升力的矢量。在半实物仿真系统中，无人机的旋转角速度值较小，并且无人机旋转半径（即图8－51中质心与旋转中心的距离d_r）也很小（7cm）。因此，式（8－41）中$m\boldsymbol{a}_{\mathrm{C}}$很小，可以忽略，即可得

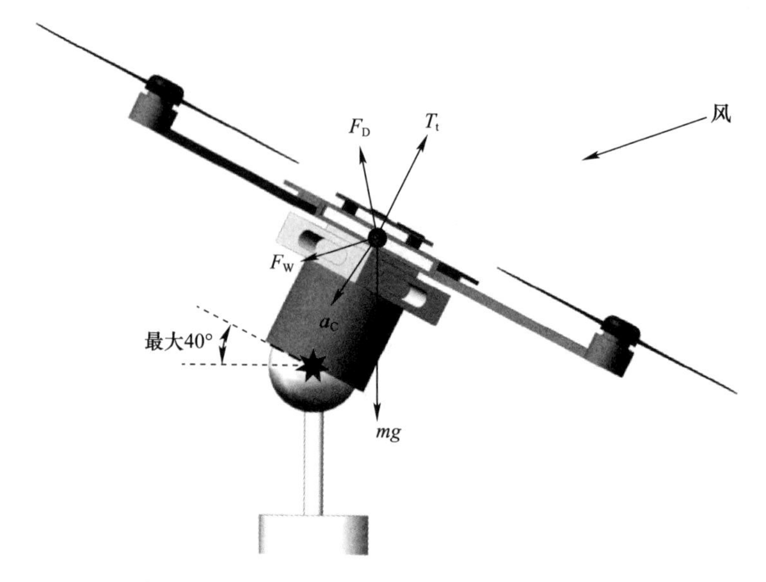

图 8-51 半实物仿真系统中的无人机受力分析图

$$-\boldsymbol{F}_{\mathrm{D}}=m\boldsymbol{a}_{\mathrm{vt}}=mg+\boldsymbol{T}_{\mathrm{t}}+\boldsymbol{F}_{\mathrm{W}} \tag{8-42}$$

式中：$\boldsymbol{a}_{\mathrm{vt}}$为$-\boldsymbol{F}_{\mathrm{D}}$除以$m$得到的一个虚拟矢量，可将$\boldsymbol{a}_{\mathrm{vt}}$视为半实物仿真系统中无人机的虚拟平动加速度。虚拟平动加速度经过积分可得虚拟仿真系统中无人机的位置：

$$(x,y,z)=\iint \boldsymbol{R}_{\mathrm{B}}^{\mathrm{I}}\,\boldsymbol{a}_{\mathrm{vt}}\mathrm{d}t\mathrm{d}t \tag{8-43}$$

综上所述，无人机半实物仿真系统的工作方式是：动作捕捉为主机提供了3个姿态角，由此计算得到式(8-43)中的$\boldsymbol{R}_{\mathrm{B}}^{\mathrm{I}}$。同时，主机收集无人机底部的三维力传感器的测力数据，即为式(8-42)中的$\boldsymbol{F}_{\mathrm{D}}$。测力计数据用来计算无人机虚拟平动加速度$\boldsymbol{a}_{\mathrm{vt}}$，经过式(8-43)的运算最终得到虚拟仿真系统中无人机的位置信息。通过无人机半实物仿真系统，可在风洞或其他人工风场下进行虚拟的三维主动嗅觉实验。

结　　语

经过二十多年的发展，机器人主动嗅觉研究取得了不少可喜的进展，越来越多的学者和团队加入这个研究领域，研究思路和方法呈现多样化发展趋势。但是，受到诸多因素的制约，机器人主动嗅觉还有不少问题没有解决，离真正实际应用还有很长的路要走。限于篇幅，本书到这里接近尾声了，但机器人主动嗅觉的研究还远未结束。本书作者基于十多年的研究经历，对机器人主动嗅觉研究面临的挑战与趋势给出一些自己的看法，与同行讨论，敬请指正。

机器人主动嗅觉面临的挑战

在制约机器人主动嗅觉走向现实应用的诸多因素中，比较关键的几个挑战包括气味传播机理分析与模拟、气味/气流感知及机器人机动性能的局限性、微弱流体环境下的气味源定位问题以及多源泄漏定位问题等。

气味传播与模拟

气味的传播通常包括平流（Advection）和扩散（Diffusion）两个物理过程。平流在宏观上使得从源释放出的物质随环境平均流做整体平移运动，扩散则是湍流扩散（由环境流体微团的湍动而引起的搅拌掺混）和分子扩散（由分子的布朗运动引起的泄漏物质与环境流体的混合）共同作用的结果。

在湍流扩散过程中，环境流体的脉动速度梯度场将气味烟团（Puff）拆分并变形为由许多细烟丝（Filament）组成的复杂形态。这一过程并不直接使气味稀释，但会通过增大不同浓度的气味烟团间的界面面积促进分子扩散（从而使气味稀释）。湍流扩散连同伴随发生的分子扩散一起通常称为湍流混合（Turbulent Mixing）。实际上，湍流扩散是大尺度上气味的再分布过程，而分子扩散则是在小尺度上气味浓度梯度的模糊化过程。一些学者对湍流扩散过程进行了更为细致的描述，认为湍流扩散由尺度范围非常广阔的涡运动完成。尺寸大于烟团尺度的涡将烟团进行整体输运，造成烟羽（即所有烟团的集合）的蜿蜒曲折；尺寸小于烟团尺度的涡在烟团内部使烟丝和环境流体进行混合，从而使烟团发生小的运动或增长;尺寸和烟团尺度相当的涡则会使烟丝相对瞬时的烟羽中心线发生显著运动,从而使烟团发生明显的增大或变形。

机器人主动嗅觉研究面临最多的是湍流扩散主控的流体环境,而这种环境下气味扩散的机理目前还没有完全掌握,现有气味扩散的数学描述还不能准确地表达气味扩散的过程。这样:一方面,会导致在现实场景下机器人没有相对准确的扩散模型可以使用,给烟羽跟踪等问题带来了困难;另一方面,在构建仿真环境时,通常采用流体力学软件对流场进行简化模拟,而气味扩散的模拟还不很准确。

气味与气流感知的局限性

对于采用地面移动机器人平台开展的研究,因机器人运动速度不是很快,因此机器人自身运动对环境气流和气味分布的影响较小,常见的气流传感器可以满足风速和风向测量的要求。考虑到目前常用的大多数接触式气体传感器具有较长的响应和恢复时间,很难直接使用气体传感器的输出对快速变化的气味进行实时测量,通常需要对气体传感器的输出做一些信号处理才可以使用。

在采用飞行机器人或无人机(UAV)平台开展的主动嗅觉研究方面,因旋翼无人机具有悬停、慢速巡航和逐点测量等功能,近几年开始被一些学者采用。将UAV 作为气味跟踪平台带来的主要挑战是其自身运动(尤其是旋翼的快速转动)对气味分布和气流流场的影响很大,因此,一般很难通过在 UAV 上安装风速传感器实现对气流的准确测量,研究人员通常基于 UAV 上的惯性导航传感器(如加速度计、陀螺仪等)采用间接估计的方法获得环境风速和风向信息。另外,考虑到接触式气体传感器受 UAV 自身飞行的影响较大,通常采用基于光学的远程探测方法对气味分布进行建图或跟踪气味烟羽。例如,近几年一些学者开始使用 TDLAS 技术对天然气泄漏源定位及分布绘图进行研究。但这种基于远程探测的气体传感器获得的一般是距离与浓度的积分值,这对如何获得气体浓度以及规划 UAV 的飞行路线从而实现构建气体浓度分布的地图和确定泄漏源的位置提出了新的挑战。

现有文献中对水流环境下的机器人主动嗅觉研究相对较少,该项研究目前主要用于深海资源勘查(比如热液搜寻)或对泄漏区域划定等任务。水流环境下的主动嗅觉研究在技术要求及资金投入等方面都远比陆地环境高。相比气流环境,水流环境下探测所用的传感器遇到的挑战更大。对于接触式的化学传感器和水流传感器,还涉及到传感器的耐压等方面的设计。

机器人本体机动性能的局限性

现实自然环境下的风速和风向是快速时变的。瞬间 180°的风向改变也时有发生,导致气味烟羽变化剧烈。在这种情况下,现有多数机器人的机动性很难满足对烟羽的实时跟踪要求。对于地面机器人,为了跟踪快速变化的烟羽,全向驱动方式应该比差速或类车驱动的移动机器人更有优势;对于空中飞行机器人,在移动速度、灵活性及跨越空间区域等方面比地面移动机器人更具竞争力,但快速变化的气流对其自身飞行稳定性构成一定挑战。目前看来,要想提升机器人的主动嗅觉能力,一方面寄希望于机器人本体机动性能的提升,另一方面还应着眼于机器人智能性的增强,例如,如何更好地利用捕获到的信息对气味烟羽进行跟踪,或者基于仿生学研究从自然界的生物体上学习经验等。

微弱流体环境下的气味源定位

这里的微弱流体是指气流速度很低(一般低于 20cm/s)的封闭室内环境。此种环境下气流传感器检测效果一般,如果气流速度低于 5cm/s,则多数现有气流传感器无法获得可靠的风速数据。在微弱流体环境下,气味扩散仍受湍流影响,因此气味扩散不会呈现出平滑的高斯分布,在气流信息缺失的情况下确定泄漏源位置或构建气味分布地图对机器人提出了更大的挑战。另外,封闭的室内环境因墙面和家具等形成的角落还会造成气味局部聚集,容易导致机器人在搜索过程中陷入局部的浓度极值。

多源定位问题

现实环境下可能存在不止一个化学泄漏源,如在化工厂、天然气管道和场站、焦化行业的一氧化碳管道室等环境中,在多个位置同时发生毒害气体外溢或泄漏的情况也是存在的。多源定位问题除了单源定位存在的误检(即将非气味源位置误认为是气味源)挑战外,对主动嗅觉提出的新挑战是漏检现象,即机器人确认的气味源数量少于实际正在发生泄漏的源头数量,漏检会导致潜在危险不能排除。

发展趋势

经过近三十年的发展,机器人主动嗅觉从最初的计算机仿真、简单室内人工风场开始向室外稍大尺度的自然流场环境发展,机器人的感知和机动性也会越来越好,与机器人主动嗅觉相关的智能算法研究也会吸引越来越多学者的关注。

从二维向三维发展

在最初的大约 20 年时间里,主动嗅觉研究主要集中在二维平面搜索空间,对应的环境有风洞、室内环境(包括人造风环境和自然通风环境)和室外小尺度环境等。这里的二维平面主要指机器人只在水平方向运动，没有在竖直高度方向的运动（如多数的地面移动机器人属于此种情况），因此其携带的气体和风速/风向传感器只能在二维平面获取信息。二维平面搜索空间下以地面移动机器人作为主要的研究平台，这种平台结构相对简单、造价低，容易验证所提出的算法。但地面移动机器人也存在一些问题：移动速度低、搜索范围小、无法穿越地面的一些障碍物（如墙、楼群等）、只能获得传感器安装高度上的气味和气流信息，无法探测三维空间扩散的气味。

在过去的10年里，随着UAV尤其是旋翼UAV技术的快速发展，一些学者开始尝试使用旋翼UAV平台在三维搜索空间下研究主动嗅觉问题，如将UAV用于火山烟羽分析以及石油和天然气工业中的甲烷泄漏检测等。UAV作为主动嗅觉平台具有搜索范围大、速度快、可跨越城市环境下的楼群和野外森林、湖泊等地面机器人无法涉足区域的优点。但目前的UAV也存在续航时间短（一般纯电动UAV续航时间小于30min）、有效载荷低（导致无法搭载一些高精度检测仪器）、无法有效避开微细障碍物、遮挡环境下自定位的可靠性差等技术问题。当然，如何克服旋翼UAV的旋翼对其周围气流和气味分布造成的影响也是一个需要考虑的问题。另外，UAV在飞行区域、高度等方面一般会受到相关国家的空中管制规则限制，这也对UAV的推广应用造成了一定的影响。

寻求更好的气体传感器

目前，在机器人主动嗅觉领域使用的气体传感器可分为接触式和非接触式两大类，接触式的包括金属氧化物半导体型、电化学型、导电聚合物型、质量敏感型、催化燃烧型和部分光学型等，非接触式的主要是基于光谱吸收型的，如可远程探测天然气的TDLAS。机器人所配备的气体传感器与生物嗅觉系统相比，存在恢复时间长、灵敏度低等问题。恢复时间长导致机器人需要较长时间的等待，影响了搜索效率；灵敏度低使得机器人无法发现一些轻微的气体泄漏。另外，生物的嗅觉系统具有较强的气味分辨能力，而现有的多数机器人主动嗅觉系统无法分辨现实场景下的复合气味。一些学者也尝试采用生物传感器（如蚕蛾的触角）用于气味跟踪，但这类生物传感器存在存活时间短的缺陷。因此，开发实时性好、灵敏度高和具有气味识别能力的人工嗅觉系统也是主动嗅觉研究的一个发展方向。水下环境化学传感器的开发对提升自主水下潜器（Autonomous Underwater Vehicle，AUV）的主动嗅觉功能也将有很大的促进作用。

采用更加先进的机器人平台

除了具有快速、灵敏的气味感知能力，提升运动平台的机动性也是一个急需解决的问题。例如:在地面环境下,全向移动平台具有更好的转向特性,具有野外环境适应能力的移动平台对室外环境搜索具有重要的现实意义;在空中环境下,UAV 平台续航能力、自身导航能力、旋翼或尾翼对环境气流影响的消减等方面的改进也会提升飞行机器人气味跟踪和气味分布建图的性能;水下环境主动嗅觉能力的提高在很大程度上依赖 AUV 自身导航定位能力和机动性(尤其在纵垂方向)的改善。

提升机器人智能

在机器人具备气味和气流感知能力的基础上,如何有效地利用所获取的环境信息是众多研究人员孜孜以求的研究方向。现有的方法大致可以分为基于行为的搜索策略和基于分析模型的估计策略两类。前者一般不依赖环境的先验信息,如早期被学者使用较多的化学趋向性(Chemotaxis)和风趋向性(Anemotaxis)属于此类,这些方法模拟生物追踪气味的行为;后者一般假设已知在一定时间或空间范围内的气味分布或气流运动的模型,在此基础上利用估计理论对机器人获取的环境信息进行处理,从而推测出气味的扩散方向、范围等,然后引导机器人运动并最终定位气味源。基于搜索的方法一般分为发现气味线索、跟踪气味线索和最终确定泄漏源等步骤,机器人可以亲自到达源头附近;基于估计的方法一般利用获取的信息对气味源的位置进行判断,机器人不一定需要亲自到达源头。

近些年,研究人员已开始从人的自身学习能力上挖掘线索,如利用强化学习、深度学习等手段对气味信息进行处理。随着人工智能技术的快速发展,将基于学习的策略用于机器人主动嗅觉是个有前景的研究思路。对于估计策略,尝试更加先进的估计方法并将之用于气味烟羽跟踪也是本领域学者近几年正在做的工作。另外,也有一些学者将控制策略(如极值搜索控制,Extremum Seeking Control,ESC)用于机器人主动嗅觉。与目前多数搜索和估计策略本身不考虑机器人的控制问题不同,基于控制策略的主动嗅觉方法将机器人自身的动力学模型和控制模型与气味源搜索方法结合,通过设计统一的控制器控制机器人朝着泄漏源的方向前进,不用单独编写机器人的控制算法。

如何有效地平衡信息搜索(Exploration)与信息利用(Exploitation)(即 E - E 平衡)也是一个值得探讨的方向。现有的搜索策略和估计策略均只注重信息搜索或信息利用的一个方面,这样可能会导致机器人主动嗅觉的整体效率不高,更加智能的 E - E 平衡策略也许有望提升机器人主动嗅觉的性能。

参 考 文 献

[1] 孟庆浩,李飞. 主动嗅觉研究现状[J]. 机器人,2006,28(1):89-96.

[2] Hayes A T, Martinoli A, Goodman R M. Distributed odor source localization[J]. IEEE Sensors Journal,2002,2(3):260-271.

[3] Kowadlo G, Russell R A. Robot odor localization:a taxonomy and survey[J]. International Journal of Robotics Research,2008,27(8):869-894.

[4] Vergassola M, Villermaux E, Shraiman B I. "Infotaxis" as a strategy for searching without gradients[J]. Nature,2007,445(7126):406-409.

[5] Ishida H, Nakamoto T, Moriizumi T. Remote sensing of gas/odor source location and concentration distribution using mobile system[J]. Sensors and Actuators B:Chemical,1998,49(1-2):52-57.

[6] Kowadlo G, Russell R A. Improving the robustness of naive physics airflow mapping, using Bayesian reasoning on a multiple hypothesis tree[J]. Robotics and Autonomous Systems,2009,57(6-7):723-737.

[7] Pang S, Farrell J A. Chemical plume source localization[J]. IEEE Transactions on Systems Man and Cybernetics Part B-Cybernetics,2006,36(5):1068-1080.

[8] Li J G, Meng Q H, Wang Y, et al. Odor source localization using a mobile robot in outdoor airflow environments with a particle filter algorithm[J]. Autonomous Robots,2011,30(3):281-292.

[9] Dorigo M, Birattari M, Stützle T. Ant colony optimization[J]. IEEE Computational Intelligence Magazine,2006,1(4):28-39.

[10] Kennedy J, Eberhart R. Particle swarm optimization:Proceedings of the IEEE international conference on neural networks[C]. Perth. Australia:IEEE,1995:1942-1948.

[11] 孟庆浩,李飞,张明路,等. 湍流烟羽环境下多机器人主动嗅觉实现方法研究[J]. 自动化学报,2008,34(10):1281-1290.

[12] 骆德汉,邹宇华,庄家俊. 基于修正蚁群算法的多机器人气味源定位策略研究[J]. 机器人,2008,30(6):536-541.

[13] Jatmiko W, Sekiyama K, Fukuda T. A PSO-based mobile robot for odor source localization in dynamic advection-diffusion with obstacles environment:theory, simulation and measurement[J]. IEEE Computational Intelligence Magazine,2007,2(2):37-51.

[14] Marques L, Nunes U, de Almeida A T. Particle swarm-based olfactory guided search[J]. Autonomous Robots,2006,20(3):277-287.

[15] 李飞,孟庆浩,李吉功,等. 基于P-PSO算法的室内有障碍通风环境下的多机器人气味源搜索[J]. 自动化学报,2009(12):1573-1579.

[16] Farrell J A, Murlis J, Long X, et al. Filament-based atmospheric dispersion model to achieve short time-scale structure of odor plumes[J]. Environmental Fluid Mechanics,2002,2(1):143-169.

[17] Ishida H, Suetsugu K, Nakamoto T, et al. Study of autonomous mobile sensing system for localization of odor

source using gas sensors and anemometric sensors[J]. Sensors and Actuators a – Physical,1994,45(2):153 – 157.

[18] Ishida H,Nakayama G,Nakamoto T,et al. Controlling a gas/odor plume – tracking robot based on transient responses of gas sensors[J]. IEEE Sensors Journal,2005,5(3):537 – 545.

[19] Ishida H,Ushiku T,Toyama S,et al. Mobile robot path planning using vision and olfaction to search for a gas source:Proceedings of IEEE Sensors[C]. Irvine. USA:IEEE,2005:4.

[20] Ishida H,Tanaka H,Taniguchi H,et al. Mobile robot navigation using vision and olfaction to search for a gas/odor source[J]. Autonomous Robots,2006,20(3):231 – 238.

[21] Ishida H. Blimp robot for three – dimensional gas distribution mapping in indoor environment:Proceedings of the 13 international symposium on olfaction and electronic nose[C]. Brescia. Italy:American Institute of Physics,2009:61 – 64.

[22] Russell R A,Thiel D,Deveza R,et al. A robotic system to locate hazardous chemical leaks:Proceedings of IEEE international conference on robotics and automation[C]. Nagoya. Japan:IEEE,1995:556 – 561.

[23] Russell R A,Bab – Hadiashar A,Shepherd R L,et al. A comparison of reactive robot chemotaxis algorithms [J]. Robotics and Autonomous Systems,2003,45(2):83 – 97.

[24] Russell R A. A ground – penetrating robot for underground chemical source location:Proceedings of IEEE/RSJ international conference on intelligent robots and systems[C]. Edmonton. Alberta. Canada:IEEE,2005:175 – 180.

[25] Russell R A. Tracking chemical plumes in 3 – dimensions:Proceedings of IEEE international conference on robotics and biomimetics[C]. Kunming. China:IEEE,2006:31 – 36.

[26] Marques L,Nunes U,Almeida A T D. Olfaction – based mobile robot navigation[J]. Thin Solid Films,2002,418(1):51 – 58.

[27] Lilienthal A,Duckett T. Building gas concentration gridmaps with a mobile robot[J]. Robotics and Autonomous Systems,2004,48(1):3 – 16.

[28] Lochmatter T,Raemy X,Matthey L,et al. A comparison of casting and spiraling algorithms for odor source localization in laminar flow:Proceedings of IEEE international conference on robotics and automation[C]. Pasadena. California. USA:IEEE,2008:1138 – 1143.

[29] Lilienthal A J,Duckett T. A stereo electronic nose for a mobile inspection robot:IEEE international workshop on robotic sensing(ROSE)[C]. Orebo. Sweden:IEEE,2003:1 – 6.

[30] Lilienthal A,Reimann D,Zell A. Gas source tracing with a mobile robot using an adapted moth strategy[J]. Autonome Mobile Systeme,2003,18:150 – 160.

[31] Reggente M,Lilienthal A J. Using local wind information for gas distribution mapping in outdoor environments with a mobile robot[J]. Sensors IEEE,2009:1715 – 1720.

[32] Reggente M,Lilienthal A J. The 3D – Kernel DM + V/W algorithm:using wind information in three dimensional gas distribution modelling with a mobile robot:Proceedings of IEEE sensors conference[C]. Waikoloa. HI. USA:IEEE,2010:999 – 1004.

[33] Zarzhitsky D,Spears D,Thayer D,et al. Agent – based chemical plume tracing using fluid dynamics[J]. Lecture Notes in Artificial Intelligence (Subseries of Lecture Notes in Computer Science),2005,3228:146 – 160.

[34] Lu T F. Indoor odour source localisation using robot:initial location and surge distance matter?[J]. Robot-

ics and Autonomous Systems,2013,6(61):637 – 647.

[35] Ferri G,Caselli E,Mattoli V,et al. SPIRAL:a novel biologically – inspired algorithm for gas/odor source localization in an indoor environment with no strong airflow[J]. Robotics and Autonomous Systems,2009,57(4):393 – 402.

[36] Harvey D J,Lu T F,Keller M A. Comparing insect – inspired chemical plume tracking algorithms using a mobile robot[J]. IEEE Transactions on Robotics,2008,24(2):307 – 317.

[37] 梁亮. 机器人嗅觉和味源定位的研究[D]. 北京:中国科学院研究生院(电子学研究所),2005.

[38] 李飞. 小型移动机器人嗅觉定位研究[D]. 天津:天津大学,2006.

[39] 徐保港. 基于气体传感器阵列的嗅觉机器人的研究[D]. 哈尔滨:哈尔滨工业大学,2006.

[40] 张小俊,张明路,孟庆浩,等. 一种基于动物捕食行为的机器人气味源定位策略[J]. 机器人,2008,30(3):268 – 272.

[41] 夏东海. 气体信号源方位的探测方法研究[D]. 武汉:华中科技大学,2008.

[42] 王俭,季剑岚,陈卫东. 基于行为特征的机器人变步长气味源搜索算法[J]. 系统仿真学报,2009,21(17):5427 – 5435.

[43] Lu Q,Liu S,Xie X,et al. Decision making and finite – time motion control for a group of robots[J]. IEEE Transactions on Systems, Man, and Cybernetics. Part B, Cybernetics: A Publication of the IEEE Systems, Man,and Cybernetics Society,2012,43(2):738 – 750.

[44] Song K,Liu Q,Wang Q. Olfaction and hearing based mobile robot navigation for odor/sound source search[J]. Sensors,2011,11(2):2129 – 2154.

[45] Tian Y,Kang X,Li Y,et al. Identifying rhodamine dye plume sources in near – shore oceanic environments by integration of chemical and visual sensors[J]. Sensors,2013,13(3):3776 – 3798.

[46] Kang X,Li W. Moth – inspired plume tracing via multiple autonomous vehicles under formation control[J]. Adaptive Behavior,2012,20(2):131 – 142.

[47] Zhang J,Gong D,Zhang Y. A niching PSO – based multi – robot cooperation method for localizing odor sources[J]. Neurocomputing,2014,123:308 – 317.

[48] 骆德汉. 仿生嗅觉原理、系统及应用[M]. 北京:科学出版社,2012.

[49] Shirakawa H,Louis E J,Macdiarmid A G,et al. Synthesis of electrically conducting organic polymers:halogen derivatives of polyacetylene,(CH)x[J]. Journal of the Chemical Society,Chemical Communications,1977(16):578 – 580.

[50] 李思莹. 导电聚合物氨气传感器件的制备工艺、特性及系统应用的研究[D]. 上海:上海交通大学,2018.

[51] Sauerbrey G. The use of quartz oscillators for weighing thin layers and for microweighing[J]. Zeitschrift Für Physik,1959,155(2):206 – 222.

[52] White R M,Voltmer F W. Direct piezoelectric coupling to surface elastic waves[J]. Applied Physics Letters,1965,7(12):314 – 316.

[53] Auld B A,Green R E. Acoustic fields and waves in solids[J]. Physics Today,1974,27(10):63 – 64.

[54] 孙萍. 质量敏感型有毒有害气体传感器及阵列研究[D]. 成都:电子科技大学,2007.

[55] 陈长伦,何建波,刘伟,等. 电化学式气体传感器的研究进展[J]. 传感器世界,2004,10(4):11 – 15.

[56] 陈新军. 基于催化燃烧型瓦斯检测的设计与实现[D]. 北京:北京交通大学,2007.

[57] 牛坤旺. 高灵敏度紫外光离子化器件研究[D]. 太原:中北大学,2012.

[58] 王子龙．基于 TDLAS 的痕量气体浓度探测技术研究[D]．哈尔滨:哈尔滨工业大学,2010.

[59] 李佳兴．基于 STM32 的超声风速测量系统的设计[D]．南京:东南大学,2017.

[60] Li W,Farrell J A,Pang S,et al. Moth – inspired chemical plume tracing on an autonomous underwater vehicle[J]. IEEE Transactions On Robotics,2006,22(2):292 – 307.

[61] Russell R A. Chemical source location and the RoboMole project:Proceedings of australasian conference on robotics and automation[C]. Brisbane,Australia:Citeseer,2003:1 – 6.

[62] Russell R A. Locating underground chemical sources by tracking chemical gradients in 3 dimensions:Proceedings of IEEE/RSJ international conference on intelligent robots and systems[C]. Sendal,Japan:IEEE,2004:325 – 330.

[63] Ishida H,Zhu M,Johansson K,et al. Three – dimensional gas/odor plume tracking with blimp:Proceedings of the Asia – Pacific conference of transducers and micro – nano technology[C]. Sapporo,Japan:IEEE,2004:117 – 120.

[64] Holland O,Melhuish C. Some adaptive movements of animats with single symmetrical sensors:Proceedings of the 4th international conference on simulation of adaptive behaviour[C]. Massachusetts,USA:MIT Press,1996:55 – 64.

[65] Lilienthal A,Reimann D,Zell A. Gas source tracing with a mobile robot using an adapted moth strategy:Proceedings of autonomous mobile systems[C]. Karlsruhe,Germany:Springer,2003:150 – 160.

[66] Farrell J A,Pang S,Li W. Plume mapping via hidden Markov methods[J]. IEEE Transactions on Systems,Man,and Cybernetics,Part B:Cybernetics,2003,33(6):850 – 863.

[67] 康立山,谢云,尤矢勇．非数值并行算法:模拟退火算法[M]．北京:科学出版社,1994.

[68] Lilienthal A,Ulmer H,Frohlich H,et al. Gas source declaration with a mobile robot:Proceeding of IEEE international conference on robotics and automation[C]. Barcelona,Spain:IEEE,2004:1430 – 1435.

[69] Hou H R,Tong Y,Ren C,et al. A gas source declaration scheme based on a tetrahedral sensor structure in three – dimensional airflow environments[J]. Review of Scientific Instruments,2019,90(2):24104.

[70] Li J G,Sun B,Zeng F L,et al. Experimental study on multiple odor sources mapping by a mobile robot in time – varying airflow environment:Proceedings of the 35th Chinese control conference[C]. Chengdu:IEEE,2016:6032 – 6037.

[71] Arulampalam M S,Maskell S,Gordon N,et al. A tutorial on particle filters for online nonlinear/non – Gaussian Bayesian tracking[J]. IEEE Transactions on Signal Processing,2002,50(2):174 – 188.

[72] Rubin D B. Using the SIR algorithm to simulate posterior distributions[J]. Bayesian Statistics,1988,3:395 – 402.

[73] Doucet A,Godsill S,Andrieu C. On sequential Monte Carlo sampling methods for Bayesian filtering[J]. Statistics and Computing,2000,10(3):197 – 208.

[74] Ghassoun J,Jehouani A. Russian roulette efficiency in Monte Carlo resonant absorption calculations[J]. Applied Radiation and Isotopes,2000,53(4/5):881 – 885.

[75] 裴鹿成,张孝泽．蒙特卡罗方法及其在粒子输运问题中的应用[M]．北京:科学出版社,1980.

[76] Ferri G,Jakuba M V,Mondini A,et al. Mapping multiple gas/odor sources in an uncontrolled indoor environment using a Bayesian occupancy grid mapping based method[J]. Robotics & Autonomous Systems,2011,59(11):988 – 1000.

[77] Jatmiko W,Nugraha A,Effendi R,et al. Localizing multiple odor sources in a dynamic environment based on

modified niche particle swarm optimization with flow of wind[J]. Wseas Transactions on Systems, 2009, 8(11): 1187 - 1196.

[78] Shafer G. A mathematical theory of evidence[M]. Princeton: Princeton University Press, 1976.

[79] Borenstein J, Koren Y. The vector field histogram fast obstacle avoidance for mobile robots[J]. IEEE Journal of Robotics and Automation, 1991, 17(3): 278 - 288.

[80] Pasternak Z, Bartumeus F, Grasso F W. Lévy - taxis: a novel search strategy for finding odor plumes in turbulent flow - dominated environments[J]. Journal of Physics a: Mathematical and Theoretical, 2009, 42(43): 434010 - 434022.

[81] Pearson K. The problem of the random walk[J]. Nature, 1905, 72(1867): 342.

[82] Viens F. Stochastic processes: from physics to finance[J]. Journal of the American Statistical Association, 2002, 97(460): 1209 - 1211.

[83] Shlesinger M F, West B J, Klafter J. Lévy dynamics of enhanced diffusion: application to turbulence[J]. Physical Review Letters, 1987, 58(11): 1100 - 1103.

[84] James A, Plank M J, Edwards A M. Assessing Lévy walks as models of animal foraging[J]. Journal of the Royal Society Interface, 2011, 8(62): 1233 - 1247.

[85] 杨维, 李歧强. 粒子群优化算法综述[J]. 中国工程科学, 2004, 6(5): 87 - 94.

[86] Jatmiko W, Sekiyama K, Fukuda T. A mobile robots PSO - based for odor source localization in dynamic advection - diffusion environment: Proceedings of IEEE international conference on intelligent robots and systems[C]. Beijing. China: IEEE, 2006: 4527 - 4532.

[87] Luo B, Meng Q H, Wang J Y, et al. Simulate the aerodynamic olfactory effects of gas - sensitive UAVs: a numerical model and its parallel implementation[J]. Advances in Engineering Software, 2016, 102: 123 - 133.

[88] Jumper E J, Gordeyev S. Physics and measurement of aero - optical effects: past and present[J]. Annual Review of Fluid Mechanics, 2017, 49(1): 419 - 441.

[89] Leishman J G. Principles of helicopter aerodynamics[M]. New York: Cambridge University Press, 2000.

[90] Okulov V L, Srensen J N, Wood D H. Rotor theories by Professor Joukowsky: vortex theories[J]. Progress in Aerospace Sciences, 2015, 73: 19 - 46.

[91] Cottet G H, Koumoutsakos P D. Vortex methods: theory and practice[M]. London.: Cambridge University Press, 2000.

[92] Lilienthal A, Duckett T. Creating gas concentration gridmaps with a mobile robot: Proceedings of IEEE/RSJ international conference on intelligent robots and systems[C]. Las, Vegas, USA: IEEE, 2003: 118 - 123.

[93] Loutfi A, Coradeschi S, Lilienthal A J, et al. Gas distribution mapping of multiple odour sources using a mobile robot[J]. Robotica, 2009, 27(2): 311 - 319.

[94] Lilienthal A J, Reggente M, Trincavelli M, et al. A statistical approach to gas distribution modelling with mobile robots - the kernel DM + V algorithm: Proceedings of IEEE/RSJ international conference on intelligent robots and systems[C]. St. Louis, MO, USA: IEEE, 2009: 570 - 576.

[95] Blanco J L, Monroy J G, Lilienthal A J, et al. A Kalman filter based approach to probabilistic gas distribution mapping: Proceedings of the 28th annual ACM symposium on applied computing[C]. Coimbra, Portugal: ACM, 2013: 217 - 222.

[96] Bennetts V M H, Lilienthal A J, Khaliq A A, et al. Towards real - world gas distribution mapping and leak

localization using a mobile robot with 3D and remote gas sensing capabilities:Proceedings of IEEE international conference on robotics and automation[C]. Karlsruhe,Germany:IEEE,2013:2335 - 2340.

[97] Schaffernicht E,Bennetts V H,Lilienthal A. Mobile robots for learning spatio - temporal interpolation models in sensor networks - the echo state map approach:Proceedings of IEEE international conference on robotics and automation[C]. Singapore:IEEE,2017:2659 - 2665.

[98] Asadi S,Fan H,Bennetts V H,et al. Time - dependent gas distribution modelling[J]. Robotics & Autonomous Systems,2017,96:157 - 170.

[99] Pyk P,Badia S B I,Bernardet U,et al. An artificial moth:chemical source localization using a robot based neuronal model of moth optomotor anemotactic search[J]. Autonomous Robots,2006,20(3):197 - 213.

[100] Marjovi A,Marques L. Multi - robot odor distribution mapping in realistic time - variant conditions:Proceedings of IEEE international conference on robotics and automation[C]. Hong Kong,China:IEEE,2014:3720 - 3727.

[101] Luo B,Meng Q H,Wang J Y,et al. Three - dimensional gas distribution mapping with a micro - drone:Proceedings of Chinese control conference[C]. Hangzhou,China:IEEE,2015:6011 - 6015.

[102] Zhang Y,Gulliksson M,Hernandez B V,et al. Reconstructing gas distribution maps via an adaptive sparse regularization algorithm[J]. Inverse Problems in Science and Engineering,2016,24(7):1186 - 1204.

[103] 孙嘉城. 车载无人机天然气巡检平台关键技术研究[D]. 天津:天津大学,2019.

[104] Monroy J,Hernandez - Bennetts V,Fan H,et al. GADEN:a 3D gas dispersion simulator for mobile robot olfaction in realistic environments[J]. Sensors,2017,17(7):1479.

[105] Balkovsky E,Shraiman B I. Olfactory search at high Reynolds number[J]. Proceedings of the National Academy of Sciences of the United States of America,2002,99(20):12589 - 12593.

[106] Sutton J,Li W. Development of CPT - M3D for multiple chemical plume tracing and source identification:Proceedings of the 7th international conference on machine learning and applications[C]. San Diego,CA,United States:IEEE,2008:470 - 475.

[107] Tian Y,Zhang A. Simulation environment and guidance system for AUV tracing chemical plume in 3 - dimensions:Proceedings of the 2nd international Asia conference on informatics in control,automation and robotics[C]. Wuhan,China:IEEE,2010:407 - 411.

[108] Marques L,Nunes U,Almeida A T D. Odour searching with autonomous mobile robots:an evolutionary - based approach:Proceedings of IEEE international conference on advanced robotics [C]. Coimbra,Portugal:IEEE,2003:494 - 500.

[109] Nielsen M,Chatwin P C,Jørgensen H E,et al. Concentration fluctuations in gas releases by industrial accidents:final report[R]. Roskilde,Denmark:Risø National Laboratory,2002.

[110] Wada Y,Trincavelli M,Fukazawa Y,et al. Collecting a database for studying gas distribution mapping and gas source localization with mobile robots:Proceedings of international conference on advanced mechatronics[C]. Osaka,Japan:The Japan society of mechanical engineers,2012:183 - 188.

[111] Liu Q,Li C,Guan X,et al. Simulation study on robot active olfaction based on concentration and equilateral triangle search:Proceedings of IEEE international conference on robotics and biomimetics [C]. Tianjin,China:IEEE,2010:625 - 628.

[112] Cabrita G,Sousa P,Marques L. Plumesim - player/stage plume simulator:Proceedings of IEEE/RSJ international conference on intelligent robots and systems[C]. Taipei,China:IEEE,2010:1120 - 1125.

[113] Monroy J G, Blanco J L, Gonzúlez – Jiménez J. An open source framework for simulating mobile robotics olfaction: Proceedings of international symposium on olfaction and electronic nose [C]. Daegu, Korea: ISOCS, 2013: 2 – 3.

[114] Eu K, Yap K M. A three – dimensional chemical/gas plume tracking robot simulator for quadrotor platforms [J]. Sensors, 2017: 17.

[115] López L L, Vouloutsi V, Chimeno A E, et al. Moth – like chemo – source localization and classification on an indoor autonomous robot[J]. Biomimetics, 2011: 453 – 466.

[116] Lochmatter T, Martinoli A. Tracking odor plumes in a laminar wind field with bio – inspired algorithms: Proceedings of international symposium on experimental robotics[C]. Berlin, Heidelberg: Springer, 2009: 473 – 482.

[117] Turduev M, Cabrita G, Kırtay M, et al. Experimental studies on chemical concentration map building by a multi – robot system using bio – inspired algorithms[J]. Autonomous Agents and Multi – Agent Systems, 2014, 28(1): 72 – 100.

[118] Nakamoto T, Ishida H, Moriizumi T. A sensing system for odor plumes[J]. Analytical Chemistry, 1999, 71 (15): 531 – 537.

内容简介

本书内容以作者在机器人主动嗅觉领域的多年研究积累为基础,较为全面地介绍了机器人主动嗅觉方向的研究进展,重点阐述了嗅觉感知技术、基于移动机器人的气味源定位方法、基于多机器人的气味跟踪技术、飞行机器人主动嗅觉、气味分布的建图方法及主动嗅觉仿真技术等方面的内容。本书最后分析了主动嗅觉研究面临的挑战,并尝试性地给出了今后的发展方向。

本书适合从事机器人感知与控制、仿生学、仿真技术、搜索方法、群体智能、估计理论与方法等方面的科研人员阅读,也可供对机器人和人工智能感兴趣的大专院校师生学习参考。

Based on the authors' years of research, this book comprehensively introduces the research progress of robot active olfaction, focusing on olfactory perception technologies, odor source localization methods based on mobile robots, multi-robot based odor tracing technologies, flying robots based active olfaction, gas distribution mapping methods, and active olfaction simulation technologies. Finally, this book analyzes the challenges faced by active olfaction research, and tentatively gives the future development direction.

This book is suitable for researchers engaged in robot perception and control, bionics, simulation technology, search methods, swarm intelligence, estimation theory and methods, etc. It can also be used as a reference for teachers and students in colleges and universities who are interested in robots and artificial intelligence.

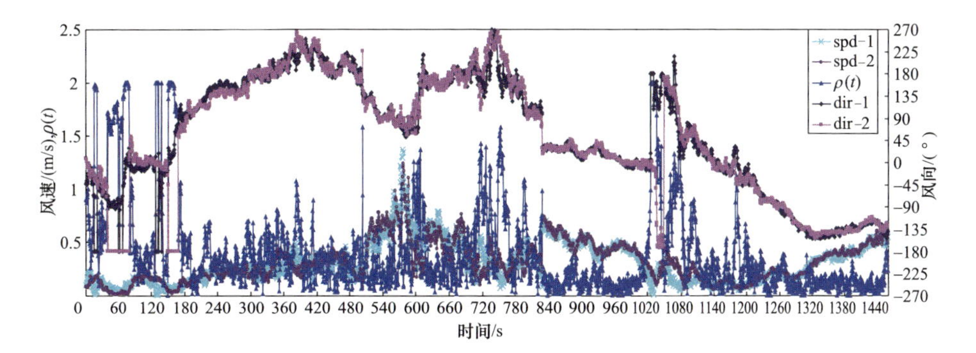

图 3-11　两点处的风速/风向及差异(间距 2m)

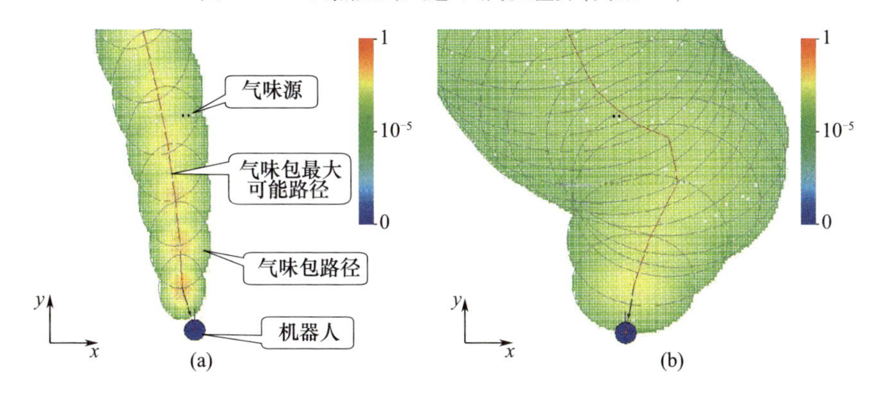

图 3-14　4m 间距下在两个不同时刻估计的气味包路径(概率密度阈值 $\eta = 10^{-2}\text{m}^{-2}$,图中对应的概率阈值为 $a^2\eta = 2.5 \times 10^{-5}$)

(a)风速/风向较平稳($[\sigma_x^2, \sigma_y^2] = [0.029, 0.053]\text{m}^2/\text{s}^2$);

(b)风速/风向波动较大($[\sigma_x^2, \sigma_y^2] = [0.260, 0.160]\text{m}^2/\text{s}^2$)。

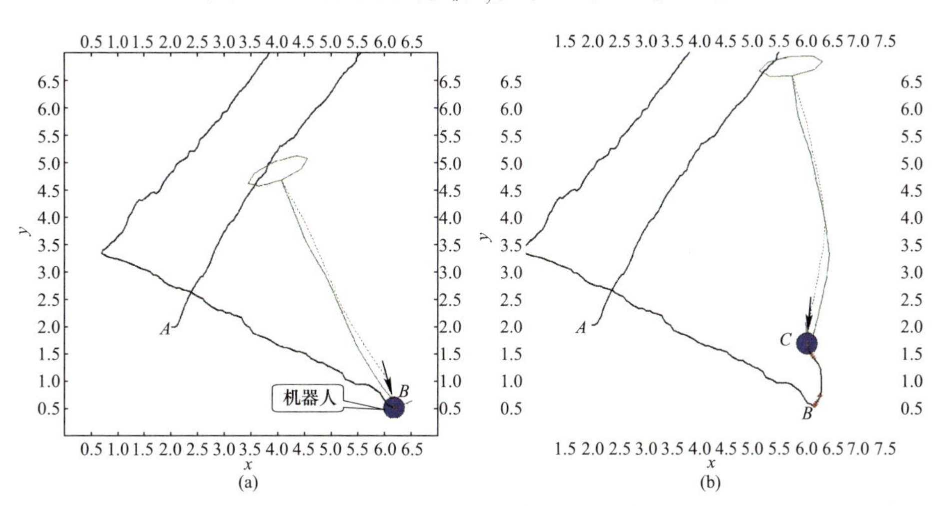

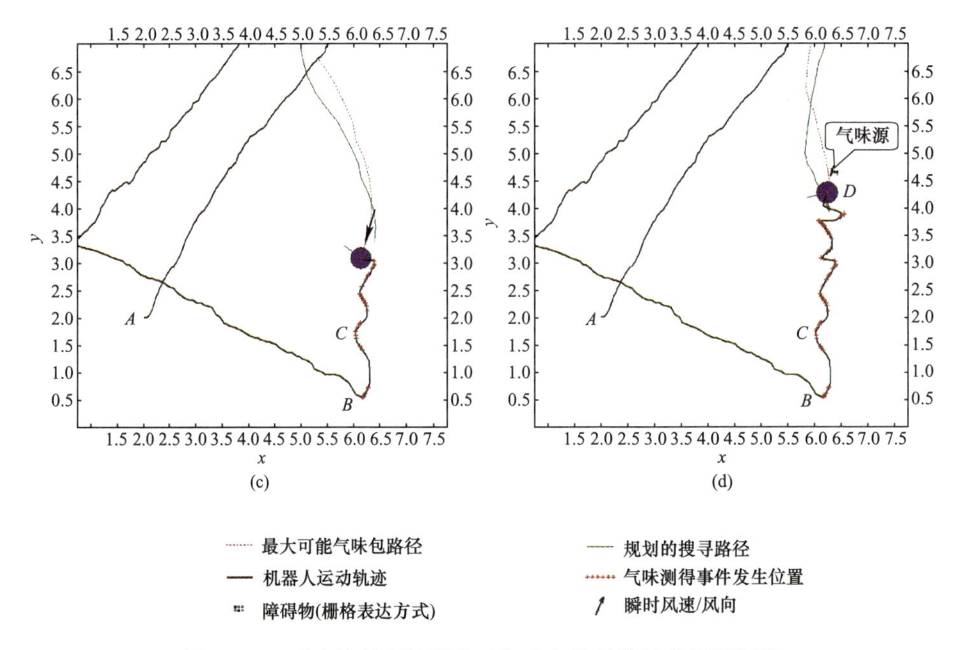

图 3-18　时变流场环境下基于气味包路径估计的烟羽跟踪

(a)$t=178.5$s；(b)$t=192.5$s；(c)$t=221.5$s；(d)$t=263.5$s。

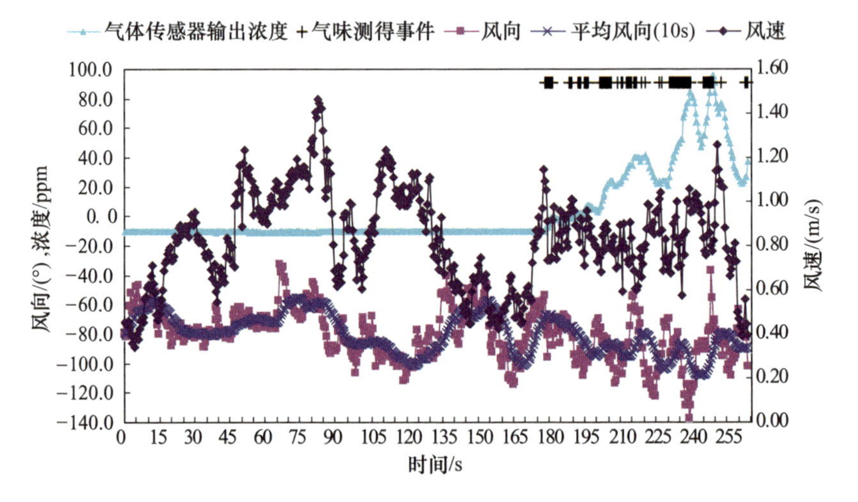

图 3-19　图 3-18 所示气味源搜索过程中的气味浓度和风速/风向

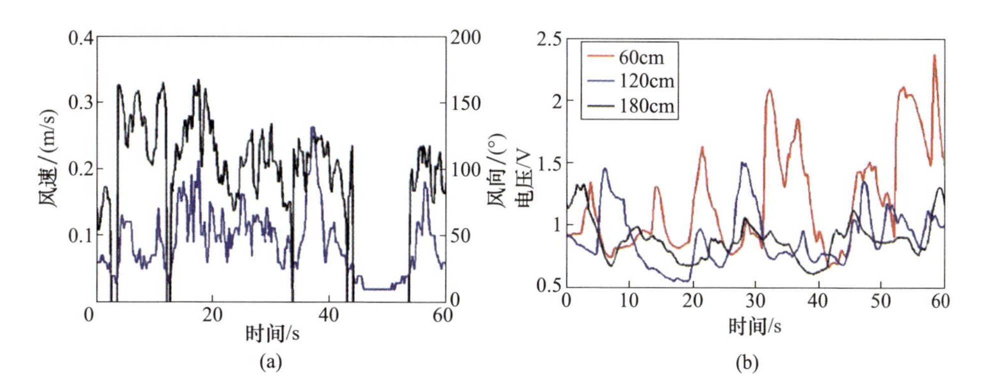

图 3－22　室内通风条件下的瞬时风速、风向和浓度

（a）风速和风向；（b）浓度。

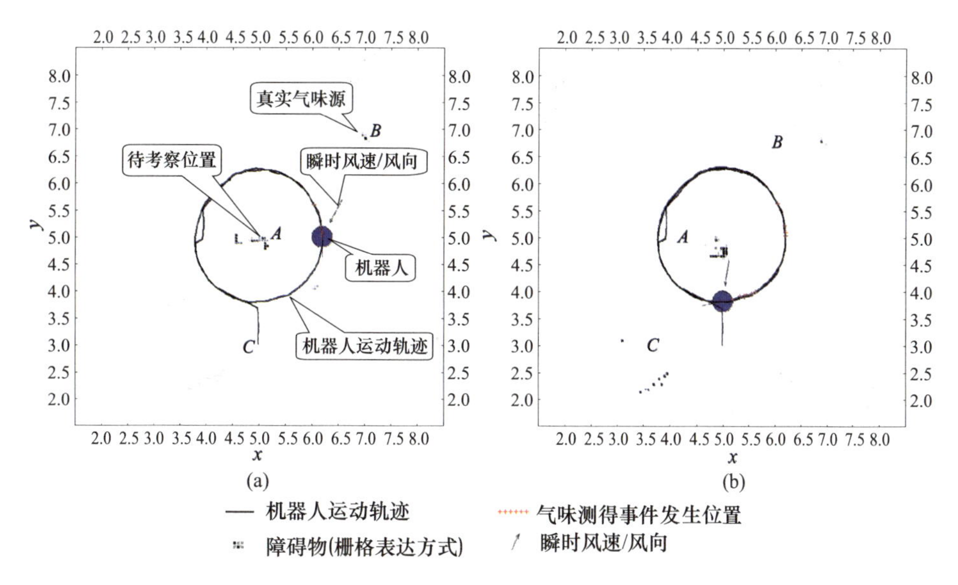

图 3－36　气味源识别实验（待考察位置处不存在气味源）

（a）$t=119.0$s；（b）$t=207.5$s。

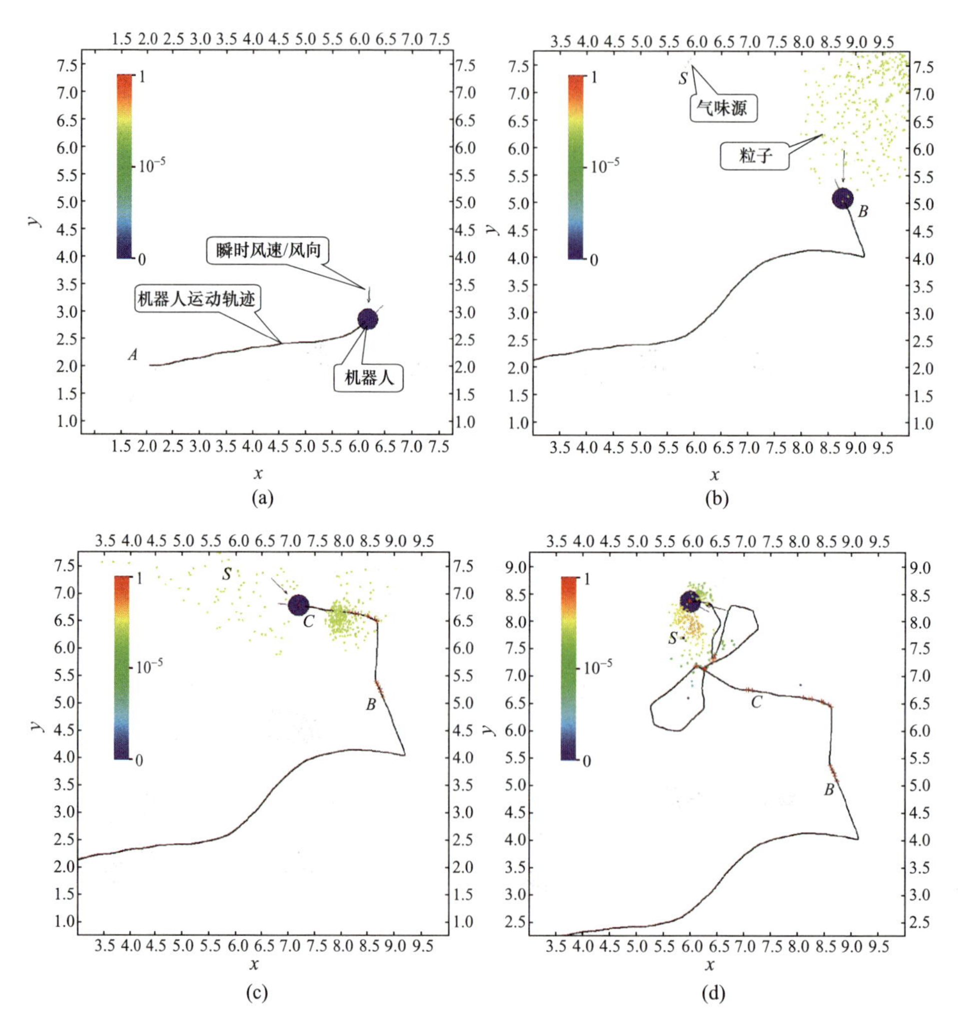

图 4-2 基于粒子滤波的气味源位置估计(Spiral - surge 烟羽跟踪)

(a) $t=32.0$s; (b) $t=69.0$s; (c) $t=91.5$s; (d) $t=203.0$s。

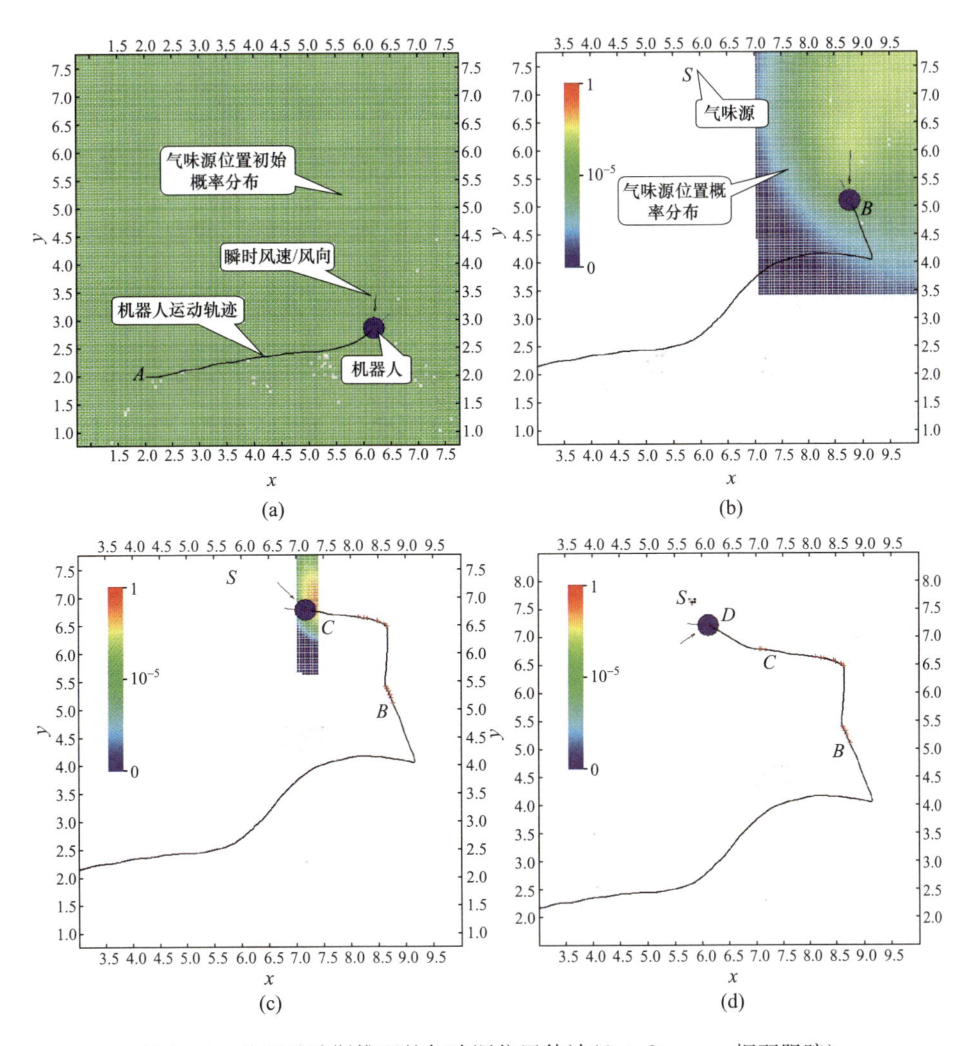

图 4－4　基于贝叶斯推理的气味源位置估计（Spiral－surge 烟羽跟踪）

（a）$t=32.0\text{s}$；（b）$t=69.0\text{s}$；（c）$t=91.5\text{s}$；（d）$t=102.5\text{s}$。

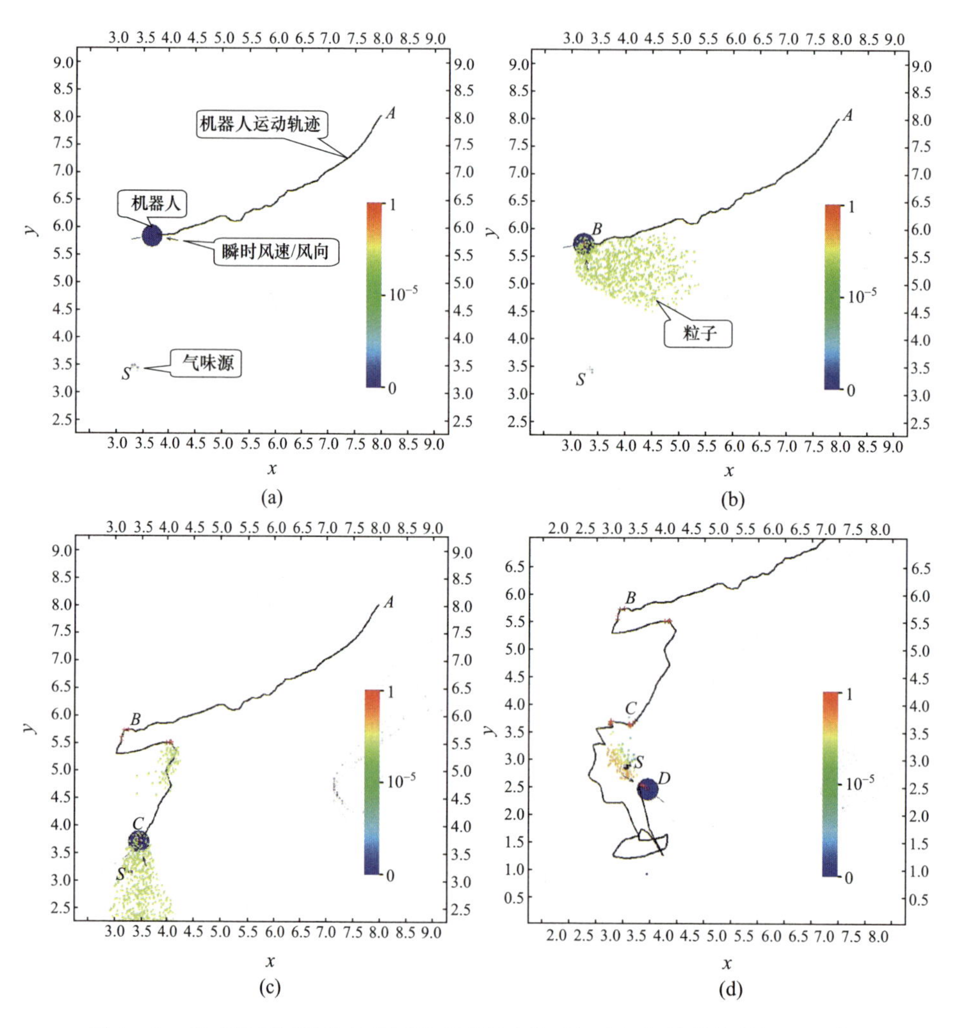

图 4-6　基于粒子滤波的气味源位置估计(基于气味包路径估计的烟羽跟踪)

(a) t = 38.0s; (b) t = 41.0s; (c) t = 89.0s; (d) t = 231.5s。

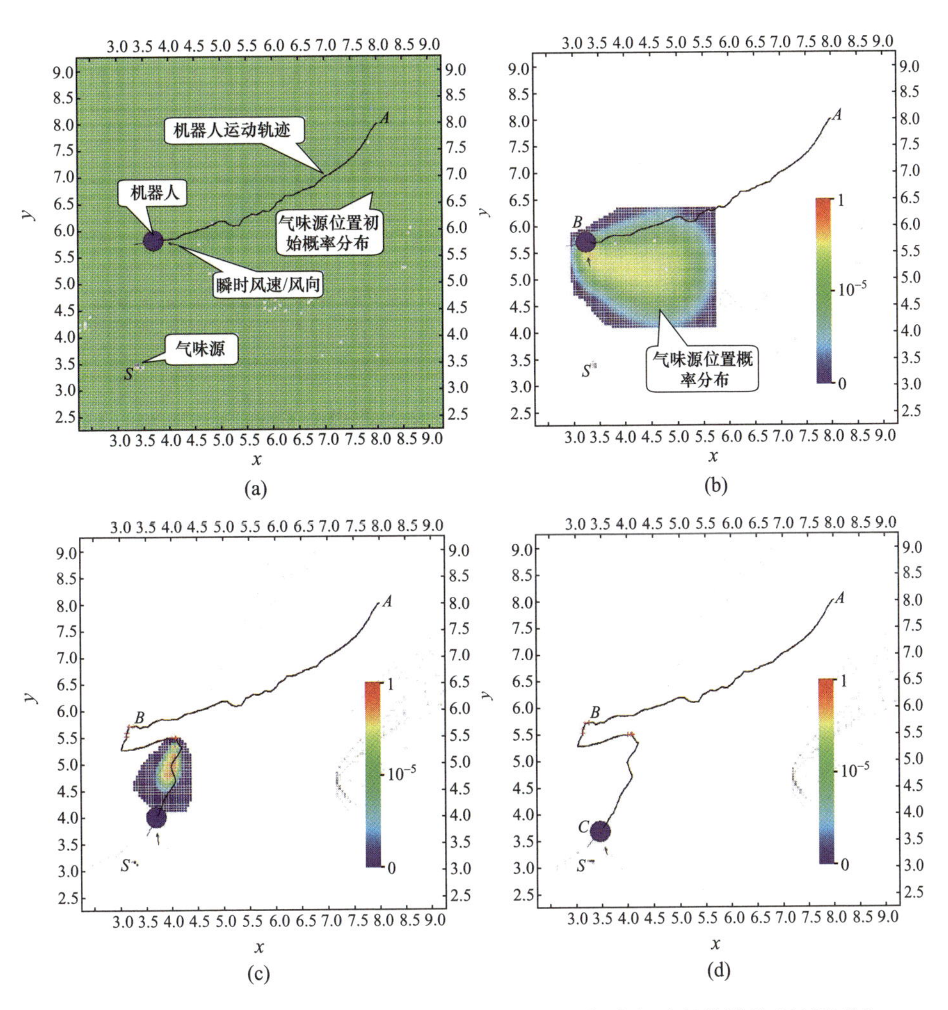

图 4-8 基于贝叶斯推理的气味源位置估计(基于气味包路径估计的烟羽跟踪)

(a) $t=38.0$s；(b) $t=41.0$s；(c) $t=85.5$s；(d) $t=89.0$s。

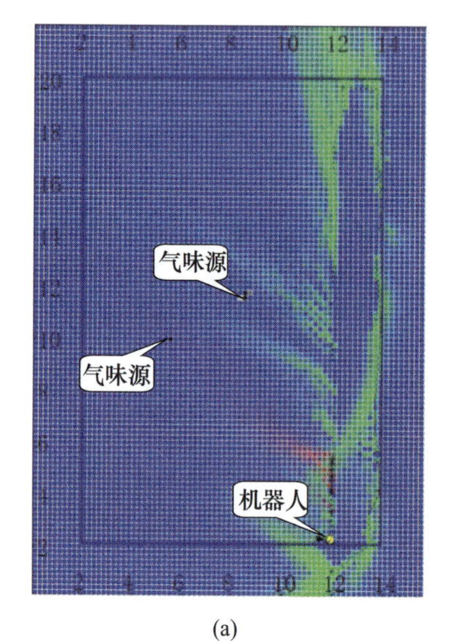

(a)

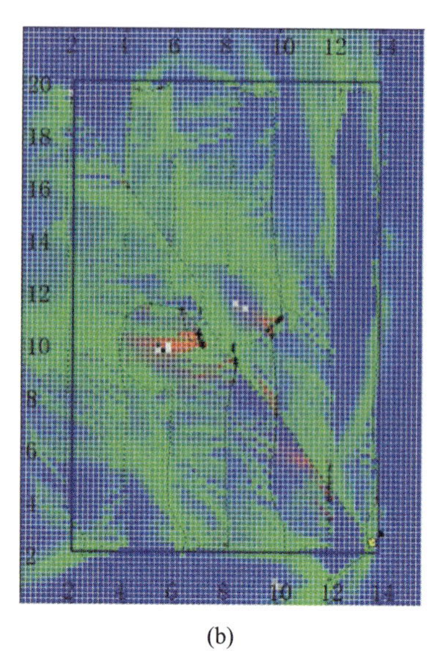

(b)

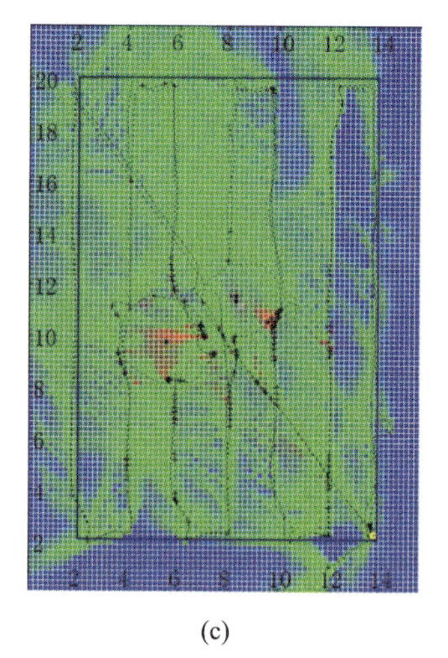

(c)

图 4 – 12　基于 D – S 证据理论的
多气味源分布建图
(a)第一轮遍历中的第一次折回；
(b)第一轮遍历完成；(c)第二轮遍历完成。

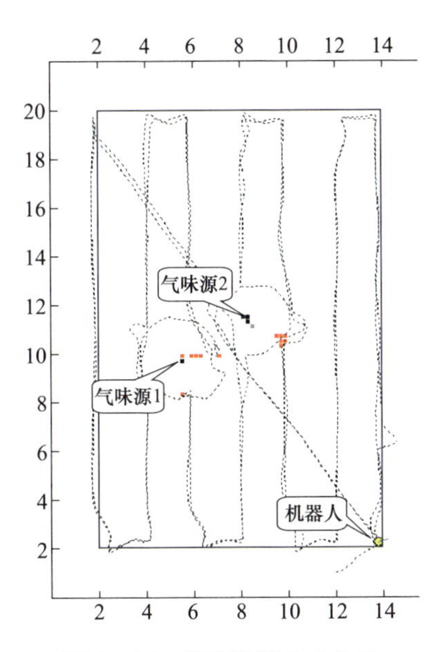

图 4－14　信度阈值为 0.9 的
疑似气味泄漏区域
（由红色栅格标记；基于 D－S 证据理论）

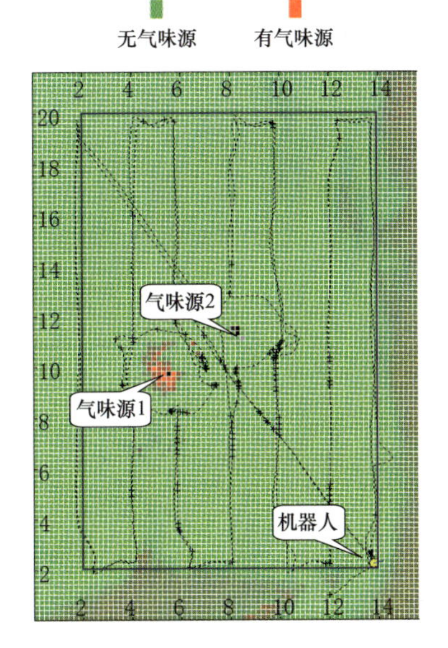

图 4－15　基于 IP 算法的多气味源分布建图（第二轮遍历完成）

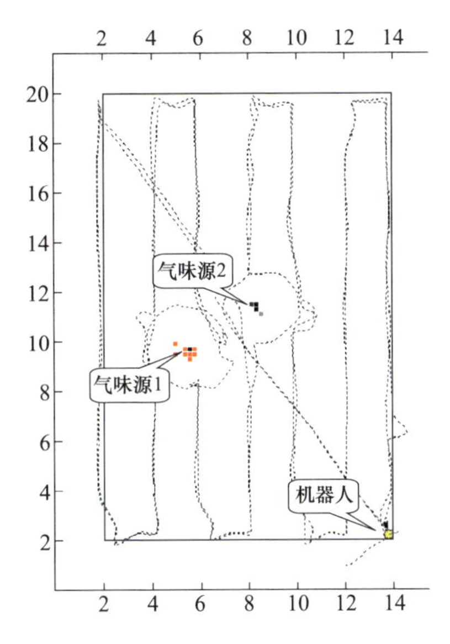

图 4－16　概率阈值为 0.9 的疑似气味泄漏区域（由红色栅格标记；基于 IP 算法）

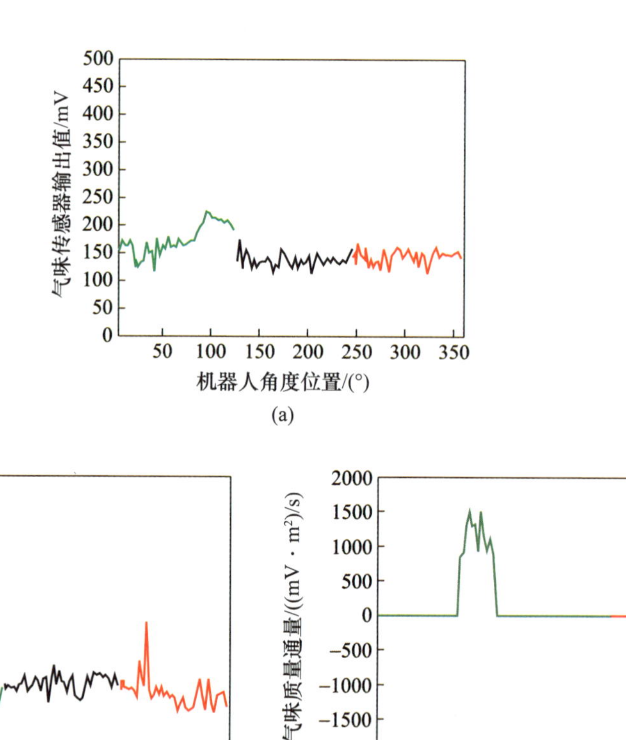

图 5-26 人工风场条件下围绕气味源的实验结果

(a)测量的气味浓度;(b)测量的风向信息;(c)计算的气味质量通过量。

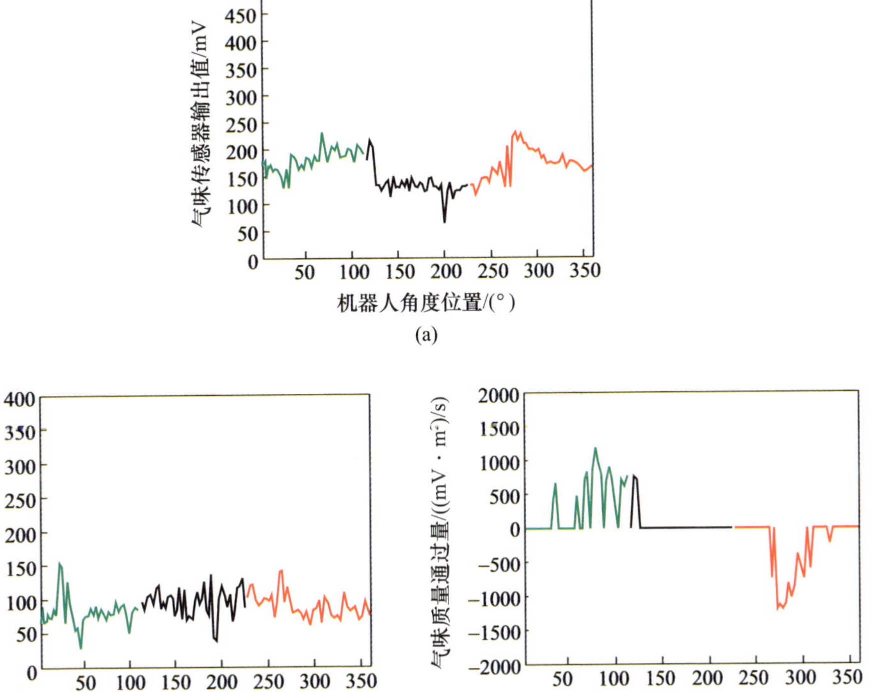

图 5-27　人工风场条件下围绕非气味源的实验结果

(a)测量的气味浓度；(b)测量的风向信息；(c)计算的气味质量通过量。

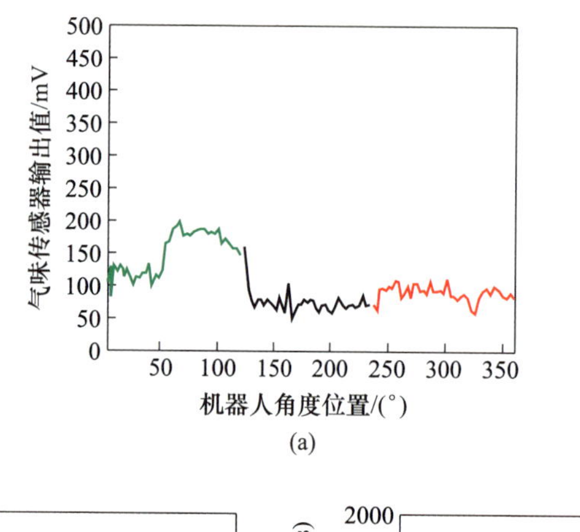

(a)

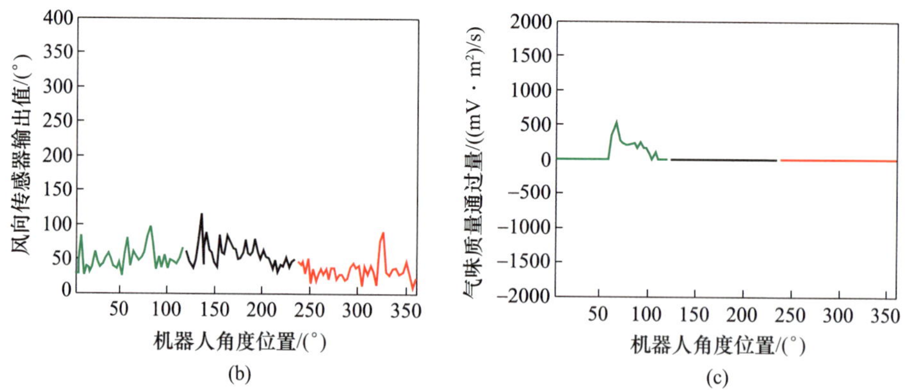

图 5-28 自然风场条件下围绕气味源的实验结果

(a)测量的气味浓度；(b)测量的风向信息；(c)计算的气味质量通过量。

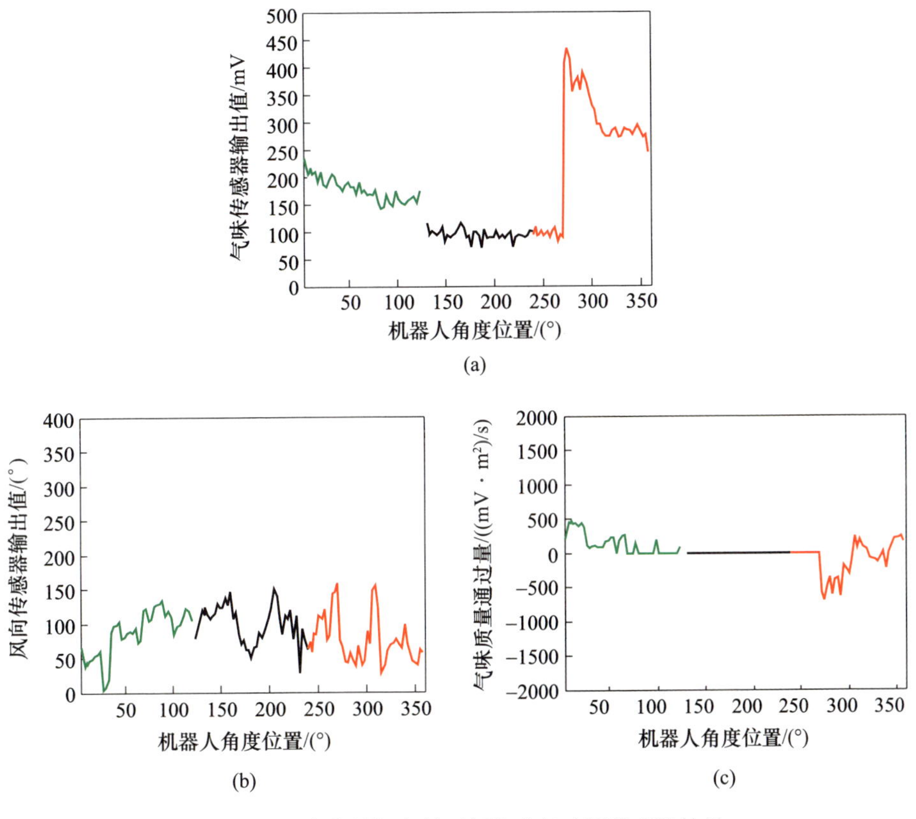

图 5－29　自然风场条件下围绕非气味源的实验结果

(a)测量的气味浓度；(b)测量的风向信息；(c)计算的气味质量通过量。

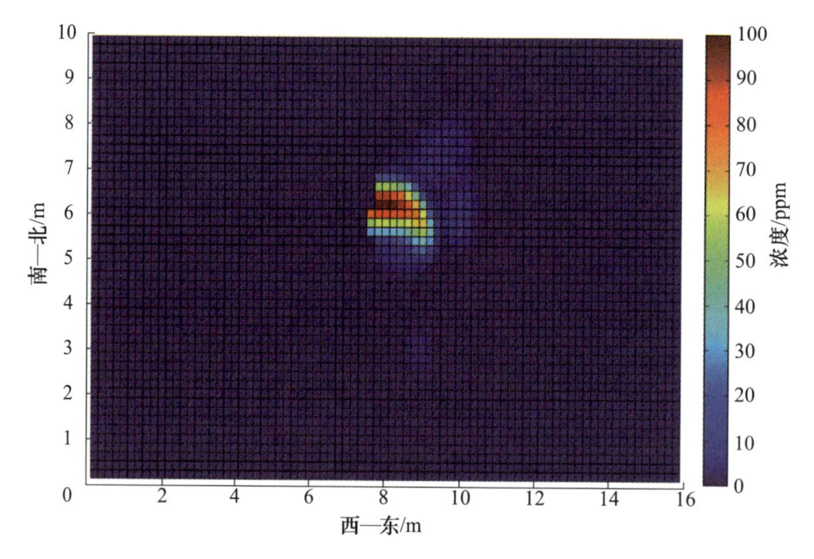

图 7－19　二维 Kernel DM 算法建立的平面气味分布图

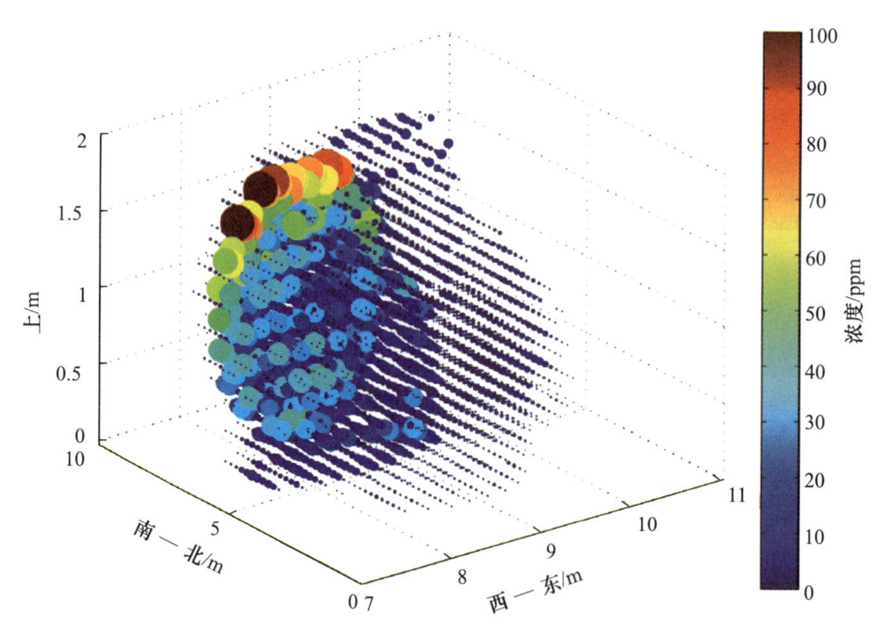

图 7－20　三维 Kernel DM 算法建立的三维气味分布图

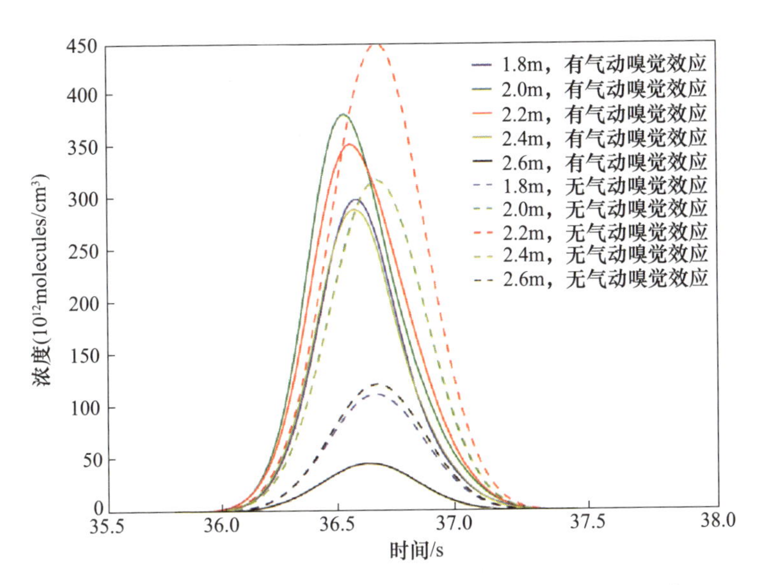

图 7-23　所有 5 组仿真中无人机以 1m/s 速度横越烟羽时气体传感器采集的浓度值

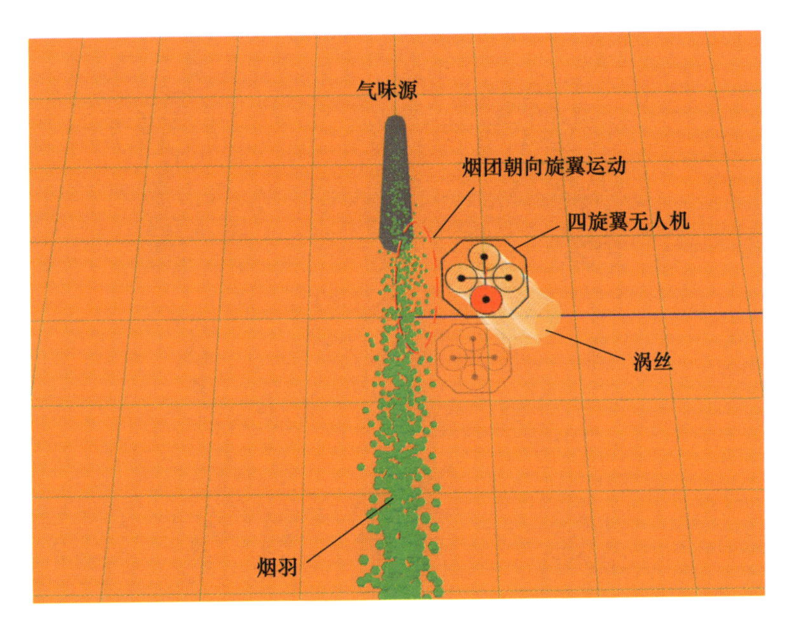

图 7-24　当无人机向左飞行时的涡丝倾斜

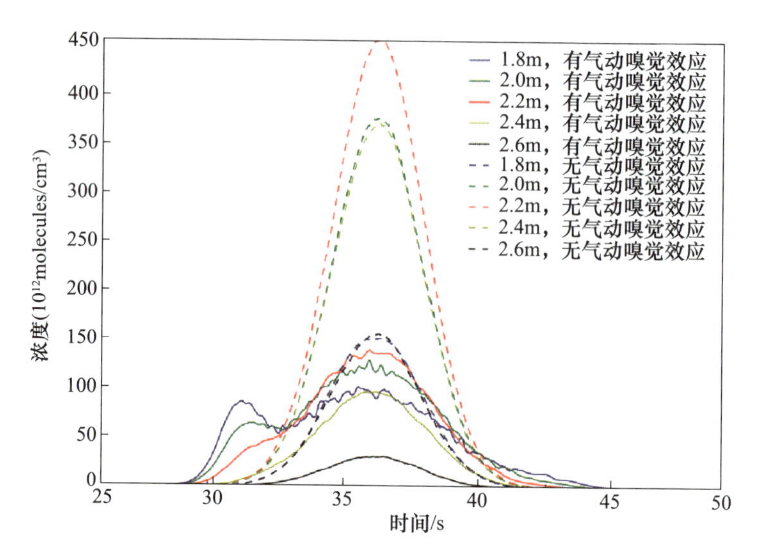

图 7-25　所有 5 组仿真中无人机以 0.1m/s 速度横越烟羽时气体传感器采集的浓度值

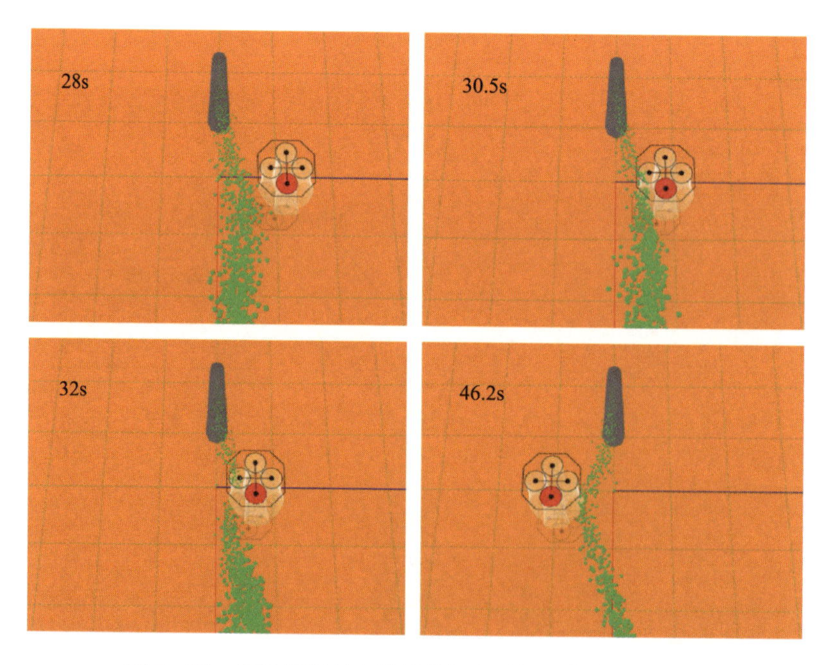

图 7-26　当四旋翼无人机横越烟羽时烟羽分布变化过程

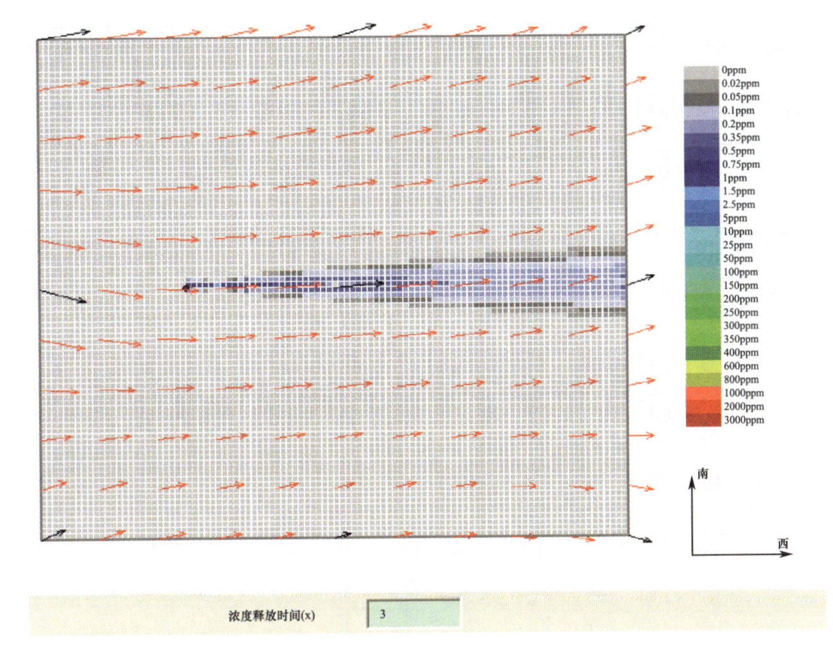

图 8－4　基于实测数据重建的风场和烟羽模型

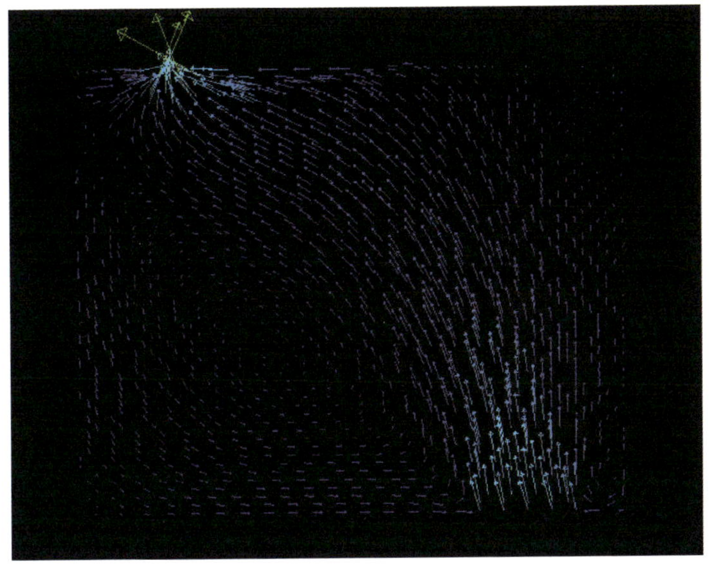

图 8－8　雷诺平均法仿真 $t=450\mathrm{s}$、$z=1\mathrm{m}$ 平面内风场矢量图

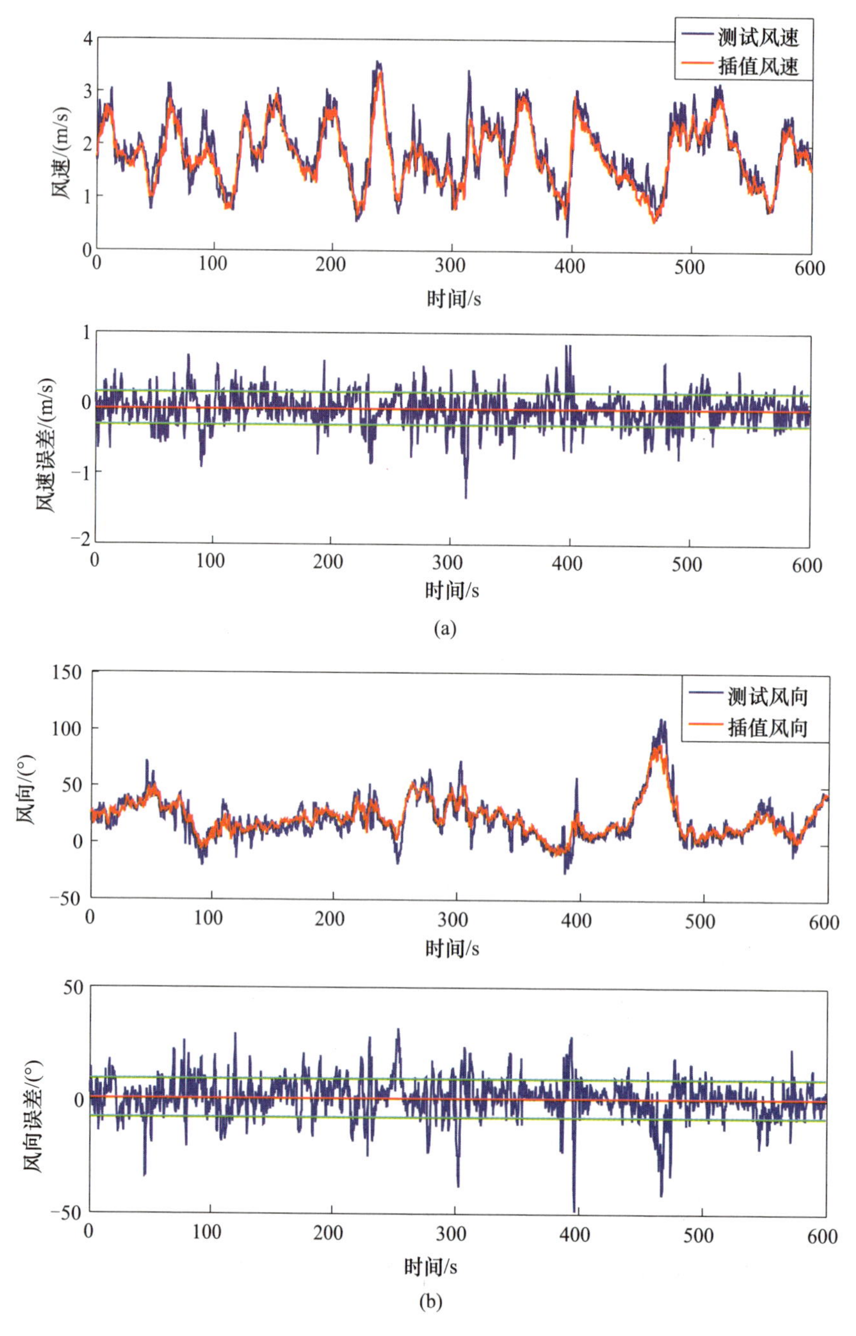

图 8-16 10m×10m 空间尺度反距离加权插值效果

(a)风速；(b)风向。

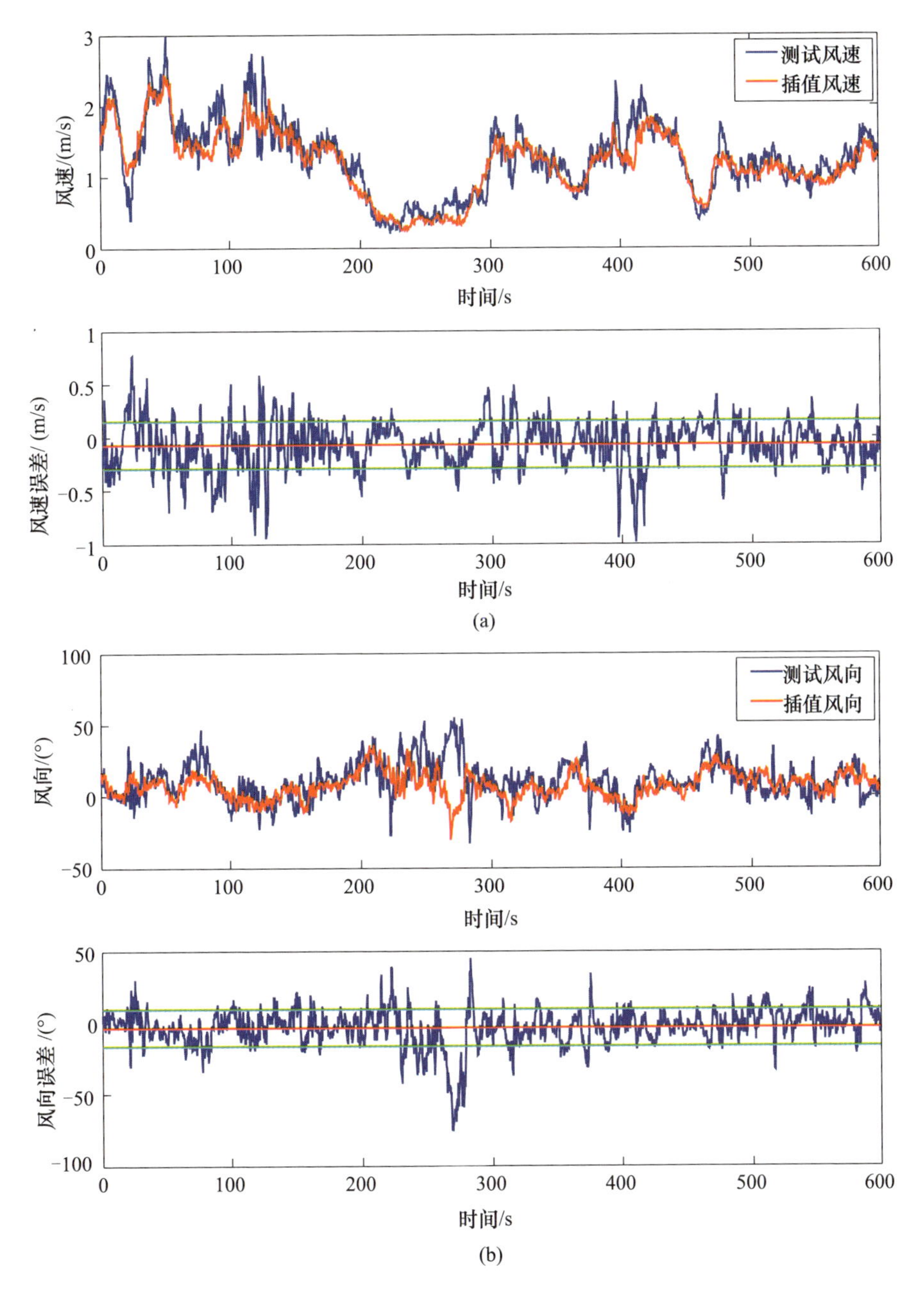

图 8-17 20m×18m 空间尺度反距离加权插值效果
(a)风速；(b)风向。

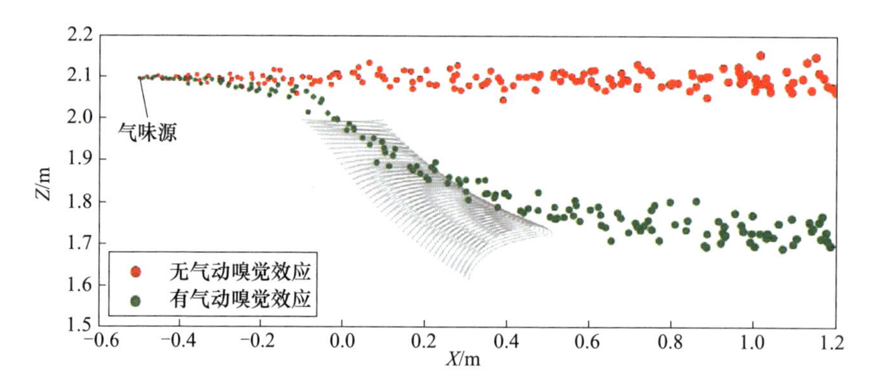

图 8－22　自由流场速度不为零时，旋翼气流扰动下的气味扩散（气味源在（－0.5,0,2.1）m 处，旋翼在（0,0,2）m 处，自由流场风速为（0.5,0,0）m/s）

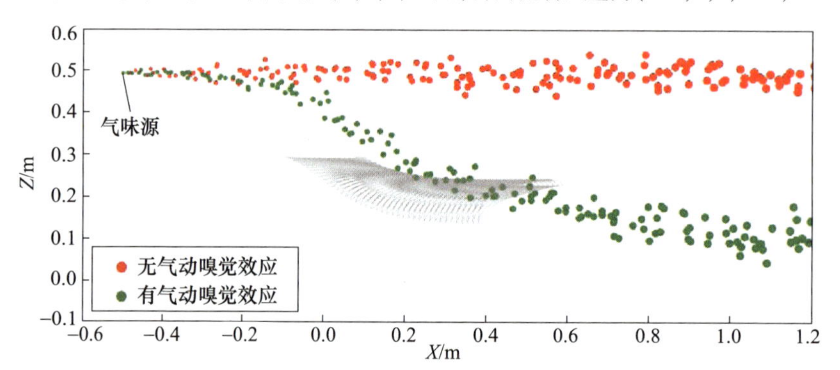

图 8－23　考虑地面效应的旋翼气流扰动下的气味扩散（气味源在（－0.5,0,0.5）m 处，旋翼在（0,0,0.3）m 处，其他参数与图 8－22 相同）

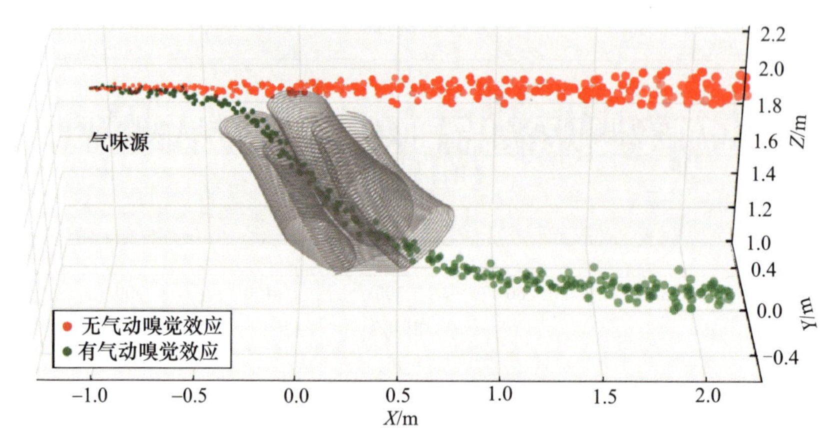

图 8－25　四旋翼气流扰动下的气味扩散
（气味源在（－1,0,2.2）m 处，风速为（0.5,0,0）m/s）